经典译丛·网络空间安全

硬件安全与可信导论

Introduction to Hardware Security and Trust

[美] Mohammad Tehranipoor
Cliff Wang 主编

陈 哲 王 坚 译

电子工业出版社
Publishing House of Electronics Industry
北京·BEIJING

内 容 简 介

本书从集成电路测试出发,全面、系统地介绍了硬件安全与可信领域的相关知识。从结构上看,本书由 18 章构成,每章针对一个具体的研究领域进行介绍;从内容上看,涵盖了数字水印、边信道攻防、物理不可克隆函数、硬件木马、加密算法和可信设计技术等众多热门的研究方向;从研究对象上看,覆盖了 FPGA、RFID、IP 核和存储器等多种器件。每章末都提供了大量参考文献,可为读者进一步了解该领域提供帮助。

本书不仅是从事硬件设计、生产和安全分析的研究人员与专业技术人员必不可少的参考资料,还适合作为普通高等院校电子工程、通信工程、计算机科学与技术等专业高年级本科生和研究生的教材。

Translation from the English language edition:

Introduction to Hardware Security and Trust

edited by Mohammad Tehranipoor and Cliff Wang.

Copyright © Springer Science + Business Media, LLC 2012.

This Springer imprint is published by Springer Nature.

The registered company is Springer Science + Business Media, LLC.

All Rights Reserved.

版权贸易合同登记号　图字:01-2017-5382

图书在版编目(CIP)数据

硬件安全与可信导论/(美)穆罕默德·德黑兰尼普尔(Mohammad Tehranipoor),(美)克利夫·王(Cliff Wang)主编;陈哲,王坚译.—北京:电子工业出版社,2019.3
(经典译丛·网络空间安全)
书名原文:Introduction to Hardware Security and Trust

ISBN 978-7-121-33241-8

Ⅰ.①硬…　Ⅱ.①穆…　②克…　③陈…　④王…　Ⅲ.①硬件-计算机安全　Ⅳ.①TP303

中国版本图书馆 CIP 数据核字(2017)第 307989 号

策划编辑:杨　博
责任编辑:杨　博
印　　刷:北京捷迅佳彩印刷有限公司
装　　订:北京捷迅佳彩印刷有限公司
出版发行:电子工业出版社
　　　　　北京市海淀区万寿路 173 信箱　邮编:100036
开　　本:787×1 092　1/16　印张:20　字数:512 千字
版　　次:2019 年 3 月第 1 版
印　　次:2021 年 10 月第 2 次印刷
定　　价:89.00 元

译　者　序①

　　网络空间安全是关系到国家主权和民族文化传承的重要领域。在过去一段时间内，人们曾以为网络空间基础设施中的硬件系统是安全的，不安全的仅仅是硬件上承载的软件、协议等上层建筑。然而，"安全是相对的，不安全是绝对的"。近年来，和硬件相关的系统攻击、破坏和入侵事件层出不穷，并呈现逐年上升的趋势，这引起了人们的广泛关注。本书正是在这样一种环境下，对硬件安全与可信的相关技术进行讨论。

　　本书的主编 Tehranipoor 教授曾任美国康涅狄格大学硬件保证、安全与工程中心（CHASE）和安全创新卓越中心（CSI）的创始主任，现为美国佛罗里达大学电气与计算机工程系教授，并拥有 Intel 授予的 Charles E. Young 杰出网络安全教授称号。他是 IEEE 硬件安全与可信会议（HOST）联合创始人之一，Trust – HUB 论坛发起者。他长期从事硬件安全领域的相关研究，在该领域发表论文 350 余篇，出版图书 11 本。本书是 Tehranipoor 教授代表作之一，是他凭借个人影响力，召集麻省理工学院、卡内基-梅隆大学、康涅狄格大学、Google 公司等多家单位的相关研究团队共同撰写完成的，并由 Tehranipoor 教授进行统稿。全书内容丰富，全面、系统地介绍了硬件安全与可信各个领域的相关知识。从结构上看，本书由 18 章构成，每章针对一个具体的研究领域进行介绍；从内容上看，涵盖了数字水印、边信道攻防、物理不可克隆函数、硬件木马、加密算法和可信设计技术等众多热门的研究方向；从研究对象上看，覆盖了 FPGA、RFID、IP 核和存储器等多种器件。此外，书中每章末都提供了大量参考文献，可为读者进一步了解该领域提供帮助，特别适用于公司、工厂、研究所、高校等单位从事硬件研发的工程师和学术界人士。

　　本书的翻译由电子科技大学硬件安全研究团队完成，主要由陈哲、王坚翻译。该团队长期从事网络安全研究，对网络安全中的硬件安全与可信技术有着深入的研究。为了打造一本经典的教材，团队花费了近 1 年时间，对本书进行了仔细研读，并对部分知识点进行了拓展学习。在学习与翻译过程中，译者发现原书图表、文字及公式等多个疑似错误之处。本着严谨的原则，译者同原书作者进行了沟通，并就上述疑点一一进行交流。在得到作者认可的基础上，译者在翻译稿中进行了修改。

　　在本书翻译的过程中，团队的多名教师及学生在不同程度上参与了本书的文字校对工作。杨錬、李桓、练艺等人，对书中重要的公式进行了推导；李坤、覃皓和龙云璐等人，参

---

① 中译本的一些图示、参考文献、符号及其正斜体形式等沿用了英文原著的表示方式，特此说明。

与了本书部分章节的初译；王晋、任泽军和魏荻宇等人，对图表及参考文献进行了一一核对。在此一并表示衷心的感谢！

"寻幽探象觅其踪，入理安能故步封。借得他山攻石玉，开荆群路上巅峰。"我们深信，经过译者深入细致的译校，本书将为硬件安全领域的研究人员开启技术研究的大门。译者团队的座右铭是："前面的高山是如此巍峨美丽，让我们一起去攀登吧！"与读者共勉。

受时间和水平限制，本书难免有错误与不妥之处，热忱地希望读者将使用中发现的问题与改进建议告诉我们，以便我们能进一步提高译著的质量。

本 书 作 者

Swarup Bhunia Case Western Reserve University, Cleveland, Ohio, USA

Zhimin Chen ECE Department, Virginia Tech, Blacksburg, VA 24061, USA

Jordan Cote Computer Science and Engineering Department, University of Connecticut, Storrs, CT, USA

Srinivas Devadas Electrical Engineering and Computer Science, Massachusetts Institute of Technology, Cambridge, USA

Jia Di Computer Science and Computer Engineering Department, University of Arkansas, Fayetteville, Arkansas, USA

Yunsi Fei Department of Electrical and Computer Engineering, University of Connecticut, Storrs, CT, USA

Yin Hu Worcester Polytechnic Institute, Worcester, MA, USA

Yier Jin Department of Electrical Engineering, Yale University, New Haven, CT 06520, USA

Ramesh Karri Polytechnic Institute of New York University, Brooklyn, NY, USA

Farinaz Koushanfar Electrical and Computer Engineering Department, Rice University, Houston, Texas 77215 – 1892, USA

Jeremy Lee DFT Engineer, Texas Instruments, Dallas, TX, USA

Eric Love Department of Electrical Engineering, Yale University, New Haven, CT 06520, USA

Chujiao Ma Computer Science and Engineering Department, University of Connecticut, Storrs, CT, USA

Junxia Ma University of Connecticut, Storrs, CT, USA

Ken Mai Carnegie Mellon University, 5000 Forbes Avenue, Pittsburgh, PA 15213, USA

Mehrdad Majzoobi Electrical and Computer Engineering Department, Rice University, 6100 Main, MS380, Houston, TX 77005, USA

Yiorgos Makris Department of Electrical Engineering, Yale University, New Haven, CT 06520, USA

Juan Carlos Martinez Santos Department of Electrical and Computer Engineering, University of Connecticut, Storrs, CT, USA

Currently on leave from Universidad Tecnologica de Bolivar, Cartagena, Colombia

Seetharam Narasimhan Case Western Reserve University, Cleveland, Ohio, USA

Miodrag Potkonjak Computer Science Department, University of California Los Angeles, Los Angeles, CA 90095 – 1596, USA

Gang Qu Electrical and Computer Engineering Department, Institution for Systems Research, University of Maryland, College Park, MD 20742, USA

Jeyavijayan Rajendran Polytechnic Institute of New York University, Brooklyn, NY, USA

Kurt Rosenfeld Google Inc. , New York, USA

Ulrich Rührmair Computer Science, Technische Universitat Munchen, Munich, Germany

Patrick Schaumont ECE Department, Virginia Tech, Blacksburg, VA 24061, USA

Zhijie Shi Computer Science and Engineering Department, University of Connecticut, Storrs, CT, USA

Sergei Skorobogatov University of Cambridge, Computer Laboratory, JJ Thomson Avenue, Cambridge CB3 0FD, UK

Berk Sunar Worcester Polytechnic Institute, Worcester, MA, USA

Mohammad Tehranipoor UCONN Electrical and Computer Engineering, University of Connecticut, 371 Fairfield Way, Unit 2157 Storrs, CT 06269 – 2157, USA

Dale R. Thompson Computer Science and Computer Engineering Department, University of Arkansas, Fayetteville, Arkansas, USA

Nicholas Tuzzio UCONN Electrical and Computer Engineering, University of Connecticut, 371 Fairfield Way, Unit 2157, Storrs, CT 06269 – 2157, USA

Bing Wang Computer Science and Engineering Department, University of Connecticut, Storrs, CT, USA

Lin Yuan Synopsys Inc. , Mountain View, CA 94043, USA

目　　录

第1章 超大规模集成电路测试背景

1.1 引言

近几十年来，随着技术的发展，器件与连线的尺寸按摩尔定律预测的那样缩小，导致单个芯片中的门密度和设计复杂性持续增长。近乎纳米级的制造过程引入了更多的加工误差。未被当前误差模型涵盖的新误差机制也出现在基于新技术和新材料的设计制造过程中。与此同时，随着电源电压的降低和工作频率的提高，电源与信号的完整性受到影响，使得系统中违反预设时序的故障数量增加。在这种情况下，超大规模集成电路（Very Large Scale Integration，VLSI）测试变得越来越重要，其对验证设计的正确性与加工过程的正确性提出了新的挑战。图1.1给出了一个简要的集成电路（Integrated Circuit，IC）生产流程。在设计阶段，测试模块被插入到网表并被合成到布局中。设计者需考虑仿真与实际运行模式间的区别（如生产过程差异、温度变化和时钟抖动等引起的不确定性），并谨慎地设置系统时序。然而，由于设计与制造过程并不完美，其间所产生的误差和缺陷可能使得芯片违反时序约束并引起功能故障。逻辑漏洞、制造误差以及有缺陷的封装工艺都可能产生故障。因此，筛查有缺陷的芯片，防止将其交付给顾客以减少产品回收，这已成为一种强制性要求。

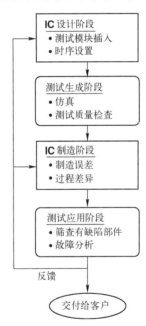

图1.1 IC设计、制造与测试流程

通过测试收集到的信息不仅可以防止不合格的产品流入顾客手中，同时也可用作反馈信息来优化设计与制造过程（参见图1.1）。因此，VLSI测试提高了制造业的水平及利润。

1.2 测试成本和产品质量

尽管高测试质量是大家所喜欢的，但它总会伴随着高测试成本。为了以最低成本达到要求的测试质量，必须在测试质量与测试成本之间进行折中考虑[1]。本节我们介绍测试成本、VLSI成品率及产品质量的概念。这些概念用于电路测试时，会从经济学的角度出发形成可测性设计（Design For Testability，DFT）[2]。

1.2.1　测试成本

测试成本包括自动测试设备（Automatic Test Equipment，ATE），这是初始化及运行的成本、测试开发成本，包括 CAD 工具，测试向量生成器，测试编程成本[3]以及可测性设计（DFT）的成本[4]。使用扫描设计技术可以显著减少测试生成成本，而内置自测试法（Built-in Self-test，BIST）可降低自动测试设备的复杂度与成本[5]。

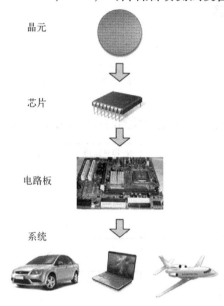

晶元

芯片

电路板

系统

图 1.2　测试级别：晶元级、芯片级、板级和系统级

如图 1.2 所示，电子行业需要在不同级别上测试芯片。在半导体器件制造过程中，需采用自动测试设备对晶元进行测试。在这一过程中，晶元上的每一个器件都通过特殊的测试模式来测试其是否存在功能缺陷。之后，晶元被切成矩形块，每一块都称为一个晶片。然后，每一个好的晶片被封装起来成为芯片，最后再对所有芯片进行测试（类似晶元的 ATE 测试）。

把芯片交付给客户后，根据经验法则[6]，还需再次对它们进行 PCB 板级测试和系统级测试。在板级维修或更换有缺陷的 ASIC 通常比在芯片级贵 10 倍。若板级测试过程中未发现芯片故障并将其组装到系统中，在系统级发现芯片故障所导致的花费将比板级高 10 倍。从 1982 年第一次引入经验法则以来，系统复杂度已大幅提高，成本也增长了 10 余倍。对飞机而言，一个在测试中未能发现的芯片故障可能导致成千上百万倍的损失。因此，VLSI 测试对于达到芯片的"零缺陷"目标极为重要。

1.2.2　缺陷、成品率和缺陷等级

生产缺陷是一种由制造过程中的误差引起的、带有电路故障的部分芯片区域。晶元上的缺陷可能是由工艺变化引起的，例如晶元材料和化学物质中的杂质、投影系统中或掩膜层上的尘埃颗粒、掩膜错位、故障的温控等。典型的故障有：金属线开路/缺失/短路、晶体管缺失、不正确的掺杂、无效的过孔、电阻开路过孔及其他可能导致电路损坏的情况。一个无制造缺陷的芯片被称为完好芯片。在制造过程中生产完好芯片的比例（或百分比）被称为成品率。成品率用符号 Y 表示。对于芯片面积 A，当故障密度为 f（f 为单位面积平均故障数），故障聚集参数为 β，故障覆盖率为 T 时，成品率方程如下所示[5]：

$$Y(T) = \left(1 + \frac{TAf}{\beta}\right)^{-\beta} \tag{1.1}$$

假设测试具有 100% 的故障覆盖率（$T = 1.0$），去掉所有缺陷芯片后，成品率 $Y(1)$ 为

$$Y = Y(1) = \left(1 + \frac{Af}{\beta}\right)^{-\beta} \tag{1.2}$$

好的测试过程可排除大多数缺陷部件。然而，即便可以排除所有的缺陷芯片，仅靠它也

无法提高制造过程成品率，除非将测试过程收集到的诊断信息反馈给设计和制造过程。这里有两种方法改善制造过程成品率[5]：

1. 缺陷诊断与修复。将被诊断出有缺陷的零件进行修复。虽然这样提高了收益率，但生产成本也增加了。

2. 过程诊断与校正。识别系统缺陷及其产生根源，一旦在制造过程中该根源被消除，就可以提高成品率。过程诊断是提高成品率的首选手段。

用于衡量测试的有效性及产品质量的一种量度称为缺陷等级（Defect Level，DL），它被定义为故障芯片的数量与通过检测的芯片数量之比，其单位是百万分比（ppm）。对于商业型 VLSI 芯片，DL 超过 500 ppm 是不可接受的。

有两种方法可用来鉴定缺陷等级。一种来自现场返回数据。在现场出现故障的芯片将被返回给制造商。每一百万出货芯片中返回的芯片数量即为缺陷等级。另一种方法是使用测试数据。该方法分析芯片故障覆盖测试和芯片辐射率，并利用改进的成品率模型来计算缺陷等级。其中，芯片的辐射率指芯片在测试向量下的失效概率，即 $1 - Y(T)$。

当芯片测试具有故障覆盖率 T 时，缺陷等级由下式给出[5]：

$$\text{DL}(T) = \frac{Y(T) - Y(1)}{Y(T)} = 1 - \frac{Y(1)}{Y(T)} = 1 - \left(\frac{\beta + TAf}{\beta + Af}\right)^{\beta} \tag{1.3}$$

其中，Af 是在面积为 A 的芯片上故障的平均数量，β 是故障聚集参数。Af 和 β 由分析测试数据得到。该方程定义计算出归一化的 DL，再乘以 10^6 以得到 ppm。对于零故障覆盖的情况，$\text{DL}(0) = 1 - Y(1)$，其中 $Y(1)$ 是制造过程成品率。对于 100% 的故障覆盖率，有 $\text{DL}(1) = 0$。

另一个计算缺陷等级的公式和成品率及故障覆盖率有关，对于分散的随机故障[22]，有

$$\text{DL}(T) = 1 - Y^{1-T} \tag{1.4}$$

其中，T 为测试的故障覆盖率，Y 为"测试完好的器件数"与"测试或生产的器件总数"之比。

1.3　测试生成

1.3.1　结构测试与功能测试的对比

过去，功能测试模式用于验证输出端是否产生了故障。一个完整的功能测试会检测真值表的每个入口，并通过少量测试来实现。然而，随着输入个数的增加，要测试所有可能输入组合，其难度呈指数增长。对于有几百个输入的真实电路，这样的测试时间将变得非常长，因而并不实用。1959 年，Eldred 设计了一种测试方法，该方法从大型数字系统中主要的输出端来观察内部信号状态[7]。这样的测试被称为结构测试，因为它们依据的是电路的特定结构（门类型、互联、网表）[5]。在过去的十年里，结构测试凭借其可控的测试时间，已经变得越来越具有吸引力。

结构测试被视为白盒测试，因为生成测试向量时需要利用系统内部的逻辑信息。结构测试并未直接去确定电路的整体功能是否正确。相反，它是从网表中指定的低级电路元件中检测电路是否正确组装。若确认电路元件被正确组装，那么这个电路功能就是正确的。功能测试是验证待测电路是否按照功能规范进行运行，它可被看为黑盒测试。针对功能的自动测试

模式生成（Automatic Test-Pattern Generation，ATPG）技术（详见 1.3.4 节），可为所有的电路输入输出组合产生一套完整的测试集，以完全验证电路的功能。图 1.3 显示了一个 64 比特的串行进位加法器和加法器中单个比特部分的逻辑电路。从图 1.3（a）可见，该加法器有 129 个输入和 65 个输出。因此，要采用功能模型完整地测试它，我们需要 $2^{129} = 6.80 \times 10^{38}$ 个输入向量，同时要验证 $2^{65} = 3.69 \times 10^{19}$ 个输出响应。假设采用运行频率为 1GHz 的 ATE，电路也可工作于 1GHz 频率下，要测试完所有模式需要耗费 2.15×10^{22} 年。考虑到大多数电路规模要比这个简单的加法器大得多，所以，在大多数情况下要完成完备的功能测试是不切实际的。目前只有少量功能测试模式能发现严重的芯片缺陷。但是对于某些应用而言（比如微处理器），功能测试仍是一个很重要的部分。将结构测试应用到这个 64 位加法器电路时，测试速度将变得非常快。若我们忽视图 1.3（b）中的等效故障，每比特的加法逻辑共有 27 个固定型故障。对于一个 64 位加法器，将有 $27 \times 64 = 1\,728$ 个故障，因而至多需要 1 728 种测试模式。采用 1GHz ATE 执行完这些测试模式仅需 0.000 001 728 s。由于这种模式设置覆盖了这个加法器中所有可能的固定型故障，它与功能测试模式具有相同的故障覆盖率，从而我们可以看出结构测试的优越性与重要性。

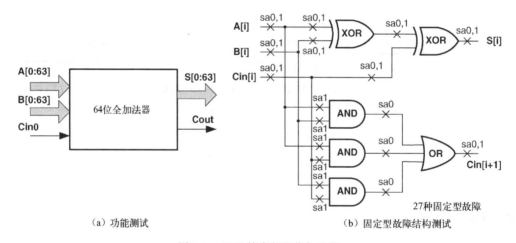

（a）功能测试　　　　　　　　　　　　（b）固定型故障结构测试

图 1.3　64 比特串行进位加法器

1.3.2　故障模型

三种术语常用来描述电路系统的异常：

- 缺陷：电路系统的缺陷是指所实现的硬件与预期的设计之间意想不到的差别。VLSI 芯片中典型的缺陷有：过程缺陷、材料缺陷、老化缺陷和封装缺陷。
- 错误：由一个有缺陷的系统产生的不正确的输出信号，被称为错误。错误是由某些"缺陷"导致的。
- 故障：缺陷在功能级的表现被称为故障。

故障模型是一种对缺陷如何改变设计行为的数学描述。若将测试模式应用到设计中，观察到原设计与有故障的设计在电路的一个或多个主输出端的逻辑值有不同，则称通过一种测试模式检测到了一个故障。目前，已设计出多种故障模型来描述不同类型的物理缺陷。现代 VLSI 测试的最常见的故障模式包括：固定型故障、桥接型故障、延迟型故障（转换延迟故障和路径延迟故障等）、开路和短路故障等。

- 固定型故障：逻辑门或触发器的输入或输出信号固定为逻辑 0 或 1，而与电路输入无关。单个的固定型故障被广泛使用，例如：每条线两种故障，固定 1 型（Sa1）或者固定 0 型（Sa0）。电路中一个固定型故障的例子如图 1.3 所示。
- 桥接型故障：两个不应该被连接在一起的信号连接在了一起。根据所采用的逻辑电路，这可能会形成"线或"或者"线与"的逻辑功能。尽管可能有 $O(n^2)$ 个桥接型故障，但它们通常仅发生在设计中物理相邻的信号上。桥接型故障的 7 种典型形式如图 1.4 所示。这些类型源自 DRC 和 DFM 规则。已知桥接型故障的布局特点有[8]：
  - 类型 1：边到边；
  - 类型 2：角到角；
  - 类型 3：过孔到过孔；
  - 类型 4：线尾；
  - 类型 5：宽金属上的边到边；
  - 类型 6：过孔角到过孔角；
  - 类型 7：最小宽度的边到边。

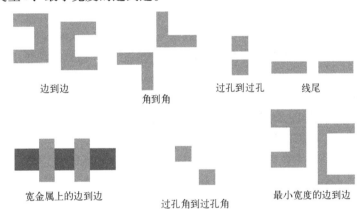

边到边　　　　角到角　　　　过孔到过孔　　线尾

宽金属上的边到边　　过孔角到过孔角　　最小宽度的边到边

图 1.4　7 种桥接型故障[26]

- 延迟型故障：延迟型故障使信号传播比平时慢，并导致电路的组合延迟超过时钟周期。具体的延迟型故障有：转换延迟故障（Transition Delay Fault，TDF）、路径延迟故障（Path Delay Fault，PDF）、逻辑门延迟故障、线路延迟故障与分段延迟故障。在它们之中，缓慢上升和缓慢下降的 PDF 和 TDF 是最常见的。路径延迟故障模型针对的是一条路径中的门的整个列表的累计延迟，而转换延迟故障模型则针对的是设计中每个门的输出。
- 开路和短路故障：MOS 晶体管被看作一个理想的开关。开路和短路故障模型将开关永久设为开路或短路状态，且假设一个晶体管只能为开路或短路中的一种故障。开路故障的影响类似于逻辑门的输出引脚悬空。因此，可以通过检测门的输出引脚来检测一个固定型的开路故障。短路故障的影响是它短接了电源线和地线。这种故障可用静态电流测量（IDDQ）来进行检测。

1.3.3　可测性：可控性和可观察性

可测性由可控性和可观察性来表示，它量化地表示了设置、观察电路内部信号的难度。

可控性被定义为将一个特定的逻辑信号设置为 0 或 1 的难度；可观测性被定义为观测一个逻辑信号状态的难度。可测性分析可得到测试电路内部部件的难易程度，从而可在此基础上通过重新设计电路或往电路中添加特殊的测试硬件（测试点）来提高电路可测性。它也可被用来指导算法生成测试模式，以避免使用难以控制的线路。启发式的测试生成算法，通常是将某些类型的可测性措施作用到其启发式操作上，以加快测试向量的生成过程。通过可测性分析，可以估计出故障覆盖率、不可测故障的数量和测试向量的长度。

可测性分析通常需要在不具备测试向量和不使用搜索算法的前提下，分析电路的拓扑结构。该方法具有线性复杂度。SCOAP 就是由 Goldstein 等人提出的一个系统而高效的算法[9]，它被广泛用于计算可控性和可观测性。它包括电路中每个信号（l）的 6 个测量数值，常用的三种组合测量方式为：

- CC0(l)：组合 0 - 可控性，它表示将线路设置为逻辑 0 的难度；
- CC1(l)：组合 1 - 可控性，它表示将线路设置为逻辑 1 的难度；
- CO(l)：组合的可观测性，它描述了观察一条线路的难度。

类似地，也有三种时序测量方式，其中 SC0(l) 为时序 0 - 可控性，SC1(l) 为时序 1 - 可控性，SO(l) 为时序可观测性。通常，三种组合测量值与信号（可被用来控制或观察信号 l）的数量相关。三种时序测量值与需要控制或观察的时间帧数（或时钟周期）相关[5]。可控性范围在 1 到无穷大之间，而可观测性范围是从 0 到无穷大。测量值越高，控制或观察这条线路就越困难。

根据 Goldstein 的方法[9]，计算组合和时序测量值的方法如下：

1. 对所有的主要输入 I，设置 CC0(I) = CC1(I) = 1 且 SC0(I) = SC1(I) = 0；对其他所有节点，设置 CC0(N) = CC1(N) = SC0(N) = SC1(N) = ∞。

2. 从主要输入开始到主要输出，使用 CC0、CC1、SC0 和 SC1 将逻辑门和触发器的输入可控性映射到输出可控性上。反复迭代，直到带反馈环的可控性数值稳定。

3. 对所有的主要输出 U，设置 CO(U) = SO(U) = 0；对其他所有节点（N），设置 CO(N) = SO(N) = ∞。从主要输出着手反推到主要输入，使用 CO 和 SO 等式及预先计算出的可控性数值，将门和触发器输出节点的可观测性映射到输入的可观测性上。对具有分支 Z1，…，ZN 的扇出源 Z，有 SO(Z) = min(SO(Z1)，…，SO(ZN)) 及 CO(Z) = min(CO(Z1)，…，CO(ZN))。

4. 若任意节点保持 CC0/SC0 = ∞，则这个节点是 0 - 不可控的。若任意节点保持 CC1/SC1 = ∞，则该节点是 1 - 不可控的。若任意节点保持 CO = ∞ 或 SO = ∞，则该节点是不可观察的。这些是充分不必要条件。

对单个逻辑门的可控性计算，若仅将一个输入设置为一个控制值就可得到一个逻辑门的输出，则：

$$输出可控性 = \min(输入可控性) + 1 \tag{1.5}$$

若一个逻辑门的输出需要通过将所有的输入设置为非控制值来产生，则：

$$输出可控性 = \sum(输入可控性) + 1 \tag{1.6}$$

若一个输出可由多个输入集控制，如异或门，则：

$$输出可控性 = \min(输入集合的可控性) + 1 \tag{1.7}$$

对一个输入信号需要被观察的逻辑门：

输入可观测性 = 输出可观测性 + $\sum$（设置其他所有引脚为非控制值的可控性）+ 1 　　（1.8）

图 1.5 显示了用 SCOAP 对 AND 门、OR 门和 XOR 门进行可控性与可观测性计算的例子。

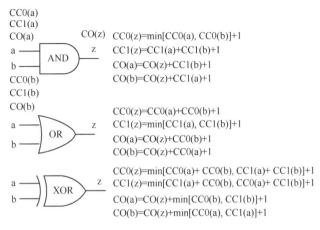

图 1.5　SCOAP 可控性和可观测性计算

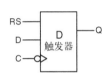

图 1.6 展示了可复位的、下降沿触发的 D 触发器（D Flip-Flop，DFF）。组合可控性 CC1 或 CC0 需要测量在电路中有多少条线路必须置为特定值，以使得 D 触发器输出信号 Q 为 1 或 0，而时序可控性 SC1 或 SC0 则测量在电路中的触发器必须被计时多少次时能使得 Q 为 1 或 0。为了控制 Q 为 1，必须将输入 D 设置为 1，并在引脚 C 上给出一个时钟下降沿。同时，复位信号线 RS 需要保持为 0。注意，当

图 1.6　可复位、下降沿触发的 D 触发器

信号从触发器的输入传输到输出时，时序测量需要加 1。因此，CC1(Q) 和 SC1(Q) 用以下方式计算：

$$CC1(Q) = CC1(D) + CC1(C) + CC0(C) + CC0(RS)$$
$$SC1(Q) = SC1(D) + SC1(C) + SC0(C) + SC0(RS) + 1 \qquad (1.9)$$

有两种方法可将 Q 置为 0。一种是在时钟 C 为 0 期间，使复位信号 RS 有效；另一种是在输入端 D 输入一个 0。因此，CC0(Q) 和 SC0(Q) 采用如下等式进行计算：

$$CC0(Q) = \min\big[CC1(RS) + CC1(C), CC0(D) + CC1(C) + CC0(C) + CC0(RS)\big]$$
$$SC0(Q) = \min\big[SC1(RS) + SC0(C), SC0(D) + SC1(C) + SC0(C) + SC0(RS)\big] + 1 \qquad (1.10)$$

保持 RS 为低电平并在时钟线 C 的下降沿到达时，在 Q 端可观测到输入 D 的值：

$$CO(D) = CO(D) + CC1(C) + CC0(C) + CC0(RS)$$
$$SO(D) = SO(D) + SC1(C) + SC0(C) + SC0(RS) + 1 \qquad (1.11)$$

当设置 Q 为 1 并使用 RS 时，可观察到 RS：

$$CO(RS) = CO(Q) + CC1(Q) + CC0(C) + CC1(RS)$$
$$SO(RS) = SO(Q) + SC1(Q) + SC0(C) + SC1(RS) + 1 + 1 \qquad (1.12)$$

有两种方法直接观测到时钟 C 的变化情况：（1）设 Q 为 1 并从 D 输入一个 0；（2）复位触发器并从 D 输入一个 1。因此：

$$CO(C) = \min\big[CO(Q) + CC0(RS) + CC1(C) + CC0(C) + CC0(D) + CC1(Q),$$
$$CO(Q) + CC1(RS) + CC1(C) + CC0(C) + CC1(D)\big]$$

$$SO(C) = \min\left[SO(Q) + SC0(RS) + SC1(C) + SC0(C) + SC0(D) + SC1(Q), \right.$$
$$\left. SO(Q) + SC1(RS) + SC1(C) + SC0(C) + SC1(D) \right] + 1 \tag{1.13}$$

1.3.4 自动测试模式生成（ATPG）

ATPG 是一种用来自动寻找输入（或测试）序列的电子设计自动化（Electronic Design Automation，EDA）技术，当将这个输入序列用到数字电路中时，测试者能区分出正确的电路行为和由缺陷导致的故障电路行为。这些算法通常包含一个故障生成程序，该程序会创建使系统崩溃的最小故障列表，以便设计者无须关注故障生成是否合理[5]。可控性和可观测性的测量方法可用到所有主流的 ATPG 算法中。ATPG 的有效性是通过检测到的模型缺陷或故障模型的数量或它能产生的模式数量来衡量的。这些指标通常表明测试质量（故障检测越充分，测试质量越高）和测试应用时间（测试模式越多，测试应用时间越长）。ATPG 的效率是另一个需要考虑的重要方面，它受到以下因素的影响：关注的故障模型、测试电路类型（全扫描式，同步时序或异步时序）、用于表示测试电路的抽象级（门级、RTL 级、开关级）以及所需的测试质量等[10]。

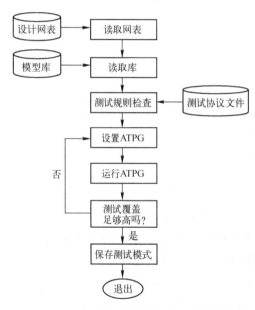

图 1.7 EDA 工具中基本的 ATPG 运行流程

如今，由于电路尺寸和推向市场的时间需求，所有的 ATPG 算法都通过 EDA 工具实现。图 1.7 显示了在 EDA 工具中基本的 ATPG 运行流程。该工具首先读取设计网表和模型库，然后建立模型，之后检查测试协议文件中指定的设计规则。若在这一步骤中发生违规行为，EDA 工具会根据严重程度以警告或故障的形式对其进行报告。此外，根据用户指定的 ATPG 约束，EDA 工具可以执行 ATPG 分析并生成测试模式集。若测试覆盖率满足了用户的需求，测试模式将会以特定的形式保存在文件夹中。否则，用户就可以修改 ATPG 设置和约束并重新运行 ATPG。

需要注意的是，有两种关于覆盖率的度量：测试覆盖率与故障覆盖率。测试覆盖率是检测到的故障与可检测故障之比，它给出了对测试模式质量最有意义的测量方法。故障覆盖率则是指所有故障检测的百分比。对检测不到的故障，其覆盖率为零。通常情况下，测试覆盖率用于测量 ATPG 工具产生的测试模式的有效性。

1.4 结构化的可测性设计技术概述

1.4.1 可测性设计

可测性设计（DFT）技术现在被广泛应用于集成电路领域。"DFT"是一个常用术语，它被应用于更全面、更低成本的测试方法设计中。总体来看，DFT 通过采用额外的硬件电路来完成测试。额外的测试电路提供了对内部电路元件的增强型访问。通过这些测试电路，可以更容易地控制和/或观测局部的内部状态，这样 DFT 对内部电路增加了更多的可控性和可观察性。DFT 在测试程序的发展过程中起到了重要作用，同时其还可作为应用测试与故障诊断的接口。恰当地执行 DFT 法则，系统设计的很多优势就会随之而来，因此也能更容易检测并定位出故障。总的来说，在开发周期中集成 DFT 有以下好处：

- 提高故障覆盖率；
- 减少测试生成时间；
- 缩短测试长度并减少测试存储量；
- 减少测试应用时间；
- 支持层次化的测试；
- 实现并行工程；
- 降低生命周期成本。

这些优势的额外代价是需要更多的引脚，从而占用更多面积并导致成品率降低、性能退化和设计时间增长。但由于 DFT 减少了芯片的整体费用，因此它仍然是一种低廉而有效的技术手段并广泛应用于 IC 行业。

电子系统中有三类部件需要测试：数字逻辑、内存块、模拟或模/数混合信号电路。每种部件都有特定的 DFT 方法。数字电路的 DFT 方法包括：Ad-hoc 法和结构法。Ad-hoc DFT 法依赖于良好的设计经验，并靠有经验的设计者去寻找出问题区域，再通过修改电路或插入测试点来提高这些区域的可测试性。Ad-hoc DFT 技术通常计算比较繁杂，而且不能保证从 ATPG 中取得好的结果。出于这些原因，对于大型电路，并不鼓励采用 Ad-hoc DFT。常见的结构法包括：扫描、部分扫描、BIST 以及边界扫描。在这些方法中，BIST 也被用于进行内存块的测试。接下来，我们将会对每一种结构化 DFT 技术进行一个简短介绍。

1.4.2　扫描设计：扫描单元、扫描链及扫描测试压缩

扫描是当下最流行的 DFT 技术。扫描设计指在一个设计中向所有或部分存储元件提供了简单的读/写访问。它可以直接控制存储元件设置为一个任意值（0 或 1），然后直接观察存储元件的状态，由此观察电路的内部状态。简单来说，扫描提高了电路的可控性和可观测性。

1.4.2.1　扫描单元

扫描设计可以通过在测试模式中用扫描触发器（Scan Flip-Flop，SFF）替换普通触发器，并将这些扫描触发器连接起来形成一个或多个移位寄存器来实现。图 1.8 显示了一个基于 D 触发器（DFF）设计的 SFF。在 DFF 前添加一个复用器来构建一种 D 型扫描触发器（SDFF）。使用测试使能信号 TE 控制 SDFF 的工作模式。当它为高电平时，就会选择测试模式，且扫描输入比特

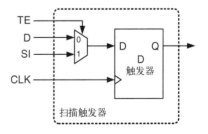

图 1.8　由 D 型触发器和多路复用器构成的扫描触发器（SFF）

SI 被用作 DFF 的输入。当测试有效信号为低电平时，SDFF 工作在功能模式。此时 SDFF 像普通的 DFF 一样，并从组合电路中取 D 的值作为 DFF 的输入。

SDFF 被广泛用于时钟边缘触发扫描设计，而电平敏感的扫描设计（Level-Sensitive Scan Design，LSSD）单元则用于对电平敏感的、基于锁存器结构的设计。图 1.9 显示了一个极性保持移位寄存器锁存器设计[11]，它可被用作 LSSD 扫描单元。这个扫描单元由两个锁存器组成，即主锁存器 L1（包含两个信号输入端口）和从锁存器 L2。D 是普通的数据信号，CK 是普通的时钟信号。线路 +L1 是普通信号的输出。线路 SI、A、B 和 L2 形成了锁存器的移位部分。SI 是移位数据输入端口，+L2 是移位数据输出端口。A 和 B 是两个相位不重叠的移位时钟。LSSD 扫描单元的主要优势是它能够用于基于锁存器结构的设计。此外，它还能避免往移位寄存器中插入多路复用器而导致的性能恶化。因为 LSSD 扫描单元是电平敏感的，所以采用了 LSSD 的设计必须是无竞争的电路。然而，这项技术需要额外的时钟线，这增加了布线的复杂性。因此它只能被用于慢速测试场景中，进行正常速度的测试对它而言几乎是不可能的。

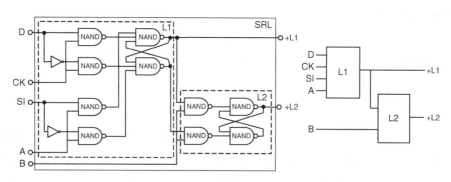

图 1.9　电平敏感的扫描设计（LSSD）单元

1.4.2.2　扫描链

图 1.10 显示了一条在时序电路设计中的扫描链。几个扫描触发器（SFF）被拼接在一起组成一条扫描链。当测试使能信号 TE 为高电平时，电路工作在测试（移位）模式。SI 输入沿着扫描链被移位；扫描链状态可以沿着扫描链被移出并在扫描输出（SO）引脚处观测到。测试程序通过将 SO 值与期望值进行对比来验证芯片的性能。

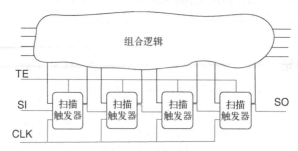

图 1.10　时序电路设计中的扫描链

通常，可采用多条扫描链来减少加载与观测时间。SFF 可被分成任意数量的扫描链，每一条都有独立的 SI 和 SO 引脚。扫描链的完整性必须在应用扫描测试序列之前进行测试。一个在扫描模式中（TC = 0）长度为 $n + 4$ 的移位序列 00110011… 在所有触发器中产生了 00、01、11 和 10 的转换，并在扫描链 SO 中观察到结果，其中 n 是最长扫描链中 SFF 的数量。

1.4.2.3　扫描测试压缩

随着芯片变得更大、更复杂，随之增加的测试数据量会导致测试时间和测试内存增加，因而会显著增加测试成本。对于一个基于扫描的测试，测试数据量与测试周期数成正比；而测试周期数和测试时间，与扫描单元数、扫描链及扫描模式有关，如下面的方程所示：

$$测试周期数 \approx \frac{扫描单元 \times 扫描模式}{扫描链}$$

$$测试时间 \approx \frac{扫描单元 \times 扫描模式}{扫描链 \times 工作频率} \tag{1.14}$$

尽管理论上增加工作频率能减少测试时间，实际上由于功耗和设计约束等原因，工作频率并不能被提高太多。

由于测试的成本很大程度上取决于测试数据的量和测试时间，因此芯片生产的关键需求之一就是大大降低它们，并由此产生了测试压缩技术。

当 ATPG 工具为一组故障生成测试向量时，向量中会含有大量无关紧要的比特。测试压缩就是利用一小部分重要值以减少测试数据和测试时间。总的来说，这个想法是改进设计，从而增加内部扫描链的数量以及缩短最大扫描链的长度。如图 1.11 所示，这些扫描链由一个片上解压缩器驱动，它们通常设计成允许连续流解压缩，当数据被传送至解压缩器时，将会加载内部扫描链[12]。有许多不同的解压缩方法可被使用[13]。一种常见的方法是线性有限状态机，它通过求解线性方程来计算压缩的激励。对于带有测试向量的工业电路而言，关键比特率处于 0.2% ~ 3% 之间，基于这种方法的测试压缩经常能得到 30 ~ 500 倍的压缩率[12]。

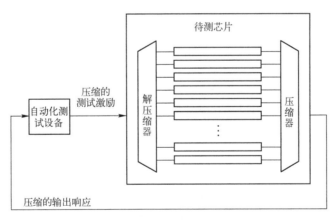

图 1.11　扫描测试压缩

需要一个压缩器将所有内部扫描链的输出压缩到输出引脚。正如在图 1.11 中所示，压缩器被插入到内部扫描链的输出与测试器扫描通道的输出之间。压缩器必须与数据解压缩器保持同步，而且必须能够处理未知状态 X，该状态可能来自于故障、多周期路径或其他未知的因素。

1.4.3　部分扫描设计

全扫描设计用 SFF 取代了所有的触发器，而部分扫描设计仅选择一部分触发器进行扫描，这样就提供了一种广泛的设计解决方案，折中考虑了可测性与扫描设计所带来的测试开销（比如面积和功耗）。

图 1.12 显示了部分扫描设计的概念。它与图 1.10 所示的全扫描设计不同，并非所有的触发器都是 SFF，且扫描操作和功能操作分别采用两个不同的时钟。

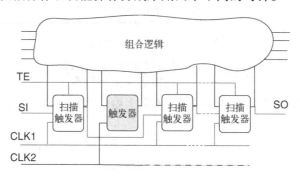

图 1.12　部分扫描设计

选择可提供最佳测试性能的触发器，是部分扫描设计过程中的关键部分。大多数 SFF 的选择方法是基于一个或多个下列技术：可测性分析、结构性分析和测试生成[14]。基于可测性的方法采用 SCOAP 法分析电路的可测性，并通过部分扫描提高可测性。然而，对于有复杂结构的电路而言，采用该技术无法达到足够的故障覆盖率。用结构性分析技术实现部分扫描选择的目的是去除电路中所有的反馈回路，这样为接下来的生成算法简化电路结构。这项技术的问题是，对于许多电路而言，破坏所有反馈回路无法达到期望的故障覆盖率。基于测试生成的方法则利用测试生成器的信息来选择扫描过程，其主要优势在于它可以将特定故障检测作为目标，而非简化电路或提升电路中特定区域的可测性。然而，它通常会导致较高的计算成本与存储需求[14]。

由于扫描操作采用独立的时钟，这样，非 SFF 的状态在扫描操作时被冻结，且任何状态都能被扫描进入扫描寄存器，但不会影响非 SFF 的状态。这样，用时序电路测试生成器就可以有效地生成测试向量。不过，在时钟信号的布线上，部分扫描设计面临需要多个时钟树以及对时钟偏移的严格约束的问题。

1.4.4　边界扫描

边界扫描技术利用移位寄存器来测试互连的逻辑电路和存储器。边界扫描寄存器由边界扫描单元组成，它们被嵌入到邻近的元件引脚，以便采用扫描测试原理来控制和观察元件边界处的信号。边界扫描控制器已经成为 SOC 设计的标准机制，用来启动和控制多个内部存储器的 BIST 控制器。边界扫描现在广为人知，并已成为 IEEE 标准，一些测试软件供应商都会为其提供自动解决方案，如 1990 年提出的 IEEE 1149.1，也称为 JTAG 或边界扫描标准。该标准致力于解决由于采用多引脚或 BGA 封装的器件、多层 PCB 和密集组装的电路板组件，而导致的物理访问丢失并引发的测试与诊断困难。该标准给出了用于测试和诊断制造缺陷的协议。它还提供对非易失性存储器（如 Flash）的板上编程，或对 PLD 和 CPLD 等器件的系统内编程。

图 1.13 显示了基本的边界扫描架构。被测逻辑电路连接到多个边界扫描单元上。当芯

片被生产时，这些单元与芯片中其他电路一起被制造出来。每个单元都能监测或激励电路中的一个点。然后这些单元被串联在一起，形成一个长的移位寄存器，其串行输入口输入指定的测试数据，其串行输出口则是 JTAG 中输出测试数据的基本 I/O。移位寄存器利用外部时钟信号（TCK）进行驱动。除了串行输入、串行输出和时钟信号，还会提供一个测试模式选择（TMS）输入和一个可选的测试复位引脚（TRST）。TMS、TCK 和 TRST 信号被应用于一个称为测试访问端口控制器的有限状态机中。根据外部指令，测试访问端口控制器可控制所有可能的边界扫描函数，其中，为了激励电路而移位输入的测试比特被称为一组测试向量。

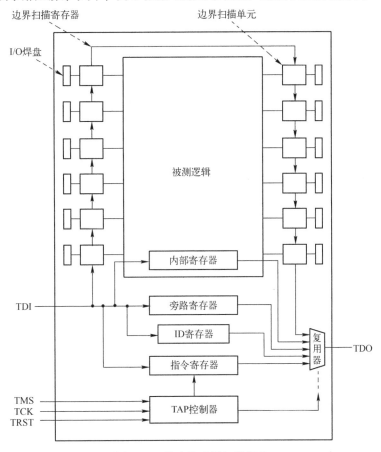

图 1.13　基本的边界扫描架构

边界扫描技术最主要的优势在于它能够独立地观察并控制应用逻辑的数据。它还减少了设备访问所需的总测试点数，因而可以减少电路板的制作成本并增加封装的元器件密度。在测试器上进行简单的边界扫描测试就可以找到制造缺陷，例如未连接好的引脚、缺失的器件，甚至是故障或失效的器件。此外，边界扫描提供了更好的诊断方法。有了边界扫描，扫描单元可以通过监测器件的输入引脚来观察器件的响应。这样就能很容易地隔离各种类型的测试故障。边界扫描可用于各级测试中的功能测试与调试，从芯片测试到板级测试。该技术甚至可用于硬件/软件集成测试，并提供系统级的调试能力[16]。

1.4.5　BIST 法

内置自测试（BIST）是一种把附加的硬件和软件功能插入到集成电路中，以完成自测

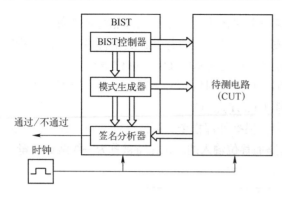

图 1.14　内建自测试（BIST）架构

的 DFT 方法。该方法减少了对外部 ATE 的依赖并因此降低了测试成本。BIST 的概念可应用于多种电路，也可以解决与外部引脚无直接连接的电路测试问题，比如测试芯片内部的嵌入式内存。图 1.14 显示了 BIST 的架构。在 BIST 中，测试模式生成器产生测试模式，而特征分析器（Signature Analyzer，SA）则比较测试响应。整个过程由 BIST 控制器进行控制。

最常见的两种 BIST 类别是逻辑 BIST（LBIST）和存储 BIST（MBIST）。LBIST 被设计来测试任意的逻辑电路，它通常采用一个伪随机模式生成器来产生应用于器件内部扫描链的输入模式，及一个多输入特征寄存器（Multiple Input Signature Register，MISR）来获得器件对这些测试输入模式的响应。一个不正确的 MISR 输出就表示了器件中的一个缺陷。MBIST 则专门用来测试存储器。它通常包含能收集存储器读 – 写 – 读时序的测试电路。复杂的读 – 写时序被称为算法，比如 MarchC、Walking 1/0、GalPat 和 Butterfly。文献 [17] 中给出了 MBIST 和 LBIST 的成本与收益模型，它分析了 BIST 对逻辑电路和存储器的经济效益。

采用 BIST 的优点包括：

- 降低测试成本，因为它减少或消除了采用 ATE 所需的外部电路测试；
- 提高可测性及故障覆盖率；
- 支持并行测试；
- 若 BIST 可以并行方式测试更多结构，则可缩短测试时间；
- 全速测试。

采用 BIST 的缺点包括：

- BIST 电路需要额外的面积、引脚数和功耗；
- 性能降低及定时问题；
- BIST 结果的正确性可能出现问题，因为片上测试硬件本身可能出现故障。

1.5　全速延迟测试

全速延迟测试被广泛用于测试与时序相关的故障。对当代半导体行业来说，其在测试流程中的应用已经司空见惯。本节我们将简要介绍全速延迟测试的基础，包括它的应用、使用的故障模型、测试时钟配置和某些在纳米级设计上应用延迟测试时遇到的一些挑战性问题。

1.5.1　为什么采用全速延迟测试

随着技术的发展，器件和互连线的特征尺寸缩小，导致芯片对片上噪声、工艺和环境变化以及各种不确定性变得越来越敏感。缺陷的范围在拓展，现在包括了更多的问题，例如高阻抗短路、内嵌式电阻、电源噪声及信号间的串扰，这些问题通常不容易被传统的固定性故障模型检测到。而目前和时序相关的缺陷（如建立/保持时间错误），其数量正在增加，这导致成品率下降以及可靠性降低。因此，采用了转换故障模型与路径延迟故障模型的结构化延迟测试被广泛使用，因为它们具有低实现成本及高测试覆盖率的优势。转换故障测试是将延迟缺陷建模为大型门延迟故障，用以检测与时序相关的缺陷的。当敏感路径通过故障点时，故障就可能影响到电路的性能。然而，有许多路径都会经过故障点，所以，转换延迟故障通常通过短路径来进行检测。但是，小的延迟故障只能通过长路径来检测。因此，如何选择关键（长）路径进行路径延迟故障测试就变得非常重要了。此外，当测试速度低于运行速度时，小的延迟故障很可能被忽略。因此，利用全速测试增加延迟故障覆盖率成为首选方案。据报告称[18]，当全速测试被添加到传统故障检测中时，缺陷率可以减小 30% ~ 70%。

1.5.2　全速测试基础：发射捕获和发射偏移

转换故障模型和路径延迟故障模型是全速延迟测试中最常采用的两种故障模型。路径延迟故障模型针对预定路径上的全部门列表的累积延迟，而转换故障模型则针对设计中每个门输出的一个缓慢上升和缓慢下降的延迟故障[5]。转换故障模型比路径延迟故障模型使用更为广泛，因为它测试了设计中所有网络上的全速故障，且总故障列表等于网络数的两倍。另一方面，在现代设计中存在数亿条路径需要测试路径延迟故障，这将会导致出现大量的分析工作。这使得路径延迟故障模型比转换故障模型成本更高。

与固定故障模型中的静态测试相比，全速测试逻辑需要具有两个向量的测试模式。第一个向量沿着一条路径启动一个逻辑转换值，第二个向量则在一个由系统时钟速度确定的特定时间捕获被测逻辑的响应。若捕获的响应表明所涉及的逻辑未能如预期那样在周期内完成转换，则这条路径就无法通过测试并被认为有缺陷。

基于扫描的全速延迟测试利用发射捕获（Launch-Off-Capture，LOC 模式，也称 Broadside 模式[19]）和发射偏移（Launch-Off-Shift，LOS 模式）来实现延迟测试。LOS 测试通常更高效，可用更少的测试向量获得更高的故障覆盖率，但它需要一个大多数系统都不支持的快速扫描使能信号。因此，基于 LOC 的延迟测试更具有吸引力，并被更多的行业设计所使用。图 1.15 显示了 LOC 和 LOS 全速延迟测试的时钟与测试使能波形。从图 1.15 中，我们可以

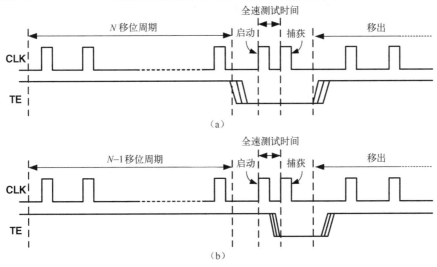

图 1.15　用于 LOC 和 LOS 全速延迟测试的时钟和测试使能波形

看到，LOS 对 TE 信号时序有很高的要求。全速测试需要一个全速测试时钟来控制时序，全速测试时钟有两个主要来源，一个是外部 ATE，另一个是片上时钟。由于测试器的复杂性与成本增加，对时钟的速度与精度要求也相应提高，并导致越来越多的设计需要一个锁相环或其他片上时钟产生电路来支持内部时钟源。比起采用 ATE 时钟，使用这些功能性时钟进行测试能提供更多优点：第一，当测试时钟精确匹配到功能性时钟上时，测试时序更加精准；第二，高速片上时钟减少了对 ATE 的需求，因此可采用更便宜的测试器[18]。

1.5.3　全速延迟测试的挑战

随着电路复杂度和系统工作频率的增加，功率完整性和时序完整性对电路设计与测试来说变得越来越重要。信号耦合效应造成的测试功率消耗、电源噪声和串扰噪声，以及片上温度不均匀所造成的热点，会显著影响芯片的产量和可靠性。如图 1.16 所示，随着工艺尺寸的缩小，由信号线间的耦合效应及电源与地线上的 IR 压降所引起的延迟占据了信号延迟的大部分比例。电源噪声和串扰噪声逐渐变成影响电路时序完整性的两大重要噪声。当今芯片的低电压设计使得信号的抗干扰能力更低，因而与电源完整性相关的信号完整性问题变得更加突出[21]。许多高端芯片的内核电压降到了 1 V 甚至更低，导致能容忍电压波动的容限变小。同时，开关噪声可能引起"地信号"波动，并引起难以隔离的信号完整性问题与时序问题。在 90 nm 及以下工艺中，电源、时序和信号完整性是相互依赖的。

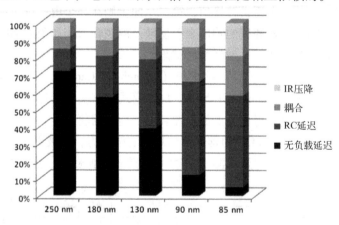

图 1.16　纳米工艺下节点寄生效应的增加[20]

时序故障通常是一个设计中的薄弱点与异常的硅材料相结合的产物，它会降低设计的抗噪性能并导致信号完整性的问题。例如，一个较差的电源规划或未供电的过孔能够引发一些测试向量的片上功率下降。功率下降会影响一条关键路径上的门电路，并可能导致时序故障。这种故障只能用某些测试向量作为输入来激励才能发现。若相应的测试向量未被包含在测试模式集中，则故障就不会被检测到并在芯片投入使用前无法再现。现有的 ATPG 工具并未考虑到布局上的开关分布及模式所引起的噪声。有一些未被检测到的和被顾客返回的"未发现问题"的芯片，它们正是在 ATPG 工具生成的、布局未知的测试模式中通过了测试。因此，高质量的测试模式是十分必要的，可用它们来捕获在生产测试中由噪声引起的延迟问题，并在诊断过程中识别出与噪声相关的故障[23-25]。

参考文献

1. Druckerman H, Kusco M, Peteras S, and Shephard P III (1993) Cost trade-offs of various design for test techniques. Proc Econo Des Test Manuf, pp 45–50

2. Agrawal VD (1994) A tale of two designs: the cheapest and the most economic. J Electron Test 2–3(5): 131–135

3. Dear ID, Dislin C, Ambler AP, Dick JH (1991) Economic effects in design and test. IEEE Design Test Comput 8(4): 64–77

4. Pittman JS, Bruce WC (1984) Test logic economic considerations in a commercial VLSI chip environment. In: Proceedings of the International Test Conference, October 1984, pp 31–39

5. Bushnell ML, Agrawal VD (2000) Essentials of Electronic Testing for Digital, Memory, and Mixed-signal VLSI Circuits. Kluwer Academic Publishers, Dordrecht (Hingham, MA)

6. Davis B (1982) The Economics of Automatic Testing. McGraw-Hill, London, United Kingdom

7. Eldred RD (1959) Test routines based on symbolic logical statements. J ACM 6(1): 33–36

8. Keim M, Tamarapalli N, Tang H, Sharma M, Rajski J, Schuermyer C, Benware B (2006) A rapid yield learning flow based on production integrated layout-aware diagnosis. In: ITC. Paper 7.1

9. Goldstein LH (1979) Controllability/observability analysis of digital circuits. IEEE Trans Circuits Syst CAS-26(9): 685–693

10. Martin G, Scheffr L, Lavagno L (2005) Electronic Design Automation for Integrated Circuits Handbook. CRC Press, West Palm Beach, FL, USA, ISBN: 0849330963

11. Eichelberger EB, Williams TW (1977) A logic design structure for LSI testability. In: Proceedings of the Design Automatic Conference, June 1977, pp 462–468

12. Rajski J, Tyszer J, Kassab M, Mukherjee N (2004) Embedded deterministic test. IEEE Trans Comput Aided Design 23(5): 776–792

13. Touba NA (2006) Survey of test vector compression techniques. IEEE Design Test Comput 23(4): 294–303

14. Boppana V, Fuchs WK (1996) Partial scan design based on state transition modeling. In: Proceedings of the International Test Conference (ITC'96), p 538

15. IEEE Standard 1149.1–2001 (2001) Standard test access port and boundary-scan architecture. IEEE Standards Board

16. Oshana R (2002) Introduction to JTAG. In: EE Times Design, 29 October 2002

17. Lu J-M, Wu C-W (2000) Cost and benefit models for logic and memory BIST. In: Proceedings of the DATE 2000, pp 710–714

18. Swanson B, Lange M (2004) At-speed testing made easy. In: EE Times, vol 3, June 2004

19. Savir J, Patil S (1994) On broad-side delay test. In: Proceedings of the IEEE 12th VLSI Test Symposium (VTS 94), pp 284–290

20. Bell G (2004) Growing challenges in nanometer timing analysis. In: EE Times, 18 October 2004

21. Maliniak D (2005) Power integrity comes home to roost at 90 nm. In: EE Times, 03 February 2005

22. Williams TW, Brown NC (1981) Defect level as a function of fault coverage. IEEE Trans Comput C-30(12): 987–988

23. Ma J, Tehranipoor M (2009) Layout-aware pattern generation for maximizing supply noise effects on critical paths. In: Proceedings of IEEE 27th VLSI Test Symposium (VTS'09), pp 221–226

24. Ma J, Ahmed N, Tehranipoor M (2011) Low-cost diagnostic pattern generation and evaluation procedures for noise-related failures. In Proceedings of IEEE 29th VLSI Test Symposium (VTS'11), pp 309–314

25. Ma J, Lee J, Ahmed N, Girard P, Tehranipoor M (2010) Pattern grading for testing critical paths considering power supply noise and crosstalk using a layout-aware quality metric. In: Proceedings of GLSVLSI'10, pp 127–130

26. Goel SK, Devta-Prasanna N, Ward M (2009) Comparing the effectiveness of deterministic bridge fault and multiple-detect stuck fault patterns for physical bridge defects: a simulation and silicon study. In: Proceedings of International Test Conference (ITC'09), pp 1–10

第 2 章　哈希函数[①]的硬件实现

2.1　加密哈希函数概述

哈希算法是一种基本的加密算法。哈希算法将任意长度的消息作为输入，并产生散列或消息摘要作为输出。该过程可表示为

$$h = H(M)$$

其中 M 是输入消息，h 是由哈希算法 H 生成的散列。通常，散列 h 的大小由算法确定。对于加密的哈希函数，散列长度应足够大，以防止两个或多个消息生成相同散列。目前，最常用的哈希算法是 MD5[1] 和 SHA-2[2]。

通常，加密的哈希算法应具有以下属性：

- **抗原像**。给定一个散列 h，很难找到一个消息 M 使得 $h = H(M)$。这是单向属性的一部分，即从一个消息很容易计算出散列，但从散列来推导一个消息却异常困难。
- **抗第二原像**。给定一个消息 M_1，很难找到另一个消息 M_2，使得 M_1 和 M_2 能产生一样的散列。这是因为输入端的任何变化都会导致散列的剧烈改变。
- **抗碰撞**。很难找到两个消息 M_1 和 M_2，满足 $M_1 \neq M_2$，而 $H(M_1) = H(M_2)$。

一个既能抗原像又能抗第二原像的散列函数被称为单向哈希函数。注意原像抗性并不隐含具有第二原像抗性，反之亦然。如果一个散列函数抗碰撞（抗第二原像也一样），它就是一个抗碰撞的散列函数（Collision Resistant Hash Function，CRHF）。尽管抗碰撞不能保证抗原像，但实际运用中的大多数 CRHF 表现出了原像抗性[3]。

2.1.1　构建哈希函数

哈希函数可以用多种方法构建。图 2.1 中给出的 Merkle-Damgård 模型在过去曾表现出了良好的性能[4]，并被运用于许多成功的哈希函数设计之中，例如 MD5 和 SHA-2。在此模型中，消息被填充并分割成均匀长度的块。接下来，用压缩函数 F 按顺序对这些块进行处理。从一个初始散列开始，F 反复由前一个值和一个新消息块生成一个新的中间散列值。最终压缩函数的输出为信息的散列。Merkle-Damgård 模型使得管理大量输入和产生固定长度的输出变得更容易。此方案的安全性取决于压缩函数 F 的安全性。可以证明，若压缩函数 F 具有防碰撞特性，则由 Merkle-Damgård 模型构造出的哈希函数也具有防碰撞特性[4]。

---

① 本章中"哈希函数"与"散列函数"，"哈希算法"与"散列算法"表示同一个含义，文中有交错使用的情况。——译者注

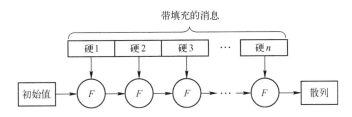

图 2.1　哈希函数的 Merkle-Damgård 模型

MD5、SHA-2 及其变形是最常用的哈希算法。它们遵从 Merkle-Damgård 模型，并在其压缩函数中使用了逻辑运算，如与（AND）、或（OR）、异或（XOR）。近年来，在 MD5、SHA-0 和 SHA-1[5-8]中均发现了碰撞对，这使得这些算法更易受到攻击，因为它们不再具有抗碰撞特性。尽管 SHA-2 系列的算法，如 SHA-256 和 SHA-512 还未曾有被成功攻破的案例报告，但是这些算法也可能受到同种攻击，因为它们都是用相似的方法设计出来的：即一个包含逻辑运算的压缩函数构成的 Merkle-Damgård 模型。因此，为了能获得快速而安全的哈希函数，研究新的压缩函数甚至新的构造模型是很有必要的。实际上，美国国家标准技术局（National Institute of Standards and Technology，NIST）从 2007 年开始举办公开竞赛以挑选新的散列算法，即 SHA-3[9]。SHA-3 被认为比 SHA-2 更安全。新的散列设计技术也被运用到许多 SHA-3 的候选中。在本章稍后一点我们将会提到这样一些候选技术。

一个哈希函数也可以由对称密钥密码构造而成，如 DES 或 AES。目前已经提出了几种方案将分组密码转换成一个哈希函数。这些方案包括 Davies-Meyer，Matyas-Meyer-Oseas[10] 和 Miyaguchi-Preneel 方案[5,6,11,12]。其中，Miyaguchi-Preneel 方案也具有一种迭代结构，它以一个初始的散列开始，当一组消息被处理就更新该散列值。此方案可被表述为 $h' = E_{g(h)}(M_i) \oplus h \oplus M_i$，其中 M_i 为消息块 i，h 为 M_i 被处理前的散列，h' 为 M_i 被处理后更新的散列，$g()$ 为将 h 转换为分组密码 E 的密钥的转换函数。

另一个值得注意的算法是 Whirlpool，一个由 Miyaguchi-Preneel 方案[13]构造而成的散列函数。NESSIE 项目推荐过这种算法，它也被国际标准化组织采纳为 ISO 10118 - 3 的一部分。Whirlpool 中的分组密码是一个被称为 W 的专用密码，尽管它类似于 AES 算法，但和 AES 算法相比还是有显著差异。到目前为止，还未发现成功攻破 Whirlpool 的案例。然而，Whirlpool 算法比其他散列算法要慢很多。举例来说，Whirlpool 在 Intel 奔腾 III 处理器上的性能为 36. 5 时钟周期/字节，而 MD5 为 3. 7 时钟周期/字节，SHA-1 为 8. 3 时钟周期/字节[14]。

2.1.2　哈希函数的应用

哈希算法可被用来核实数据的完整性。在接收到数据之后，可计算出所接收数据的散列，并将其与可能通过安全通道传送来或是由可信源得到的原始数据散列作比较。若它们相同，则有很大把握判定这个消息在传送过程中没有发生改变（根据第二原像抗性）。现在，许多软件下载网站提供可下载软件的 MD5 或 SHA-2 散列。

哈希算法也可与公钥算法一起用来产生数字签名。例如，Alice 在签署文件时可将消息的散列用她自己的私钥加密，再将密文用作她的签名。任何想要核实这个签名的人都需要用 Alice 的公钥来解密密文，然后将解密值与由消息产生的散列进行比较。这个过程见图 2.2。

该图的左半部分用 Alice 的私钥生成签名，右半部分用她的公钥检查该签名。

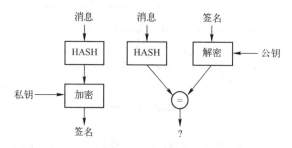

图 2.2　哈希算法在数字签名中的应用

哈希算法也可用于身份认证。此时，用户密码的散列值，而非密码本身被服务器进行传输和比较。当计算该散列值时，密码可能会与由服务器随机生成的一个数值联系起来。因此，散列会随时间变化，以阻止攻击者通过重复使用旧散列来窥探网络流量。例如，询问握手认证协议（Challenge-Handshake Authenication Protocol，CHAP）[15] 在点对点协议（Point-to-Point Protocol，PPP）[16] 中使用此法进行拨号网络连接。

哈希算法也可用于基于散列的消息验证码算法[17]，并已用在许多系统中以提供数据完整性和消息认证，尤其是在公钥算法过于缓慢且能耗受限的环境中。

2.2　哈希函数的硬件实现

MD5 和 SHA-2（特别是 SHA-256）是现今常用的哈希函数。它们两个都采用了 Merkle-Damgård 结构。因为它们有许多共同之处，所以许多优化技术在这两个算法中都能使用。

2.2.1　MD5

MD5 是基于 Merkle-Damgård 结构的一个常见哈希函数。一个 MD5 块有 512 个比特，可被分成 16 个 32 比特的字。内部散列状态有 128 个比特，以 4 个 32 比特字的形式存储，用 4 元组 (A, B, C, D) 表示且被初始化为一个预先确定的向量值。MD5 的一个基本计算单元被称为一步，每一步都会改变状态变量 (A, B, C, D)。如式（2.1）所示，使用压缩函数 F 将 B，C 和 D 作为输入并产生一个 32 比特的值作为输出。在等式中，$<<<$ 表示左循环移位操作，即 $W <<< S$ 表示将 W 中的比特向左循环移位 S 次。总的来说，MD5 有 64 步。第一组 16 步被称为第一轮，下一组的 16 步为第二轮，以此类推。每一轮也有自己特有的压缩函数，如等式（2.2）所示，这里 i 为步数。

$$
\begin{aligned}
A_{\text{new}} &= D \\
B_{\text{new}} &= B + (M_i + K_i + A + F(B, C, D)) <<< S_i \\
C_{\text{new}} &= B \\
D_{\text{new}} &= C
\end{aligned}
\tag{2.1}
$$

$$
F(B, C, D) = \begin{cases}
(B \wedge C) \vee (\neg B \wedge D), & 0 \leqslant i \leqslant 15 \\
(B \wedge C) \vee (C \wedge \neg D), & 16 \leqslant i \leqslant 31 \\
B \oplus C \oplus D, & 32 \leqslant i \leqslant 47 \\
C \oplus (B \wedge \neg D), & 48 \leqslant i \leqslant 63
\end{cases}
\tag{2.2}
$$

$$M_i = \begin{cases} M_i, & 0 \leqslant i \leqslant 15 \\ M_{5i+1(\bmod 16)}, & 16 \leqslant i \leqslant 31 \\ M_{3i+5(\bmod 16)}, & 32 \leqslant i \leqslant 47 \\ M_{7i(\bmod 16)}, & 48 \leqslant i \leqslant 63 \end{cases} \tag{2.3}$$

因为一个消息块只有 16 个字，每个字在 64 步里共会被用到 4 次。式（2.3）的消息调度机制决定了这 16 个消息字中哪一个被用于特定步骤 i。例如，第一轮仅在第 i 步使用字 M_i，而第二轮使用 $M_{5i+1(\bmod 16)}$。此外，$K_0, \cdots, K_{63}$ 和 $S_0, \cdots, S_{63}$ 是预先确定好的常数。等到 64 步都结束，最新的 (A, B, C, D) 对 2^{32} 进行求模后再加到模块输入的 (A, B, C, D) 上。求和的结果就是更新后的散列值，它会被作为下一个消息块（512 比特）的输入散列值（如果有下一个消息块）。最终的散列是用最后一个模块生成的和 A，B，C 与 D 相关的表达式。关于 MD5 的详细介绍参见文献[1]。

2.2.1.1　流水线技术

MD5 每一步的操作并不复杂，但是用硬件实现时，能并行完成的操作可能受到数据依赖关系的限制。MD5 状态变量间的数据依赖性正好有利于流水线技术。特别是当在某步中只有 B 被更新了而其他字没有被更新时，就可以采用文献[18]中所描述的数据转发方法来构建流水线。由于 A 的未来值是部分已知的，因此可以提前对 B_{i+1} 和 B_{i+2} 进行推算。如表 2.1 所示，B 的更新值可在三个阶段中计算出。若 B_i 在第 i 步中被算出，则第 $i+1$ 步和第 $i+2$ 步可以分别算出 AKM_{i+1} 和 AK_{i+2}，并同时算出 B_{i+1} 和 B_{i+2}。

表 2.1　一个 3 级 MD5 流水线

步　骤	B 的计算
第 i 步	$B_i = B_{i-1} + (AKM_i + F(B_{i-1}, C, D)) \lll S_i$
第 $i+1$ 步	$AKM_{i+1} = M_i + 1 + AK_{i+1}$
第 $i+2$ 步	$AK_{i+2} = K_{i+2} + B_{i-1}$

MD5 的另一种流水线方案是利用各轮之间的独立性。例如，在一个四级流水线中（每一级专用于一轮），每轮的 16 步都可在一级流水线中完成迭代。因此，每级流水线会比较长。该结构的一种拓展应用是将各级中的 16 步循环展开，这需要专用的逻辑而非对一个流水线阶段中的 16 步逻辑进行复用。通过该方法，在减小时钟和寄存器延迟的同时也可获得性能的提升[19]。

2.2.1.2　其他优化方案

当有多个数做加法时，进位保留加法器（Carry Save Adder，CSA）常被用作全加器的替代品。CSA 比常规加法器更小、更快，因为它不需要传送进位。只有在一系列的 CSA 加法的结尾处才需要用到常规加法器。然而，在 FPGA 的实现中，由于某些平台进行了局部加法优化，使得串行进位加法器在较少面积开销的同时维持性能不变[20]，导致 CSA 的优势不再明显。

若哈希函数在 FPGA 中实现，还可以使用 RAM 块来提高性能。RAM 块是芯片中专门用来储存常数的单元。它分担了组合逻辑单元的任务，将它们解放出来以作他用。这意味着路由转发算法中可以有更多可用的组合逻辑单元，因而可承受更多直接的路由并提升性能。

2.2.1.3　MD5 的性能

表 2.2 列出了一些 MD5 的快速实现。FPGA 实现方案已达到非常高的吞吐量，如 32 Gbps。读者在回顾这些数字时需要小心谨慎，因为高吞吐量并不表示低延迟，特别是在进行并行块实现时。单个消息的处理块不能并行完成，因为它们之间彼此依赖。而实现一个并行块实际上与使用多个单元处理独立的输入流相似，因此，只有当输入在本质上可以并行的时候，该结构才有用。

表 2.2　MD5 的 FPGA 实现

类　　型	模块延迟（ns）	吞吐量（Mbps）
迭代式[21]	843	607
流水线式（64 级）[21]	706	725
并行式（10 路并行）[21]	875	5 857
流水线式（3 级）[18]	—	746
迭代式[19]	633	810
流水式（32 级）[19]	764	21 428
流水式（32 级、循环展开）[19]	511	32 035

2.2.2　SHA-2

SHA-2 有几种不同的模式，SHA-224、256、384 和 512，其中的数字表示散列长度。"SHA-256" 等缩写是特指 SHA-2 模式而非 SHA-1 模式，其具有 160 比特摘要。SHA-2 和 MD5 相似，是一种基于 Merkle-Damgård 模型的散列，因此它和 MD5 的初始设置类似。对于 SHA-224 和 SHA-256 来说，信息块的大小（512 比特）与 MD5 相同，但是，状态变量数是 MD5 的两倍。在 SHA-2 中有 8 个状态变量。在 SHA-384 和 SHA-512 中，字长增加到 64 比特，同时信息块的大小增至 1024 比特。

在 SHA-2 中没有分轮，但在 SHA-256 中仍有 64 步（SHA-384/512 中也有 80 步）。消息调度器也不再仅仅是对消息块进行简单的移位。循环移位和异或运算在早期的各轮计算中经常被使用。此外，一组新的压缩函数 Ch、Maj、$\sum_0$ 和 $\sum_1$ 取代了 MD5 的 F 函数。表 2.3 显示了在 SHA-2 中的操作，其对各变量都是相等的（尽管字长和常数不同）。

表 2.3　SHA-2 的状态变量、压缩函数和消息调度

$A_{new} = T_1 + T_2$	$T_1 = H + \sum_1(E) + \mathrm{Ch}(E,F,G) + K_t + W_t$
$B_{new} = A$	$T_2 = \sum_0(A) + \mathrm{Maj}(A,B,C)$
$C_{new} = B$	
$D_{new} = C$	
$E_{new} = D + T_1$	$\mathrm{Ch}(E,F,G) = (E \wedge F) \oplus (\neg E \wedge G)$
$F_{new} = E$	$\mathrm{Maj}(A,B,C) = (A \wedge B) \oplus (A \wedge C) \oplus (B \wedge C)$
$G_{new} = F$	$\sum_0(A) = (A \ggg s_1) \oplus (A \ggg s_2) \oplus (A \ggg s_3)$
$H_{new} = G$	$\sum_1(E) = (E \ggg s_4) \oplus (E \ggg s_5) \oplus (E \ggg s_6)$

（续表）

$$W_t = \begin{cases} M_t, & 0 \leqslant t \leqslant 15 \\ \sigma_1(W_{t-2}) + W_{t-7} + \sigma_0(W_{t-15}) + W_{t-16}, & 16 \leqslant t \leqslant 63 \end{cases}$$

$$\sigma_0(W_{t-15}) = (W_{t-15} \ggg s_7) \oplus (W_{t-15} \ggg s_8) \oplus (W_{t-15} \gg s_9)$$
$$\sigma_1(W_{t-2}) = (W_{t-2} \ggg s_{10}) \oplus (W_{t-2} \ggg s_{11}) \oplus (W_{t-2} \gg s_{12})$$

注：$\oplus$：按位异或，$+$：加法（模 2^{32} 或 2^{64}），$\ggg$：循环右移，$\gg$：右移

2.2.2.1　迭代边界分析法

算法的优化受限于其数据的依赖性。一种叫迭代边界分析（Iterative Bound Analysis，IBA）的方法可以找出理论上的最大性能极限值[22]。这意味着虽然硅技术的发展有可能会增加运算的速度，但从体系结构角度来看，通过改进实现方式来提升运算速度必将受到限制。

为了使用迭代边界分析法找到边界值，首先需要把算法的数据流图（Data Flow Graph，DFG）构建出来。例如，图 2.3 中显示了 DFG 满足下列等式：

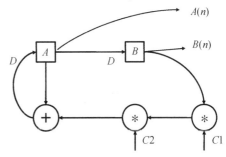

图 2.3　文献[22]中的数据流图

$$A(n+1) = A(n) + B(n) * C1 * C2$$
$$B(n+1) = A(n)$$

在此等式中，$C1$ 和 $C2$ 是常数；A 和 B 是在循环中被更新的变量。DFG 有两种节点。一种是变量，例如 A 和 B，另一种是需要用来更新变量的操作，例如 $+$ 和 $*$。数据流图中有两种延迟：算法的延迟（如更新 A 和 B）。该延迟用符号 D 标记在边上，并且不能被移除。另一种是源自操作节点的功能延迟（如 $+$ 和 $*$），表明执行操作所需的时间。IBA 假定所有操作都是原子级的，即功能操作不能再分解了。

一个 DFG 可能有循环，如图 2.3 所示。一次循环被定义为一条开始和结束于同一节点的路径。它同时包含了算法延迟和功能延迟。一个循环里的功能延迟的总和就是该循环的运行时间。一次循环的性能上限是由此循环的运行时间除以这个循环中算法延迟总数决定的。在 DFG 中可能会有多个循环。DFG 算法的迭代边界就是其所有循环的性能边界中的最大值。它定义了可能达到的最优吞吐量。

文献[22]中提出了两种使性能接近迭代边界的技术。其中一种称为重定时，它将算法延迟（DFG 的 D）在功能节点间移动。重定时可通过在算法延迟中平衡功能延迟来减小关键路径延迟（即存在于两个相邻算法延迟间最长的总功能延迟）。第二种技术称为展开[22]，这与循环展开相类似。它在一次单周期内执行多次循环迭代。在展开之后，DFG 有了更多的功能节点，因此就有了更多的机会达到更佳吞吐量。这里也可利用重定时技术来平衡展开后的 DFG 延迟。

循环展开是一种广泛应用于实现哈希算法的技术。其一次执行可以提高 SHA-512 30% 的速度，但会牺牲 48% 的面积[23]。在文献[24]中，SHA-512 通过两倍展开，在牺牲 19.4% 面积的情况下提高了 24.6% 的速度。同样，4 倍展开获得提速 28.7%，但牺牲 75.6% 的面积，因此减少了收益。

2.2.2.2　SHA-2 的性能

表 2.4 总结了一些 SHA-2 实现方式的最佳性能。其中前面章节中提及的技术均产生了较好的结果。但是，因为相关性和复杂度的级别都增加了，SHA-2 实际上比 MD5 慢。这限制了流水线中可转发数据的数量和底层并行计算数量。需要指出的是，我们有一些基于 ASIC 的低延迟 SHA-2 实现方案，它们主要采用了高频率时钟，例如 1 GHz 左右[26,27]。

表 2.4　SHA-256 的实现

类　　型	平　　台	模块延迟（ns）	吞吐量（Mbps）
流水式（4 级），展开[25]	FPGA	614	3 334
操作重组[20]	FPGA	433	1 184
循环展开[22]	ASIC（0.13 μm）	86	5 975
流水式（3 级）[26]	ASIC（0.13 μm）	~70	>6 500

2.2.3　面积优化

有的平台资源极其有限（如面积或功耗受限），因而需要采用紧凑的设计。RFID 标签就是一个例子，它在这两个方面都受限。正常情况下 RFID 标签有共 15 μA 的最大平均电流消耗[28]。在 2009 年，RFID 标签只有 3000 至 4000 门能用于加密[29]。

文献[30]中记录了 SHA-256 的最小实现方式，作者在 250 nm 的 COMS 工艺下仅使用了 8 588 个门电路。该实现可达到 142 Mbps 的吞吐量。为了优化面积，作者采用了折叠技术。这与前面描述的展开技术完全相反。在此情况下，一个简单的迭代需要消耗 7 个周期来完成。虽然在 SHA-2 中有 7 个模加运算，但只生成了一个实际的物理加法器，然后在每一步中对其进行复用。另一种技术是裁剪消息调度器，它往往比压缩函数占用更多的空间。这种减少主要是因为只使用了 1 个 32 比特寄存器而非 16 个 32 比特寄存器。在原始设计中，为了得到 W_{t-2}，W_{t-7}，W_{t-15} 和 W_{t-16} 的时序信息，16 个寄存器被串联到一起，从而总是可以得到正确的 W 值。在优化版的设计中，单个寄存器只临时存放数据并将其写到存储器块中。因此，每次计算所需的 W 值被存放在存储器中而非串联的寄存器中。

某些应用并不需要安全的加密哈希函数的全部特性。例如，某些应用可能只需要具备单向特性而不需要抗碰撞。因此，我们可用较少的面积来实现一些特殊的哈希函数，只要它能满足特定应用中的安全需求即可。使用一个鲜为人知的算法，其缺点在于它无法像常用算法那样受到多方位的审查。因此，这些哈希函数所提供的安全级别并不特别清楚。另一方面，一个不知名的算法与常用算法相比又具有某种独特（或许是完全独有）的优势。比如针对常用的算法，有人可能已经研制出了相应的攻击策略，但却未曾公开。

2.3　SHA-3 的候选对象

由于 SHA-1 的安全性问题，以及哈希算法在密码分析方面表现出来的优势，NIST 为新的哈希算法标准 SHA-3 举行了一场公开赛，意味着它将正式替代旧的 SHA-2。因此，这个新算法预计比 SHA-2 更安全。截止到 2011 年年初，竞赛尚处于最后决赛阶段，有 5 种算法在进行最后的角逐。本节讨论决赛中 5 种算法的结构和特性，分别是基于海绵结构的 Keccak 算法、基于 HAIFA 结构的 BLAKE 算法、基于 chop-Merkle-Damgård 迭代的 Grøstl 算法、基于可调分组密码 Threefish 及统一块迭代（Unique Black Iteration，UBI）的 Skein 算法，以及基于通用 AES 迭代结构的 JH 算法[31]。

2.3.1 Keccak 算法

Keccak 是一系列基于海绵结构的加密哈希函数。图 2.4 给出了海绵结构的示意图，它本质上是一个简单的迭代结构，具有可变长度的输入和相应长度的输出（该输出是对给定的比特数进行定长变换或排列运算）。这个固定的比特数即为排列的宽度，或比特状态 b。比特状态为比特率 r 和比特容量 c 之和。在这种情况下，该排列被称为 Keccak-f，这是算法中最重要的构造块。共有 7 种 Keccak-f 排列，由 Keccak-$[b]$ 来表示。其中，$b = 25 \times 2^{\ell}$，且 ℓ 取值为 0 到 6 之间的整数，因此 b 可能的值为 25，50，100，200，400，800 和 1 600。默认排列为 Keccak-$f[1\,600]$，其中 $r = 1\,024$，$c = 576$（见文献[32]）。

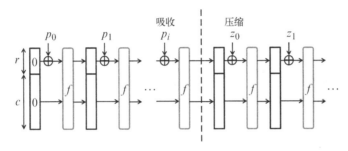

图 2.4 海绵结构框图

在任何一个排列执行之前，Keccak 初始化为状态 s 并填充消息使得该排列长度是 r 的整数倍。这个填充后的信息由 P 表示，并被分为 i 块。对于海绵结构，共有两个阶段。在第一阶段中（吸收），r 比特的输入消息在执行 XOR 操作后进入状态的前 r 比特，并采用函数 f（Keccak-f）进行交织，当全部消息块被处理完后此阶段结束。在第二阶段中（压缩），状态的前 r 比特被作为散列比特返回，采用函数 f 进行交织操作，当产生出期望长度的散列时此阶段结束[33]。

Keccak 中的基本块是 Keccak-f，一个几乎由同一轮序列所组成的迭代排列[4]。轮数 n_r 取决于排列宽度 b，其计算方法为 $n_r = 12 + 2\ell$。其中，$2^{\ell} = b/25$。这样 Keccak-$f[1600]$ 就有 24 轮，每一轮由图 2.5 中的 5 步组成。在该图中，A 表示完整的排列状态数组。$A[x, y]$ 表示在 5×5 状态数组中的一个特定的字。$B[x, y]$，$C[x]$ 及 $D[x]$ 是中间变量，且 $C[x]$，$D[x]$ 为向量。所有的指数操作都进行模 5 运算。旋转量 $r[x, y]$ 为常数。第 t 步中的 RC 为表示迭代次数的常数。在 Keccak-f 中，除采用不同的迭代次数 RC 外（具体计算方法参见文献[34]），其他所有的操作都相同。

Keccak-f 中仅有固定的循环移位长度与 CPU 的字长相关，从而在各种各样的处理器中可高效使用 CPU 资源。Keccak-f 排列的默认比特状态（1600）与 64 比特处理架构相匹配。当在 32 比特的处理器上实现时，64 比特的字会进行循环移位，而不会被简单地划分为两个 32 比特的操作。这个算法的对称性使其可利用处理器中的 SIMD 指令和流水线，从而使软件具有紧凑的代码结构，或适合于带约束环境中紧凑的协处理器电路[34]。

```
θ step
    C[x] = A[x,0]⊕A[x,1]⊕A[x,2]⊕A[x,3]⊕A[x,4]        ∀x in 0 … 4
    D[x] = C[x − 1]⊕(C[x + 1] ⋘ 1)                   ∀x in 0 … 4
    A[x,y] = A[x,y]⊕D[x]                              ∀(x, y) in (0 … 4, 0 … 4)
ρ and π step
    B[y, 2x + 3y] = A[x,y] ⋘ r[x,y]                  ∀(x, y) in (0 … 4, 0 … 4)
x step
    A[x,y] = B[x,y]⊕((¬ B[x + 1,y]) ∧ B[x + 2,y])
                                                      ∀(x, y) in (0 … 4, 0 … 4)
t step
    A[0,0] = A[0,0]⊕RC
return A
```

图 2.5　Keccak-*f* 的伪代码

整个 Keccak 算法设计没有已知的安全漏洞，因为海绵结构已成功地拦截了普通的攻击。它既简单，又允许变长输出，还很灵活（比如可在比特率与安全性之间进行折中）。

2.3.2　BLAKE 算法

BLAKE 基于 HAIFA 迭代模式，并采用了流加密 ChaCha 改进版的压缩函数。Merkle-Damgård 在压缩函数中仅采用了之前的散列值和当前的消息块，而 HAIFA 还使用了一个 Salt 值和一个表示有多少块被处理成了输入数据的计数器[35]。

根据消息大小和字长，可使用不同的 BLAKE 哈希函数。BLALE-224 和 BLAKE-256 具有 512 比特的块大小和 128 比特的 Salt 值，它们适用于 32 比特的字操作。BLAKE-384 及 BLAKE-512 具有 1024 比特的块大小和 256 比特的 Salt 值，适用于 64 比特的字操作。这里，算法名称中的数字表示摘要长度。

上述 4 种变体都使用了相同的压缩函数，只是具有不同的初始值、消息填充和输出截断模式。BLAKE 的压缩函数采用了宽通道设计，它先将大量的内部状态进行初始化，再通过与消息有关的轮次来注入式更新，接着压缩后返回下一个链值。实际的压缩方法是基于 ChaCha 的改进版本，这是流密码 Salsa20 系列的一种变形。接下来用 BLAKE-512 作为实例来解释该算法。

在 BLAKE-512 中，消息首先被填充并分成 1024 位的块。接着中间的散列值被初始化。在 BLAKE 中使用的初始值与在 SHA-2 中使用的是一样的（例如 BLAKE-512 使用来自于 SHA-512 的值，BLAKE-256 使用来自于 SHA-224 的值）。然后，BLAKE 通过压缩函数迭代更新中间的散列值：h_{i+1}←压缩（h_i, m_i, s, t_i），其中 m_i 是消息快，s 是 Salt 值，t_i 是指示到目前为止已被处理的比特数的计数器。

BLAKE-512 的压缩函数共有 16 轮迭代。压缩函数的内部状态被表示为 4×4 字的矩阵。每一轮，一个可操作 4 个字的非线性函数 G 被用来处理该状态的列和对角线，其过程如图 2.6 所示。首先，所有的 4 列用 G_0, …, G_3 分别进行更新。这个过程被称为一个列步骤。此后，4 条不相交的对角线用 G_4, …, G_7 进行更新。这个过程被称为对角线步骤。注意 G_0, …, G_3 是可以并行计算的，因为它们各自更新矩阵中的不同列。同样，G_4, …, G_7 也可更新不同的对角线，因而能被并行执行。

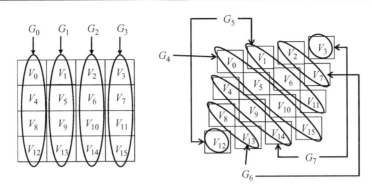

图 2.6　BLAKE 中的列步骤（左图）和对角线步骤（右图）

图 2.7 中给出了伪代码 $G_i(a,b,c,d)$，其中 σ_r 代表 0 到 15 间的整数排列。共有 10 种不同的排列，当迭代次数大于或等于 10 的时候会重复使用它们。例如，第 10 轮使用 σ_0 而第 11 轮使用 σ_1。

在执行完该轮函数后，从状态和 Salt 值中抽取新的散列值，其方法如下：

$$a \leftarrow a + b + (m_{\sigma_r(2i)} \oplus C_{\sigma_r(2i+1)})$$
$$d \leftarrow (d \oplus a) \ggg 32$$
$$c \leftarrow c + d$$
$$b \leftarrow (b \oplus c) \ggg 25$$
$$a \leftarrow a + b + (m_{\sigma_r(2i+1)} \oplus C_{\sigma_r(2i)})$$
$$d \leftarrow (d \oplus a) \ggg 16$$
$$c \leftarrow c + d$$
$$b \leftarrow (b \oplus c) \ggg 11$$

图 2.7　BLAKE-512 中 G 的伪代码

$$h'0 \leftarrow h0 \oplus s0 \oplus v0 \oplus v8$$
$$h'1 \leftarrow h1 \oplus s1 \oplus v1 \oplus v9$$
$$\cdots$$
$$h'7 \leftarrow h7 \oplus s3 \oplus v7 \oplus v15$$

由于 Salt 值只有 4 个字大小，所以每个字要用两次。例如，$s0$ 会被用于 $h'0$ 和 $h'4$ 中。

最后，在有必要时该算法会截断最终的链值。截断方法根据算法的版本会稍有差异[36]。

BLAKE 中有几个重要的设计选择。HAIFA 迭代模式可抵抗长消息第二原像攻击，而本地宽通道内部结构主要防止本地的碰撞。另外，压缩算法是基于 ChaCha 的，它具有良好的性能且已经被深入分析过。特别是压缩函数允许并行执行，例如，对 4 个列和 4 条角线进行操作的 G 函数可以并行进行，这使得我们更方便地进行性能 – 面积的折中设计。这样，若在并行执行多个 G 函数时有更多的资源可用，则还可以提高性能。

2.3.3　Grøstl 算法

Grøstl 是一种基于宽通道设计和 chop-Merkle-Damgård 迭代的算法。宽通道设计具有比最终散列输出更大型的内部状态，所以，当所有信息块被处理后，会通过裁剪内部状态来获得最终的散列输出。该过程与 chop-Merkle-Damgård 类似，只有一点例外，就是 Grøstl 将结果截断到期望长度之前还对最终输出进行了一次变换。返回的信息摘要可以是 8 到 512 比特中以 8 比特为步长变化的任一个数值。哈希函数处理信息摘要的尺寸 n 被称为 Grøstl-n。

在 Grøstl 中，信息首先被填充成 l 的倍数（l 是信息块长度），然后填充的信息被分成 l 比特大小的信息块 m_1 到 m_t。每一个信息块都按顺序处理。压缩函数有两种变形：对于输出为 256 比特的 Grøstl，l 被定义为 512；对于更大的输出，l 为 1024。一个 l 比特初值被设

置为初始散列值 $h_0 = iv$，然后以如下方式处理信息块：

$$h_i \leftarrow f(h_{i-1}, m_i),\quad i = 1, \cdots, t$$

$$f(h, m) = P(h \oplus m) \oplus Q(m) \oplus h$$

其中，f 是压缩函数，h_i是信息块 i 处理后的更新状态。压缩函数由两个排列 P 和 Q 组成。两个排列除了迭代次数不同其他均相同。两者都要经历如下的 4 步变换：

- 增加轮常量
- 替换字节
- 移动字节（或在 1024 比特分组排列中宽范围移动字节）
- 混合字节

P 和 Q 都有相同的轮数，轮数取决于内在状态的大小：一般建议 $l = 512$ 时进行 10 轮循环，而 $l = 1024$ 则进行 14 轮循环。在每轮循环中，都将对一个由字节矩阵 A 所表示的状态进行变换。对于短变量，矩阵的大小为 8×8，而对于长一点的变量，矩阵的大小是 8×16。

处理的第一步是增加轮常量，即在状态矩阵中加上（采用 XOR 操作）一个与本轮相关的常数。第 i 轮的处理可表示为：对给定的组合 P 和 Q，$A \leftarrow A \oplus C_P[i]$ 并且 $A \leftarrow A \oplus C_Q[i]$。其中，$A$ 是状态而 $C_P[i]$ 和 $C_Q[i]$ 是轮常量。

处理的第二步是替换字节，即将状态矩阵中的每个字节用其 S 盒中的镜像进行替换。Grøstl 采用与 AES 相同的 S 盒。若 $a_{i,j}$是 A 中第 i 行第 j 列的元素，则替换字节变换可表示为 $a_{i,j} \leftarrow S(a_{i,j})$，$0 \leqslant i < 8$，$0 \leqslant j < v$。

第三步是移动字节或宽范围的移动字节。在该步骤中，每一行根据位置信息向左进行循环移位，必要时可能会进行跳跃，如图 2.8 所示。宽范围的字节移动采用相同的方法，只是每行有 16 个字节。

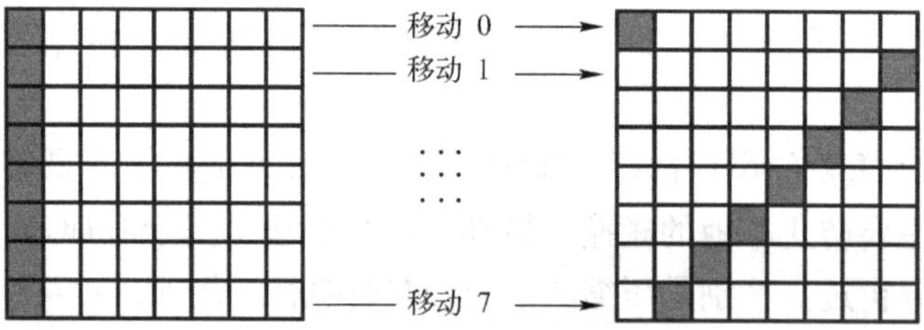

图 2.8　Grøstl 中的字节移动

压缩函数的最后一步变换是混合字节，它将一个 8×8 的常量矩阵 B 与矩阵 A 的每一列相乘。该变换可写为：$A \leftarrow B \times A$。

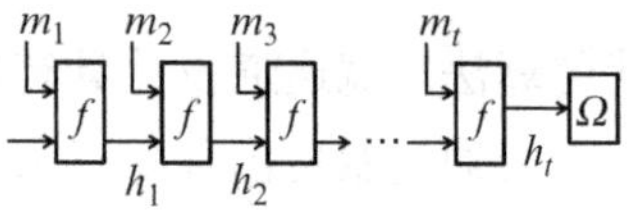

图 2.9　Grøstl 的散列过程图

当最后一个信息分组被处理后，结果 h_t通过函数 Ω 得到最终的散列结果为 $H(m) = \Omega(h_t) = \mathrm{trunc}_n(P(h_t) \oplus h_t)$。函数 $\mathrm{trunc}_n(x)$ 丢弃了除 x 的后面 n 比特（$n < l$）以外的全部数据[37]，此过程如图 2.9 所示。

Grøstl 非常灵活。它可产生多种大小的摘要，并且能防御已知的各种攻击。此排列是由宽通道搭建而成的，这使得所有已知的、对哈希函数的一般性攻击变得更加困难。因此，可利用 Grøstl 去强有力地抵御各种密码分析类攻击。另外，因为 Grøstl 是基于 AES 的，它在抵抗边信道攻击方面也卓有成效。

2.3.4　Skein 算法

Skein 是一系列基于可调分组密码 Threefish 和统一块迭代（UBI）的哈希函数[38]。可调分组密码使 Skein 与每块中的输入文本一起，对配置数据进行散列运算，因而大大提高了 Skein 的灵活性。UBI 是一种链模式，它将输入链值与一个任意长度的输入数据相结合，得到一个固定长度的输出。

Skein 有 3 种不同的内部状态大小，即消息块大小：256、512 和 1024 比特。Skein-512 是默认的算法，包括 72 轮循环。Skein-1024 是一个极端保守和高度安全的变种，由 80 轮循环组成。而 Skein-256 是一个占内存较低的变种，它使用约 100 字节的 RAM，同时包含 72 轮循环。

UBI 链模式将输入链值与一个任意长度的输入串结合起来，产生一个固定大小的输出。每次 UBI 计算都需要一个消息块和一个 128 比特的调整值作为输入。调整值中记录了到目前为止有多少字节已被处理，不管这是否是 UBI 计算的第一块或最后一块，也不管是哪种类型的 UBI 计算。UBI 计算的类型涉及密钥、配置分组、消息和输出数据。一个 UBI 调用需要 3 个参数作为输入：前一次 UBI 调用的输出（第一次调用取零）、当前处理的内容以及内容的类型。

当 Skein 被直接当成一个哈希函数时，它由 3 个 UBI 调用组成：一个配置调用将链值初始化为零，一个消息调用来获取最长可达（$2^{96}-1$）字节的消息，以及一个输出调用来截断链值并产生最终散列。

- IV = UBI(0, Config, CFG)
- G = UBI(IV, M, MSG)
- Output = Truncate(UBI(G, 0, OUT), o)

UBI 链模式是基于可调分组密码的 Threefish。在 Skein-512 中，UBI 有 72 轮，每轮都包含了 4 个简单的非线性函数 MIX，然后再加上一个 8×64 比特字的排列。它的思想是，大数量的简单轮较之少数量的复杂轮更安全一些。Threefish 的基本块为 MIX，它同时运行 2 个 64 比特字，主要采用 3 种数学运算：针对 64 比特字的 XOR、加法和循环移位。假设这两个字是 A 和 B，MIX 函数可表示为 $(A,B)=(A+B,(B \lll R)\oplus(A+B))$[39]，其中 R 是一个常数。然后跟在 MIX 操作之后的 8 字排列对于所有轮都是相同的。

在 Skein-512 中，每 4 轮注入一个子密钥，每 8 轮重复一次循环常数 R。子密钥由密钥字、调整字和计数器值产生。关于子密钥产生的更多细节，请查阅文档[38]中的 2.3.3 节。

Skein 具有的选项可包括密钥模式或工作在哈希树模式下。为将 Skein 用作一个消息认证码（Message Authentication Code，MAC）函数或带密钥的哈希函数，UBI 在调用密匙时，可以在配置块之前将初始输入设置为零。UBI 调用的输出被用作 UBI 配置调用的第一个输入。在可选的哈希树模式下，每片叶子的 UBI 调用会接受一个消息块作为输入，并且每两个 UBI 调用的输出会进入到下一级的一个 UBI 调用中，直到只剩下根 UBI。

Skein 设计简单、安全而有效。它基于 3 个基本的操作：针对 64 比特字的 XOR、加法和循环移位。作者认为破译 Threefish-512 最有效的办法是在第 35 轮（共 72 轮）发起攻击。Skein 在各种平台上都非常有效，特别是在 64 比特的处理器上。默认或首选的 Skein-512 算法，大约可以用 200 字节的状态来实现。Skein-512 在一个 64 比特的 CPU 上，其散列数据的速度为 6.1 时钟周期/字节。这意味着在 3.1 GHz 的 x64 双核 CPU 中，Skein 散列数据的速度为每个核 500 Mbps，这几乎是 SHA-512 的两倍。

2.3.5　JH 算法

JH 算法是一个产生 224、256、384 和 512 比特散列值的迭代哈希算法。这 4 个版本的压缩函数是一样的，因此我们只讨论 JH-512。对于硬件实现，JH 分组密码的各轮功能是相同的，并使用类似 AES 行旋转的技术。

在 JH-512 中，消息首先被填充为 512 比特的倍数，然后再分成 4 个 128 字的块。对于每次迭代，消息块都被放入压缩函数 F_8 以更新其 1024 比特的链值：$H_i = F_8(H_{i-1}, M_i)$。对首次迭代而言，$H_0 = F_8(H_{-1}, M_0)$，其中 H_{-1} 由两个字节组成，表示"0"之前的消息摘要大小，而 M_0 则被设定为 0。压缩函数 F_8 首先用之前链值 H_{i-1} 的前一半来压缩 512 比特的消息块 M_i，将结果送入函数 E_8（将在后面介绍），然后再将 E_8 的输出与消息块相结合。在所有块被处理后，该消息的 n 比特散列值就是 H 的最后 n 比特[40]。

在对 JH-512 的每个消息块进行压缩时，$H_i = F_8(H_{i-1}, M_i)$。其过程如下所示，其中 A 和 B 是两个 1024 比特的序列。

1. $A_j = \begin{cases} H_{i-1,j} \oplus M_i, & 0 \leqslant j \leqslant 511 \\ H_{i-1,j}, & 512 \leqslant j \leqslant 1\,023 \end{cases}$

2. $B = E_8(A)$

3. $H_{(i),j} = \begin{cases} B_j, & 0 \leqslant j \leqslant 511 \\ B_j \oplus M_i, & 512 \leqslant j \leqslant 1\,023 \end{cases}$

压缩函数 F_8 中的双射函数 E_8，与 d 维广义的 AES 方法中一致（此处 d 为 8）。其中，$B = E_8(A)$ 的计算方式如下：

1. 将 A 中的 1024 比特分为 256 个组（每组 4 比特），得到 Q_0；
2. 对于 $r = 0$ 到 34，$Q_{r+1} = R_8(Q_r, C_r^{(8)})$；
3. $Q_{36} = R_8^*(Q_{35}, C_{35}^{(8)})$；
4. 在 Q_{36} 中，将 256 个 4 比特大小的分组结合，得到 B。

上述每个 $C_r^{(8)}$ 都是一个 256 比特的常数。$Q = R_8(A, C_r^{(8)})$ 的计算由以下三个步骤组成，其中 R_8^* 只在第一步中出现。

1. 设 A 为 256 个 4 比特的分组，并在一个 S 盒中用其镜像代替每个分组。有两个 S 盒，并且使用 $C_r^{(8)}$ 中的一个比特来决定哪个 S 盒中的内容被用来替换对应的 4 比特分组。该步骤的结果可用 256 个 4 比特分组 $v_i (0 \leqslant i \leqslant 255)$ 来表示。

2. 对每个 4 比特分组都采用同一种线性变换。这一步的输出是 $(w_{2i}, w_{2i+1}) = L(v_{2i}, v_{2i+1})$，其中，$0 \leqslant i \leqslant 127$。线性变换 L 在 $GF(2^4)$ 上实现（4,2,3）最大距离可分码。在 (w_{2i}, w_{2i+1}) 中的每一比特都来自对 (v_{2i}, v_{2i+1}) 中的一组比特进行 XOR。

3. 在步骤 2 的基础上，基于 256 个 4 比特的分组生成一个排列，即：$(Q_0, Q_1, \cdots, Q_{2^8-1}) = P_8(w_0, w_1, \cdots, w_{2^8-1})$。

第 3 步中，P_8 是三排列的组合，即：$P_8 = \phi_8 \circ P_8' \circ \pi_8$。三个排列都是基于 256 个元素的排列，其详细描述如下：

$B = \pi_8(A):$ $B_{4i+0} = a_{4i+0},\ i = 0,\ \cdots,\ 2^6 - 1;$

$B_{4i+1} = a_{4i+1},\ i = 0,\ \cdots,\ 2^6 - 1;$

$B_{4i+2} = a_{4i+2},\ i = 0,\ \cdots,\ 2^6 - 1;$

$B_{4i+3} = a_{4i+3},\ i = 0,\ \cdots,\ 2^6 - 1;$

$B = P'_8(A):$ $b_i = a_{2i},\ i = 0,\ \cdots,\ 2^7 - 1;$

$b_{i+2^7} = a_{2i+1},\ i = 0,\ \cdots,\ 2^7 - 1;$

$B = \phi_8(A):$ $b_i = a_i,\ i = 0,\ \cdots,\ 2^7 - 1;$

$b_{2i+0} = a_{2i+1},\ i = 2^6,\ \cdots,\ 2^7 - 1;$

$b_{2i+1} = a_{2i+0},\ i = 2^6,\ \cdots,\ 2^7 - 1;$

JH 算法的压缩函数如图 2.10 所示。消息块与前次散列值的前半部分作 XOR 运算，并将其结果送到函数 E（E 含有 S 盒，线性变换 L 和排列 P_d 的多轮处理）。然后，消息再与 E 的第二部分输出进行 XOR，产生出更新后的散列值。

在 JH-512 中，每个信息块都具有 64 个字节，经过 35.5 轮压缩函数（包含了 9 216 个 4×4 比特的 S 盒）。大量的 S 盒确保了 JH 有足够的强度来抵御不同的攻击。由于分组密码的密钥是恒定不变的，所以没有额外的变量被引入到压缩过程中。因此，分析不同攻击的安全性更容易。由于分组密码的输出无须被截断，所以此结构是有效的。

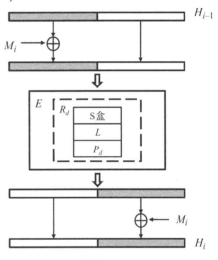

图 2.10　JH 中的压缩函数图

2.3.6　算法性能

在我们比较几种候选算法的性能之前，首先对每种算法中的主要操作进行总结。表 2.5 给出了在 SHA-3 竞赛最后一轮中，5 种算法的主要操作。算法中采用的大多数操作都很简单。在硬件中实现时，固定数量的固定排列和循环移位可以通过布线来实现，而 S 盒则可用逻辑运算实现。当然，也有一些复杂的操作，如 Grøstl 中的矩阵乘法以及在 BLAKE 和 Skein 中的矩阵加法。

表 2.5　5 种 SHA-3 算法的主要操作

算　　法	块　大　小	轮　数	一轮中的主要操作
Keccak-1600	1 024 比特	24	64 比特的 $\oplus$、$\lll$、$\neg$、$\wedge$ 运算
BLAKE-512	1 024 比特	16	64 比特的 +、$\oplus$、$\ggg$ 操作
Grøstl-512	1 024 比特	16	8 比特的 $\oplus$、S 盒、ShiftRow、矩阵乘
Skein-512	512 比特	72	64 比特的 +、$\lll$、$\oplus$ 运算　8 个 64 比特的排列
JH-512	512 比特	35	4 比特的 $\oplus$、S-Box 以及 256 个 4 比特分组的排列

在硬件上，固定排列、$\lll$ 和 $\ggg$ 可通过布线来实现。

除了安全性，性能是评价 SHA-3 候选算法的主要标准之一。然而，由于大量可供选择的技术和多重优化目标，要比较所有的 SHA-3 候选算法是非常困难的。大多数性能评估都只针对 1 到 3 种算法，而且由于实现与测量技术的差异，算法间的对比并不充分。

文献[41]中比较了这些算法的 FPGA 实现，其结果如表 2.6 所示。为了方便分析设计与变量，所有算法都在同一片 Virtex-5 的 FPGA 逻辑上实现。所有算法中的消息填充功能用硬件实现，并针对大小为 224、256、384 和 512 的消息摘要进行了测试，并比较了该结构的效率（如单位面积的吞吐量）。根据文献[41]中的结果，Keccak 算法具有更高的吞吐量且需要更小的面积。

表 2.6　FPGA 上 5 种 SHA-3 候选算法的性能[41]

算　法	面积（slices）	最大频率（MHz）	吞吐量（Mbps）	单位面积吞吐量（Mbps/slice）
SHA-2-256	656	125	985	0.966
SHA-2-512	1 213	110	1 264	0.713
Keccak-256	1 117	189	6 263	3.17
Keccak-512	1 117	189	8 518	4.32
BLAKE-32	1 118	118	1 169	0.707
BLAKE-64	1 718	91	1 299	0.449
Grøstl-256	2 391	101	3 242	1.257
Grøstl-512	4 845	123	3 619	0.799
Skein-512	1 786	84	1 945	0.706
JH	1 291	250	1 941	1.1

文献[42]则对这些算法的 ASIC 实现进行了比较，其结果见表 2.7。在合理的面积约束下，优化了各个算法的硬件实现方式，使其具有最大的峰值吞吐量。若仅提高几个百分点的吞吐量，却增加几十个百分点的面积，则面积和吞吐量都相对较小的实现方式更为有效。文献[42]列出了实施各个算法过程中的关键部分。

表 2.7　5 种 SHA-3 候选算法与文献[42]中 SHA-256 的比较[a]

算　法	延迟（周期）	面积（GE）	时钟频率（MHz）	吞吐量（Gbps）
BLAKE-32	22	38 877	144.15	3.355
JH-256	39	51 212	259.54	3.407
Keccak-256	25	56 713	267.09	11.624
Grøstl-256	22	53 680	202.47	4.712
Skein-256	10	47 678	64.75	1.658
Skein-512	10	76 250	43.49	2.227
SHA-256	66	19 515	211.37	1.640

[a] 采用 UMC 0.18 μm FSA0A_C 标准单元库

- Keccak：每个周期一轮 Keccak-f。
- BLACK：4 个 G 函数并行执行；2 个流水线寄存器；链的额外周期；带进位的加法器。

- Grøstl：共享的 P/Q 排列；独立的 S 盒和混合字节；具有一个流水线寄存器的 S 盒。
- Skein：8 个展开的 Threefish 轮；通用加法器。
- JH：320 个 S 盒（每 R_8 轮一个周期）；组合的 S 盒。
- SHA-2：没有展开的准流水线；通用加法器。

表 2.8 显示了 5 种算法在吞吐量方面的性能情况。Skein 算法在 ASIC 实现时具有最高的吞吐量，紧随其后的是 Keccak 算法。对于 FPGA 实现而言，Keccak 具有最高的吞吐量，其次是 Grøstl。BLAKE 和 Skein 在 ASIC 实现上具有良好的性能，但在 FPGA 上性能不佳。这可能是由于 FPGA 上的加法器速度较慢导致的性能退化。

表 2.8　5 种 SHA-3 的候选算法和 SHA-256 的最佳性能

算　法	工　艺	面　积	频　率	吞吐量（Gbps）
Keccak-1600 [43]	ASIC（0.13 μm）	48 kGE	526 MHz	22
Keccak-1600 [43]	FPGA Stratix III	4 684 ALUT	206 MHz	8.5
BLAKE-512 [44]	ASIC（90 nm）	79 kGE	532 MHz	18.8
BLAKE-512 [45]	FPGA Virtex 5	108 slices	358 MHz	0.3
Grøstl-256 [46]	ASIC（0.18 μm）	59 kGE		6.3
Grøstl-512 [47]	FPGA Virtex 5	19 k slices	84 MHz	6.1
Skein-512 [39]	ASIC（32 nm）	61 kGE	1.13 GHz	58
Skein-512 [48]	FPGA Virtex 5			0.82
JH-256 [42]	ASIC（0.18 μm）	51 kGE	260 MHz	3.4
JH-512 [41]	FPGA Virtex 5	1.7 k slices	144 MHz	1.9
SHA-256 [26]	ASIC（0.13 μm）		~1 GHz	> 6.5

由于最终的 SHA-3 算法尚未确定，该算法仍可以被调整或改进。例如，Keccak 在竞赛的每一轮中都进行了小改动，而 BLAKE 在竞赛的第二轮期间经过了轻微修改（这里显示的 BLAKE 是修订前的版本）。到目前为止，其他三种算法尚未有变化。另一方面，由于竞赛已处在最后一轮，预计所有候选算法都不会有大的变化。因此，可能存在的小改动对最后实现的影响应该会很小。

从表 2.8 中我们也可以看到，在最后一轮中，5 个 SHA-3 候选算法中的 4 个都比 SHA-256 有着更高的吞吐量。因此，我们预计 SHA-3 将更安全，同时又比 SHA-2 有更高的吞吐量。

参考文献

1. Rivest R (1992) The MD5 message-digest algorithm. In: The Internet Engineering Task Force (ITEF) Internet Draft, no. RFC-1321, April 1992
2. National Institute of Standards and Technology (1994) Secure hash standard. In: Federal Information Processing Standards Publication 180–1, April 1994
3. Menezes A, Oorschot P, Vanstone S (1996) Handbook of Applied Cryptography, 1st edn. CRC Press, West Palm Beach, FL, USA

4. Damgard I (1990) A design principle for hash functions. In: Proceedings of Cryptology, Crypto '89, vol 435, pp 416–427

5. Wang X, Feng D, Lai X, Yu H (2004) Collisions for hash functions: MD4, MD5, HAVAL-128 and RIPEMD. http://eprint.iacr.org/2004/199.pdf. Accessed August 2004

6. Wang X, Yu H, Yin YL (2005) Efficient collision search attacks on SHA-0. In: Advances in Cryptology – CRYPTO'05, vol 3621, pp 1–16

7. Wang X, Yin YL, Yu H (2005) Finding collisions in the full SHA-1. In: Advances in Cryptology – CRYPTO'05, vol 3621, pp 17–36

8. Wang X, Hongbo Y (2005) How to break MD5 and other hash functions. In: Advances in Cryptology EUROCRYPT 2005, pp 19–35

9. National Institute of Standard and Technology (2007) Cryptographic hash algorithm competition. http://csrc.nist.gov/groups/ST/hash/sha-3/index.html. Accessed November 2007

10. Matyas SM, Meyer CH, Oseas J (1985) Generating strong one-way functions with cryptographic algorithm. IBM Tech Disclosure Bull 27(10A): 5658–5659

11. Preneel B, Govaerts R, Vandewalle J (1989) Cryptographically secure hash functions: an overview. In: ESAT Internal Report, K. U. Leuven

12. Miyaguchi S, Iwata M, Ohta K (1989) New 128-bit hash function. In: Proceedings 4th International Joint Workshop on Computer Communications, pp 279–288

13. Barreto PSLM, Rijmen V (2000) The Whirlpool hash function. http://www.larc.usp.br/~ pbarreto/WhirlpoolPage.html. Accessed November 2000

14. Nakajima J, Matsui M (2002) Performance analysis and parallel implementation of dedicated hash functions. In: Proceedings of EUROCRYPT 2002, Lecture Notes in Computer Science, vol 2332, pp 165–180

15. Lloyd B et al. (1992) PPP authentication protocols. In: The Internet Engineering Task Force (ITEF) Internet Draft, RFC-1334, October 1992

16. Simpson W (1994) The point-to-point protocol. In: The Internet Engineering Task Force (ITEF) Internet Draft, RFC-1661, July 1994

17. National Institute of Standards and Technology (2002) The keyed-hash message authentication code (HMAC). In: FIPS PUB, vol 198

18. Hoang AT, Yamazaki K, Oyanagi S (2008) Multi-stage pipelining MD5 implementations on FPGA with data forwarding. In: 16th International Symposium on Field-Programmable Custom Computing Machines, pp 271–272, April 2008

19. Wang Y, Zhao Q, Jiang L, Yi S (2010) Ultra high throughput implementations for MD5 hash algorithm on FPGA. In: High Performance Computing and Applications, pp 433–441

20. Chaves R, Kuzmanov G, Sousa L, Vassiliadis S (2006) Improving SHA-2 hardware implementations. In: Cryptographic Hardware and Embedded Systems-CHES 2006, pp 298–310

21. Jarvinen K, Tommiska M, Skytta J (2005) Hardware implementation analysis of the MD5 hash algorithm. In: Proceedings of the 38th Annual Hawaii International Conference on System Sciences, vol 9, p 298a

22. Lee YK, Chan H, Verbauwhede I (2007) Iteration bound analysis and throughput optimum architecture of SHA-256 (384,512) for hardware implementations. In: Proceedings of the 8th international conference on Information security applications, vol 256, pp 102–114

23. Lien R, Grembowski T, Gaj K (2004) A 1 Gbit/s partially unrolled architecture of hash functions SHA-1 and SHA-512. In: Topics in Cryptologyâ CT-RSA 2004, pp 1995–1995

24. Crowe F, Daly A, Kerins T, Marnane W (2005) Single-chip FPGA implementation of a cryptographic co-processor. In: Proceedings. 2004 IEEE International Conference on Field-Programmable Technology (IEEE Cat. No.04EX921), pp 279–285

25. Athanasiou G, Gregoriades A, Panagiotou L, Goutis C, Michail H (2010) High throughput hardware/software co-design approach for SHA-256 hashing cryptographic module in IPSec/IPv6. Global J Comput Sci Technol 10(4): 54–59

26. Dadda L, Macchetti M, Owen J (2004) An ASIC design for a high speed implementation of the hash function SHA-256 (384, 512). In: ACM Great Lakes Symposium on VLSI, pp 421–425

27. Dadda L, Macchetti M, Owen J (2004) The design of a high speed ASIC unit for the hash function SHA-256 (384, 512). In: Proceedings Design, Automation and Test in Europe Conference and Exhibition, vol 256, pp 70–75

28. Feldhofer M, Wolkerstorfer J (2007) Strong crypto for RFID tags – a comparison of low-power hardware implementations. In: 2007 IEEE International Symposium on Circuits and Systems, pp 1839–1842, May 2007

29. Peris-Lopez P, Hernandez-Castro J, Tapiador J, Ribagorda A (2009) Advances in ultra-lightweight cryptography for low-cost RFID tags: Gossamer protocol. Inform Security Appl 56–68

30. Kim M, Ryou J, Jun S (2009) Efficient hardware architecture of SHA-256 algorithm for trusted mobile computing. Architecture. Springer Verlag, Berlin, Heidelberg, New York, pp 240–252
31. Perlner R, Chang S, Kelsey J, Nandi M, Paul S, Regenscheid A (2009) Status Report on the First Round of the SHA-3 Cryptographic Hash Algorithm Competition. September 2009
32. Bertoni G, Daemen J, Peeters M, Assche GV (2009) Keccak specifications Version 2. http://keccak.noekeon.org/Keccak-specifications-2.pdf. Accessed July 2011
33. Morawiecki P, Srebrny M (2010) A SAT-based Preimage Analysis of Reduced KECCAK Hash Functions. Santa Barbara, CA, 23–24 August 2010
34. Bertoni G, Daemen J, Peeters M, Assche GV (2010) Keccak sponge function family main document. http://keccak.noekeon.org/Keccak-main-2.1.pdf. Accessed June 2010
35. Biham E, Dunkelman O (2006) A framework for iterative hash functions: HAIFA. In: Second NIST Cryptographic Hash Workshop
36. Henzen L, Meier W, Raphael C-W, Phan, Aumasson J-P (2009) SHA3 Proposal BLAKE. 7 May 2009
37. Knudsen LR, Matusiewicz K, Mendel F, Rechberger C, Schlaffer M, Søren S, Gauravaram TP (2008) Grøstl – a SHA-3 Candidate
38. Lucks S, Schneier B, Whiting D, Bellare M, Kohno T, Callas J, Ferguson JWN (2008) The Skein Hash Function Family
39. Sheikh F, Mathew SK, Walker RKJ (2010) A Skein-512 hardware implementation. http://csrc.nist.gov/groups/ST/hash/sha-3/Round2/Aug2010/documents/presentations/WALKER_skein-intel-hwd-slides.pdf. Accessed August 2010
40. Wu H (2009) The Hash Function JH. http://www3.ntu.edu.sg/home/wuhj/research/jh/. Accessed July 2011
41. Hanley N, Hamilton M, Lu L, Byrne A, O'Neill M, William P, Baldwin MB (2010) FPGA Implementations of the Round Two SHA-3 Candidates, August 2010
42. Feldhofer M, Kirschbaum M, Plos T, Schmidt J-M, Tillich ASS (2010) Uniform evaluation of hardware implementations of the round-two SHA-3 candidates. In: The Second SHA-3 Candidate Conference
43. Bertoni G, Daemen J, Peeters M, Assche GV (2010) The Keccak sponge function family: hardware performance. http://keccak.noekeon.org/hw_performance.html. Accessed November 2010
44. Henzen L, Aumasson J-P, Meier W, Phan R VLSI Characterization of the Cryptographic Hash Function BLAKE. http://www.131002.net/data/papers/HAMP10.pdf. Accessed July 2011
45. Beuchat J-L, Okamoto E, Yamazaki T (2010) Compact Implementations of BLAKE-32 and BLAKE-64 on FPGA
46. Grøstl – a SHA-3 candidate. http://www.groestl.info/implementations.html. Accessed July 2011
47. Baldwin B, Byrne A, Hamilton M et al. (2009) FPGA Implementations of SHA-3 Candidates: CubeHash, Grøstl, LANE, Shabal and Spectral Hash. http://eprint.iacr.org/2009/342.pdf. Accessed July 2011
48. Long M (2009) Implementing Skein Hash Function on Xilinx Virtex-5 FPGA. http://www.schneier.com/skein_fpga.pdf. Accessed February 2009

第 3 章 RSA 算法的实现与安全性

3.1 引言

　　只要有远程通信的需求，远程通信的双方之间就存在通信安全的问题。在 20 世纪初，数字计算机的崛起带来了一个关于安全通信的新范例：基于计算机的加密算法。加密是一个将私人数据集（通常被称为明文）转换为看似随机的一组数据（被称为密文）的过程。然后，密文通过一个被称为解密的过程，被确定地转换回明文。加密和解密可被认为是对明文的"锁定"与"解锁"。把明文想象为一张写有敏感信息的纸，将这张纸用一把独一无二的锁锁进一个牢不可破的盒子里，就是对该数据的"加密"。只有拥有正确密钥的人可以"解密"数据。有两种主要的方式可使 A、B 双方利用这个理想的盒/锁组合来传输数据。首先，A 方可在双方进行安全的个人会面期间，向 B 方提供他们独有的锁的钥匙复制品。之后，A 方就可以用"盒子"和"锁"加密数据，并将盒子交给 B 方。由于 B 方在先前的会面中已获得了这把锁的钥匙，所以他有能力在接收到数据时"解密"这个数据。在本例中，双方可使用相同的密钥持续来回发送数据。这种加密方式被称为"对称"加密，因为双方使用相同的密钥。

　　关于对称加密有一些值得注意的地方，比如：密钥被认为是"私密的"，它绝对不能被除消息发送方和接收方外的第三方获得，这点非常重要。除对称加密外，还有另一种可使 A 方和 B 方安全地传输数据的方式。在这种方式中，A 方和 B 方都有它们自己的锁和密钥，但双方的密钥并不相互交换。A 方和 B 方只交换彼此的锁。每当 A 方希望向 B 方发送私密消息时，A 方可将其数据放在它们牢不可破的盒子中，并用 B 方的密钥对这个盒子上锁。这样一来，A 方可确保只有 B 方能取出该数据（即使 A 自己都不能再打开它）。B 方可通过相同的过程用 A 的密钥向 A 发送数据。在这种情况下，双方使用不同的密钥来实现加密，所以这种加密被称为"非对称"加密。RSA 算法是一种非对称的加密算法，它允许双方之间进行安全通信。对于使用 RSA 进行安全通信的双方，它们必须产生两个密钥——一个公共密钥和一个私人密钥。在上述盒/锁的类比中，公共密钥取代了双方之间交换的锁，而私人密钥就是各方自己用来开锁的钥匙。如果 A 方希望从 B 方获取一些私密信息，则 A 方必须首先向 B 方发送其公共密钥的副本，然后 B 方可以使用该公共密钥对数据进行加密，再将加密数据发送回 A 方，让 A 方用其私人密钥解密该数据。值得注意的是，在对称加密中，私人密钥必须对其他不需要了解加密信息的第三方保密。若密钥被泄漏，它们必须分发新的公共密钥以保持通信安全。然而，这样就减少了交换初始安全密钥的需求（注意并不是完全不需要，这点我们会在后面说明）。

　　由于加密算法 RSA 的数学描述简单且被证明具有安全性，因此它被广泛地使用，并且，算法具有各种各样与硬件和软件相关的实现形式。值得注意的是，虽然算法的数学描述可被证明是安全的，但算法的实际实现却并不完美，因此有必要分析算法的实现方式，以确保算法的安全性在其实施阶段不会丢失。在本章中，我们将分析 RSA 算法及其硬件实现的安全性。首先，我们仔细地描述了 RSA 算法，并讨论其在安全性方面的优点与不足；其次，我们研究了 RSA 算法的硬件实现基础；再次，我们审视了与 RSA 硬件实现相关的安全性问题；最后，我们从安全性的角度出发探讨了 RSA 算法在未来的前景。

3.2　算法的描述与分析

在 20 世纪 70 年代末期，Rivest 等人首次提出了 RSA 算法。该算法很快在 MIT 的帮助下获得专利，而专利持有者在 2000 年专利到期日的前两周将算法公开。由于算法被公开，大量的该算法的硬件/软件实现方式被开发出来。考虑到 RSA 在现代密码学中的长存性和无处不在性，我们有必要仔细研究该算法，以便让所有打算使用它的人充分了解其优缺点。

如前所述，RSA 需要参与通信的双方创建两个密钥 —— 一个公共密钥（给另一方用于加密）和一个私人密钥（给接收方用于解密信息），分发公共密钥的一方同时需要保密其私人密钥。RSA 的安全性取决于一个事实，即无法从公共密钥所包含的信息中推算出私人密钥。要理解这是为什么，我们必须首先考察 RSA 的密钥生成算法。这个算法的第一步是生成两个大的唯一随机质数（记为 P 和 Q），并将这两个质数相乘得到一个更大的数（记为 N）。之后，利用这两个质数 P 和 Q 计算生成另一个数，记为 ψ，$\psi=(P-1)(Q-1)$。我们用 ψ 来寻找另一个整数 E，使其满足以下要求：E 应大于 1 小于 ψ，同时又要保证 E 与 ψ 互质（即两个数除了 1 没有其他公因数）。再用 ψ 和 E 求得另外一个数 D，D 是一个整数且满足方程：$DE\equiv 1\%\psi$。一旦数 N、E 和 D 被计算出来，该算法的密钥生成部分就已经完成。公共密钥由两个数 N 和 E 组成，而私人密钥由两个数 N 和 D 组成（计算过程见图 3.1）。

> 1) 生成唯一的质数 P 和 Q
> 2) 计算 $N=PQ$ 和 $\psi=(P-1)(Q-1)$
> 3) 选择 $E\geqslant 1$ 并与 ψ 互质
> 4) 计算满足 $DE\equiv 1\%\psi$ 的 D

图 3.1　RSA 密钥生成算法[6]

RSA 算法的加密和解密需要分别用到公共密钥和私人密钥。要加密明文消息 P，必须首先将其转换成整数 M，并使用来自公共密钥的值 N 和 E 来计算该整数的加密版本，其方式为 $C=(M^E)\%N$。其中，C 是消息 P 的密文版本。为了解密该密文，接收方需要使用私人密钥的值 N 和 D 来执行计算 $M=(C^D)\%N$。然后，任何将明文转换为整数的技术都可用来逆转整数 M，以获得原始明文。关于 RSA 算法，最有趣的事情之一就是其相对简单的数学描述。RSA 的密钥生成步骤可描述为：通过单次乘法得到 N，满足两个条件语句得到 E，再满足一个附加的条件语句得到 D。加密和解密步骤可通过单次数学运算——求幂来描述，对加密和解密使用不同的值。由于这种简单的描述，RSA 可以像一个简单的算法一样被实现和使用。然而，我们必须更仔细地检查 RSA 的步骤，以真正了解实现该算法所面临的需求及困难。

密钥生成过程的第一步，可能是在使用 RSA 算法过程中最困难和最重要的一步。在这一步中，我们生成了两个唯一的、大的随机质数，并用这两个数来计算存在于公共密钥和私人密钥中的模数 N。RSA 所提供的安全性是由以下事实得到的：即使知道两个质数的乘积，也很难计算出这两个大的随机质数。理论上，获得公共密钥的一方拥有计算私人密钥所需的全部信息，即：感兴趣方理论上可将来自公共密钥的模数 N 分解为它的两个质因数。然而，"整数分解问题"的难度使得这种操作实际上并不可行。目前，不存在任何算法能够在合适的时间内将大的整数分解为它们的质因数；所有已知的算法都具有指数或次指数时间的计算复杂度。这并不是说大的整数不能被分解，而是根据被分解的整数大小，我们需要耗费呈指数增长的时间来完成分解工作。因此，RSA 并非本质上不可破解。为了安全地使用 RSA，必须合理地选择模数，使得所有攻击者在短期内无法分解。随着时间的推移，"安全的 RSA 使用"也随之改变，因为攻击者可用的计算能力在不断增加。在 2010 年，模数的大小为 1 024 比特（两个 512 比特的质数的乘积）。然而，1 024 比特的模数并不一定是标准大小，因为 2009 年在普通的 CPU 上分解 768 比特的模数需要大约 2 000 小时的计算时间。只能说，分解 1 024 比特的模数将会是因子分解的下一个里程碑。目前，2 048 比特和 4 096 比特的模数也在 RSA 常用算法中可见，它们在短期内不可能实现因子分解。

　　将公共模数 N 分解为其质因数 P 和 Q 的困难之处，正是保障 RSA 安全性的原因。因为从公共模数 N 中求得私有的指数 D 与从公共模数 N 中找到质因数 P 和 Q 的难度一样大。然而，这种安全性也伴随着一定的代价，即对形成模数 N 的质数 P 和 Q 的选择有着严格的要求。P 和 Q 必须是唯一的、大的随机质数。这些要求本身对模数的安全性是有利的，但却增加了算法的难度。比如：P 和 Q 必须都是很大的数，为了生成 1 024 位的模数，我们必须将两个 512 位的数相乘。从硬件资源和软件资源的角度看，生成、存储和执行这样的大数据操作是非常困难的。此外，模数的大小与加密的安全性是成正比的，而且这两个数还必须彼此不同。如果选择 P 与 Q 相同，则攻击者易将模数识别为一个平方数，从而能够显著减少分解它所花的时间。两个数是质数也许是算法中最重要的条件，也是最难满足的条件。如果整数 P 和 Q 不是质数，就表示该模数有更多的质因数而不仅仅只有 P 和 Q；并且，对于一个给定的模数，这些质因数会比质数 P 和 Q 小。增加质因数的个数，以及减小质因数的大小，都将使模数的因子分解更加容易。然而，质数的生成并不简单。随机数 b 具有大约 $\dfrac{2}{\ln b}$ 的机会成为质数。对于大小约为 2^{512} 的数字，每 200 个数中约有 1 个质数。但是，质数的生成并不是问题，因为给一个随机数发生器足够的时间，最终都可以得到一个质数。更困难的地方在于对这个质数进行验证。检查整数 P 是否为质数的最基本的方法是检查它是否可被从 1 到 $\sqrt{P}$ 的每个整数整除。可用于质性测试的多项式时长算法确实存在。通常，当用软件生成随机质数时，只需耗费一定的时间就能通过非确定性的质数算法来检查它们的质性。一旦它们以较高的概率被判断为质数时，再利用一个确定性的算法来对它们进行最终验证。

　　毫无疑问，为了创建公共模数而产生随机质数是 RSA 算法中一个困难且重要的步骤。在该步骤中得到的结果质量，将直接影响算法加密的安全性。然而，从算法的角度看，这还不是算法在实施过程中唯一的难点。质性测试及随机数生成都是困难的数学问题，它们在软件和硬件平台上均已被实现，并有多种方式可完成这些操作。虽然算法所需的操作并不是从根本上难以实现的，但它们仍有自己的成本约束及相关要求。例如，在生成质数 P 和 Q 之后的两个步骤是获取整数 N 和 ψ，它们的计算公式分别为 PQ 和 $(P-1)(Q-1)$。乘法是一种极易写入算法的操作，但这种数字计算实现起来并不简单。在硬件和软件中，许多不同的系统和程序在执行乘法运算时均需要耗费大量的时间和资源。乘法也不仅存在于 RSA 的这一步运算中。在 RSA 的加密和解密过程中，需要模幂运算。幂指数可视为重复的乘法，就如乘法可视为重复的加法一样。创建 RSA 密钥或执行 RSA 加密与解密的系统，其时间和资源的需求将直接受到设计中所选定的乘法系统约束。随后，我们将研究一些基本硬件乘法器设计时，如何选择时间开销、资源开销及安全需求。

我们已分析了 RSA 密钥生成、加密与解密过程中的一些重要方面。虽然算法本身非常重要，但是这里提到的随机质数生成和乘法器的设计，对任何 RSA 实现方式而言都是在设计之初就需要考虑的要点。此外，在考虑算法的隐含需求时，我们更容易理解到 RSA 提供的安全类型。RSA 并不是一个完美的加密算法，因为只要有足够的资源，任何 RSA 加密的数据都可以被解密。解密过程的难度才是 RSA 安全性的核心。

3.3　硬件实现简介

从算法的角度来看，非常容易理解并解释 RSA 算法。忽略寻找随机质数的过程，基本的 RSA 仅需要一个能对非常大的数执行模幂运算的系统。幂指数运算本身可被认为是一个重复的乘法运算，正是出于这个原因，我们将讨论硬件乘法器，它是任何 RSA 硬件实现中的核心模块。因为有多种方法来设计硬件乘法器并将其插入到系统中，所以我们将对 RSA 系统中可能采用到的几种不同乘法器形式进行讨论。

乘法本身可被认为是一个重复的加法过程。硬件加法过程是一个已深入研究的课题。从简单的全加器开始，我们已经构造了脉动进位加法器，超前进位加法器以及用于包含各种时间与面积开销的加法结构套件（见图 3.2）。

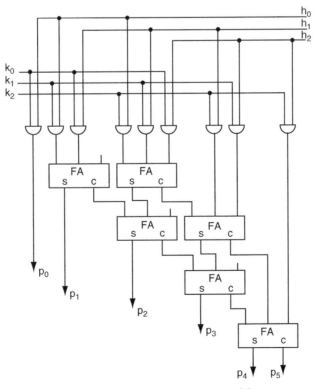

图 3.2　一种 3 比特组合型乘法器[2]

　　选择并构建这些加法器与选择并构建乘法器一样复杂。所以，我们只考虑我们的系统中使用到的通用组合型加法器。两个 n 比特数相加需要一个 n 比特加法器，产生一个带进位的 n 比特结果［或一个 $(n+1)$ 比特结果］。我们可以通过使用 n 个 n 比特加法器或使用 n^2 个全加器来实现两个 n 比特数的乘法运算。组合型乘法器是由一个 $n \times n$ 的全加器矩阵组合而成。虽然有多种方法可以将电路中的加法器连接到一起来形成乘法电路，但其大致的数学原理是相同的，即：乘法器的每一行或列计算 n 个乘积中的一个（即乘法中的中间级）。每部分乘积类似于在传统的手工乘法计算中被求和的值之一。此过程在二进制格式中比在十进制格式中更容易理解，比如：乘法器的第 i 行或第 i 列计算 AB_i 值，并将该值作为进位输入提供给正在计算乘积 AB_{i+1} 的第 $i+1$ 行或第 $i+1$ 列。第 i 行或第 i 列的最低有效比特将被用作组合型乘法器的第 i 个输出送到输出端。同时，最后的行或列的输出比特将被用作乘积的高位。

　　这个简单的组合型乘法器有二次方的面积需求（需要 n^2 个全加器来实现两个 n 比特数相乘），但能在恒定时间内求得两个数的乘积。在固定时间内求得两个数乘积的能力是需要付出代价的，因为在硬件中，用于计算比特乘积的全加器数量巨大，这导致内部电路路径惊人的长，因而计算乘积所需的"恒定"时间可能会非常长。总之，这个"恒定"时间的乘法器不仅计算两个数乘积的速度慢，它还需要以二次方的面积作为代价。因此，组合型乘法器在实际中很少使用，其明显不如下面将介绍的串行法和串行比特法（见图 3.3）。

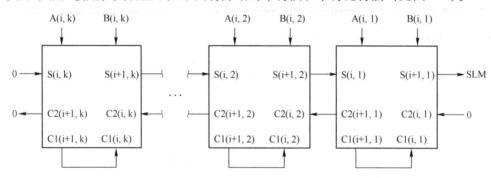

图 3.3　串行比特乘法器中的 5－3 压缩器连接方式[7]

　　前面讨论的组合型乘法器可被认为是全并行乘法器。也就是说，被乘数和乘数全部作为输入提供给组合电路。因此，实现两个 n 比特操作数相乘的组合型乘法器需要 $2n$ 个输入和 $2n+1$ 个输出，同时不需要任何时序电路。串行比特乘法器是一个硬件乘法器，它利用串行的硬件结构和一个时钟信号来实现两个数相乘，并仅使用两个比特的输入和一个比特的输出[1]。两个输入通常按照从最低有效位到最高有效位的顺序，在时钟信号的控制下逐位提供给电路。串行比特乘法器在功能上是一个复杂的移位累加器电路。

　　在乘法运算的每个时钟周期内，乘法的部分乘积（一个中间级）被加到总体运行和上，且该运行和的最低有效位被移出乘法器作为此电路的输出。一个串行位乘法器包含多个边沿触发器单元和一组 5－3 压缩器模块（将 5 个等权重的输入压缩为 3 个权重输出的一种电路）。n 比特乘法器需要 n 个这样的单元，并可在 $(2n+1)$ 个时钟周期内将两个 n 位操作数相乘并产生串行输出。串行比特乘法器和组合型乘法器相比，其主要的优点在于大大减少了面积开销。这是由于组合型乘法器的面积和引脚数随操作数长度的增加而分别呈二次方增加和线性增加，但串行比特乘法器的面积随着操作数长度的增加仅线性增加，且无论操作数多大都只需要三个引脚。

在串行比特乘法器中，采用"累加"是其核心的思想。它并没有使用专用的累加器模块，而是将数字的乘积不断地移动，并通过乘法器的各个单元进行移位。在组合型乘法器和串行比特乘法器之间，还有一种采用了专用累加器的乘法器结构。在这种设计中，其中一个操作数是并行部分提供，而另一个操作数是串行部分提供。并行操作数必须在整个乘法运算过程中保持不变。而串行操作数是按最低有效位到最高有效位的顺序依次提供。在乘法过程的每个周期内，需要检查串行输入的每个比特。若输入比特为 1，则并行操作数的值被添加到初始状态为零的累加器中。若输入比特为 0，则不执行累加。在执行累加或者忽略累加之后，累加器的最低有效位被移出乘法器作为输出比特。然后，可以重复该过程，直至所有个 n 比特输入量都加载到电路中，并直到乘积的所有 $2n+1$ 位从累加器中移出。相对于先前讨论的其他两个乘法器而言，该设计具备一些优点。

首先，这种混合的并/串行设计比其他两个乘法器的设计复杂度更低。该乘法器所需的就是一个用于确定是否需要执行加法的比较器，以及一个用其自身输出作为两个输入之一的 n 比特加法器。该设计的面积根据操作数长度增加而线性增大（如同串行位乘法器），但其引脚数量也会同时线性增加（如同组合型乘法器）。这种混合设计在乘法的一个操作数保持恒定时效果特别好，比如：在总是使用某个已知的数与其他变量相乘。在这种情况下，恒定的操作数可以用连线的方式作为并行输入。已知一个操作数为常数也可以减少一些面积，因为乘法器的某些内部连线在设计过程中可以被优化掉（见图 3.4）。

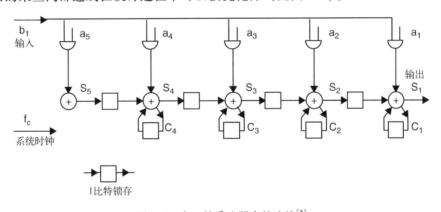

图 3.4　串 – 并乘法器中的连接[3]

当然，这三个设计只是部分最基本的硬件乘法器的实现方式。在一个实际的集成电路中，对于上述某些优化变量，所使用的硬件乘法器还能继续对其进行优化。此外，还有一些数学技术，如 Montgomery 化简法和 Karatsuba 乘法，可以减少操作数与某些因子相乘时，总共所需的加法数量。这些技术以及乘法器在实际与理论之间的差异，极大地影响了电路的时序、面积及复杂度。但是，它们大多数不会影响到 RSA 系统中硬件乘法器的安全性问题。

如前所述，模幂运算是 RSA 系统中最核心的操作，因此，对于任何希望实现 RSA 的人来说，理解该操作的实现方式尤为重要。模幂运算本身可以简化为一个重复的乘法过程，因而 RSA 系统中存在的硬件乘法器，为我们进行安全性分析提供了一个良好的基本单元。我们将使用前面讨论的三个乘法器设计作为例子，讨论在硬件实现中的 RSA 的系统安全性。

3.4　安全性分析

RSA 是一种复杂的密码算法。因此，任何产生 RSA 公共密钥/私人密钥，以及在硬件中计算 RSA 加密/解密的系统都将是一个复杂的系统。我们已经深入研究了使用这些密钥产生 RSA 密钥和加密消息的算法，还仔细讨论了 RSA 的硬件实现中最基本和最重要的单元：硬件乘法器的选择和设计。在考虑完算法需求以及实现算法的功能单元约束后，我们可以考虑 RSA 的安全性问题，并考虑如何创建并实现一个真正安全的 RSA 硬件系统。

然而，为了能够讨论加密算法硬件实现的安全性，我们必须明确硬件实现的安全性意味着什么。首先，一个加密算法的硬件实现必须在给定的适当输入情况下产生正确的输出。这看起来似乎是废话，但是，在 RSA 加密/解密模块那样复杂的系统中，任何设计或制造过程中的小错误都可能会产生一些潜在的小错误使得输出改变，从而使得加密明文不可译。因此，任何可能改变算法本身安全性的设计选项（如私钥和公钥的长度），都必须满足硬件的要求，同时还必须为该系统的使用者提供足够的安全性。此外，该系统还应该对已知类型的攻击具备抗性，无论这些抗性是存在于实践中还是在理论上。牢记这些基本概念，让我们开始分析 RSA 中某些独特的安全性要求吧。

假设我们有一个可完成 RSA 密钥生成、加密和解密的硬件系统，该系统可以实现本章开头所描述的算法。从安全的角度来看，这些算法的实现其实非常不简单。算法的第一步（公共/私人密钥对生成算法）是产生两个大的、随机的、唯一的质数。这些字眼"大的"，"随机的"，"唯一的"和"质数"中任意一个都描述了自己想要实现的问题。首先，产生的随机数需要足够大。RSA 加密的安全性来源于将大的准质数分解为质因数的难度。分解准质数的难度随着质因数长度的线性增加而呈指数增长（基于当前已有的算法）。整数的因式分解是一个持续研究与发展的领域，因而随着时间的推移，已经能完成越来越大的整数因式分解。为此，必须采用具有足够大的质因数来构建足够大的密钥，否则对于攻击者而言，破解加密信息将会非常容易。截至 2010 年，常用的是长度为 2 048 或 4 096 比特的私人密钥。其次，随机数生成是一个困难的过程，而在 RSA 系统中重要的是如何正确地得到它，因为在 RSA 密钥生成系统里，所实现的随机数生成器中存在的任何缺陷都可能引起密钥空间的改变。例如，假定攻击者想解密一条 RSA 加密的消息（我们将这看作是对 RSA 系统的"攻击"），但他没有私人密钥。若这个攻击者发现该系统的随机数生成单元中存在缺陷（或随机数生成器产生带偏移的输出，或不在其规定范围内产生数字），则攻击者可以利用这种缺陷来大大缩减私人密钥可能来源的密钥空间。这个密钥空间的缩减导致了破解加密信息所需的时间减少。此外，这两个质数也必须是唯一的。若两个大的随机质数相同，则它们的乘积将很容易被识别出为平方数，因而公共密钥会被轻易分解出来。即使这两个数只是在一定程度上彼此接近也是正确的；同样，若两个数字彼此相距甚远，导致一个比另一个大得多，则公共密钥极易受到某种其他类型的攻击。最后，这两个数必须是质数，这可能是 4 个要求中最困难的一点，因为质性测试是一个非常困难的过程。两个数字的质性是非常重要的，因为两个非质数的乘积将具有多于两个的质因数，这大大降低了对公共密钥进行因式分解的复杂性。因此，即使是 RSA 操作中所需的第一个算法的第一步也是非常复杂的，它充满了对安全性的要求。

　　除了唯一的、大的随机质数生成器的设计，RSA 系统的另一个安全问题就是加密指数 E 的选择。回顾一下，E 是一个与 Ψ 互质且大于 1 的数。加密指数连同模 N 一起是公共密钥的一部分，并通过执行操作 $C = (M^E)\% N$ 把明文消息 M 加密为密文 C。目前，有一些攻击方法涉及到 E 的选择。具体来说，这些攻击利用了非常小的 E 值具有的优势，使得攻击者在给定 E 的情况下更易将密文转换回明文。出于这个原因及其他原因，大多数 RSA 系统采用一个通用的加密指数，即费马质数 $2^{16} + 1$ 或 65 537[5]。值得注意的是，除了产生可形成模数的随机质数或选择了一个不恰当的小加密指数过程，我们实际上并不能从算法的角度对 RSA 系统进行直接攻击。RSA 从 1979 年提出以来，至今仍是一个强大的算法加密过程。不幸的是，算法的安全性并非加密系统必须提供的唯一品质，其实现也必须是安全的。针对 RSA 及其他加密算法的具体实现，已有许多新型的攻击方式，也诞生了许多可以抵御一般性攻击的新型防御技术。

　　现考虑我们一直在讨论的 RSA 系统。假设一个攻击者能够拦截由该系统加密的消息，若 RSA 系统设计正确，即符合前面描述的算法的安全性要求，那么对于攻击者而言，分解消息加密/解密所需的公共密钥几乎不可实现。然而，虽然该算法可能是安全的，但这并不意味着硬件实现本身是安全的。现在假设一个攻击者可访问物理系统本身以及系统输出，在此基础上，研究人员提出了一种称为"边信道"攻击的硬件攻击方式。这类攻击并不直接攻击算法，而是专注于算法实际的物理实现。边信道攻击是一种利用非传统路径意外泄漏的信息来进行攻击的手段。攻击者通常寻找泄漏信息的两个最常见的途径，即硬件的时序和硬件的电源使用情况。分析这两种边信道的技术比较相似，它甚至无须对系统进行物理接入。

　　我们以一个用于计算 RSA 加密的硬件系统为例，说明边信道攻击如何工作。假定该系统接收明文 M 作为输入，并利用 RSA 公共密钥以及公式 $C = (M^E)\% N$，将明文转换为密文 C。希望拦截和解密密文 C 的攻击者需要从公共密钥中分解出模数 N，才能进一步计算出私人密钥并解密消息。若系统设计良好，在没有额外信息的情况下，这样做将会是非常困难的。然而，考虑到攻击者可能知道计算这种模幂运算的系统：即使用前面描述过的简单的、串/并混合乘法器构建的模幂运算器。该系统首先对明文求平方，再对其进行模 N 运算。然后，对结果重复该过程 $E - 1$ 次。假定系统被设计为先前的结果是并行提供的操作数，而明文是串行提供的操作数。这表示，为了计算 $C = (M^E)\% N$，明文 M 将会被串行地传递给乘法器 E 次。在前面讨论的混合乘法器中，我们需要检查串行操作数的每个比特，以确定并行操作数是否被添加到累加器中。当串行操作数的当前位为 1 是，执行加法，而当前位为 0 时，不执行加法。这种差别从算法角度而言是无关紧要的，但是执不执行加法的决定对系统的时序与功耗会产生影响。例如，执行加法比不执行加法需要更多的时间。或者，系统可能在执行加法的时钟周期内会消耗更多的功率（见图 3.5）。在任何一种情况下，攻击者可能测量与区分这些时序或功率差异，并且这些差异与秘密信息直接相关。显然，这是一个非常简单的例子，只需要对这个混合乘法器进行微小的更改，就可以使其更安全（例如，执行任意一次加法但抛弃结果）。该例子展示了一种从未考虑过的新攻击类型，鉴于边信道信息可能向攻击者泄漏私密信息这一事实，系统设计者需要考虑高级算法领域之外的安全性。

　　当然，串/并混合的乘法器并不是可能泄漏信息的唯一硬件结构，而加密操作也不是 RSA 中可能泄漏私密信息的唯一操作。组合乘法器，由于其面积开销大，因此更易于分析其功率。假设对集成电路某些区域的功耗测量有足够高的分辨率（最可能是通过温度测量），就可以看出组合乘法器的整行或整列在特定的乘法运算中是否被使用到，从而泄漏了使用该乘法器进行运算的操作数信息。这类测量可用几种方式进行抵御，比如：将构成组合乘法器的全加器分布到整个集成电路中，以降低电路速度为代价来提高分析乘法器功率的难度。然而，对集成电路进行逆向工程可能导致这些功率测量再次变得可行。先前讨论的串行比特乘法器在其构造中使用了大量的触发器存储元件，其中的一些元件在整个操作中保持它们的值，而另外一些元件的值却经常发生改变。串行比特乘法器的每个单元至少具有两个触发器在整个单元操作期间不改变值，而在一次乘法期间，这些触发器中的值可从与特定单元时序相关的信息中推断出来。这类攻击本质上是一般性的，因为它们适用于算法的具体实现。由于设计者的设计思路不一样，两个都用于 RSA 加密的系统可能会受到完全不同的攻击。此外，不仅只有加密操作容易受到边信道攻击，因为它们是依赖于系统的一般性攻击。也许 RSA 系统用于从两个随机质数中计算模数的乘法器，与加密期间用于模幂运算的乘法器采用了不同的设计。但是，若计算模数的乘法器容易受到攻击，攻击者也能够很容易地发现组成模数的私密质数，然后将私人密钥交给攻击者，从而允许他们用该公共密钥访问加密的所有消息。

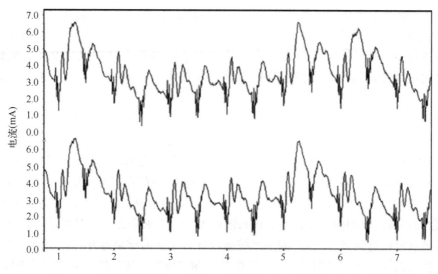

图 3.5　差分功率分析——周期 6 中的差异可用来获得操作信息[4]

实现 RSA 算法的系统的安全性取决于算法和实现算法的设计。不同的算法实现方式会受到不同类型的攻击，当未做出适当的设计决策时，边信道攻击是特别强大的工具。边信道攻击并不总是需要对系统进行物理访问，而可以从系统的供电电路中取出要分析的功率信息（由于一个强大的 RSA 系统总是会耗费功率），或者分析系统计算某些值并通过网络传输这些值所花费的时间，从而获知系统的具体操作。此外，不幸的是，那些希望截取加密消息的人总是在不断寻求新的攻击方式来利用加密方的设计。

3.5　结论

自 1979 年以来，RSA 对那些希望从事私密通信和安全数据存储的人而言，可以说是一种不可思议的工具。如今，公共密钥加密与 RSA 几乎成为了每台计算机都可在本地执行的操作。从数学角度来看，RSA 是一个简单的算法，但在这些简单的算法之下隐含的技术复杂性，使得 RSA 的实现并不容易。此外，那些总想暴露他人隐私的人们也在不断努力开发新的攻击 RSA 的方法。这促使人们对算法的使用方式进行改动，例如使用 $2^{16}+1$ 作为加密指数；而边信道技术的诞生，则要求人们对算法实现进行大的改变，从而大大增加了系统的复杂性，并提高了面积或功率要求。抵御那些试图破坏 RSA 安全性的人，需要我们不断地去思考、准备与分析，这样才能保证整个世界的通信隐私。

参考文献

1. Chen I, Willoner R (1979) An 0(n) parallel multiplier with bit-sequential input and output. IEEE Trans Comput C-28(10): 721–727
2. de Mori R (1969) Suggestion for an i.c. fast parallel multiplier. Electr Lett 5(3): 50–51
3. Gnanasekaran R (1985) A fast serial-parallel binary multiplier. IEEE Trans Comput C-34(8): 741–744
4. Kocher P, Jaffe J, Jun B (1998) Differential power analysis. Technical report, Cryptography Research
5. Menezes A, van Oorschot P, Vanstone S (1997) Handbook of Applied Cryptography. CRC Press, West Palm Beach, FL, USA
6. Rivest RL, Shamir A, Adleman L (1978) A method for obtaining digital signatures and public-key cryptosystems. Commun ACM 21: 120–126
7. Strader NR, Rhyne VT (1982) A canonical bit-sequential multiplier. IEEE Trans Comput C-31(8): 791–795

第4章 基于物理上不可克隆和无序的安全性

4.1 引言

随着网络化的智能对象、程序和数据持续增长，要确保这些单元安全性和可靠性的需求也在相应增加。由于它们遍布于我们的日常生活中，因此，该问题已成为一项重要的社会性挑战。目前，研究人员的一个核心任务，就是实现这些系统的安全性并完成可靠的识别、认证和完整性检查。

基于数字密钥的传统安全方法往往不能充分解决该问题，其中一个致命的缺点就是传统方法依赖于它们的硬件实现与密钥存储，因此过去几年中不断有相关的攻击方式被提出，以提取、估计或克隆非易失性存储器中的数字化密钥。这些技术对小尺寸、低功耗的嵌入式移动设备特别有效，因为这种情况下攻击者常常可以对设备进行全面而直接的访问。对于很多正在逐渐增加市场占有率的、基于 FPGA 的可重配置设备，其密钥的长久存储也是一个难题。由于在 FPGA 上集成安全的非易失性存储器会导致额外的开销及制造费用，所以这种方法并不常用。因此，密钥要么存储在易受攻击的外部存储器中，要么增加一个备用电源来给片上的易失性存储器供电，这些都会增加系统的成本和复杂度。感兴趣的读者可查看第 9 章，在那里对 FPGA 的脆弱性和安全性进行了全面讨论。

近年来，出现了另一种安全方法，它基于每个物理对象内在固有的、难以伪造的、独特的无序性。它形成了一种有前景的替换方案，能够很好地解决之前描述过的传统安全方法所带来的问题。目前，已提出的两大类基于无序安全性的系统为独特对象（UNO）和物理不可克隆函数（PUF）。独特对象是一个物理系统，它根据外部设备的测量结果，展现出一种小而固定的独特模拟属性集，不同的对象，其属性集不同。因此，即使原始对象的属性及准确的结构都已被获知，伪造者也绝无可能造出具有相同属性的第二个对象。显然，这些属性就如同一个对象的"指纹"。后面我们会讨论几种具有独特无序性的媒质，包括纸、纤维、磁盘、无线电波散射及光学令牌。

PUF 是第二类重要的无序系统，可用于可靠的识别、认证、密钥存储及其他安全任务。名词"PUF"首次出现在文献[1]中。简而言之，PUF 是一个无序的物理系统 S，当受到以 C_i 表示的激励（或者称为输入）时，系统会产生一个独特的设备响应（或称为输出）R_{C_i}。该响应取决于输入以及 PUF 的特定无序态和设备结构。由于 PUF 的不可克隆性需求，攻击者很难通过物理访问创建或克隆软件/硬件 PUF。

PUF 的激励响应对和独特对象的指纹都能高效地唯一识别设备。为了实现这些技术，我们需要稳定地进行可重复的测量，且必须能应对噪声和可变的操作条件。在这些情况下，可采用纠错码来保证系统所需的可操作性和健壮性[2-7]，对测量结果进行平均处理或校准设备的操作条件[8,9]。

　　常用于区分 PUF 响应和 UNO 指纹的独特性与稳健性的两个重要指标，是设备间距离（inter-device distance）和设备内距离（intra-device distance）。设备间距离常被具体计量为来自两个不同的 PUF/UNO 对同一个激励所产生的响应间的平均汉明距离，或者在相同条件下测得的两个独特对象指纹间的平均距离。设备内距离为在不同时刻和环境条件下相同的威胁作用于相同的 PUF/UNO 所产生的响应间的平均汉明距离，或者对特定对象指纹的重复测量值间的平均距离。理想的 PUF 和 UNO 应该会导致较大的设备间距离和较小的设备内距离。PUF 和 UNO 的另一关键参数是结果响应或指纹的熵。熵代表了由相同设备架构可产生的独立 ID 的数目。

　　尽管 UNO 和 PUF 有很多共同之处，它们之间仍存在一些重要的差异可区分这两种安全原语（及其子类）。本章为基于物理无序性的密码及安全领域提供了一种概念上的分类与总结，在文献[10]中也被称为"物理密码学"。此概念在应用中尽可能列举一些来自当代文献及具体实现的例子。对 PUF 这个主题，目前已有大量的研究。例如，文献[11]和一本最近出版的书中有几个章节专门描述了 PUF[12]。我们将会尽可能引用这些文章，并强调指出本章中的概念是对该领域的补充。

　　本章的结构如图 4.1 所示，其中给出了本章所讨论的基于物理无序性的安全令牌种类，每一个需要探讨的主题都存在于该图的分支中。4.2 节讨论 UNO，包括基于纸张（基于纤维）的指纹、磁性签名及基于 RF 的证书验证。4.3 节讨论弱 PUF 分类，包括物理上经过模糊处理的密钥、SRAM-PUF 和蝶形 PUF。4.4 节介绍强 PUF，其实例包括光学 PUF、仲裁器PUF、XOR 仲裁器 PUF 和模拟蜂窝阵列。4.6 节介绍新兴的 PUF 设计及其在研究中的挑战。4.8 节对全章做了一个总结。

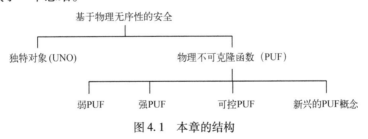

图 4.1　本章的结构

4.2　独特对象

　　基于随机的物理无序性的对象指纹提取已发展了三十多年。由于缺少既定的常用术语，我们称这类结构为"独特对象"（UNO）。

　　一个独特对象就是一个物理实体，它通过外部设备的测量，展示出一组小巧的、固定的独一无二的模拟属性集合。

　　用一个低成本设备也应该能够快速完美地测量出指纹。对一个对象来说指纹应该是独特的，在实际中几乎不可能在另一个对象中找到或创建相同的特征，即使是已知该对象的指纹和结构细节[13]。

更准确地说，一个独特对象应满足下列特性：

1. 无序性（Disorder）。指纹必须基于物理对象独特的无序性。

2. 可操作性（Operability）。指纹应该具备长久的稳定性，并对于老化、环境条件和重复测量必须足够强壮。此外，还必须能制造出提取该特性的测量设备，并且测量与鉴定的开销及时间应该是可行且经济的。

3. 不可克隆性（Unclonability）。在受到测量设备询问时，任何实体（包括厂商）想要再生产具有相同指纹特性的对象应该是成本惊人的或根本不可行的。

图 4.2 对该场景进行了展示。假定图中的每个独特对象都具有不可克隆的特有指纹，并且两个测量设备都能以高分辨率和高精度刻画对象的指纹。换句话说，UNO 是这个系统特有的、不可克隆的部分，即使能够大量生产具有相同功能的测量设备。克隆一个特定对象的花费十分庞大，同时我们应该能大规模地生产出能达到期望精度的测量设备。

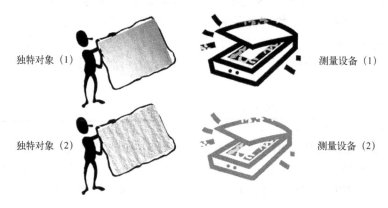

图 4.2　两个独特对象（该例是基于纸结构的）及两个指纹测量装置

4.2.1　独特对象的历史和实例

将指纹数据运用于生物统计学可追溯到 19 世纪。尽管人类的指纹和其他生物学实体都与独特对象紧密关联，但关于生物学的指纹的讨论却不在本章的范围内。我们推荐感兴趣的读者根据文献[14,15]来理解这方面的知识。

4.2.1.1　喷涂的随机表面

据报道，最早为了安全性而使用独特对象的案例，是在冷战时期由 Bauder 提出的，并应用于核武器条约中[16,17]。为了以不可锻造的方式标记核导弹，可在导弹表面喷涂一层薄薄的、随机的光散射粒子涂层。这个涂层从多个角度被光照射后，检测者记录下所得干扰模式的图像。在之后的检查中，干扰模式能被再次测量，并与之前记录的模式进行比较。图 4.3 中给出了示例。

即使攻击者可能知道（相对而言不太可能）照射角度以及检测者所获得的干涉图案，甚至攻击者可能长时间地接触此特殊涂层并能研究出它的结构，该方案也是足够安全的；因为即便在这些情况下，也不可能制造出一个可以产生相同干涉模式的涂层。当然，若攻击者知道检测者采用的所有入射角度及所得的结果，那么这个系统就不能被用于远程认证，因为攻击者可以仅根据接收到的激励来回放数字化的响应/图像。此外，该方案只能由携带可信测量设备并将其直接用于独特对象的检测者使用，这也是冷战时期该系统的使用模式。

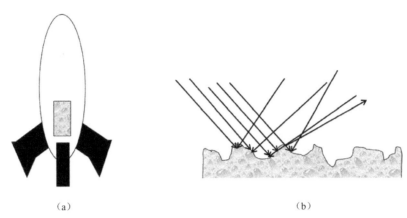

（a）　　　　　　　　　　　　　　　　　　　（b）

图 4.3　在导弹上喷了一层薄薄的随机光散粒子层（a）和从不同角度照射表面会得到不同的干涉图案（b）

4.2.1.2　基于纤维的随机表面

独特对象另一个早期实现的例子，是建立于固态对象中随机分布的纤维之上。例如，钞票上的纸纤维[18]，或磁性阅读器可读的银行卡基底中的金属纤维[19]。文献[20]进行了开创性的研究，从基本的密码学视角出发讨论了独特对象；随后，文献[21]对其进行了拓展。据我们所知，文献[20]是最早建议把独特对象和数字签名结合起来产生离线可验证标签的学术论文。

这些早期工作在后来的研究中得到了进一步的发展。首先，纸张或其他材料的表面不均匀性在文献[22－28]中得到更深入的研究。文献[23,24]的作者从纸张的不均匀性和数字签名创造出了不可伪造的邮票及文件认证；文献[22]展示了纸张表面的指纹对于浸泡及大量的其他变换都能表现出稳定性。

文献[26]调查了在发展中国家及农村地区基于表面的标签使用情况；文献[27]对基于表面的识别的数据库与纠错算法进行了处理；而文献[28]则利用商用扫描仪对纸张表面进行测量，并提供了一套详细的处理方法，如图 4.4 所示。材料表面复杂的反射行为甚至引出了可行的商用安全系统[29,30]。

其次，文献[31－34]中描述了在一个固定的传输矩阵中使用随机无序纤维的情况。文献[32,33]使用了光导光纤，并测量各个光束经由这些纤维传输到矩阵的不同空间段。所创建的每个实例都被如同一组纤维被随机地定位于一个对象上，并通过一种永久固定这些纤维位置的透明黏合材料粘在对象上。之后，利用以下事实可以读取出纸中基于纤维的随机结构，即：若一段纤维的一端被照亮，则另一端也会被点亮，如图 4.5 所示。

文献[31]采用了随机分布的金属颗粒，并在相邻区域读出数据，测量其散射特性。文献[34]将紫外线纤维倾倒在纸的混合物上，并测量了其光学响应。

4.2.1.3　独特对象及数字权限管理

观察发现，不仅常见的数据载体（如纸张），还有 IC、CD 和 DVD 等都有其唯一的特征，这进一步推动了该领域的发展。有时，数据载体的独特性仅当其上面书写或打印数据时才能表现出来。文献[35]报道了关于这方面的研究，它在 CD 印刻过程中使用了材料独特的无规则特性（如每个凸起的高度、形状和长度），以保护恰好存储在这些凸起里的数字信息。文献[36]和[37]中也提出了类似的方案，但这两篇文献站在了更高的科学高度来讨论该问题。对于光学媒体指纹的更多信息，感兴趣的读者可参考文献[12]。文献[38]提出了一种方法，即利用打印在纸上的字母的无规则性来保护纸质文档的安全性。最后，在本章的其余部分，我们会介绍一些可唯一地鉴定及认证芯片的方法。

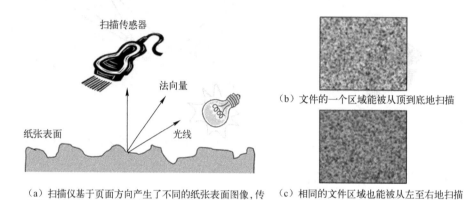

（a）扫描仪基于页面方向产生了不同的纸张表面图像，传感器处所见的光线取决于纸张表面的法向量与光源的角度

（b）文件的一个区域能被从顶到底地扫描

（c）相同的文件区域也能被从左至右地扫描

图 4.4　利用商用扫描仪对纸张表面的测量及处理[28]

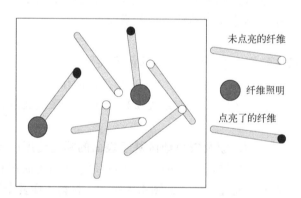

图 4.5　随机放置的固定长度纤维示例（图中方块表示嵌入的基底，三段纤维由照明光点亮）[33]

4.2.1.4　独特对象的其他实现方式

一些研究提出了新型的独特结构，并根据所采用的读取技术进行最优分类。商业部门提出了可采用无线电波读取（相对）较远区域的一些独特对象[39-44]。其中的大部分对象，其不可克隆性都存在着质疑[13]。另一种无线电波方法测量了由高次谐波振荡所产生的独特的 RF 信号[45]。文献[46]则对支持磁性读取的独特对象进行了研究。文献[47]在深入研究物理学后，提出了利用更复杂的效应及结构的一些光学对象。这些对象包括了光子晶体和光学活性粒子间的共振能量转移。令人惊讶的是，在支持电子读取的独特对象方面，已有的研究却非常少，哪怕这些对象只需要特别简单又成本低廉的测量方法。一份最新资料是文献[10]，

它利用了有瑕疵的二极管独特的电流 - 电压特性。最后，甚至有人提出了基于 DNA 的方法[48]，并在一段时间前将其推向了市场[49]。

在大部分早期的出版物中，都提及了对测量独特信号的误差修正问题，包括文献[27，28,32,34]。此外，还有部分文献专门讨论纠错问题[50-52]。

4.2.2　独特对象的协议及应用

独特对象的一类应用是以不可伪造的方式标记有价物品（如商品、银行卡、钞票、护照、门禁卡等）。认证在防止损失方面特别有用，因为数字商品和硬件的伪造在全球范围内造成了数千亿美元的损失[53]。两种常用的认证方法如下：

1. 一种经典和直接的方法，是将独特对象物理连接到它所保护的条目上，或者将被保护条目本身可测的独有特性提取出来构成独特对象。独特对象的指纹存储在一个中央数据库内。当需要认证时，测量出对象的指纹，并与数据库中存储的指纹相比较。此协议要求系统有一个中心数据库，并在身份验证时能提供一个到达该数据库的连接。

2. 另一种方法在文献[20]中被最先提出，并在文献[31]中被命名为防伪证书（COA）。同样，独特对象被物理连接到受保护的条目上（或提取被保护目标本身可测的独有特性）。除了独特对象，补充信息也直接存储在被保护的条目上，例如通过一个印刷的条形码。这些补充信息包括指纹的数字编码、纠错码[52]、与被保护条目相关的信息 I（如该目标的来源）以及其他一些最重要的信息，如指纹和信息 I 的数字签名。为了验证标签/条目是否有效，检验设备将执行以下操作：它从条目中读取补充信息，并利用存储在设备中的公共密钥来验证数字签名的有效性。然后，它通过值得信赖的测量装置对标签/条目的指纹进行测量，并将其与补充信息中标识出的指纹进行匹配。

方法 2 的优点在于其无须连接到一个数据库，可以离线工作。标签与测试设备都无须包含任何类型的秘密信息。这就产生了强大的优点：篡改标签或采用通用的测试设备所提取出的密钥，都会使得整个系统无法通过验证而失效。因此，测量设备必须被信任才能正常工作。

之前给出的两个基本协议的变形及组合形式，可参阅一些关于独特对象的文献，如文献[35-37]。

4.2.3　安全性

4.2.3.1　硬件中无秘密信息

独特对象最显著的特点是，它们不包含任何必须保密的信息，因此无须耗费高成本和精力去保护这类信息。它们的安全性不依赖于"某些密钥或某些其他关于其结构的信息必须保持安全"这样的假设；相反，其安全性是建立在"即使其所有的内部细节都已知，也不可能对该对象进行克隆"的假设下。它利用的是当前纳米制造工艺中的局限性。

此外，验证一个防伪证书的有效性，甚至可以在没有任何密钥的情况下进行，验证方仅需持有一个公共密钥来检查包含在防伪证书中的数字签名。这使得标签和测试设备可以被广泛使用，而不会因包含在标签或设备中的密钥造成全球性的安全问题，这一点非常重要。所需的密钥能存储在创建了签名的权限中，使其可以被更好地保护。在上面的经典协议（1）

中，可通过典型的加密方法来建立协议所要求的认证通信。同时，该系统的使用方必须依赖于测量装置的完整性。这就意味着，从一个不可信终端到中心认证机构的远程认证是不可能的，因此就限制了独特对象的推广。

4.2.3.2　结构灵敏度作为安全基准

独特对象安全性的一项关键指标是其结构的灵敏度：若我们以因子 δ 稍微改变其内部结构，会对输出信号及对象的独特性测量指纹产生多大的影响呢？该参数确定了"攻击者为了保持不被发现而必须复制独立对象"的精确度。它可以作为一个基准，以对独特对象的候选者进行排名。

4.2.3.3　对独特对象的攻击

对独特对象的主要攻击是再加工或克隆。没有必要以完美的精度重建原件，而是从测量装置的角度出发，制造出的第二结构可产生与原件相同的测量指纹即可。原则上，这种结构完全可以有不同的大小、尺度或外观；它甚至可以是一个人工合成了正确响应的智能反应系统。值得注意的是，纯数值建模的攻击，比如文献[54]中对 PUF 所执行的攻击是毫无意义的，并且不适用于独特对象。这些方式可帮助攻击者对随机选择的激励对 PUF 的响应（数值）进行预测。但对于 UNO，假定攻击者以某种方式知道了这些响应，他需要的是制造一个克隆件，该克隆件在被一个攻击者不能影响的外部设备测量时，能产生相同的模拟响应。这是一个物理制造的挑战，而不是建模的问题。

4.2.3.4　量子系统与独特对象

量子系统，如偏振光子，其固有的物理特性最先被用于安全系统[55,56]。众所周知，量子物理学的定律禁止对一个具有未知状态的量子系统进行克隆，例如一个具有未知偏振的光子。因此，根据定义，一个偏振光子能否因其独特性作为极化角而被解释为一个独特对象？然而，情况并非如此，因为独特对象允许攻击者知道其独有的性质。但是，一旦光子的偏振已知，就可产生出许多具有相同偏振状态的光子。因此，独特对象不同于量子系统，他是与非克隆对象相关联的。

4.3　弱物理不可克隆函数

一类基于固有的设备变化而产生的物理不可克隆函数（PUF）被称为弱 PUF。它们利用底层纤维独特而无序的内部结构作为非易失性存储器来存储密钥。在理想情况下，由弱 PUF 产生的易失性密钥，由于其结构特征或防篡改特性，在上电时是无法被外来攻击检测到的。因此，弱 PUF 也被称为物理上可混淆的密钥（Physically Obfuscated Keys，POK）[2]。

"弱 PUF"这一术语由文献[57]提出：和包含很多激励－响应对（CRP）的强 PUF 相比，弱 PUF 通过有限数量的激励－响应对来表示。下面有更详细的介绍。

1. 激励－响应对。一个弱 PUF 可以被一个（或非常少的）固定激励 C_i 所访问，该激励产生响应 R_{C_i}，其结果取决于内部的物理无序性。

2. 密钥导出。弱 PUF 的响应 R_{C_i} 可被设备利用，并由此导出一个可用在安全领域的标准数字密钥。

3. 实用性和可操作性。针对环境条件和多种读取方式，产生的响应 R_{C_i} 应表现出足够的稳定性和健壮性。

弱 PUF 与 UNO 的对比

区分独特对象的弱 PUF 非常重要而且必要：独特对象（UNO）的应用需要一个对抗模型，其中攻击者有时间检查独特对象的所有功能，并通常会知道其内部结构及独特的指纹。此外，这些独特的属性可由一个外部设备测量。弱 PUF 则完全相反：它在内部对其响应进行测量，且导出的密钥在嵌入式硬件中是保密的。

4.3.1　历史与实现的实例

4.3.1.1　ICID PUF

ICID 是为了产生基于过程变化的弱 PUF（或随机的芯片 ID）而最早提出和设计的一个电路结构[58]。文献[58]中提出了一组可寻址的 MOSFET 场效应管，它包含了通用的源极和栅极，并选择顺序排列的漏极来驱动电阻性负载，如图 4.6 所示。由于器件的阈值电压不匹配（由过程变化引起），所以漏极电流随机地变化。因此，在每个裸片上，负载处会产生一串独特的随机电压序列。ICID 利用这些随机但不重复的独特电压序列来构造独特对象。在 $0.35\ \mu m$ 工艺下，作者报告了在他们的测试电路中，由于随机比特重复导致的虚警和漏报概率大约在 10% 左右。此外，增加比特长度可以提升识别性能。

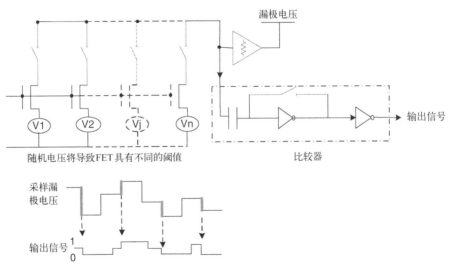

图 4.6　产生连续的随机电压的 ICID 晶体管阵列

4.3.1.2　物理上混淆的密钥

Gassend 等人提出了一种弱 PUF，它是基于集成的强 PUF 构建而成（参见 4.3.2 节中图 4.8 的架构，并参见 4.4 节中的强 PUF），被命名为物理上混淆的密钥（POK）[2]。POK/弱 PUF 只利用了一个强 PUF 的所有可能激励中的一个（或一个小子集）。这样，可将它们用作一种更能抵抗物理攻击的数字密钥，因为它从一个复杂的物理系统中提取了信息。

4.3.1.3　基于 SRAM 的 PUF

一种常用的弱 PUF 候选结构是利用 SRAM 结构或类似于 SRAM 结构的正反馈回路构建的。当执行写操作时，交叉耦合点开始转向并插入数据，并且结构中的正反馈回路会加快该转向过程。当系统处于初始状态（刚上电）并且没有发生写操作时，小晶体管固有的阈值将会失配，并在热噪声和散粒噪声的影响下触发正反馈回路，使系统状态进入两种可能的稳定点（0 或 1）之一。这个共模变化过程包含光刻技术、共模噪声（如基底温度和电源波动），其影响类似于差分设备的结构，但不会对转向形成强烈的影响。

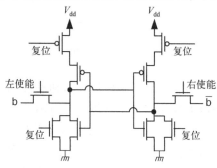

图 4.7　将交叉耦合的 NOR（NAND）门产生的正反馈回路用于SRAM型存储器结构中存储数据0或1

2002 年，采用 SRAM 来作为半导体集成电路指纹的想法首次被申请专利，但该专利中并未给出实际的实验数据[59]。文献[60]中创建了一组类似于 SRAM 单元的用户定制阵列，并基于 0.13 μm 的阈值失配技术产生随机值（如图 4.7 所示）。他们的实验显示出了随机比特接近均匀分布（其汉明距离为正态分布）及超过 95% 的比特稳定性。文献[61]的研究表明，SRAM 的初始化过程可以为每个芯片产生相应的物理指纹。研究还表明，该指纹可以通过标准 NIST 随机性测试。在文献[57]中，作者在 FPGA 中利用 SRAM 的初始状态，并基于差分设备的不匹配性来提取 ID。他们创造了术语"固有的 PUF"，特指那些不需要额外电路就能嵌入 PUF 的结构。

因为并非所有的 FPGA 内部都有 SRAM，所以文献[5]基于 FPGA 的重配置单元提出了蝶形 PUF，以构造与 SRAM 结构类似的两个背靠背的 NAND 门（正反馈模式）。注意，不能认为蝶形 PUF 是器件的固有特性，因为它和其他在可重配置结构上建立的逻辑电路一样，可以被用户定义。

4.3.1.4　涂层的 PUF

弱 PUF 的另一种构造是涂层的 PUF，它提供了一种防读硬件的实现方法。防读硬件设备一旦被构造好，外界实体就不能阅读（提取）存储在设备上的数据。文献[62]介绍了涂层的 PUF，该涂层被喷在 IC 表面以保护芯片。这种涂层由一种掺了随机绝缘性颗粒（即形状、尺寸和位置都随机的不同种类颗粒，具有不同于涂层基质介电常数的相对介电常数）的基质材料构成。IC 的顶部金属层包含有一个用于测量涂层局部电容值的传感器阵列。

涂层的 PUF，其一个核心特性就是其篡改灵敏度：任何对涂层的篡改（例如入侵式攻击，或去除 IC 的覆盖层）都会严重破坏且不可恢复地改变其特性。文献[62]评估了涂层的 PUF 针对光学和侵入式攻击所表现出的适应力。

4.3.1.5　电阻性 PUF

对使用硅材料的芯片，另一个例子是基于芯片的功率分配和电阻的改变来构建 PUF。这类方法在最新的文献[63,64]中有相关的说明。

4.3.2　协议、应用与安全

4.3.2.1　密钥的生成和存储

弱 PUF 提供了一种基于随机无序的物理介质波动来生成和存储密钥的方法。因此,任何一个需要存储密钥的安全协议,都可以在其流程中采用一个弱 PUF。我们知道,最早的基于弱 PUF/POK 的安全协议和 IP 保护应用出现在文献[2,65]中。其他基于弱 PUF 的协议与应用(包括测量与 RFID 保护),则在文献[5,57,62,66,67]中有相关报道。

4.3.2.2　IP 保护应用

有人提议使用弱 PUF 来保护硬件 IP 和 IC 不被盗版侵权。文献[2]中提出了一个用于保护可编程硬件 IP 不被盗版侵权的系统,如图 4.8 所示。假定该设计是一个微处理器,它需要使用存储在 ROM 中的压缩算法。一个强 PUF 与芯片上其他功能相连接,以产生一个 k 比特的密钥 K,该密钥对所有芯片来说都相同,从而减少了成本。PUF 的激励是固定的,而PUF 的响应则与片上熔断器的内容进行异或操作并产生出 K。解码器利用 K 来解码 ROM 的内容。通过选择熔断比特,可以在所有芯片上生成相同的解密密钥 K。在解码操作期间,响应不会中断。即使所有的熔断器状态都被发现,密钥仍是安全的。

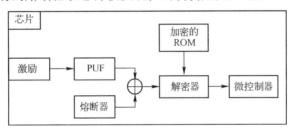

图 4.8　通过采用强 PUF 构建的 POK[2]

4.3.2.3　安全处理器

Suh 等人在文献[65]讨论了如何将弱 PUF 嵌入一个安全处理器中,以执行认证和软件授权。在一个设计中,弱 PUF 产生一个种子以用于公钥/私钥对的生成。种子和私钥永远不会暴露,而公钥已被公开且得到了权威认证。在另一设计中,该种子被当成一个对称密钥来对一个处理器用户已知的二级对称密钥进行加密。同样,种子保持隐蔽,且仅用于加密给定的二级密钥及解密用于安全执行中的二级密钥。

4.3.2.4　主动式 IC 计量

弱 PUF 的另一个用处是用于保护硬件不被盗版侵权(过量生产)的主动式 IC 计量中[66]。这里,有限状态机(FSM)中的设计功能说明需要被修改,并将大量的状态(指数数量)以低开销方式加入到设计中。然后,将一个状态隐藏在 FSM 巨大的状态空间中。之后我们将通过一个实例来说明该方法可构建一种可证明的、模糊化的通用输出多点函数。可以证明,通过访问布局情况甚至访问存储了状态的寄存器内容,都无法得知来自隐藏状态的状态转换条件。一旦工厂开始制造,此设计将会基于弱 PUF 响应,处于一种被称为锁定状态的隐藏模糊状态。这种锁定状态可被每个人读取,但是关于功能性(解锁)状态的口令则只有有权限访问修改的 FSM 的初始设计者才能提供。

4.3.2.5 安全性分析

弱 PUF 通常有三个优点：

1. 它们比永久地存放在非易失性存储器（NVM）中的标准数字密钥更难读取，因为只有当芯片上电时密钥才会存在。

2. 它们天生具有对篡改的敏感性，也就是说对设备的任何篡改，甚至对嵌入 PUF 的硬件系统的篡改，都会改变设备的物理特征并改变从中提取出的密钥。

3. 它们能节省成本，因为避免了在硬件系统中包含 NVM 所必需的开销。

这些优点值得深入分析。我们从优点 1 开始：弱 PUF 显然避免了数字密钥在 NVM 中长期出现。但是基于弱 PUF 的硬件安全性，仍取决于该弱 PUF 生成的数字密钥的保密性。该规律至少在借助 PUF 的响应生成密钥后的一段时间内有效。这就给系统产生了一个失效点。另外，一般来说，弱 PUF 并不能保证硬件中的关键信息永久保密，若攻击者知道了决定弱 PUF 响应的无序性来源或制造上不匹配的规律，他就可能模拟和推导出这些响应。

进一步来看，基于弱 PUF 的硬件可能会具有类似于其他基于标准二进制密钥所构建的系统的弱点。边信道与放射性分析会对其构成威胁。因为设备把一些标准的加密原语用来生成 K，所以其安全性取决于与任意经典二进制数字密钥系统相同的、未经证明的运算假设。

对于上述优点 3，必须强调纠错信息对弱 PUF 来说相当重要，任何单个比特翻转都会导致系统失效。这就要求具有伴随的纠错信息，并将其以某种形式存储在 NVM 中。而弱 PUF 的优点在于，纠错信息的存储可以是外部存储，也可以是公共存储。此外，该信息无须在含有弱 PUF 的硬件上实现。

4.4 强物理不可克隆函数

在弱 PUF 或 POK 提出后不久，第二种 PUF 就被提了出来[1,68-70]，即文献[57, 71, 72]中提到的强 PUF。

简而言之，强 PUF 是一个无序的物理系统，它具有一个取决于其无序性的、非常复杂的输入-输出特性。该系统必须支持数目非常多的可能输入或激励，且必须形成输出或响应，这些输出或响应都是所施加的激励和系统所显示出的独特无序性的函数。输入/输出行为应非常复杂，以至于无法用数值或其他设备模拟。

更具体地说，强 PUF 是一个具有以下特征的无序物理系统 S：

1. 激励 - 响应对（CRP）。强 PUF 被激励 C_i 刺激，随后它根据系统内部的物理无序性以及此激励而生成响应 R_{C_i}。CRP 的数量必须相当大，经常（但不一定）是系统参数的指数倍。例如，是用于构建 PUF 的模块数目的指数倍。

2. 实际性和可操作性。CRP 应该充分稳定和健壮，以应对环境条件的改变和多次读取。

3. 访问模式。任何能访问强 PUF 的实体，都可对其运用多个激励并读取相应的响应。对 PUF 的激励和响应不存在受保护的、受控的或受约束的访问。

4. 安全性。若物理上不拥有一个强 PUF，无论是攻击者还是 PUF 的制造厂家都无法高概率地正确预测一个随机选定激励的响应。即使双方在一个重要时段的早期都访问过强 PUF，并通过对 PUF 进行合理的物理测量获取了大量的 CRP，这种特性也应该保持不变。

这种早期的定义更倾向定性而非定量，其目的是为了保持直观；文献[72]中给出了更正式而全面的定义。

独特对象、弱 PUF 和强 PUF 对比

因为一个独特对象必须具有一个外部测量设备，而弱 PUF 又必须具有一个内部的测量设备，这就给了强 PUF 机会。这两种变型都是可能的，且都在实际中得到了实现（参见具有外部测量设备的光学 PUF[68,69]和具有内部测量设备的电子 PUF[1,73]）。独特对象需要一个可信的测量设备；而强 PUF 一旦"被引导了"（对照 4.4.2 节），攻击者就可通过一个不受信任的测量设备完成远程认证。强 PUF 和独特对象的另一个不同之处，表现在确切的对抗模式和相关的安全属性上：对于独特对象，攻击者的目标在于物理上制造具有相同特性的克隆设备；而对于强 PUF，攻击者的目标就是学习如何预测强 PUF 的输入/输出行为。后者是数值假设与物理假设的一种综合。这一事实并不排斥在不同的读取方案下，相同的结构可被用作一个独特对象和一个强 PUF。但是，并非每个独特对象都是强 PUF，反之亦然。

弱 PUF 只拥有少量的固定激励，而强 PUF 则有大量的激励。在弱 PUF 中，其响应应该隐蔽且内置。相反，强 PUF 则允许自由查询其响应。

4.4.1　强 PUF 的历史及举例

4.4.1.1　光学 PUF

文献[68，69]首次提出了强 PUF 的概念，虽然它以不同的名字——"物理的单向函数"来命名。它由一个内嵌了大量随机分布的玻璃球的透明塑料令牌所组成，如图 4.9 所示。我们称这种实现为光学 PUF。一个单独的不可克隆的令牌在不同的入射角和入射点（视为系统的激励）被照亮，然后产生一种被视为系统响应的干涉模式。请读者注意图 4.3 和图 4.9 的相似性。它们的主要区别在于用法：光学 PUF 被假定具有大量的激励，并在中央数据库中存储了一套隐蔽的激励 – 响应对。所以，光学 PUF 可被远程认证。

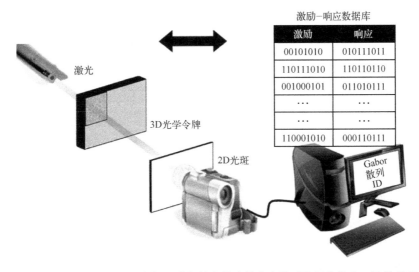

图 4.9　光学激励的 3D 不均匀透明塑料令牌及其产生的干扰图案输出，被散列后得到 2D 图像，接着被多尺度 Gabor 变换滤波产生出一个一维密钥[69]

这种结构被认为是永久安全的（迄今未知有对它的成功攻击），但是测量装置被置于外部且体积相当大。当令牌在不同地方被不同的测量设备所测量时，会存在可实现性及系统稳定性问题。

4.4.1.2 仲裁器 PUF

几乎在光学 PUF 被提出的同时，文献[1，73]提出了第一个包括"仲裁器 PUF"在内的集成电路强 PUF。文献[1]也是第一次用"PUF"这一术语来表示物理随机函数和物理不可克隆函数的常用缩写的出版物。不同于光学 PUF，硅 PUF 不要求有外置测量设备，它基于电路中运行的时间延迟变量。

在仲裁器 PUF 的一个实现中，一个电信号被分成两个并行的信号，这两个信号经由 k 个电子器件序列相互竞争。例如，k 路复用器。这种结构如图 4.10 所示。在图中，激励被应用于复用器的选择端；确切的信号路径由多路复用器的激励比特 $b_1,\cdots,b_k$ 所决定；在 k 个分量的最后，一个仲裁器组件决定了两个信号中的哪一个先到达并相应地根据系统响应值输出 0 或 1。选择器比特将决定顶部和底部行是以相同的顺序连接还是交换它们的位置。一个具有 128 个激励比特 $c_0,\cdots,c_{127}$ 的仲裁器 PUF，被用于开关的选择信号；开关动态地配置具有随机延迟差的两条平行路径，这个延迟差可能来自于仲裁器产生的响应。

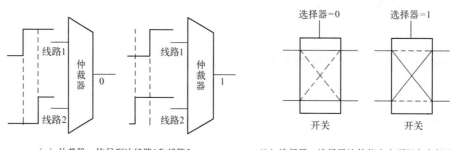

（a）仲裁器：信号到达线路1和线路2　　　　　（b）选择器：选择器比特将决定顶部和底部线路
　　　的相对时间将确定输出比特的值　　　　　　　　是以相同的顺序连接还是交换它们的位置

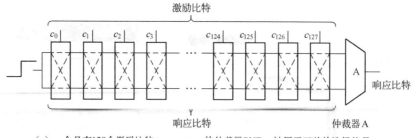

（c）一个具有128个激励比特 $c_0,\cdots,c_{127}$ 的仲裁器PUF，被用于开关的选择信号

图 4.10　仲裁器 PUF 的一种实现结构

从一开始就很清楚，这些最初的设计候选方案倾向于按文献[1]中提到的方式对攻击建模。使用机器学习算法的攻击已得到了实现，参见 4.4.2.2 节。在这些攻击中，攻击者收集了很多激励－响应对（CRP），并用它们推出了电路部件上的运行时间延迟。一旦它们被获知，就可进行简单的 PUF 模拟和预测，从而破坏其安全性。这些攻击效果如此良好的一个原因，就在于普通的仲裁器 PUF 具有相对简单的线性模型，其两个信号路径中的延迟都可被近似为子部件延迟的线性求和。这使得机器学习类的算法对其特别有效。

4.4.1.3　仲裁器 PUF 的变形

之前的问题自然而然地使得非线性电子 PUF 受到人们的重视，例如，XOR 仲裁器 PUF，轻量级的安全 PUF 和前馈仲裁器 PUF[11,74-76]。在一个 XOR 仲裁器 PUF 中，多个仲裁器的输出经过 XOR 操作以形成一个响应。在图 4.11（a）中给出了一个 XOR 仲裁器 PUF 的例子，其中有两个仲裁器的输出经过了异或运算。在前馈仲裁器 PUF 中，信号路径中的多路复用器的输出，被输入到前馈仲裁器中。紧接着，前馈仲裁器的输出被向前发送到另一个多路复用器的输入中。图 4.11（b）给出了一个前馈仲裁器结构的示例。前面所介绍的所有结构都使用了基本仲裁器的 PUF 结构，但是通过引入额外的非线性对结构进行了改善。这些结构在遭受机器学习的攻击时表现出了强大的抵抗能力，但却仍可能受到更大规模及更复杂的攻击[54,77]。

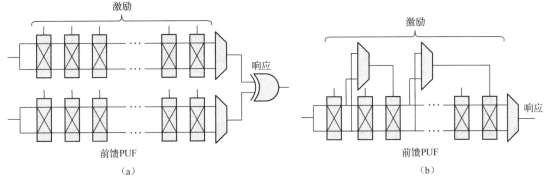

图 4.11　（a）将两个仲裁器输出相异或的仲裁器 PUF；（b）前馈仲裁器 PUF

仲裁器 PUF 及其变形具有小而稳定的集成电路实现形式，并已得到了商业化应用[78]。

4.4.1.4　遗留的 PUF

因为芯片生产过程的差异，IC 的时序路径签名对每个 COMS 芯片都是独一无二的。因此，文献[80]中提出采用 IC 的时序路径签名作为 PUF。文献[81, 82]中的工作表明：在新 CMOS 工艺下制造出的所有 IC，都会由于制造过程差异形成一个独有的签名，该签名可通过结构性的边信道测试技术（如 IDDT，IDDQ 或延迟测试）在非入侵的情况下提取出来。实验表明，签名中具有一个统一的门级特性，能够被所有的边信道检测到。文献[83-87]的研究结果表明，可基于统计信号处理法来实现快速、稳定地描述信号特性。有趣的是，所有传统的 IC 签名都是天生的，并不需要生产厂家或其他公司（他们可能对利用芯片签名来验证其可靠性感兴趣）插入额外的电路或结构。因此，IC 签名可以轻易地用于供应链中，并为集成电路的数字权限管理及防伪保护提供技术支撑。

4.4.1.5　模拟的 PUF 系列

新近方案尝试利用电信号的模拟特性（如模拟蜂窝阵列[88]）来实现强 PUF。文献[88]中提出的系统，在电子蜂窝非线性网络中模拟了光波的传播，将已知复杂度的光学 PUF 转化为具体电路。另一个关于非线性电路的方案为文献[79]，它基于一条逻辑路径上毛刺的非线性传播特性构建 PUF。图 4.12 演示了毛刺型 PUF 系统的结构。其中，基于信号路径与时钟信号间的时延差的毛刺被存储于响应 FF 中。最后，需要指出的是文献[89]中构建了一种集成的光学 PUF。但是，若仅仅使用线性分散的媒介，这类 PUF 的安全性似乎还值得怀疑（见参考文献[90]）。

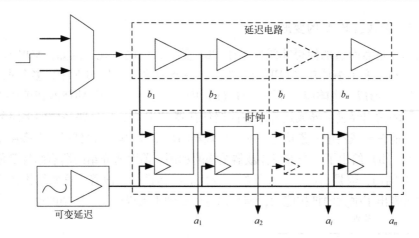

图 4.12　毛刺 PUF 架构对路径上的故障进行采样，且毛刺和时
钟信号的相对关系会在 FF 中产生相应的响应比特[79]

4.4.2　协议、应用及安全

4.4.2.1　协议及应用

强 PUF 最初始的应用是硬件系统的识别与认证（或其他安全令牌，如信用卡）[1,68,69]。相应的协议通常在一个中央机构（Central Authority，CA）和一个携带了强 PUF S 的硬件/令牌间运行。假设 CA 早就访问了 S，并可通过一个受信任的外部测量仪器（如一个光学 PUF）来建立一套庞大的、机密的、关于 S 的激励 – 响应对（CRP）列表。这一步通常被称为"引导"（bootstrapping）。无论何时，只要硬件（可能在一个偏远的位置）想在之后的某个时间点将自己标识到 CA，CA 就会随机地从这些列表中选择一些 CRP，并把包含在这些 CRP 里的激励无失真地传送到硬件中去。硬件将这些激励应用到 S 上，然后将获得的响应也以无失真的方式传送给 CA。若这些响应与先前记录在 CRP 列表中的响应很相近，则 CA 就信任此硬件的身份。注意每个 CRP 只能被使用一次，随着时间的流逝，CRP 列表中的内容在逐渐减少，因而 CRP 必须数量庞大。如前所述，CRP 并不需要完全匹配，即可以容忍响应中具有一定程度的噪声。

另一个被提及的应用是基于强 PUF 交换密钥或创建密钥[69]。文献[89]中给出了一个正式的协议。然而，文献[91]显示，这种密钥交换协议可能会遇到问题，主要源于协议的前向保密性和它们会重复使用交换的密钥。文献[91]也提出了一种可以解决这类问题的新型 PUF，称为可消除的 PUF。我们注意到这种新型可消除的 PUF，和之前提及的 FPGA PUF 不一样（可通过配置消除每个认证的会话）[77,92]。

上述协议使强 PUF 被广泛用于加密领域，它们可被任何一个需要加密的任务所采用。并且，通常在包含 PUF 的硬件中不需要存储数字密钥。

4.4.2.2　安全特性及攻击

针对强 PUF 的攻击，会尝试去建立一个物理克隆（比如一个性能与原始 PUF 难以分辨的二级物理系统）或一个数字克隆（比如一个模拟 PUF 的激励 – 响应特性的计算机算法）。

关于强 PUF，早期发表的文章[68,69]强调了它们可以避免密码协议中的经典数论假设。

但是，强 PUF 的安全性真的可以完全不受计算假设的限制，而仅取决于它们内部的熵及随机性吗？据我们所知，一个物理系统中的随机性或熵的最大值，是以系统尺寸为界的多项式[71,72,93]。这意味着可能许多 PUF 的全部激励数量比它们的熵要大。特别是，此结果必然适用于任意具有指数数量激励的 PUF。

因此，攻击者通常只需要聚集强 PUF 所有 CRP 中的一个小子集，就可以（至少间接地）获得包含在 PUF 中的所有与 CRP 相关的信息/熵的知识。一旦攻击者聚集成了这样一个子集，那么他不能从这个可预测 PUF 的子集中推导出内部的 PUF 模型，也就仅仅是一种计算假设而已。例如，他可以从 CRP 子集中建立一个方程组（不等式组）系统，其变量描述了内部 PUF 的结构。若他能有效地解出这个方程组（不等式组），他就可以破坏 PUF。我们假定他做不到，这个假定也只是另一种未经证实的计算性假设。

或许不仅是这个理论令人惊讶。文献[2,54,71,75,77,94-96]中给出的攻击模型具有实用性，并证明了这些攻击的基本可行性及有效性。它们也说明了这些攻击在其涉及的计算太复杂时会面临瓶颈。比如，文献[54]的作者在 $k>6$ 个 XOR 时无法攻击 XOR 式仲裁器 PUF，因为该类型的 PUF 复杂度随 k 的增加呈指数趋势增长。

换句话说，许多强 PUF，其安全性依赖于潜在的计算假设。为了支持强 PUF，这些假设一定要独立于经典的数论（比如，因式分解或离散对数函数）。这样，这些强 PUF 可以成为独立的、可用于加密技术或安全性设计的基础。另外，它们还具有其他的安全性优势，下面对其进行讨论。强 PUF 唯一的子类型为 SHIC PUF，其安全性是严格独立于计算假设的[10,97,98]。针对这个特性所花费的开销，从本质上讲是很慢的读取速度及相对较大的面积开销。

这就展示了关于强 PUF 安全性的另一个要点，即强 PUF 避免了在硬件中采用明确的数字密钥。但是，它们是否避免了秘密信息在硬件中的存在呢？一旦一个强 PUF 的内部构造被知晓，攻击者几乎总是能预测并破坏该 PUF。为了说明我们的观点，假设有一个仲裁器 PUF 及其变形形式，其内部的运行时延被攻击者知晓，那么其结构完全能被预测出来并加以破坏。因此，就像经典密码系统一样，强 PUF 通常依赖于一些内部信息含有秘密的假设。对他们有利的是，与明确地存储数字密钥的形式相比，这些信息可以隐藏得更好。对敌人来说，F 通常是已知的并能被有效计算出的量。

4.4.2.3　安全基准

强 PUF 固有的安全基准必须能评估出 PUF 激励-响应特性的复杂度，以及它们对各种攻击模型的抵抗能力。为此，研究人员提出了各种方法：（1）针对 PUF 的整个内部熵进行理论分析[69]；（2）独立于 CRP 熵/信息论的理论分析法[99-101]；（3）通过统计工具和压缩算法，对庞大的 CRP 集进行依赖于经验的分析和统计分析[95,102,103]；（4）对尺寸及复杂度不断增长的机器学习曲线进行评估的经验分析[95,103]。

让我们简要地讨论一下这些方法。方法（1）中的一个缺陷是，它通常不考虑与 CRP 相关的熵，而去考虑比它大得多的系统的广义熵；方法（2）是一种适合的方法，其缺点是从理论上难以推导，并且它还没有考虑计算方面的问题；方法（3）和（4）是方便且通用的工具，但是未提供明确的安全性保证，其中方法（3）不要求具有 PUF 的通用模型（比如仲裁器 PUF 的线性附加时延模型），而方法（4）在其被使用之前需要有这样一个模型。

4.5　受控的 PUF

4.5.1　受控的 PUF 特性

让我们先介绍受控的 PUF 概念：一个受控的物理不可克隆函数（CPUF）是一个与算法绑定的 PUF，并且只能通过一个特定的应用编程接口（API）来访问它。

强 PUF（不受控的），其主要问题在于任何人都可以产生激励去刺激 PUF 产生响应。为了说明对 PUF 设备加密的重要性，我们必须遵从一个事实：只有用户和设备才知道激励所对应的响应。但是，在使用过程中，用户必须告诉设备它的激励，从而得到相应的响应。因为没有加密，这个激励会被无失真地传送给设备，因而他人可以在中间窃取激励，得到 PUF 设备的响应，然后用它来欺骗 PUF 设备。

很明显，此攻击之所以存在，是因为攻击者可以自由地查询 PUF 并获得用户激励的响应。通过采用一个 CPUF（由控制算法限定对 PUF 的访问），就可以阻止这种攻击。API（通过它可以访问 PUF）应该阻止我们所描述的拦截式攻击，但不能对应用施加不必要的限制。

4.5.2　历史和实现

CPUF 可执行强 PUF 能执行的所有操作，然而，各种 CPUF 的 API 细节超出了本书的讨论范围。一些有用的 API 已经被开发出来[70,104]，其满足以下特性：

1. 访问控制。任何一个人知道了其他人未知的 CRP，都可与 CPUF 设备进行交互，以获得任意数量的 CRP（其他人均不知道）。因此，用户可以使用来自 PUF 的少量数字输出，这一特性并未受到限制。另外，就算这些新的 CRP 其中之一被泄漏给了攻击者，采用其他 CRP 的交易也不会受到损害。这与密钥管理方案类似，比如从主密钥中产生的会话密钥。

2. 密钥共享。只要知道了如何使用 PUF 设备创建共享密钥，那么任何人都可以使用一个 CRP。具有一个 PUF 设备的共享密钥，就能够使用更多的标准加密原语。

3. 控制算法。控制算法是确定性的。因为硬件随机数发生器对攻击非常敏感而脆弱，所以最好能够避免受到攻击。

4. 加密原语。唯一需要建立在控制算法中的加密原语，是一个防冲突的哈希函数。其他所有的加密原语都可以在 CPUF 设备的生命期内被更新。

通过选择一个适当的 API，CPUF 设备可抵抗协议攻击。经过精心的设计，可以将光学和硅片 PUF 嵌入到芯片的控制逻辑中。比如：在芯片中嵌入一个含有气泡介质的光学 PUF，或在芯片顶层利用硅片的延迟线形成一个笼状结构的 PUF。执行这种嵌入，会使得探测控制逻辑变得非常困难，因为一个入侵攻击者很难在不改变 PUF 周围介质响应的情况下去访问被探测的电路。

PUF 及其控制逻辑有互补的作用。PUF 保护控制逻辑免受侵入性攻击，同时控制逻辑也保护 PUF 免受协议攻击。这种协同作用使得 CPUF 远比单独采用 PUF 或控制逻辑安全得多。图 4.13 显示了如何使用一个受控的 PUF 来提升 PUF 的性能。在受控的 PUF 中，一个随机哈希函数被放置在 PUF 之前，以阻止攻击者对 PUF 进行有选择的激励攻击。因此，可禁止攻击者提取 PUF 参数并进行建模分析。为了确保响应的一致性，受控的 PUF 中采用了一种纠错码（ECC）。输出的随机哈希函数被用来与从实际物理测量中产生的响应进行相关，从而使建模攻击者的任务变得更加艰难。

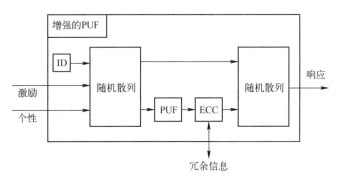

图 4.13　受控的 PUF 的体系架构示意图[70]

4.5.3　协议、应用与安全

目前，没有一种算法能将一个设备中所有的密匙全部联系到一起，所以设备不得不积极参与各种认证协议，如授权证书验证。这些协议并不针对任何设备，但确实可以降低设备对入侵式攻击的脆弱性。

采用了 CPUF 的应用有很多，这里我们介绍两个例子；其他的应用可查找那些与安全协处理器相关的文献，尤其是文献[105]。我们注意到，大部分应用（包括那些在芯片上嵌入简单对称密钥的所有应用）都可以采用该项技术。

银行可采用认证手段来鉴定来自 PUF 智能卡的信息，以确保银行收到的信息源自于该智能卡。然而，它并没有验证智能卡的持卡人。其他方法，比如在智能卡上使用 PIN 号或生物测定技术，可以验证其持有人是否允许使用该卡。若需要保护智能卡的信息，那么这些信息也需要被加密。

第二类应用是针对储存私密信息的电脑[106-112]。如果一段程序希望在不受信任的存储器中存储加密数据，可以采用一个仅取决于 PUF 及其程序哈希值的加密密匙。这需要有一个 CPUF 来实现这种唯一的依赖关系。这种想法在 AEGIS 处理器中得到了实现[112,113]。

从弱 PUF 中产生的模糊化密匙，可以增加入侵攻击的难度。但是，它们仍具有单个故障数字点，使得这个设备在使用过程中，可以以数字形式呈现物理上经过模糊处理的单个主密钥。若攻击者得到了这个密匙，那么他就能够完全破坏该设备的安全性。CPUF 和强 PUF 一样利用了复杂物理系统的参数化特性，因此，它对物理系统的每个输入都会产生一个不同的密匙，从而将物理系统的复杂性发挥到极致。

正如之前所提到的，弱 PUF 的一个难点在于其输出含有噪声。把它用于密码学中时，我们需要一个绝对安全的纠错过程。因此，对于弱 PUF，至少要有一个响应为无噪的；而对于 CPUF，许多响应都必须被纠错，因此我们需要存储一个纠错校验综合式以及各个激励响应对。对于弱 PUF，已经考虑了安全且健壮的纠错方式（见文献[7]），但这些方案也需要被有效地推广到 CPUF 上。

4.6 新兴的 PUF

大量新概念在 PUF 领域涌现，并且其创新速度令人惊叹。在本章中，我们提到了在过去几年出现的有趣的新概念，并在 4.7 节讨论当前研究所面临的挑战。

4.6.1 保密模型 PUF

在强 PUF 的经典识别方案中，验证器必须含有一个庞大的 CRP 列表，并且在安全引导阶段已对此列表进行了测量[1,68]。发送给验证方的激励是从列表中随机选取的，并从验证方获取的响应要与列表进行对比，以核实其正确性。由于此列表在设备的生命周期内都得存在，因此它必须足够大，以满足验证器的需求。

从文献[77，114，115]中可知，如果验证器没有为 PUF 构建一个保密模型（通过该保密模型验证方可以模拟或预测 PUF 的任意响应），那么上述的存储需求可能被进一步提高。保密模型还可以离线验证 PUF 的身份，比如，在不能连接到拥有 CRP 列表的可信机构时使用认证协议。这种基本的 PUF 原语可被称为保密模型 PUF 或简写为 SM PUF。

保密模型 PUF 是一个非常有用的概念，它引出了改进的实用性特征及新协议。尽管如此，他们仍然没能解除强 PUF 的两项重要限制：第一，这种模型自身必须保密，类似于一个密匙。因此他们需要一个认证实体来存储对称的密匙，以提取用加密形式存储在 PUF 设备上的保密模型。第二，保密模型 PUF 仍包含一些保密信息，也就是用来建立保密模型的那些信息（比如内部运行时延）。这两个要求只能通过在 4.6.2 节和 4.6.3 节中提出的概念来克服。

4.6.2 定时认证

对于强 PUF 的某些应用，时间间隔（PUF 在此期间产生了响应）可能明显短于任何数值模型或克隆技术在达到相同目的时所需的时间。

与 PUF 相关的文献，第一次提到该结论的是文献[77]。它指出：对基于 FPGA 的特定 PUF，只有可信的硬件才能在最少的周期数下产生响应；而一个基于设备特性创建的模型，在求解给定激励的响应时可能会花更多时间（相比于原始设备）。因此，他们提出了一个利用这种 FPGA 设备独特性质的认证协议，该协议设定了一个时间界限，以确保使用一个随机激励时（该激励确保了只有可信的设备才能响应）能获得正确的响应。该方案被称为定时认证[77]（Timed Authentication，TA）。

文献[77]将可信设备的定时计算能力与其他实体进行了对比，并提出了"非对称性"的概念。这种非对称性详细论述了如何抵抗建模攻击。然而，此协议是一个类似于对称密匙的方案，因为它需要有一个保密的 CRP 列表。应当注意的是，不对称性可以提升性能，即 PUF 硬件的内部配置必须保密。举个例子，考虑 4.4.1 节介绍的光学 PUF，即使所有内部的分散元素/气泡的位置都被攻击者知晓了，他们仍然很难去实时模拟这个分散介质复杂的输入输出特性。这对实现文献[77]中所讨论的基于 FPGA 的定时认证也同样适用。

4.6.3 具有公共模型的 PUF

从 4.6.1 节可知，强 PUF 的保密模型可替换 CRP 列表。4.6.2 节描述了特定的强

PUF 比任何攻击者模型及仿真的运行速度更快。这两个概念结合在一起可得到带仿真模型的 PUF。该 PUF 可被公开（因此可被每个人模拟），但其运行速度仍比任何克隆或模型（当然也包括公共模型）都要快。制造商或其他一些实体都可将这个模型结合到各自的 PUF 上，例如，定制此模型，或将它放在受信任的公共寄存器中。这样，每个人都可以去模拟具有某个时间开销的 PUF 响应，但只有 PUF 的持有者可在一定的时间范围内，通过 PUF 上的物理测量值快速地确定 PUF 的响应。这就允许公共密钥像某种功能和协议一样被使用。基于这个概念的硬件系统具有另一个更有趣的优点，就是它们可以消除在加密硬件上以任何形式存在的保密信息，同时还可以在典型的数字网络应用中使用，比如远程识别和消息认证。

具有公共模型的 PUF 概念已经被独立地引入到多个研究领域中。该原语是在之前公开的硬件设计方法中（见文献[77，81，119，120]）扩充而成的（见文献[13，117，118]），并被命名为公共的 PUF（PPUF）。其后 PPUF 的协议及应用迅速发展[117,118,121]。文献[122，123]中也提及了相同的概念，并将它命名为 SIMPL 系统。SIMPL 的实现、协议及应用已在文献[87，90，124 – 126，128]中得到了详细阐述。在另一个研究领域，文献[9，92]展示了在 FPGA 上实现的、具有公共模型的 PUF 结果，并将它命名为"时限认证"（Time-Bounded Authentication，TBA）。该认证的基础是定时认证[77]。

4.6.4　量子读取的 PUF

文献[129]提出了修改一个具有量子状态的 PUF 的激励 – 响应机制，称为量子读取的 PUF[130]。在不修改量子状态属性的情况下，该 PUF 可有效阻止攻击者获取激励 – 响应信息。因此，没有必要对一个受信任的位置进行引导。然而，这种想法还只是一种概念，迄今为止还没有相关的验证，也没有实际的架构被提出。最后，将量子读取装置连接到常规 PUF 上也算是一项挑战。

4.6.5　具有超高信息量的 PUF

最近的一个概念是具有超高信息量的 PUF，其缩写为 SHIC PUF[10,97,98]。SHIC PUF 是一种强 PUF，从信息论的角度上看，其存在大量的、成对独立的 CRP。不同于其他的强 PUF，这个 PUF 允许它在安全性上独立于计算假设。付出的代价是消耗了相对较大的面积和相对较慢的读取速度（约每秒 $10^2 \sim 10^4$ 比特）。SHIC PUF 在不久的将来不太可能用于低成本的商业应用中，因为目前有一些比它更合适的解决方案。但是，SHIC PUF 展示了一种有趣的理论工具，因为它是具有信息论安全性的强 PUF 变形形式。此外，研究它的最优实现问题也能获益匪浅，因为它涉及到基础问题，比如"我们可存储并从固态系统中可靠提取多少随机信息？""我们怎样才能降低信息从固态系统释放出来的速度？"

4.7　未来的研究课题

4.7.1　公共 PUF 的公开性问题

关于具有公共模型的 PUF，其公开性问题的研究主要集中在其硬件实现上：

- 如何才能保证在返回一个响应时，模型比 PUF 设备需要更多的时间？
- 如何才能保证一个装备精良的攻击者肯定比 PUF 设备需要用更多的时间，而任何装备一般的可信者能在通信协议允许的时间段内完成响应模拟？
- 此模型能否与 PUF 足够近似，从而使得攻击者在物理上很难克隆的 PUF，但却能通过模型来适应环境条件改变所引起的 PUF 响应变化？

虽然有许多关于定时认证的新提议，但目前尚无一个最终的方案可解决上述问题。这为未来的研究留下了巨大的空间。如果将来能找到 PPUF、SIMPL 系统或 TBA 系统的一种可行、小巧且廉价的实现方式，或现有的某种实现方式已经具备了以上的属性，将对我们研究加密系统和构建安全硬件而言，并产生重大的影响。

4.7.2　高效的硬件实现：开销与安全

最近的工作讨论了如何能保护 PUF 不受逆向工程及建模攻击[10,54,77,88,97,98]。然而，为了防止这种攻击，大多数方法都大大增加了系统的功耗、尺寸、延迟、不稳定性或成本开销。此外，一些用于防止篡改属性的技术（比如弱 PUF 的不可访问性），需要在设备上添加防止篡改的电路及材料。未来的主要研究课题之一，就是如何在最小硬件开销下实现强 PUF 的安全性及强 PUF/弱 PUF 的篡改敏感性。这些研究问题自然而然地会与电路设计和篡改的敏感性设计相关，也与材料科学相关。

4.7.3　错误校正与可实现性

PUF 的安全应用，比如由弱 PUF 产生密钥，要求可以完全无错地重构密钥。然而，环境条件和设备老化可能会严重地影响到我们测量到的响应。因此，一些用于弥补这些影响的技术，比如电路可靠性增强技术、纠错技术及安全图技术等，引起了研究人员的兴趣[2,4,5,7,8,131]。发展并利用有限的信息泄漏量来确保 PUF 健壮性的方法具有极高的价值，但该方面面临一项关键的挑战，那就是需要在设计时知道最大的不可预测的比特数。若这种不可预测性超过了设计时设定的范围，则纠错方法就不能再完成纠错。因此，需要对每个新的PUF 结构进行深入细致的实验研究，描述其在不同温度、电压或其他环境和操作条件下的性能，这样才能在硬件分析与纠错技术之间建立活跃且卓有成效的互动模型。

4.7.4　IC 计量及伪造检测

假冒产品是对原始设计的非法伪造或仿制。由于代工模式、IP 共享/复用及产品外包成为主流趋势，电子产品越来越容易被盗版与伪造。IC 计量是一套安全协议，使设计公司（授权的 IP 所有者）可以在加工后控制他们的 IC[66,119,132,133]。在被动 IC 计量中，IP 的所有者能识别并监测设备[119,132]。这种被动式的计量可以直接通过某种 PUF 来激活。在主动 IC 计量中，除了识别与监测，IP 的所有者可以积极控制、启用/禁用并验证一个设备[66]。我们将在第 5 章全面讨论该课题，供大家参考。众所周知，打击盗版攻击极其困难，因为攻击者往往财力雄厚、技术先进并了解设计的细节。目前，有一类研究关注于安全技术的发展、PUF 结构设计和受控的 PUF 协议，这些研究内容都直击盗版与伪造攻击。

4.7.5　攻击和漏洞分析

迄今为止，已经报道了许多关于 PUF 的攻击与对策，例如 4.4.2 节中的例子。然而，要保障 PUF 的安全性，还必须通过一些大型研究团队的评估才行（如密码分析、物理攻击和边信道攻击），如同那些被分析并攻击过的传统密码原语/协议那样。由于 PUF 的广泛性，攻击和漏洞分析将是未来需要开展的核心任务之一。

4.7.6　形式化验证与安全性证明

在物理密码学和 PUF 中，一个相对未触及的地方就是这些领域的基础研究。目前，已有相关团队在酝酿对基于 PUF 的协议进行正式的定义和并研究其安全性证明。比如，文献[71，72]对现有的 PUF 进行了彻底地讨论。文献[72]给出了强 PUF 的全新正式定义，并首次对基于强 PUF 的识别方案进行了安全性证明。对该领域的未来发展来说，这类工作是必不可少的，它们代表了未来该领域中的主流研究方向。

4.7.7　新的协议及应用

到目前为止，PUF 和 UNO 主要用于认证与识别的目的，并主要被当成一种安全性工具来使用。但是，最近的一个基础研究结论表明：PUF 拥有一种强大的加密能力，通过强 PUF 可实现不经意传输（所有协议都可由它推出）[134]。协议设计与优化也将随之成为未来活跃的研究方向。

4.8　结论

基于物理介质的随机性保护目标的安全是一个快速发展的领域，在近年已经掀起巨大的研究热潮。确保数据、硬/软核、计算机、网络、身份信息和赛博系统的真实性与安全性并保护其完整性，是当前面临的挑战。针对这些任务，传统的数字方法依赖于数字标签或数字存储的密钥，它们容易受到伪造、克隆及其他攻击。正如之前小节中的讨论，无序的物理结构独特而不可克隆的特征，正好可以用来解决这些传统技术的漏洞。

本章对基于物理无序特性的加密与安全领域，提出了一种新的分类方法。我们也介绍了基于物理无序特性的识别、身份验证及相关安全技术。然后，我们着重讨论了四类新的基于物理无序的设备安全，即：独特对象、弱 PUF、强 PUF 及受控 PUF。除了讨论每一类的定义、历史和相关工作，我们还描述了这些新安全原语现有的硬件实现方式。此外，我们还讨论了该领域的一些新兴概念，包括定时认证、公共 PUF 和 SIMPL 系统。最后，我们展现了该领域未来的主流研究方向、挑战及应对措施，这可为研究生或其他想从事该领域研究的人提供帮助。

参考文献

1. Gassend B, Clarke D, van Dijk M, Devadas S (2002) Silicon physical random functions. In: Computer and Communication Security Conference
2. Gassend B (2003) Physical random functions, Master's thesis, Massachusetts Institute of Technology
3. Suh G, O'Donnell C, Devadas S (2007) AEGIS: a Single-Chip secure processor. IEEE Design Test Comput 24(6): 570–580

4. Yin C, Qu G (2010) LISA: maximizing RO PUF's secret extraction. In: Hardware-Oriented Security and Trust (HOST), pp 100–105

5. Kumar S, Guajardo J, Maes R, Schrijen G-J, Tuyls P (2008) Extended abstract: the butterfly PUF protecting IP on every FPGA. In: Hardware-Oriented Security and Trust (HOST), pp 67–70

6. Maes R, Tuyls P, Verbauwhede I (2009) Low-overhead implementation of a soft decision helper data algorithm for SRAM PUFs. In: Cryptographic Hardware and Embedded Systems (CHES), pp 332–347

7. Yu M-DM, Devadas S (2010) Secure and robust error correction for physical unclonable functions. In: IEEE Design Test Comput 27: 48–65

8. Majzoobi M, Koushanfar F, Devadas S (2010) FPGA PUF using programmable delay lines. In: IEEE Workshop on Information Forensics and Security, in press

9. Majzoobi M, Koushanfar F (2011) Time-bounded authentication of FPGAs. In: Under Revision for IEEE Transactions on Information Forensics and Security (TIFS)

10. Rührmair U, Jaeger C, Hilgers C, Algasinger M, Csaba G, Stutzmann M (2010) Security applications of diodes with unique current–voltage characteristics. In: Financial Cryptography and Data Security (FC), pp 328–335

11. Suh G, Devadas S (2007) Physical unclonable functions for device authentication and secret key generation. In: Design Automation Conference (DAC), pp 9–14

12. Sadeghi A, Naccache D (eds) (2010) Towards Hardware-Intrinsic Security: Foundations and Practice. Springer, Berlin, Heidelberg, New York

13. Kirovski D (2010) Anti-counterfeiting: mixing the physical and the digital world. In: Sadeghi A-R, Naccache D (eds) Towards Hardware-Intrinsic Security. Springer, Berlin, Heidelberg, New York, pp 223–233

14. Li S, Jain A (eds) (2009) Encyclopedia of Biometrics. Springer, USA

15. Maltoni D, Maio D, Jain A, Prabhakar S (2009) Handbook of Fingerprint Recognition. Springer, London

16. Kirovski D (2008) Personal communication, Dagstuhl, Germany

17. Graybeal S, McFate P (1989) Getting out of the STARTing block. Scient Am (USA) 261(6): 64–65

18. Bauder D (1983) An anti-counterfeiting concept for currency systems. Research report PTK-11990. Sandia National Laboratories, Albuquerque, N.M

19. Brosow J, Furugard E (1980) Method and a system for verifying authenticity safe against forgery. US Patent 4,218,674

20. Simmons G (1984) A system for verifying user identity and authorization at the point-of sale or access. Cryptologia 8(1): 1–21

21. ——, (1991) Identification of data, devices, documents and individuals. In: IEEE International Carnahan Conference on Security Technology, pp 197–218

22. Buchanan J, Cowburn R, Jausovec A, Petit D, Seem P, Xiong G, Atkinson D, Fenton K, Allwood D, Bryan M (2005) Forgery:fingerprintingdocuments and packaging. Nature 436(7050): 475

23. Smith J, Sutherland A (1999) Microstructure based indicia. Proc Automatic Identification Adv Technol AutoID 99: 79–83

24. Métois E, Yarin P, Salzman N, Smith J (2002) FiberFingerprint identification. In: Workshop on Automatic Identification, pp 147–154

25. Seem P, Buchanan J, Cowburn R (2009) Impact of surface roughness on laser surface authentication signatures under linear and rotational displacements. Optic Lett 34(20): 3175–3177

26. Sharma A, Subramanian L, Brewer E (2008) Secure rural supply chain management using low cost paper watermarking. In: ACM SIGCOMM workshop on Networked systems for developing regions, pp 19–24

27. Beekhof F, Voloshynovskiy S, Koval O, Villan R, Pun T (2008) Secure surface identification codes. In: Proceedings of SPIE, vol 6819, p 68190D

28. Clarkson W, Weyrich T, Finkelstein A, Heninger N, Halderman J, Felten E (2009) Fingerprinting blank paper using commodity scanners. In: IEEE Symposium on Security and Privacy, pp 301–314

29. The ProteXXion System,Bayer AG, http://www.research.bayer.com/edition-19/protexxion. aspx and http://www.research.bayer.com/edition-19/19_Protexxion_en.pdfx

30. Ingeniatechnology, http://www.ingeniatechnology.com/

31. DeJean G, Kirovski D (2007) RF-DNA: Radio-frequency certificates of authenticity. Cryptographic Hardware and Embedded Systems (CHES), pp 346–363

32. Kirovski D (2004) Toward an automated verification of certificates of authenticity. In: ACM Electronic Commerce (EC), pp 160–169

33. Chen Y, Mihçak M, Kirovski D (2005) Certifying authenticity via fiber-infused paper. ACM SIGecom Exchanges 5(3): 29–37

34. Bulens P, Standaert F, Quisquater J (2010) How to strongly link data and its medium: the paper case. IET Information Security 4(3): 125–136

35. Kariakin Y (1995) Authentication of articles. Patent writing, WO/1997/024699, available from http://www.wipo.int/pctdb/en/wo.jsp?wo=1997024699

36. Hammouri G, Dana A, Sunar, B (2009) CDs have fingerprints too. Cryptographic Hardware and Embedded Systems (CHES), pp 348–362

37. Vijaywargi D, Lewis D, Kirovski D (2009) Optical DNA. Financial Cryptography and Data Security (FC), pp 222–229

38. Zhu B, Wu J, Kankanhalli M (2003) Print signatures for document authentication. In: Proceedings of the 10th ACM Conference on Computer and Communications Security (CCS). ACM, New York, pp 145–154

39. Collins J (2004) RFID fibers for secure applications. RFID J 26

40. RF SAW Inc. http://www.rfsaw.com/tech.html

41. Creo Inc. http://www.creo.com

42. Inkode Inc. http://www.inkode.com

43. Microtag Temed Ltd. http://www.microtag-temed.com/

44. CrossID Inc., Firewall Protection for Paper Documents. http://www.rfidjournal.com/article/articleview/790/1/44

45. Loibl C (2009) Entwurf und Untersuchung berührungslos abfragbarer einzigartiger Objekte. Master's thesis, Fachgebiet Höchstfrequenztechnik, Technische Universität München

46. MagnePrint. http://www.magneprint.com/

47. Rührmair U, Stutzmann M, Lugli P, Jirauschek C, Müller K, Langhuth H, Csaba G, Biebl E, Finley J (2009) Method and system for security purposes. European Patent Application Nr. EP 09 157 041.6

48. Clelland C, Risca V, Bancroft C (1999) Hiding messages in DNA microdots. Nature 399(6736): 533–534

49. November AG. http://www.november.de/archiv/pressemitteilungen/pressemitteilung/article/sichere-medikamente-dank-dna-codes-der-identif-gmbh%.html

50. Kirovski D (2005) A point-set compression heuristic for fiber-based certificates of authenticity. In: Data Compression Conference (DCC), pp 103–112

51. ——, (2004) Point compression for certificates of authenticity. In: Data Compression Conference (DCC), p 545

52. Dodis Y, Reyzin L, Smith A (2004) Fuzzy extractors: how to generate strong keys from biometrics and other noisy data. In: Advances in cryptology-Eurocrypt. Springer, Berlin, Heidelberg, New York, pp 523–540

53. Alliance for Gray Market and Counterfeit Abatement (AGMA), http://www.agmaglobal.org/

54. Rührmair U, Sehnke F, Sölter J, Dror G, Devadas S, Schmidhuber J (2010) Modeling attacks on physical unclonable functions. In: ACM Conference on Computer and Communications Security (CCS), pp 237–249

55. Bennett C, Brassard G, Breidbart S, Wiesner S (1983) Quantum cryptography, or unforgeable subway tokens. In: Advances in Cryptology–Proceedings of Crypto, vol 82, pp 267–275

56. Bennett C, Brassard G et al. (1984) Quantum cryptography: public key distribution and coin tossing. In: International Conference on Computers, Systems and Signal Processing, vol 175. Bangalore, India

57. Guajardo J, Kumar S, Schrijen G, Tuyls P (2007) FPGA intrinsic PUFs and their use for IP protection. In: Cryptographic Hardware and Embedded Systems (CHES), pp 63–80

58. Lofstrom K, Daasch WR, Taylor D (2000) Ic identification circuit using device mismatch. In: ISSCC, pp 372–373

59. Layman P, Chaudhry S, Norman J, Thomson J (2002) Electronic fingerprinting of semiconductor integrated circuits. US Patent 6,738,294

60. Su Y, Holleman J, Otis B (2007) A 1.6pJ/bit 96 (percent) stable chip ID generating circuit using process variations. In: IEEE International Solid-State Circuits Conference (ISSCC), pp 200–201

61. Holcomb D, Burleson W, Fu K (2007) Initial SRAM state as a fingerprint and source of true random numbers for RFID tags. In: Proceedings of the Conference on RFID Security

62. Tuyls P, Schrijen G-J, Skoric B, van Geloven J, Verhaegh N, Wolters R (2006) Read-proof hardware from protective coatings. In: Cryptographic Hardware and Embedded Systems (CHES), pp 369–383

63. Helinski R, Acharyya D, Plusquellic J (2009) A physical unclonable function defined using power distribution system equivalent resistance variations. In: Design Automation Conference (DAC), pp 676–681

64. ——, (2010) Quality metric evaluation of a physical unclonable function derived from an IC's power distribution system. In: Design Automation Conference, ser. DAC, pp 240–243

65. Suh GE (2005) AEGIS: a Single-Chip Secure Processor. Ph.D. dissertation, Massachusetts Institute of Technology

66. Alkabani Y, Koushanfar F (2007) Active hardware metering for intellectual property protection and security. In: USENIX Security Symposium, pp 291–306

67. Holcomb D, Burleson W, Fu K (2009) Power-up SRAM state as an identifying fingerprint and source of true random numbers. IEEE Trans Comput 58(9): 1198–1210

68. Pappu R (2001) Physical one-way functions. Ph.D. dissertation, Massachusetts Institute of Technology

69. Pappu R, Recht B, Taylor J, Gershenfeld N (2002) Physical one-way functions. Science 297: 2026–2030

70. Gassend B, Clarke D, van Dijk M, Devadas S (2002) Controlled physical random functions. In: Annual Computer Security Applications Conference

71. Rührmair U, Sehnke F, Sölter J (2009) On the foundations of physical unclonable functions. Cryptology ePrint Archive, International Association for Cryptologic Research, Tech. Rep.

72. Rührmair U, Busch H, Katzenbeisser S (2010) Strong PUFs: models, constructions, and security proofs. In: Sadeghi A-R, Naccache D (eds) Towards Hardware-Intrinsic Security. Springer, Berlin, Heidelberg, New York, pp 79–96

73. Gassend B, Clarke D, van Dijk M, Devadas S (2003) Delay-based circuit authentication and applications. In: Symposium on Applied Computing (SAC)

74. Lee J-W, Lim D, Gassend B, Suh GE, van Dijk M, Devadas S (2004) A technique to build a secret key in integrated circuits with identification and authentication applications. In: IEEE VLSI Circuits Symposium, New-York

75. Lim D (2004) Extracting Secret Keys from Integrated Circuits. Master's thesis, Massachusetts Institute of Technology, Cambridge, USA

76. Gassend B, Lim D, Clarke D, van Dijk M, Devadas S (2004) Identification and authentication of integrated circuits. Concurrency and Computation: Practice and Experience 16(11): 1077–1098

77. Majzoobi M, Koushanfar F, Potkonjak M (2009) Techniques for design and implementation of secure reconfigurable pufs. ACM Trans Reconfig Technol Syst (TRETS) 2(1): 1–33

78. Devadas S, Suh E, Paral S, Sowell R, Ziola T, Khandelwal V (2008) Design and implementation of PUF-based unclonable RFID ICs for anti-counterfeiting and security applications. In: Proceedings of 2008 IEEE International Conference on RFID (RFID 2008), pp 58–64

79. Suzuki D, Shimizu K (2010) The Glitch PUF: a new delay-PUF architecture exploiting glitch shapes. Cryptographic Hardware and Embedded Systems (CHES), pp 366–382

80. Devadas S, Gassend B (2010) Authentication of integrated circuits. US Patent 7,840,803, application in 2002

81. Alkabani Y, Koushanfar F, Kiyavash N, Potkonjak M (2008) Trusted integrated circuits: a nondestructive hidden characteristics extraction approach. In: Information Hiding (IH), pp 102–117

82. Potkonjak M, Koushanfar F (2009) Identification of integrated circuits. US Patent Application 12/463,984; Publication Number: US 2010/0287604 A1

83. Koushanfar F, Boufounos P, Shamsi D (2008) Post-silicon timing characterization by compressed sensing. In: International Conference on Computer-Aided Design (ICCAD), pp 185–189

84. Shamsi D, Boufounos P, Koushanfar F (2008) Noninvasive leakage power tomography of integrated circuits by compressive sensing. In: International Symposium on Low Power Electronic Designs (ISLPED), pp 341–346

85. Nelson M, Nahapetian A, Koushanfar F, Potkonjak M (2009) Svd-based ghost circuitry detection. In: Information Hiding (IH), pp 221–234

86. Wei S, Meguerdichian S, Potkonjak M (2010) Gate-level characterization: foundations and hardware security applications. In: Design Automation Conference (DAC), pp 222–227

87. Koushanfar F, Mirhoseini A (2011) A unified framework for multimodal submodular integrated circuits trojan detection. In: IEEE Transactions on Information Forensic and Security (TIFS)

88. Csaba G, Ju X, Ma Z, Chen Q, Porod W, Schmidhuber J, Schlichtmann U, Lugli P, Ruhrmair U (2010) Application of mismatched cellular nonlinear networks for physical cryptography. In: International Workshop on Cellular Nanoscale Networks and their Applications (CNNA). IEEE, pp 1–6

89. Tuyls P, Škorić B (2007) Strong authentication with physical unclonable functions. In: Security, Privacy, and Trust in Modern Data Management, pp 133–148

90. Rührmair U (2011) SIMPL systems, or: can we construct cryptographic hardware without secret key information? In: International Conference on Current Trends in Theory and Practice of Computer Science (SOFSEM), ser. Lecture Notes in Computer Science, vol 6543. Springer, Berlin, Heidelberg, New York

91. Rührmair U, Jaeger C, Algasinger M (2011) An attack on PUF-based session key exchange and a hardware-based countermeasure. Financial Cryptography and Data Security (FC) to appear

92. Majzoobi M, Nably AE, Koushanfar F (2010) FPGA time-bounded authentication. In: Information Hiding Conference (IH), pp 1–15

93. Bekenstein J (2005) How does the entropy/information bound work? Found Phys 35(11): 1805–1823

94. Oztürk E, Hammouri G, Sunar B (2008) Towards robust low cost authentication for pervasive devices. In: Pervasive Computing and Communications (PerCom), pp 170–178

95. Majzoobi M, Koushanfar F, Potkonjak M (2008) Testing techniques for hardware security. In: International Test Conference (ITC), pp 1–10

96. ——, (2008) Lightweight secure PUF. In: International Conference on Computer Aided Design (ICCAD), pp 670–673

97. Rührmair U, Jaeger C, Bator M, Stutzmann M, Lugli P, Csaba G Applications of high-capacity crossbar memories in cryptography, In IEEE Transactions on Nanotechnology, no. 99, p 1

98. Jaeger C, Algasinger M, Rührmair U, Csaba G, Stutzmann M (2010) Random pn-junctions for physical cryptography. Appl Phys Lett 96: 172103

99. Tuyls P, Skoric B, Stallinga S, Akkermans AHM, Ophey W (2005) Information-theoretic security analysis of physical uncloneable functions. In: Financial Cryptography and Data Security (FC), pp 141–155

100. Škorić B (2008) On the entropy of keys derived from laser speckle; statistical properties of Gabor-transformed speckle. J Optics A Pure Appl Optic 10(5): 055304

101. Skoric B, Maubach S, Kevenaar T, Tuyls P (2009) Information-theoretic analysis of capacitive physical unclonable functions. J Appl Phys 100(2): 024902

102. Kim I, Maiti A, Nazhandali L, Schaumont P, Vivekraja V, Zhang H (2010) From statistics to circuits: foundations for future physical unclonable functions. Towards Hardware-Intrinsic Security, pp 55–78

103. Sehnke F, Schmidhuber J, Rührmair U (2010) Security benchmarks for strong physical unclonable functions, in submission

104. Gassend B, van Dijk M, Clarke D, Torlak E, Devadas S, Tuyls P (2008) Controlled physical random functions and applications. ACM Trans Inform Syst Secur (TISSEC), 10(4): 1–22

105. Yee BS (1994) Using secure coprocessors. Ph.D. dissertation, Carnegie Mellon University

106. Carroll A, Juarez M, Polk J, Leininger T (2002) Microsoft palladium: a business overview. In: Microsoft Content Security Business Unit, http://www.microsoft.com/presspass/features/2002/jul02/0724palladiumwp.asp

107. Alves T, Felton D (2004) Trustzone: Integrated Hardware and Software Security, ARM white paper

108. Microsoft, Next-Generation Secure Computing Base. http://www.microsoft.com/resources/ngscb/defaul.mspx

109. Group TC (2004) Tcg specification architecture overview revision 1.2. http://www.trustedcomputinggroup.com/home

110. Lie D, Thekkath C, Mitchell M, Lincoln P, Boneh D, Mitchell J, Horowitz M (2000) Architectural support for copy and tamper resistant software. In: International Conference on Architectural Support for Programming Languages and Operating Systems (ASPLOS-IX), pp 168–177

111. Lie D (2003) Architectural support for copy and tamper-resistant software. Ph.D. dissertation, Stanford University, Menlo Park, CA, USA

112. Suh GE, Clarke D, Gassend B, van Dijk M, Devadas S (2003) AEGIS: Architecture for tamper-evident and tamper-resistant processing. In: International Conference on Supercomputing (MIT-CSAIL-CSG-Memo-474 is an updated version)

113. Suh GE, O'Donnell CW, Sachdev I, Devadas S (2005) Design and implementation of the AEGIS single-chip secure processor using physical random functions. In: International Symposium on Computer Architecture (ISCA)

114. Devadas S (2008) Non-networked rfid puf authentication. US Patent Application 12/623,045

115. Oztiirk E, Hammouri G, Sunar B (2008) Towards robust low cost authentication for pervasive devices. In: International Conference on Pervasive Computing and Communications (PerCom), pp 170–178

116. Beckmann N, Potkonjak M (2009) Hardware-based public-key cryptography with public physically unclonable functions. In: Information Hiding. Springer, Berlin, Heidelberg, New York, pp 206–220

117. Potkonjak M (2009) Secure authentication. US Patent Application 12/464,387; Publication Number: US 2010/0293612 A1

118. ——, (2009) Digital signatures. US Patent Application 12/464,384; Publication Number: US 2010/0293384 A1

119. Koushanfar F, Qu G, Potkonjak M (2001) Intellectual property metering. In: International Workshop on Information Hiding (IHW), pp 81–95

120. Koushanfar F, Potkonjak M (2007) Cad-based security, cryptography, and digital rights management. In: Design Automation Conference (DAC), pp 268–269

121. Potkonjak M, Meguerdichian S, Wong J (2010) Trusted sensors and remote sensing. In: IEEE Sensors, pp 1–4

122. Rührmair U, Stutzmann M, Csaba G, Schlichtmann U, Lugli P (2009) Method for security purposes. European Patent Filings EP 09003764.9, EP 09003763.1, EP 09157043.2

123. Rührmair U (2009) SIMPL Systems: on a public key variant of physical unclonable functions. Cryptology ePrint Archive, International Association for Cryptologic Research, Tech. Rep.

124. Rührmair U, Chen Q, Stutzmann M, Lugli P, Schlichtmann U, Csaba G (2009) Towards electrical, integrated implementations of simpl systems, cryptology ePrint archive. International Association for Cryptologic Research, Tech. Rep.

125. Chen Q, Csaba G, Ju X, Natarajan S, Lugli P, Stutzmann M, Schlichtmann U, Ruhrmair U (2009/2010) Analog circuits for physical cryptography. In: 12th International Symposium on Integrated Circuits (ISIC'09), IEEE. Singapore, 14–16 December 2009 pp 121–124

126. Rührmair U, Chen Q, Stutzmann M, Lugli P, Schlichtmann U, Csaba G (2010) Towards electrical, integrated implementations of simpl systems, In: Workshop in Information Security Theory and Practice (WISTP), pp 277–292

127. Chen Q, Csaba G, Lugli P, Schlichtmann U, Stutzmann M, Rührmair U (2011) Circuit-based approaches to SIMPL systems. J Circ Syst Comput 20: 107–123

128. Rührmair U (2011) SIMPL Systemsas a Cryptographic and Security Primitive, In To be submitted to IEEE Trans. on Information Forensics and Security (TIFS)

129. Škorić B (2010) Quantum readout of physical unclonable functions. In: Progress in Cryptology–AFRICACRYPT 2010, pp 369–386

130. Ékoric B (2010) Quantum readout of physical unclonable functions. In: Progress in Cryptology (AFRICACRYPT), ser. Bernstein D, Lange T (eds) Lecture Notes in Computer Science. Springer, Berlin, Heidelberg, New York, vol 6055, pp 369–386

131. Bösch C, Guajardo J, Sadeghi A, Shokrollahi J, Tuyls P (2008) Efficient helper data key extractor on FPGAs. In: Cryptographic Hardware and Embedded Systems (CHES), pp 81–197

132. Koushanfar F, Qu G (2001) Hardware metering. In: Design Automation Conference (DAC), ser. DAC, pp 490–493

133. Alkabani Y, Koushanfar F, Potkonjak M (2007) Remote activation of ICs for piracy prevention and digital right management. In: ICCAD

134. Rührmair U (2010) Oblivious transfer based on physical unclonable functions (extended abstract). In: Acquisti A, Smith SW, Sadeghi A-R (eds) TRUST, ser. Lecture Notes in Computer Science, vol 6101. Springer, Berlin, Heidelberg, New York, pp 430–440

第 5 章 硬件计量综述

5.1 引言

随着集成电路特征尺寸的改变及功能呈指数增加，其复杂度越来越高。如今，精密芯片的设计及制造都需要昂贵、精细且复杂的工艺，通常只能使用尖端的生产设备来实现。据报道，为当前 CMOS 技术建造或维护相应的生产设备，已花费不少于 30 亿美元，并且，该费用还在继续增长，因而这些芯片工厂被誉为人类历史上最贵的工业建筑[1,2]。考虑到不断增长的巨额成本以及制造与工艺的复杂性，在过去的 20 年中，大多数半导体工业都转向了合同制造的商业模式（又名横向业务模式）。例如德州仪器和超威半导体公司，这两个具有自己生产线的芯片制造业巨头，最近都宣布向全世界的主要合同工厂外包他们大多数的 45 nm 以下工艺的产品制造。

在横向业务模式中，设计者和生产者的关系是不对等的：设计好的 IP 对生产者来说是透明的，由于生产者拥有可用的集成电路掩膜，他们几乎可以以零成本的方式完成芯片的复制或额外生产。另一方面，具体的制造工艺、产品的数量等细节，甚至对原始芯片设计进行的改动（如 OASIS 格式的布局文件），设计者是无法知道的。这将造成现有的商业模式和合同难以完全保护设计者的知识产权[3,4]。IP 的所有者公开他们的设计细节并为基于他们设计的 IP 制造付出昂贵的掩膜费用；他们选择相信制造商不会盗用他们的设计，也不会额外生产芯片。但是，现成可用的掩膜、相对较低的硅片成本，再加上设计者（IP 拥有者）对生产厂缺乏控制措施，使得盗用 IP 并不是什么难事。另外，由于设计的多层性和复杂性，芯片内部的构造是不透明的，而接口电路仅允许有限的外部访问接入部分特定的片内组件和芯片包装。当芯片被用于具有极高的防克隆和安全性要求的应用，包括但不限于银行卡、安全设备以及武器，问题进一步恶化。考虑到这些应用的重要性以及设计者被盗版导致的巨大损失，在政府、工业、商业以及消费者看来，防止合同工厂对 IC 的盗用、盗版以及额外生产变得越来越重要。

IC 计量是一套安全协议，它让设计公司能够在芯片生产好后对其进行控制。术语"硬件计量"于 2001 年被提出[5,6]，它是第一种采用唯一标记来区分芯片功能的被动式方法，同时维护芯片的输入/输出行为和综合流不发生改变。几乎同一时间，一种完全独立于 IC 计量的芯片防克隆识别方法，包括物理不可克隆函数（Physical Unclonable Function，PUF）也被提了出来[7,8]。之后，多种新的、可帮助设计公司（IP 所有者）控制他们设计的计量方法被提了出来。需要注意的是，芯片的生产保护和控制等级与攻击模型、期望的保护等级以及对芯片供应链的安全假设等多个因素相关。

本章的重点在于硬件计量。要特别注意硬件水印和硬件计量的不同，硬件计量是把给定设计下生产出的每个芯片赋予唯一的标记，并以主动或被动的方式对芯片进行追踪。水印的目的是唯一地标记设计本身，使得所有基于相同设计或相同掩膜生产出的芯片，都带有相同的水印。因此，针对额外生产，水印并不是一个有效的对策，因为它不能区分由相同的掩膜所生产出的不同芯片。而硬件计量提供了一种能唯一标记每个芯片或标记每个芯片功能的方法，因此它能区分由相同掩膜制造出的不同芯片。水印的介绍不在本章的范围内，想要看到更全面的关于水印的内容，我们建议有兴趣的读者去查阅文献[9]以及几篇关于水印的重要论文——文献[10 – 15]。

　　本章的剩余部分组织结构如下：5.2 节在人们熟知的"被动式"和"主动式"分类的基础上概述了一种新的计量分类方法。5.3 节讲解了被动计量，包括可复制的非功能性计量、不可克隆的非功能性计量和功能性计量。5.4 节讨论主动计量方面的研究，包括对设计中嵌入的、基于组合逻辑和时序逻辑的锁定与控制方法，以及除了组合/时序锁定还需要外部加密模块的方法。最后，5.5 节对计量相关内容进行了总结。

5.2　分类与模型

　　正如之前所提到的，计量被分成了两类：被动式和主动式[45]。被动计量提供了一种独特的芯片识别方式，或者唯一地标记芯片功能的方法，使它们可以进行被动监测。基本的被动计量方法已经使用了几十年，包括在每个芯片上缩印一连串数字，或者在存储器中存储识别码。我们把前者称为缩印式序列号（Indented Serial Number），第二种方法称为数字存储式序列号（Digitally Stored Serial Number）。这两种方法都可以归类为非功能性的识别方法，因为 ID 标识和芯片功能无关。由于序列号（缩印式和数字式）可以被轻易地复制并且放到新的芯片上去，所以我们将这两种方法归类为可复制的非功能性识别方法。

　　序列号和数字识别码容易遭受克隆和消除攻击，为此大约十年前，研究人员提出了一种 ICID 技术，该技术基于硅片生产过程中内在的随机变量来生成不可克隆的识别码（ID），以达到区分芯片的目的[7]。由于这种随机性存在于工艺中且不可被控制和克隆，我们把这种识别方法称为不可克隆的识别方法或者内部指纹提取法。不可克隆的 ID 是一种物理不可克隆函数（PUF），其细节内容在第 4 章进行了讨论。根据参考章节中的分类，弱性的物理不可克隆函数（一种能够产生密匙的 PUF）可在 IC 计量时被当作不可克隆的芯片 ID。我们再进一步把这种基于工艺固有变量的芯片识别方法，归类到不可克隆的非功能性识别方法中。

　　在提出 ICID 后不久，文献[5，6]就给出了一个全新的被动计量方法。该方法在综合阶段将 ID 信息链接到芯片内部的功能细节中，从而使得每个芯片的功能都会得到一个唯一的签名。我们把这种被动计量方式称为功能性计量。不可克隆和可复制的 ID 都可以被整合到芯片的功能上，从而给芯片创造出一个唯一的签名。需要注意的是，从输入/输出的角度来说，芯片的功能是保持不变的，并且每个芯片内部只有一组处理模式是独特的。

　　目前为止，大多数所提到的被动计量方法都要依赖于一个额外的组件，或者需要改变其设计以容纳识别信息，或者为了功能性计量需要修改预综合信息。通过额外的组件，或者修改设计而唯一地标识芯片的被动计量方法，统一称为外部计量法。相比之下，内部的被动计量方法不需要任何额外的组件或者修改原始设计。内部计量法的一大好处就是它们不依赖于额外的组件，因此它们可以直接被用在现有的未完成设计上。内部计量法的 ID 可以基于随机物理现象（如硅工艺中内在的随机变量）所产生的数字或模拟值。

一个关于内部数字 ID 的例子是基于 SRAM 的弱性 PUF，它用 FPGA 中的 SRAM 单元生成不可克隆的 ID 信息[16]。一个关于内部模拟 ID 的例子（对 ASIC 和 FPGA 都适用），是一种从嵌入式电路中无损提取的签名信息（由工艺随机性引起）[17,18]，被提取出来的签名可用作每个芯片的指纹。虽然早期的研究工作多集中于时序签名[17]，但最近的工作表明，由边信道所产生的签名（如静态电流 IDDQ 和瞬态电流 IDDT 的测量值），也可用于芯片的内部识别标志[18]。此外，也有人基于门级工艺变量构建了一个统一的框架，使得在门级形成芯片的唯一签名信息成为可能。

主动计量除了可以唯一地标识并对芯片进行远程监控，还为设计者提供了一种主动的方法，来激活、控制或注销芯片。"主动计量"这个术语第一次在 USENIX 安全研讨会中被提出[19]，参会者提出这种方法的初衷是希望可以主动控制 ASIC 芯片。

主动计量把只能由原始设计者访问的设计状态和状态转移隐藏起来，极大地丰富了功能性计量领域。最近关于主动计量的研究表明：最初在 USENIX 安全研讨会中提出的方法[19]，通过展示广义点函数中可证明的模糊化变换过程，能被构建成具有可证明的安全方法[20]。由于用于芯片控制（也叫锁定和解锁）的状态和转换被集成在芯片的功能模块中，我们把这种计量称为内部主动硬件计量。

自从在 USENIX 安全研讨会上提出了主动式硬件计量后[19]，大量用于此目的的方法被提了出来。除了通过只修改时序（组合）逻辑的设计来锁定嵌入式电路[21]，其他基于外部密码电路的主动计量法也被提出[22-25]。我们把这种主动计量称为外部主动硬件计量。内部和外部主动硬件计量都利用了一个数字形式的随机识别信息，该信息可能是可克隆的，也可能是不可克隆的。比如，烧断的熔丝可以作为数字随机标识符。但要注意的是，烧断的熔丝是可以被工厂重复生产的，因此它们不能被用来对付工厂的盗版行为。然而，普通消费者若是不能打开芯片并对其内部进行探测，就无法访问熔丝。所以，对他们而言，烧断的熔丝是不可复制的。

图 5.1 是关于本节所讲分类的总结。图上标注了可复制和不可复制的模拟 ID 与数字 ID 的区别。虽然模拟 ID 和数字 ID 都是可用的，但现有的、基于功能性识别的主动计量法（内部的和外部的）都采用数字 ID。这是因为数字 ID 可以方便地被集成到逻辑设计中。在本章的剩余部分中，我们主要描述被动式计量和主动式计量的机制和结构。

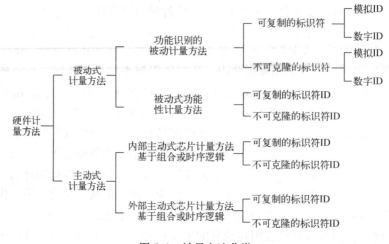

图 5.1　计量方法分类

5.3　被动式芯片计量

在本节中，我们将分别讨论非功能性和功能性的计量以及电路指纹。

5.3.1　非功能识别的被动计量

5.3.1.1　可复制的标识符

关于芯片公司是从什么时候开始在包装上缩印 ID 或在设备内部存储数字 ID，并没有明确的记录。同样，芯片公司从何时开始以及是否使用数字 ID 来监控用户手上的设备，也没有明确的公共记录。此外，熔丝的烧断情况被设计公司用作芯片 ID 来区分芯片。

也许最著名的（和最有争议的）事件是英特尔奔腾 III 处理器，它包含了一个被称为处理器序列号（PSN）的唯一标识符并被报道出来。PSN 可以通过网络来监视用户的活动。尽管英特尔制作了一个启用/禁用 PSN 的控制工具给用户，但是流氓网站还是能通过技术手段访问启用的 PSN 甚至禁用的 PSN。1999 年，一些消费者维权协会联名向美国联邦贸易委员会控告英特尔。经历了很多关于隐私问题的争论之后，英特尔决定其下一代处理器（从 Williamette 开始）不再包含 PSN。但是，奔腾 III 处理器并没有从市场召回，它们仍然安装了 PSN[26,27]。

如前所述，缩印的 ID、数字存储的 ID 和烧断熔丝 ID，其缺点是它们可以被篡改、移除或复制。举例来说，一种大家都知道的攻击手段是将旧芯片伪装成新芯片。以数字化形式存储的 ID 和序列号可以通过非入侵式的探测来读取，并且可以以极小的开销被重写。没有任何一种可复制的 ID 标识可以经受工厂的过量生产攻击。这些工厂可以通过对存储器进行写操作，或通过复制包装上的数字来复制一个 ID。

5.3.1.2　不可克隆的标识符

为了克服存储数字化 ID 的局限性，人们提出了一种新方法，该方法利用硅片在生产过程中的随机变量来生成芯片的唯一标识符（指纹）。如果要引入一个新的电路才能开发该随机变量，则我们认为这个标识符是外部标识符。如果不引入新的电路，而只是利用芯片上已有的组件来生成 ID，则称其为内部标识符。注意，这种外部/内部标识符的区别也同样适用于 FPGA。如果 FPGA 的组件未使用重配置单元，则标识符就是内部的；否则被定义为外部标识符。

外部标识法：最早关于这方面的工作实例是 ICID[7]，其内部有一组可访问的晶体管（具有公共的源极和栅极，并且其漏极被依次选定）驱动着电阻负载。由于生产过程中的多样性，晶体管的阈值电压并不一致。因此，漏极电流是随机且不同的，可用其产生一系列具备唯一性的随机数。一些更复杂的 ID 生成和验证电路所使用的方法都是参考了这些早期的工作，包括后来被引入的物理不可克隆函数（PUF）[8,17]。第 7 章对 PUF 和其他基于随机物理紊乱的唯一性对象进行了详细的讨论，包括这个领域中的系统性方法与新的分类方法。

在本章中，我们没有对其他可用于被动/主动计量的方法进行讨论。区分外部模拟 ID 和数字 ID 是可行的。例如，ICID 产生的数字随机比特，可以很容易地被应用到数字计算中；而让电路的模拟信号输出取决于硅片生产过程中的随机变量似乎也是可行的。对于许多应用，人们希望它的数字输出可以很容易地集成在数字设计产品的其余部分，大多数外部 ID

提取电路都具有数字响应特性。

内部标识法： 文献［17］中的工作也提出了利用芯片的时序路径签名信息来作为 PUF。目前来说，由于生产过程中的差异，该信息对 CMOS 芯片而言具有唯一性。文献［18，28］中的研究结果表明：只要能通过外部设备对边信道进行测试（如静态电流测试、时序测试和动态功率测试），那么几乎所有芯片都能找到一个唯一的 ID。这本质上是利用芯片制造过程中所产生的差异，并不需要在芯片上添加额外的部件。只要我们拥有相应的测试并能对边信道进行测量即可。

文献［18，28］所述的方法，其本质是基于每个芯片可被测量到的门级特征值。该测量可以无损地进行，也不需要额外的电路。提取到的芯片特征值是连续值，但现在已有多种将特征值离散化并用作芯片唯一 ID 的技术。这种无损的芯片 ID 为创造新的芯片计量方法和安全协议提供了很多机会。另一个关于使用结构性测试的结论是：对于给定数目的门和连线关系，存在多个测试向量，可以为该电路生成数量众多的激励 – 响应对。

也许通过一个例子可以很好地说明隐藏特征的提取方法，如图 5.2[18] 所示。在图 5.2（a）中，一个小型电路由 4 个二输入的与非门组成。图 5.2（b）显示了一个标准二输入与非门在不同输入下的静态电流。但是，由于生产过程中的随机性，任何两个芯片的漏电流都会有极大的差别。图片 5.2（c）显示了两个芯片中四个门的扩展因子，图 5.2（d）则分别展示了两个芯片总的漏电流。因此，不同输入下的总漏电流可被线性地分解到各个门级原件上。类似的方法可用于分解多个测试向量和路径下的时序测试值，还可用于区分在门级测量得到的总动态电流。

这种多形态的门级特征表示方法还能进一步提高，使其不仅能用于 IC 指纹识别，还能被用于芯片流片后的特征[29,30] 和木马检测[31-35]。另一个内在 ID 的例子是第 7 章中介绍的 SRAM 的 PUF。

在该领域的后续研究表明：除了逻辑层次的芯片特征提取，电路寄生效应（包括每个芯片上独特的电阻值）也能产生一个唯一的值供计量使用[36,37]。

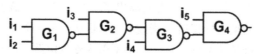

（a）一种包含4个二输入与非门的设计

二输入与非门	
输入	漏电流(nA)
00	37.84
01	100.3
10	95.7
11	454.5

Gate	扩展因子	
	IC 1	IC 2
G_1	0.5	2.4
G_2	1.3	0.6
G_3	2.1	4
G_4	3	0.9

输入向量	漏电流(nA)	
	IC 1	IC 2
00011	1391	2055
10101	2082	1063
01110	1243	2150
11001	1841	1905

（b）二输入与非门的漏电流与输入　（c）两个芯片逻辑门的扩展因子　（d）不同输入向量下芯片总的漏电流

图 5.2　隐藏特征提取方法示例

5.3.2　被动式功能性计量

芯片的功能性识别方法是计量领域一个显著的进步。第一个这样的方法是将各个芯片的控制路径唯一化，从而使每个芯片有一个特定的内部控制序列。尽管有内部的差异，但是来自同一个设计和模型的所有芯片的输入和输出特性是相同的。因此，该技术面临的主要挑战，是如何使用同一个掩膜和相同的设计布局文件来制造不同的芯片。文献[5，6]中提出了一种解决思路，即芯片中只含有一条数据通路，该通路可以被相同控制路径的多个版本所左右。芯片的一小部分为可编程逻辑，控制路径将被编程并烧写到芯片中。

随后，一个新的设计方法被提了出来，其目的是为了实现多条控制路径控制一条数据路径[5,6]。例如，替换掉被分配到特定寄存器的变量子集。为了实现多样性，在逻辑综合的过程中，可以为选定的一组状态创建冗余的等价状态。状态的选择需要根据存放在不同变量中的、并发状态的约束条件，目的是使寄存器的成本最低。变量的每个副本都将分配到一个不同的状态，并且副本状态的任意组合都可用于同等的状态。由于状态分配是通过图的着色理论完成的，每创建一个冗余状态就需要添加一个矢量到图中，并且将所有边的信息复制到新矢量中。对修改后的图进行状态分配，可由传统的图形着色工具来完成。对每一个控制序列的副本，可编程的寄存器读逻辑要能选择正确的变量组合方式。

5.3.2.1 被动式功能性计量分析

针对未经授权芯片的被动计量方案，其目的是在芯片的使用过程中对它们进行监视并评估。在测试一个授权的芯片之前，芯片的可编程部分会被加载一个特定的控制通路组合。如果检测到一个组合具有多个副本，则认为芯片被伪造。因此，如果多个芯片都在线，并且允许查询它们内部控制结构的组合版本，那么这个计量协议就能正常工作。一种可行的在线查询方法是：将触发器的状态进行异或操作以生成一个校验和用于比对，或对状态进行其他类型的完整性检查。

被动计量中一个有趣现象是芯片会在被测试之前以未编程的形式反馈给设计人员，让他们输入控制人员的规范。IP 拥有者将确保每一个芯片都以唯一的方式被编程，并且制造厂不会参与到编程的过程中。然而，这种方法本身并不能有效地阻止攻击者，因为攻击者可以访问一个已解锁的芯片，从这个芯片中复制出可编程存储器的内容，并使用该信息来配置和启用其他芯片。为了避免这种直接的复制攻击，设计者提出了将可编程部分和芯片中不可克隆的 ID 进行整合的想法。2000 年，第一篇关于被动硬件计量的论文中，提出了一种不可克隆的标识符 ICID[7]，使得可编程部分的数据不能被复制到另一个芯片，以达成防御攻击的目的。

文献[5，6]中的结果表明：可以用较低的开销获得多个组合并从中选出内部控制序列。目前的被动计量方法有一个明显的缺点，它在 ASIC 中增加了部分可编程的逻辑，并且还需要为此进行掩膜，而产生了额外的费用。对原始的被动计量，有两种基于概率的分析方法：（1）第一种分析方法的目的是分析需要做多少次实验，才能对市场没有非授权的产品达到某个信心等级；（2）第二种分析方法的目的是在检测到市场有复制芯片的前提下，估计出未经授权的芯片数量。这两种分析方法适用于许多计量和 ID 识别的场景，下面我们对其细节进行介绍。

1. 假设设计厂要求制造厂生产 n 份产品，但是制造厂实际上制造了 N 份，其中 $N \gg n$。假定制造厂给每个芯片做 $k-1$ 个副本，那么芯片的总数 $N = kn$。注意：制造厂为每个芯片制造相同数目的复制品，其被发现的概率最低，这一点已经得到了证实。如果我们从 N 个对象（每种设计包含 k 个副本）中抽出 l 份，那么检测不到芯片被复制的概率是：

$$\text{Prob}[n,k,l] = \left[1 - \frac{k-1}{N-1}\right] \cdot \left[1 - \frac{2(k-1)}{N-2}\right] \cdots \left[1 - \frac{(l-1)(k-1)}{N-l-1}\right] \tag{5.1}$$

式（5.1）的上确界为

$$\text{Prob}[n,k,l] \leqslant \left[1 - \frac{p}{n}\right] \cdot \left[1 - \frac{2p}{n}\right] \cdots \left[1 - \frac{(l-1) \cdot p}{n}\right] \tag{5.2}$$

其中，$p = 1 - 1/k$。容易看出，随着 k 值的增加，在 l 次随机测试之后没有发现未经授权副本的概率 $\text{Prob}[n,k,l]$ 会逐渐减小。随着测试次数 l 的增加，概率 $\text{Prob}[n,k,l]$ 会逐渐减小。在本质上，$1 - \text{Prob}[n,k,l]$ 的值反映出制造商的诚信情况，并且该值随 l 的增大而增大。如果设计师想获得置信度为 α 的期望值，他就需要找到最小的 l，使得 $(1 - \text{Prob}[n,k,l]) \geqslant \alpha$。由于找到式（5.1）的一个闭环形式有一定难度，因此在 n 很大的情况下，可以使用数值估计或近似的方法。

2. 假设 k 是均匀分布的，第 $l+1$ 次测试可以找到第一个未授权副本的概率是

$$\text{Prob}[n,k,l+1] = \text{Prob}[n,k,l] \cdot \frac{l \cdot (l-1) \cdot (k-1)}{N-1} \tag{5.3}$$

预期的找到第一个未经授权副本的测试次数是

$$\sum_{k=1}^{\inf} \sum_{l=1}^{n(k-1)+1} l \cdot \text{Prob}[n,k,l] \tag{5.4}$$

如果在第 l 次检测时发现了第一个副本，那么 k 的期望值是

$$E[k] = \sum_{k=1}^{\inf} k \cdot \text{Prob}[n,k,l] \tag{5.5}$$

5.4　主动式芯片计量

主动式硬件计量不仅可以用唯一且不可克隆的方式标识芯片，还提供了一个有效的机制来控制、监督、锁定或解锁芯片生产。为了确保非再生性，主动式计量需要一种不可克隆的数字 IC 标识，如弱性的 PUF[38]。计量的第一个应用是针对芯片生产。图 5.3 给出了第一个主动式硬件计量方法的整体流程[19]。同样的方法其后被用于内部/外部 IC 主动计量中。通常有两个主要的实体：（1）拥有 IP 版权的设计厂商（又名设计师）；（2）将设计好的芯片生产出来的制造商。

图 5.3 中流程的主要步骤如下：首先，设计师使用高层次的设计描述，来确定插入芯片锁定的最佳位置。其后的设计阶段（例如 RTL、综合、映射、布局规划和物理布局）按照常规流程进行。制造商会收到形式为 OASIS 文件（或 GDS-II）的芯片版图，其中包括了测试向量在内的、制造芯片所需的信息。设计师一般会向制造商支付前期费用，这些费用包括将 OASIS 文件制作成掩膜，以及利用掩膜制造特定数目的、无缺陷的芯片。每个芯片通常包含一个不可克隆的数字 ID，如弱性的 PUF。

制造掩膜是一个复杂且昂贵的过程，其涉及多个需要严格控制的精细步骤[1,2]。一旦制造商制造出一个掩膜，就可以根据掩膜生产出多个 IC。由于特定的 PUF 被集成在芯片的锁定上，因此每个芯片可以在制造中被唯一地锁定（非功能性的）起来。在测试阶段，制造商从每个 IC 中扫描出独特的标识符信息并将其发送给设计师。只有具备设计师特定的信息或非对称加密协议的设计工厂，可以计算出每个锁定芯片的解锁序列。此外，设计者可以计

算出一个错误校正码 ECC, 以发现不可克隆的数字标识符中所发生的任何变化。由于一些 PUF 的响应比特可能是不稳定的, 比如它可能因为噪声、环境条件 (如温度) 或电路不稳定而改变, 所以 ECC 非常重要。之后, 用于解锁芯片和 ECC 的密钥被送回工厂。

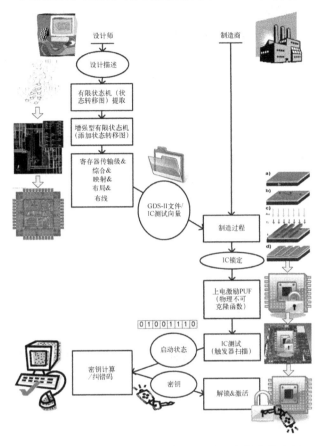

图 5.3 通过主动式计量方法控制芯片生产的整体流程

文献[19, 21]中的工作还讨论了其他的方法, 以便设计师掌握部分设计的非对称信息, 可以用作其他控制目的, 包括但不限于在线启用/禁用芯片和连续认证。

5.4.1 内部的主动式芯片计量

首先要介绍的计量方法是内部计量[19]。在这类工作中, 主动式的 IC 控制机制需要利用 (1) 设计的功能描述; (2) 唯一且不可克隆的 IC 标识符。在硬件设计中, 所有的锁定被嵌入到通用计算模型的结构中, 以有限状态机 FSM 的形态存在。设计师利用了高层次的设计描述来指定 FSM 的行为模型。FSM 通常由状态转换图 (STG) 表示, 其中图的顶点对应 FSM 中的状态, 有向边则表示 FSM 状态之间的转换。在本章余下部分, 我们无差别地使用术语 FSM 和 STG。回顾一下文献[19]中的方法。我们使用了术语"原始 FSM"用来指修改之前的有限状态机 (具有 $|S|$ 个状态)。因此, 原始 FSM 可以通过 K 个触发器来实现 ($K = \log|S|$)。

现在假设我们通过增加原始 FSM 的状态和状态转移关系来对它进行修改。我们称修改

后的设计为增强型有限状态机（BFSM）。为了构建一个具有 $|S'| + |S|$ 个状态的 BFSM，我们需要 K'' 个触发器（$K'' = \log\{|S'| + |S|\}$）。额外的边也被引入到 BFSM 中，以确保其状态的可达性。通过观察可以发现，当触发器的数量线性增长时（用 $K' = K'' - K$ 表示），BFSM 状态的数量呈指数增加。事实上，如果允许通过增加触发器的数量来增加状态，使新状态 $|S'|$ 的数量远远大于 $|S|$ 是完全可能的。

该芯片还包含一个 PUF 单元，它基于硅片在生产过程中不可克隆的变动来产生具有唯一性的随机比特。一旦芯片上电，一个固有激励就被加载到芯片上，并将 PUF 的响应输出馈入 BFSM 的触发器中。因为 BFSM 中有 $K'' = \log\{|S'| + |S|\}$ 个触发器，对于一个正确操作，我们需要从 PUF 获得 K'' 个响应比特。

因此，一旦上电，芯片触发器的初始值就被 PUF 的特定响应所确定下来，如图 5.4 所示。PUF 的激励是设计师给出的固有测试向量。对于一个安全的设计，响应的概率应均匀分布在合理的范围内[8]。通过增加额外的触发器，可以使得 $2^{K''} \gg 2^{K}$。换句话说，K'' 值是由设计师设置的，其目的是让原始初始 FSM 的状态被选中的概率极低。

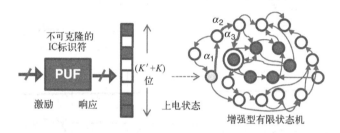

图 5.4　物理不可克隆函数的响应被存储到 BSMF 的触发器中，原
始状态以黑色显示，添加的状态在 BFSM 中以白色显示

因为增加的状态呈指数上升，所以芯片上特定的 PUF 响应要把初始上电状态设置到额外增加的状态上是极有可能的。注意除非上电状态落到原始 FSM 的一个状态中，否则它不含有任何功能。因此，由 PUF 响应驱动的随机触发器状态，将以不含任何功能的形式出现在人们面前。我们需要向 FSM 提供输入，它才可以将非功能性初始上电状态转换为原始 FSM 的复位状态，在图中以两个圆圈表示。

IP 所有者在使用 BFSM 状态转换图的过程中，发现使得初始上电状态跳转到复位状态（图中的双圆圈）是很容易的，只需在图上找到一个路径并使用相应的输入值，让初始上电状态逐步跳转到复位状态即可。然而，在众多的状态跳转方式中，只有一种输入组合是正确的。因此，如果没有得到 BFSM 状态跳转的密钥，想通过遍历去找到原始设计的复位状态是非常困难的。

完整 BFSM 结构及其状态跳转关系是设计师的秘密。解锁芯片的密钥是可以让 BFSM 状态（芯片的控制部分）由初始上电状态跳转到原始 FSM 状态的输入序列。值得注意的是，虽然初始上电状态是随机的，但对于一个给定的芯片而言，其 PUF 的激励和响应会一直保持改变。这种锁定和解锁机制为设计师提供了一种主动计量的方法，可以找出同一版图（掩膜）生产的、功能未解锁（激活）的芯片数量，因而被命名为主动式硬件计量。

最新的研究给出了关于内部主动计量的全面证明和它的一种安全结构[20]。作者通过将锁定结构连接到一个唯一的 PUF 并禁止硬件综合期间对状态进行控制和编辑，证明了锁定结构是一种有效的、基于随机预言模型的程序混淆手段[39]。尽管关于混淆 FSM 的启发式方法很早就被提出了[40,41]，但不能证明该结构是安全的。针对混淆 FSM 所提出的架构和其安全性证明超越了硬件计量的范畴，它涉及时序电路的信息隐藏和混淆处理技术[40,41]，因而不在本章进行讨论。但是，已得到证明的是：该方法可以抵抗大多数恶意攻击[20]。

文献[21]提出了另一个基于修改 FSM 的内部硬件计量方法。但是，该文中的 FSM 修改方法与文献[19]完全不同，它只往原始 FSM 中添加了少量状态。事实上，只选择并复制了原始 FSM 中的几个状态。复制状态 q_i'（即原始状态 q_i 的副本）被添加到图中，并且所有和 q_i 相连的边都与 q_i' 相连。不同的密钥与原始边及复制边相关联。通过锁定过程，每个芯片中只有一个 q_i 或 q_i' 可被该芯片随机且唯一的 ID 选中。芯片的 ID 可以通过扫描方式获得。同样，只有可以将状态牵引到指定状态的输入序列，才是芯片解锁的密码。

此操作示例如图 5.5 所示。图中显示了一个在复制状态被锁定的 FSM。图中的 q_3 为被复制的状态，其三个副本分别是 q_3'、q_3'' 和 q_3'''。PUF 的响应决定了状态会跳转到哪一个冗余状态（q_3 或它的副本）。响应也会与设计者提供的密钥进行异或运算，从而提供一种跳出冗余状态的路径。没有密钥，将不会发生状态跳转，或以极低的概率正确地进行跳转。需要注意的是，在实际的设置中，应选择合适的密钥长度，以阻止暴力攻击并通过点函数来保证系统安全。这种新的结构的重要意义在于，锁定是被嵌入在芯片正常运行期间可被访问的内部状态内的。因此，锁定和密匙在芯片的正常运行过程中被不断访问，从而为连续的身份验证和自检创造了机会。

有趣的是，基于 FSM 的硬件计量方法可用于集成的第三方 IP，使得芯片上的每个 IP 芯核都可被启用、禁用或受其他方式控制[42]。在这种方法中，设计者或集成者是将现有的第三方 IP 进行复用的人员。在这个设计和复用的协议模型中，两个重要的实体是制造工厂和授权的系统验证人员（即认证机构）。后一种实体是一个第三方组织，它确保硬件 IP 的提供商、复用者和制造厂之间相互信任。

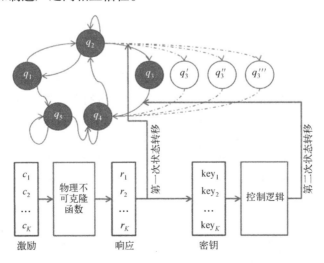

图 5.5　通过复制几个状态来锁定和解锁。物理不可克隆函数的响应决定冗余状态的选取（q_3、q_3'、q_3'' 或 q_3'''），密钥让冗余状态跳转到下一状态

现在我们考虑多个第三方 IP 需要被保护的情况。每个 IP 的 FSM 结构中包含了一个锁定。复用人员还在设计中添加了两个新模块：不可克隆的 ID 生成电路和嵌入式控制模块。嵌入式控制模块与各第三方 IP 块内部的各种锁定进行交互和控制。芯片版图在发给制造厂之前被提交给认证机构，由认证机构来确认 IP 供应商和复用人员是可靠的。流片后用于测试不可克隆 ID 的芯片也被发送到认证机构，再由认证机构联系第三方 IP 的供应商和复用人员，以获得 IP 模块和嵌入式控制模块的密钥。注意，和第三方 IP 保护模型类似的机制，可被用于外部的主动式硬件计量，以锁定每个 IP 核。

5.4.2　外部的主动式芯片计量

外部的主动式芯片计量方法，利用外部的非对称密钥加密技术，把每一个芯片都进行锁定。EPIC 机构首次在文献[23]中提出了该方法。因为 EPIC 的这种方法是后续的外部主动式计量的理论基础，所以我们在本章详细地讨论这种方法。

为了支持公钥加密体系 PKC，IP 的所有者必须生成一对保持不变的主密钥（公钥和私钥）。私有主密钥（MK-Pri）包含了给定 IP 的所有权信息并且永远不会被发送。每个制造好的芯片会在启动时产生自己的随机公钥和私钥。同时，公共主密钥（MK-Pub）和支持 EPCI 组合锁定机制的最小电路被嵌入到 RTL 级。

EPIC 在大量可选的非关键线路上增加异或门，并将额外的控制信号连接到公共密匙 CK，以完成对芯片主模块的组合锁定。当 CK 正确时，电路等效于原始电路；否则，芯片的功能会发生改变，就像在选定的线路上放置了多个反相器一样。EPIC 随机产生 CK 以防止它被盗。修改布局设计后，设计人员将 CK 安全地传递给 IP 的所有者并清除其所有的副本。布线和其他物理优化正常进行，之后便进行制造。一旦开始制造，每个芯片将被唯一锁定，因为芯片产生了一个随机的、不可克隆的 ID 接口。

在激活芯片时，制造厂必须与设计师（IP 所有者）建立一个安全的链接，而且必须利用收到的公钥来激活芯片。EPIC 的协议则采用制造厂的私钥来进行认证传输。此协议扩展后可发送一个时间戳、序列号（编号）或其他可识别的序列。对此，设计师（IP 所有者）发送了输入的密钥 IK，该密钥展现了由 PCK-Pub 加密并由 MK-Pri 标记的 CK 信息。CK 的加密顺序和标记是产生 IK 的关键。因此，除设计师（IP 所有者）外的其他实体都不能产生 IK，即使这些实体能拥有 CK。使用 RCK-Pub 来加密消息，使得针对 MK-Pri 的统计攻击更加复杂。设计者可以利用制造厂的公钥，对产生的 IK 进行额外的加密处理，使得只有制造厂才能正确接收它。芯片把使用 RCK-Pri 和 MK-Pub 的 IK 进行解密处理。一旦解密，就会生成 CK 来解锁芯片，进而可开展芯片的测试工作。测试完成后，该芯片就可被出售。

如文献[25]所述，可以证明 EPIC 对一些恶意攻击具备抵抗能力。值得注意的是，其他研究人员评估了 EPIC（早期版本）的安全性和开销[43]。他们发现，如果在计算 IK 的过程中，使用 CK、MK-Pri 和 RCK-Pub 的顺序错误，那么 EPIC 会具有脆弱性。CK 必须先被 PCK-Pub 加密，其次把得到的密文由 MK-Pri 进行认证标记（MK-Pri 是公钥通信中被认可的标准协议）。另一方面，如果算出了正确的 IK，目前尚没有逻辑层的攻击能打破 EPIC。这些问题在 EPIC 的最新版本中得到了充分的讨论[25]。

文献[24]给出了一种建立在密钥共享基础上的外部芯片锁定法。芯片和设计厂商共享一个安全密匙，该密匙同锁定和控制总线的组合逻辑电路相连。这些总线与片内多个 IP 核互连。

　　文献[22]提出了一个主动式芯片计量方法，该方法借鉴了大量 EPIC 中的思想、协议和方法。文中提出了多种不同的设计方案，并给出了一个实例说明如何在资源受限的环境中实现保护策略。设备认证和用户认证都可以通过低开销的方式实现。

　　文献[44]介绍了另一种组合锁定方法，该方法和文献[5，6]中的方法类似，需要利用芯片中的小部分可编程逻辑，因而被称为"基于可重构逻辑的屏障"。然而，和早期工作中提到的被动计量不一样，文献[44]中的"基于可重构逻辑的屏障"用于主动计量。文献[44]把函数 $F(x)$ 分解为 F_{fixed} 和 $F_{reconfig}$，并不将 $F_{reconfig}$ 部分提供给生产厂，以实现保护设计的目的。在激活阶段，通过分配安全密钥，保留的 $F_{reconfig}$ 被编程到可重构的位置。这里提到的组合锁定法是对异或门和 k 输入查找表进行组合（类似于文献[23]）。文中提出的启发式方法可进一步优化锁定的位置，该方法旨在制造一个逻辑传输的屏障，使得信号无法在不通过锁定点的情况下到达输出。除了启发式方法，文中没有提及其他的安全策略。

　　如前所述，这样的可编程部件的优点是保证设计的一部分属于 IP 所有者，其缺点是在 ASIC 内执行可编程的组件会产生附加步骤和额外开销。欲了解更多技术细节，可参考有关外部主动计量的文献，包括文献[22 – 25，44]。

5.5　结论

　　本章全面概述了通过计量来保护硬件芯片的方法。芯片计量指的是一种机制、方法和协议，以跟踪流片后的芯片。大量的芯片制造被外包给海外代工厂，为翻版和盗版创造了机会，也刺激了计量技术的发展。芯片计量可以帮助设计师鉴别或跟踪他们产品的生产和使用情况。在我们的新的分类方法中，硬件计量被分为两类：被动式和主动式。被动式计量要么分配一个标识符给芯片（该标识符可能是可复制的或不可克隆的），要么在保持芯片功能性和完整性的情况下，为芯片内部制定一个签名信息。被动式计量有一个有趣的方面，它利用的是芯片生产过程中的内在差异，因而可以在不增加额外电路的基础上，监视并跟踪每一块芯片。在主动式计量中，不仅芯片本身被唯一地标识，而且部分芯片功能只有设计者可以进行访问、锁定（禁用）或解锁（启用）。我们讨论了内部的和外部的主动式硬件计量。总体而言，我们希望使用相应的控制机制和协议来限制对芯片的盗版和剽窃。因此，硬件计量可以直接并显著地提高半导体设计和制造业的商业化程度和实用性。

参考文献

1. Mouli C, Carriker W (2007) Future fab: How software is helping intel go nano–and beyond. IEEE Spectrum 44(3): 38-43
2. Santo B (2007) Plans for next-gen chips imperiled. IEEE Spectrum 44(8): 12–14
3. Defense Science Board (DSB) study on high performance microchip supply (2005) http://www.acq.osd.mil/dsb/reports/ADA435563.pdf
4. Managing the risks of counterfeiting in the information technology industry (2005) White paper by KPMG and the alliance for gray market and counterfeit abatement (AGMA)
5. Koushanfar F, Qu G, Potkonjak M (2001) Intellectual property metering. In: International Workshop on Information Hiding (IHW), Springer, Berllin, Heidelberg, New York, pp 81–95

6. Koushanfar F, Qu G (2001) Hardware metering. In: Design Automation Conference (DAC), Design Automation Conference (DAC), pp 490–493

7. Lofstrom K, Daasch WR, Taylor D (2000) *IC* identification circuit using device mismatch. In: International Solid-State Circuits Conference (ISSCC), pp 372–373

8. Gassend B, Clarke D, van Dijk M, Devadas S (2002) Silicon physical random functions. In: CCS, pp 148–160

9. Qu G, Potkonjak M (2003) In: Intellectual Property Protection in VLSI Design. Springer, Kluwer Publishing, New York, ISBN 1-4020-7320-8

10. Kirovski D, Potkonjak M (1999) Localized watermarking: methodology and application to operation scheduling. In: The International Conference on Computer-Aided Design (ICCAD), pp 596–599

11. Lach J, Mangione-Smith W, Potkonjak M (1998) Signature hiding techniques for FPGA intellectual property protection. In: The International Conference on Computer-Aided Design (ICCAD), pp 186–189

12. Torunoglu I, Charbon E (2000) Watermarking-based copyright protection of sequential functions. IEEE J Solid-State Circ (JSSC) 35(3): 434–440

13. Oliveira A (2001) Techniques for the creation of digital watermarks in sequential circuit designs. IEEE Trans Comput Aided Des Integr Circ Syst (TCAD) 20(9): 1101–1117

14. Koushanfar F, Hong I, Potkonjak M (2005) Behavioral synthesis techniques for intellectual property protection. ACM Trans Des Autom Electron Syst (TODAES) 10(3): 523–545

15. Koushanfar F, Alkabani Y (2010) Provably secure obfuscation of diverse watermarks for sequential circuits. In: International Symposium on Hardware-Oriented Security and Trust (HOST), pp 42–47

16. Holcomb D, Burleson W, Fu K (2009) Power-up SRAM state as an identifying fingerprint and source of true random numbers. IEEE Transactions on Computers 58(9): 1198–1210

17. Devadas S, Gassend B (2002) Authentication of integrated circuits. Application in US Patent 7,840,803, 2010

18. Alkabani Y, Koushanfar F, Kiyavash N, Potkonjak M (2008) Trusted integrated circuits: a nondestructive hidden characteristics extraction approach. In: Information Hiding conference (IH). Springer, Berlin, Heidelberg, New York, pp 102–117

19. Alkabani Y, Koushanfar F (2007) Active hardware metering for intellectual property protection and security. In: USENIX Security Symposium, pp 291–306

20. Koushanfar F (2011) Provably Secure Active IC Metering Techniques for Piracy Avoidance and Digital Rights Management. In: IEEE Transactions on Information Forensics and Security (TIFS), to appear

21. Alkabani Y, Koushanfar F, Potkonjak M (2007) Remote activation of ICs for piracy prevention and digital right management. In: The International Conference on Computer-Aided Design (ICCAD), pp 674–677

22. Huang J, Lach J (2008) IC activation and user authentication for security-sensitive systems. In: International Symposium on Hardware-Oriented Security and Trust (HOST), pp 76–80

23. Roy J, Koushanfar F, Markov I (2008) EPIC: Ending piracy of integrated circuits. In: Design Automation and Test in Europe (DATE), pp 1069–1074

24. Roy J, Koushanfar F, Markov I (2008) Protecting bus-based hardware IP by secret sharing. In Design Automation Conference (DAC), pp 846–851

25. Roy J, Koushanfar F, Markov I (2010) Ending piracy of integrated circuits. IEEE Comput 43: 30–38

26. Pentium III wikipedia page, http://en.wikipedia.org/wiki/pentium_iii

27. Pentium III serial numbers, http://www.pcmech.com/article/pentium-iii-serial-numbers/

28. Potkonjak M, Koushanfar F (2009) Identification of integrated circuits. US Patent Application 12/463,984; Publication Number: US 2010/0287604 A1, May

29. Koushanfar F, Boufounos P, Shamsi D (2008) Post-silicon timing characterization by compressed sensing. In: The International Conference on Computer-Aided Design (ICCAD), pp 185–189

30. Shamsi D, Boufounos P, Koushanfar F (2008) Noninvasive leakage power tomography of integrated circuits by compressive sensing. In: International Symposium on Low Power Electronic Design (ISLPED), pp 341–346

31. Potkonjak M, Nahapetian A, Nelson M, Massey T (2009) Hardware Trojan horse detection using gate-level characterization. In: Design Automation Conference (DAC), pp 688–693

32. Nelson M, Nahapetian A, Koushanfar F, Potkonjak M (2009) SVD-based ghost circuitry detection. In: Information Hiding (IH), pp 221–234

33. Alkabani Y, Koushanfar F (2009) Consistency-based characterization for IC Trojan detection. In: International Conference on Computer Aided Designs (ICCAD), pp 123–127

34. Wei S, Meguerdichian S, Potkonjak M (2010) Gate-level characterization: foundations and hardware security applications. In: Design Automation Conference (DAC), pp. 222–227

35. Koushanfar F, Mirhoseini A (2011) A unified submodular framework for multimodal IC Trojan detection. In: IEEE Transactions on Information Forensics and Security (TIFS): 6(1): pp. 162–174

36. Helinski R, Acharyya D, Plusquellic J (2010) Quality metric evaluation of a physical unclonable function derived from an ICs power distribution system. In: Design Automation Conference (DAC), pp. 240–243

37. Helinski R, Acharyya D, Plusquellic J (2010) Quality metric evaluation of a physical unclonable function derived from an IC's power distribution system. In: Design Automation Conference, (DAC), pp 240–243

38. Rührmair U, Devadas S, Koushanfar F (2011) Book chapter in introduction to hardware security and trust. In: Tehranipoor M, Wang C (eds.) Chapter 7: Security based on Physical Unclonability and Disorder. Springer, Berlin, Heidelberg, New York

39. Barak B, Goldreich O, Impagliazzo R, Rudich S, Sahai A, Vadhan S, Yang K (2001) On the (im)possibility of obfuscating programs. In: Advances in Cryptology (CRYPTO), pp 1–18

40. Yuan L, Qu G (2004) Information hiding in finite state machine. In: Information Hiding Conference (IH), Springer, Berlin, Heidelberg, New york, pp 340–354

41. Chakraborty R, Bhunia S (2008) Hardware protection and authentication through netlist level obfuscation. In: The International Conference on Computer-Aided Design (ICCAD), pp 674–677

42. Alkabani Y, Koushanfar F (2007) Active control and digital rights management of integrated circuit IP cores. In: International Conference on Compilers, Architecture, and Synthesis for Embedded Systems (CASES), pp. 227–234

43. Maes R, Schellekens D, Tuyls P, Verbauwhede I (2009) Analysis and design of active *IC* metering schemes. In: International Symposium on Hardware-Oriented Security and Trust (HOST), pp 74–81

44. Baumgarten A, Tyagi A, Zambreno J (2010) Preventing IC piracy using reconfigurable logic barriers. IEEE Design & Test of Computers 27: 66–75

45. Koushanfar F (2011) Integrated circuits metering for piracy protection and digital rights management: an overview, Great Lake Symposium on VLSI (GLS-VLSI), pp. 449–454

第 6 章　利用数字水印保护硬件 IP

6.1　引言

本章的目的是介绍一些关于如何保护硬件设计知识产权（Intellectual Properity，IP）的基本概念和方法。我们借用了多媒体数据保护中水印的概念。数字水印是嵌入目标中的一种标记，可以按照需要使用。而把水印应用到 IP 设计中是一个全新的工作。

6.1.1　设计复用和 IP 设计

不断增长的逻辑密度导致片上可用的晶体管越来越多，甚至超过了设计者的需求和能力。这种现象导致了芯片设计和芯片制造之间的脱节。为了解决这个问题，我们需要在设计方法上进行转变。转变的核心是建立设计复用的原则，它也是现代超大规模集成设计领域中最重要的技术革新之一。

在这个新的设计方法中，大量以前设计的模块（比如总线控制器、CPU 和存储子系统等）会被集成在一个 ASIC 电路中，并能实现预期的功能。之后，设计者们就可以根据系统的要求，将他们的精力集中在新模块的设计上面。这种方法不仅能及时、高效地推出一款新产品，同时新模块很快会被测试、记录，并且作为一个新的 IP 存放于 IP 库中，以便之后的产品使用。

6.1.2　什么是 IP 设计

根据复用方法手册，IP 设计可以被看作一个完整 SoC 设计中的部分工作，即完成其中一个独立的子模块。这样的子模块可以是微处理器、片上存储器、外部控制接口单元或布线后的网表文件等。它也可以被抽象为能使设计更完美的算法、技术或者是方法。

基于 IP 设计的性能和灵活性，可以将其分为三个类型。IP 硬核包括：带有测试列表和高级模型的图形设计系统 GDSII、定制的物理布局以及和工艺库挂钩的布局布线网表文件，这类 IP 具有可预测的、优化后的性能，但其灵活性较差；IP 软核主要是可综合的硬件描述语言代码（如 Verilog 或 VHDL 程序），尽管它们的性能不太确定，但却具有很高的灵活性；IP 固核是具有布局信息和工艺库信息的 RTL 子模块。

6.1.3　为什么要保护 IP 设计

在复用设计理念中，设计 IP 不仅仅是为了单次使用，更是为了重复使用。硬件 IP 供应商一直在努力使他们的 IP 具有更好的灵活性，因为这样，IP 更易于被其他设计使用，从而可赚取更多的利润。工业界的引领者已经建立了 IP 设计标准和指导方针来促进 IP 复用。设计师们被迫合作并且分享他们的数据、技能和经验。设计细节（包括 RTL 级的 HDL 代码）被鼓励开源，从而使 IP 复用更加方便。但是同时，这些工作也使得盗用 IP 和侵权更加容易。从 20 世纪 90 年代初期以来，半导体行业有关 IP 侵权的诉讼事件不断增加。据统计，每年大约会因此而损失几十亿美金的税收。

盗用 IP 最有效的方法之一是逆向工程。逆向工程是指为了改进或者复制一个目标而分解并分析该目标的过程。这是工业界中（不论是软件还是硬件）常见的一种技术，该技术往往是为了鉴别自己产品中的漏洞并加以优化，或者用来研究竞争者的产品以缩短技术上的差距。对于集成电路产品来说，可以对芯片进行剖片并利用电子显微镜拍摄下片内每层的布局。尽管要得到所有芯片的细节比较困难，然而，当每层的布局细节都被掌握后，进行二次加工复制相同的产品却很简单。逆向工程需要的成本和技能比自己开发产品低得多，这就是攻击者们盗用 IP 的动机。

6.1.4　哪些行为可以保护 IP 安全

在实践中，IP 安全大部分是通过威慑手段和保护机制来维持的，经常使用的威慑手段包括专利、版权、合同、商标和商业机密。这些手段并不能直接防止 IP 盗用，但却在相当程度上阻止了 IP 的非法使用。因为侵权人一旦被起诉，将会面临高额的罚金来补偿知识产权所有者的经济损失。但是，鉴别和上报知识产权的侵权事件和侵权人，是知识产权所有者的工作。

有多种保护机制可以阻止未授权的 IP 使用，比如：加密、专用硬件或者化学手段等。标准的加密手段可以用于保护 IP 设计（包括设计数据），硬解它需要昂贵的解密过程。举个例子，数个 FPGA 设计工具都给使用者提供了加密选项：Altera 的加密软件让使用者可以加密他们的设计，如果核心没有被解密，任何试图编辑加密 IP 的行为都会失败。赛灵思公司（Xilinx）在它最新的 Virtex-II 和 Virtex-II Pro FPGA 板上增加了一个解密单元，并在设计工具中允许使用者选择 6 个纯文本信息作为 FPGA 配置比特流的加密密钥，板上的解密单元会在比特流配置 FPGA 之前对其解密。另外，化学制品也被整合到芯片中作为一种被动防护措施，这种方法主要用于军用芯片。也就是说，当这个芯片的表面受损或者暴露到大气中时，内部的化学制品将会破坏裸露的硅基，由此来阻止逆向工程。

最后，工业界和学术界中的研究者都提出：在芯片的每个设计阶段都应有多种检测机制。自然地，工业界的努力主要集中在鉴别和追踪合法的 IP 使用上，以实现检测、更新和报税等目的。学术界的研究则集中在如何保护和遏制逆向工程这种高新技术对 IP 的剽窃上。这个工业界和学术界之间的差别反映出人们从不同的角度看待相同的问题，但都是为了给出不同但相关的解决方案。对双方来说，他们的技术能够互相弥补，合起来将更有效地保护 IP 核的安全。

法律是取回 IP 盗用所造成的经济损失的唯一手段。加密和其他保护机制能使 IP 盗用更加困难和昂贵，但 IP 所有者只有通过检测技术（如数字水印）才能确定 IP 是否被盗用，这也是和侵权者走司法程序（如诉讼）所需的第一步。在本章的其余部分，我们重点介绍最有趣和最流行的检测方案之一：基于约束的水印技术。

6.2　利用基于约束的水印技术保护 IP 设计

数字水印是一种为了鉴别、注释和版权目的，而将数据（或签名）隐藏到数字化媒体中（如文本、图像、音频、视频等多媒体数据）的一种方法。传统的数字水印技术利用人的视觉和听觉系统的局限性，把签名作为微小误差嵌入到原始数字数据中。这实际上改变了原始数据，因此并不能直接用于硬件设计中进行 IP 保护，因为 IP 的价值在于它能发挥正确的功能。如图 6.1 所示，考虑六输入二输出的函数真值表。如果我们在第一行中改变了输出值，例如从 11 变到 01，运行电路时，当输入组合为 101010 时，电路将输出 01，而不是所期望的 11。如果那样的话，IP 会出现故障并失去它的价值。

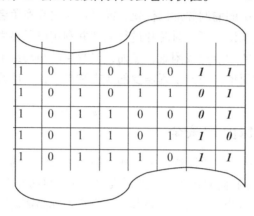

1	0	1	0	1	0	*1*	*1*
1	0	1	0	1	1	*0*	*1*
1	0	1	1	0	0	*0*	*1*
1	0	1	1	0	1	*1*	*0*
1	0	1	1	1	0	*1*	*1*

图 6.1　部分真值表的六输入（左边 6 列）和二输出（右边 2 列）功能

　　在这里，我们看到了 IP 数字水印的第一个挑战：即如何在不改变其功能的情况下把签名嵌入到设计的 IP 中。基于约束的数字水印技术将需要嵌入的签名信息转换为一组 IP 设计中的额外约束，并在设计和实现 IP 的过程中加以考虑，从而将唯一的签名信息融入 IP 中。正是因为考虑到 IP 本身就是一种约束下的设计产物，比如将功能需求转换为 IP 的设计约束并使开发出来的 IP 能满足功能约束并在任何解决方案中都有效，我们给出了图 6.2 描述的基于约束的数字水印技术的基本思路。此外，该图还显示了在这种技术途径的背后，将问题分解后再分别解决的设计理念。

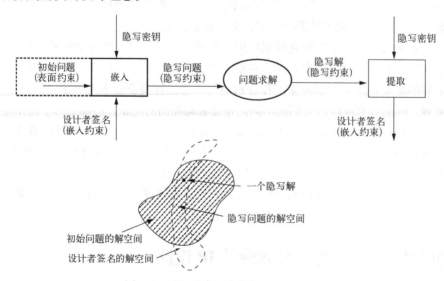

图 6.2　基于约束的水印技术的基本概念

要将签名隐藏起来，设计者首先需要使用他的密钥来创建另一组约束，并且保证这些约束不要与初始问题的约束相冲突。然后，初始约束和额外约束组合起来形成一个更加有约束力的隐写问题。隐写问题（注意不是初始问题）被求解后得到一个隐写的解。利用信息隐藏技术，我们将初始问题作为表面约束，并将签名信息作为嵌入约束，而隐写解将会满足所有的约束。

为了证明所有权，设计者需要证明隐写解携带设计者的签名信息。隐写解没有必要满足一组看似随机的附加约束，但是设计者可以用他的签名和密钥重新生成约束。密码函数（如单向哈希和流密码）可用来生成这种嵌入约束。也有人提出了几种检测嵌入水印的方法。

我们用图 6.2 中的阴影区域代表初始问题的解空间，用虚线围出的区域表示满足基于设计者签名的嵌入约束的待选解。这两个区域的交集包含了所有的、同时满足初始约束和嵌入约束的隐写解。令 N 和 n 分别表示初始问题和隐写问题的解的数量，并假定在解空间中找到任一解的可能性相同。这样，对一个已知的隐写解，通过解初始问题得到该解的概率是 $1/N$，而通过解隐写问题得到该解的概率是 $1/n$。当 $N \gg n$ 时，这个差别将很大。对于大多数 VLSI 系统设计问题，解空间的大小是巨大的（比如 10^{200} 个）。如果有一个有效的方法将设计者的签名转换成嵌入约束并保持 n 足够小（比如 100 万），那么对一个给定的隐写解，通过求解隐写问题（同时会获得设计者签名）来获得该解的概率，远大于通过解初始问题来获得该解的概率（效率提高了 10^{194} 倍）。这个关于作者身份概率性的证明，是基于约束的数字水印技术的基础。

6.2.1　例子：最简布尔表达式的水印

考虑下面以最小项之和形式表达的布尔函数：

$$f(a,b,c,d) = a'bc'd' + a'bc'd + a'bcd + abc'd \tag{6.1}$$

我们的目标是要改写 $f(a,b,c,d)$，使之在积之和的结构下元素数量最少。很容易验证其唯一的最小式有 9 个元素，即：

$$f(a,b,c,d) = a'bc' + a'bd + bc'd \tag{6.2}$$

在这种情况下，初始问题解的规模 $N = 1$。也就是说，如果他用正确的方法求解，每个人都会得到相同的解。所以没有空间让我们来嵌入水印。

现在，假设有两个无关项 $a'b'c'd'$ 和 $abcd$。当我们把两个无关项的输出都当成 0 时，该函数仍然与式（6.1）一样，并且式（6.2）依旧是其唯一的最优解。然而，如果我们把两个无关项的输出都当成 1，函数就变成：

$$f(a,b,c,d) = a'bc'd' + a'bc'd + a'bcd + abc'd + a'b'c'd' + abcd \tag{6.3}$$

其最简式是一个只有 5 个元素的表达式：

$$f(a,b,c,d) = a'c'd' + bd \tag{6.4}$$

因此，我们可以在每一个无关项的后面隐藏 1 比特的信息，其方法如下：为了隐藏一个"1"，我们让某个无关项输出"1"，并在式（6.1）中增加对应的最小项；为了隐藏一个"0"，我们只需让某个无关项的输出为"0"，并将其移除。例如，式（6.1）携带了信息"00"，而表达式（6.3）携带了信息"11"。如果"01"是我们想要嵌入的数据，则我们可以将式（6.1）修改为：

$$f(a,b,c,d) = a'bc'd' + a'bc'd + a'bcd + abc'd + abcd \tag{6.5}$$

该式化简后为 5 个元素的表达式，即：

$$f(a,b,c,d) = a'bc' + bd \tag{6.6}$$

同样，当隐藏"10"时，函数和它化简后的表达式将变为：

$$f(a,b,c,d) = a'bc'd' + a'bc'd + a'bcd + abc'd + a'b'c'd' \tag{6.7}$$

$$f(a,b,c,d) = a'c'd' + a'bd + bc'd \tag{6.8}$$

式（6.2）、式（6.4）、式（6.6）和式（6.8）在功能上同带有两个无关项 $a'b'c'd'$ 和 $abcd$ 的布尔函数式（6.1）是等价的。如果我们认为两个项是随机的，那么我们可以获得任意解。但如果我们想要隐藏指定的数据并由此指定无关项时，解就会变得唯一，因而可被用来建立作者的身份标识。

6.2.2　基于约束的水印的背景与要求

Kahng 等人在前期的工作总结中提到，一个基于约束的水印，其产生过程包含以下部分：

- 一个难度已知的最优化问题。不管是求解得到一个合理的解，还是枚举法给出足够多的合理解，其难度都是极大的。最优化问题的解空间应该足够大，以容纳数字水印。
- 一个清晰的解释，可以阐述清楚 IP 最优化问题的解。
- 解决最优化问题的现有算法和/或现有软件。最典型的"黑盒"软件模型比较合适，此外，它还要与有预处理和后处理的水印生成过程兼容。
- 保护需求在很大程度上与货币水印的保护需求相似。

我们在初始问题中嵌入额外约束作为水印，它对确保隐写解满足所有初始问题至关重要。也就是说，需要保持 IP 的功能正确。此外，一个有效的水印必须满足以下要求：

- 高可信度：水印应该随时可以证明拥有者的身份。巧合概率（即通过解初始问题得到隐写解）应该很低。
- 低开销：嵌入水印导致的软件性能下降或设计开销应该最小化。例如，在前面的函数化简例中，初始问题的最优解只需要 5 个元素。嵌入签名"00"或"10"将导致解有 9 个元素，产生了非常高的开销。
- 弹性：如果没有完整的软件或设计知识，水印很难甚至不可能被去除。在前面的示例中，一旦我们决定给一个无关项分配一个特定的输出，别人无法区分这一特定的输出是来自初始设计要求还是只是一个签名的需求。
- 透明：添加水印的软件和设计应该是透明的，以便它可以用于现有的设计工具。
- 感知隐形：水印必须很难检测到。一般来说，向公众公开水印可能会导致去除或改变水印的难度变小。
- 部件保护：理想情况下，一个好的水印应该是分布在软件或设计之中各处的，以保护所有部件。

6.3　带无关项的水印

输入-输出关系（也称为真值表）定义了一个系统或一个系统组件（也称为模块或功

能块）的功能。真值表是功能级上的最详细的设计规范。我们可以利用那些存在于设计规范内部的无关项来生成水印约束和嵌入信息。图6.3 描述了一个编码方案，该方案通过分配特定的值给无关项，从而把一个比特流嵌入到一个设计模块中。

```
Input: the n don't-care conditions of a module with m-bit
    output, a bit-stream {… bᵢ … b₁ b₀} to be embedded.
Output: list of selected don't-care conditions and the m-
    bit output value assigned to each of them.
Encoding Scheme:
1. store the n don't-care conditions in a cyclic list L;
2. i = 0;      //start with bit b₀ of the bit-stream
3. j = 0;      //start with the top don't-care in L
4. do
5. {    s = ⌊log₂ n⌋;
6.      (d)₁₀ = (b_{s+i-1}…b_{i+1}b_i)₂;
7.      i = s+i;
8.      add the pair of the (d+j)ᵗʰ (mod n) don't care and
        its m-bit output b_{m+i-1}…b_{i+1}b_i to the output list;
9.      i = m + i;
10.     delete the (d+j)ᵗʰ (mod n) don't care from L;
11.     n = n - 1;
12.     j = (d+j) mod n;
13. } while (L is non-empty and the bit-stream has not
    been embedded)
```

图6.3 控制无关项生成水印的伪代码

分配无关项的值有两步：一是选定无关项，二是分配输出值给每个选中的无关项。对于每一步，我们可能会面临许多选择，这也提供了嵌入信息的机会。图6.3 中第4～13行的 do-while 循环展示了如何根据需要嵌入的信息来选择无关项并给它们分配特定的值。首先，因为有 n 个无关项，所以我们可以根据后续的 $b_{s+i-1}\cdots b_{i+1}b_i$ 比特流中的 $s=\lfloor \log_2 n \rfloor$ 位来选择它们其中的一项（第5～7行）。然后，我们根据模块功能要求的 m 比特输出值，反推出无关项被分配的数值。这里，用 m 个比特 $b_{m+i-1}\cdots b_{i+1}b_i$ 作为输出（第8～9行）。接下来，我们更新无关项列表 L，将选中的无关项从列表 L 中移除并使用列表中的下一个无关项作为嵌入更多信息的选项。

现在，我们通过一个实例来说明这个方案，该例子实现一个编码器，功能是把基-4 的数转换成二进制数。从表6.1 中可以看出，这个方案在输入为"1000"、"0100"、"0010"和"0001"时，其输出分别是"00"、"01"、"10"和"11"。除"0000"外，剩下的11个输入组合至少含有2个"1"，我们把它们的输出定义为"未定义"，换句话说，这些就是无关项。令 a, b, c, d 为4个输入信号，X, Y 是输出信号，容易证明上述功能的最简表达式是：

$$X = c + d \tag{6.9}$$

$$Y = b + d \tag{6.10}$$

令 $b_{14}b_{13}\cdots b_1b_0 = 100010010000010$，它是需要被嵌入到这个编码模块中的 15 比特信息，是字母"D"和"A"的 7 比特 ASCII 编码（表示"自动化设计 Design Automation"）和一个校验位 b_0。

表 L 中有 12 个无关项，分别是：$L = \{0000, 0011, 0101, 0110, 0111, 1001, 1010, 1011, 1100, 1101, 1110, 1111\}$。

因为 $\lfloor \log_2 12 \rfloor = 3$，所以我们用比特流中的前三个比特 $b_2b_1b_0 = 010$ 作为一组（第 5～6 行）。这表示十进制中的 2，因此我们选择表 L 中的第三个无关项"0101"（第一项代表偏移量为 0）。接下来，我们给这个输入组合分配一个特定的输出值，这个值由其后的两比特 $b_4b_3 = 00$ 确定（第 8 行）。我们在真值表的输入－输出里加上（0101，00）一组数，然后从无关项列表中删除"0101"（第 10 行）。现在只剩下 11 个无关项，起始项为"0110"（第 11～12 行）。同样，因为 $\lfloor \log_2 11 \rfloor = 3$，所以我们使用接下来三个比特 $b_7b_6b_5 = 100$（十进制中为 4）。其后，我们选择第 5 个无关项"1011"（从"0110"开始计数，偏移量为 4），并且给它分配一个输出值 $00 = b_9b_8$。用同样的方法，我们根据 $b_{12}b_{11}b_{10}$ 的值从剩下的 10 个无关条件里选出"1101"，并且给它分配一个输出值 $10 = b_{14}b_{13}$。到此为止，这个 15 比特的信息就被编码进了这 3 个选中的无关项和它们对应的输出值中。表 6.2 给出了我们用来代替初始真值表（见表 6.1）的水印真值表，以此来实现数制转换。在这个实现方案中，当"0101"，"1011"，"1101"作为输入时，输出就分别是"00"，"00"，"10"。另一方面，对这三组无关项赋值，式（6.9）和式（6.10）都会输出"11"。但是，实现表 6.2 的功能需要更大的开销，一种最高效的实现方法是：

$$X = c + a'b' \tag{6.11}$$

$$Y = bc + b'c'd \tag{6.12}$$

上式用到了 8 个元素，是实现式（6.9）和式（6.10）最小开销的两倍，这是我们在设计中嵌入信息的代价。在这种情况下代价有些昂贵，因为我们在初始真值表里新加入了 3 行，而它本来只包含 4 行。不过，对于有着很大真值表的复杂设计而言，这个代价就会变低。总的来说，这种很高的代价恰恰是隐藏信息存在的强有力证据，因为高代价实现方式在现实中是不可能发生的。因此任何水印设计方案都需要在高可信度和低开销之间进行折中。更多细节可参见本章末的参考文献。

表 6.1　基数为 4 的二进制编码器原始真值表

输　　入	输　　出
1000	00
0100	01
0010	10
0001	11

表 6.2　真值表相同的水印编码器

输　　入	输　　出
1000	00
0100	01

输 入	输 出
0010	10
0001	11
0101	00
1011	00
1101	10

6.4 通过复制模块向 HDL 源码添加水印

上一节的水印要求硬件在设计和实现阶段具有无关项，以便于我们嵌入信息。这一部分，我们用一个例子来阐明当初始设计中没有无关项时应该如何添加水印。此外，还展示如何利用硬件描述语言（Hardware Description Language，HDL）在源码层面完成这些工作。

6.4.1 例子：4 比特模式检测器

考虑一个"1101"模式的检测器。该检测器每个时钟周期接受 1 比特的输入数据，只要检测器发现一个连续的"1101"信号，就输出一个"1"，否则输出一个"0"。图 6.4 给出了这个模式检测器的状态转换图，图中给出了 4 种状态：A：当前输入序列与模式不匹配（比如：最后两个输入比特是"00"）；B：输入了 1 个为"1"的比特；C：连续输入 2 个比特"11"；D：连续输入 3 个比特"110"。接下来我们分析图 6.4 中如何实现模式检测器的行为。

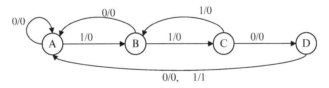

图 6.4 "1101"模式检测器的状态转换图

状态 A 是初始状态，当输入一个比特"1"时，我们发现其与"1101"模式的首比特匹配，于是将其跳转到状态 B；当输入"0"时，由于和模式序列的首比特不匹配，所以依旧保持在状态 A。这两种情况用有向弧 A→B 和 A→A 表示，并且在弧上标示出收到的输入与输出信号。在状态 B 时，如果继续输入一个信号"1"将返回"11"，这距离模式"1101"更近了一步，其后移动到模式 C；否则，输入信号"10"将不能匹配一开始的"1101"，需要从初始状态 A 重新开始。相似的，我们用弧 C→D 和 C→B 分别表示当输入为"0"和"1"时的状态。最后，在状态 D，当我们收到一个"1"时，发现了模式"1101"，于是输出一个"1"后回到初始状态重新执行模式匹配进程。当我们收到"0"时，最后 4 位输入比特会是"1100"，这表示没有与"1101"的任何匹配部分，之后，重新从状态 A 开始。

6.4.2 状态转换图的 Verilog 实现

在 Verilog HDL 语言代码中，一个数字系统被表述为一系列模块。每一个模块代表一个逻辑单元（或者逻辑函数），并根据给定的输入信号而产生特定的输出信号。模块之间通过连线和模块实例化实现信息交换（类似于 C 语言或者 C++ 函数）。HDL 源码对设计者来说是一个十分流行也很方便的方法，它能很快地把设计者的设计说明描述出来。此外，市面上有很多强大的商业编译器（也叫综合工具），可以把给出的 HDL 源码生成门级网表。

图 6.5 给出了一个 detector0 模块的 HDL 代码，以实现图 6.4 中的模式检测器功能。代码中的关键部分是从 case（currentState）语句开始，这一部分代码描述了有限状态机（或状态转换图）的下一状态及其对应的输出。比如，当前状态是"b00"时，下一个状态将会基于输入的"0"或"1"而跳转到"b00"或"b01"。但是，无论输入为何值，输出一直是"0"。

```verilog
module detector0 (clk, reset, dataIn, out);
    input clk, reset, dataIn;
    output out;
    reg out;
    reg [1:0] currentState, nextState;
    always @(dataIn or currentState) begin
        case (currentState)
        2'b00: begin
                nextState = (dataIn == 1) ? 2'b01:2'b00;
                out = 0;end
        2'b01: begin
                nextState = (dataIn == 1) ? 2'b10:2'b00;
                out = 0;end
        2'b10: begin
                nextState = (dataIn == 0) ? 2'b11:2'b10;
                out = 0;end
        2'b11: begin
                nextState = 2'b00;
                out = (dataIn == 1);end
        endcase
    end
    always@(posedge clk) begin
        if(~eset) begin
            currentState <= 2'b00;
            out <= 0;
        end
        else currentState <= nextState;
    end
endmodule
```

图 6.5　模式检测器的有限状态机实现

6.4.3　通过复制模块向 Verilog 代码添加水印

对这个模式检测器而言，一旦已知当前的状态和输入的值，那么下一个状态和输出就能确定下来。这样一来，就没有无关项存在了。那么我们还能在这个模式检测器中隐藏任何信息吗？答案是肯定的。当我们在模块功能定义中不能通过输入－输出对来产生约束时，我们可以探索其他方法来实现这些模块并控制其运行。具体来说，在 Verilog 硬件描述语言代码中，顶层模块或高层次的实例化模块，通常会多次使用低次层中的基本功能模块。因此，我们可以做特定模块的副本，然后在实例化时选择使用原始模块还是模块副本，以便嵌入水印信息。换句话说，我们对高层的模块实例化提供了多个选择。

做模块副本时，如果仅仅是改动模块名字、输入或者输出，是没有意义的。因为大多数的综合工具具有优化设计功能，它们会检测副本并将其移除，以减少设计开销（比如硬件资源和功耗）。因此，副本不仅需要和原始模块具有完全相同的功能，还应该难以被综合工具识别出来它与另一个模块实质上是等价的。当原始模块中存在无关项时，我们每创建一个副本就给无关项赋予一个不同的输出值，从而确保综合工具不会在优化阶段删除副本。

在没有无关项的情况下，我们可以采用不同的编程方法来实现这个模块。比如，图 6.6 所示的 Verilog 代码中，使用了一个移位寄存器来实现图 6.5 中的有限状态机功能。它将最新的数据存放在移位寄存器中，并与模式 "1101" 进行比较。显然，这个 detector1 模块是在功能上和图 6.5 中的 detector0 等价，但是，综合工具无法识别出它们的等价性。

通过不同的 Verilog 代码编程风格，我们可以将相同的功能函数实现为多个不同的模块，从而可以在模块实例化时嵌入隐藏信息。图 6.7 给出了一个利用模式检测器实例化来嵌入隐藏信息的方法。该方法中，实例化 detector0 表示嵌入签名比特 "0"，实例化 detector1 表示嵌入签名比特 "1"。

```
module detector1 (clk,reset,dataIn,out);
    input dataIn,clk,reset;
    output out;
    reg out;
    reg [3:0] pattern;
    always@(posedge clk) begin
        if( reset) begin
            pattern = 0;
            out = 0;end
        else begin
            pattern[0]= pattern[1];
            pattern[1]= pattern[2];
            pattern[2]= pattern[3];
            pattern[3]= dataIn;
            if(pattern==4'b1101) out=1;
            else out=0;
        end
    end
endmodule
```

图 6.6　移位寄存器实现模式检测器

```
module P;
    reg clk, reset;
    reg data1,data2,data3;
    wire out1, out2, out3;
    . . .
    detector0 d1(clk, reset, data1, out1);// signature bit 0
    . . .
    detector1 d2(clk, reset, data2, out2);// signature bit 1
    . . .
    detector0 d3(clk, reset, data3, out3);// signature bit 0
    . . .
endmodule
```

图6.7　通过模式检测器的实例化嵌入隐藏信息

6.4.4　通过模块分割嵌入水印

　　早期复制模块方法受限于它要被实例化多次，另外复制副本也可能会导致设计开销超限，因而不适用于较大的模块。图6.8描述了通过模块分割来嵌入水印的概念，其大致思路是把大的模块分割成为几个小的模块。

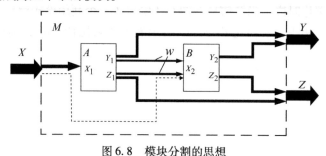

图6.8　模块分割的思想

　　图中，两个模块 $A(X_1,Y_1,Z_1)$ 和 $B(X_2,Y_2,Z_2)$ 构成了一个大的模块 $M(X,Y,Z)$。其中，X 是输入，Y 是输出，Z 是可选的测试输出。模块分割的思路如下：

　　首先，水印模块 A 输入 $X_1 \subset X$ 并产生：（1）部分功能输出 $Y_1 \subset Y$；（2）部分可选测试输出 $Z_1 \subset Z$；（3）中间水印输出 W。W 根据输入 X_1 中我们的签名信息来产生。

　　其次，将 $X_2 \subset (W \cup X)$ 输入修正模块 B，并产生 Y_2 和 Z_2 的其余输出。其中，$Y_2 = Y - Y_1$，$Z_2 = Z - Z_1$。

　　模块分割的方法能保证实现的模块功能正常，因为这两个模块 A 和 B 组合起来产生的信号 Y 和 Z，与大模块 M 产生的信号一模一样。为了验证签名信息，我们只需要向模块 A 注入我们定义的水印模式，就能在 A 的输出中观测到水印信号 W。为了使水印在面对综合工具和攻击者时更健壮，我们尽量从 A 中得到水印信号 W，并让尽可能少的 X 作为模块 B 的输入。通过这种方式，水印信号 W 成为设计的一部分，否则，它们可能被优化工具移除。水印的长度取决于模块 M 的稀有程度，该参数可以通过约束中间信号 W 来进行调整。尽管将水印集成到设计中去本身是一种安全的行为，但是，这种方法可能增加较多的设计复杂性（特别是第二个模块的复杂性），并因此而受到攻击。

6.4.5　水印技术的性能评估

我们将上述技术应用到一个 Verilog 电路的基准测试集中，来说明其能实现添加水印的目标。Verilog 电路包括了控制器、加法器、乘法器、比较器、DSP 核、ALU（从 SCU-RTL、ISCAS 基准测试集和 MP3 解码器中选取）。其中，MP3 和 SCU-RTL 是原程序，ISCAS 的 Verilog 代码是对网表进行逆向工程获得的。

对通过复制模块来添加水印的技术而言，SCU-RTL 和 MP3 基准测试集是绝好的例子，因为里面多个模块在实例化或者函数调用过程中被反复使用。反之，由于这些模块规模都非常小，所以不利于模块分割技术。此外，如果模块的原始设计中含有无关项，也可以利用无关项插入水印。

对于 ISCAS 基准测试集来说，因为是逆向工程获得的代码，所以我们不能确定原始设计有哪些无关项。而且，它们内部只有少数模块，并且几乎所有模块都只被实例化了一次。因此，对 ISCAS 基准测试集，我们只能用模块分割技术，通过已知功能去保护这些中等大小的模块。

我们利用 Synopsys 软件对每一个原始设计进行优化，并把它们映射到 CLASS 库。其后，我们统计了各个设计的面积、功率和延迟信息。接下来，把针对 Verilog 代码的水印技术应用到这些设计上。正如我们所描述的那样，SCU-RTL 基准测试集是通过模块复制技术添加水印的，而 ISCAS 测试集则是通过模块分割添加水印的。

在优化后，我们可以从 Synopsys 的工作窗看见被优化掉的电路。利用该功能，可确保我们的水印在综合工具中不被删除。图 6.6 给了 ISCAS 的 74181（一个 4 字节的 ALU）在添加水印前后的电路图。通过分割 CLA 模块（原始模块有三个输入和四个输出，被分割为两个子模块），我们植入了 ASCII 码表中的 9 个字母（UMD TERPS）。之后，和保存其他原始模块的方法一样，我们将这两个模块记录下来。为了测试水印在代码级和门级的弹性，我们把有水印和无水印的源码/文件展示给多个 Verilog 设计者，没有人可以指出哪一个是原始电路（见图 6.9）。

表 6.3 记录了在 SCU-RTL 基准测试集中使用模块复制法嵌入水印的开销。和所期望的结果一致，由于对模块进行了复制，几乎没有面积开销。平均面积开销只有 4.76%（主要是 FIR 滤波器的例程开销大）。水印设计本身并不增加任何系统延迟，但会比原始设计多出 1% 的功耗。

表 6.4 报道了模块分割添加水印到 ISCAS 基准测试集的情况。在这种技术当中，我们将水印融入设计的功能中。一般来说，这会导致额外的设计开销。我们可以看到，额外的平均面积和平均功耗都超过了 5%。有趣的是，电路加入水印后的延迟可能会减小。这是有可能的，比如我们将一个含有关键路径的信号模块分割开，则这个信号可能会由一个相对简单的水印模块产生，从而降低延迟。

从表 6.3 和表 6.4，我们可以看到：较大的设计开销往往产生于小的设计模块（如 FIR 滤波器、74181 电路和 C432 电路）。虽然现在宣布结论有点过早，但是通过有限的实验，我们估计在大型设计中添加水印的开销相对较小，甚至可以忽略。

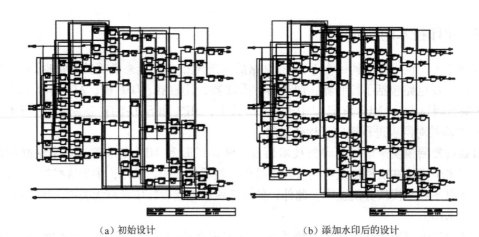

（a）初始设计　　　　　　　　　　　　（b）添加水印后的设计

图 6.9　74181 门级电路图

表 6.3　在 SCU-RTL 和 MP3 的 Verilog 基准电路中增加水印

基准电路		原始电路	加水印电路	开销
FIR（2 264 门，16 bit 嵌入）	面积（λ^2）	4 083	4 557	11.6%
	功耗（μW）	34.49	35.33	2.4%
	延迟（ns）	48.7	48.7	0%
IIR（15 790 门，15 bit 嵌入）	面积（λ^2）	16 419	16 431	0.07%
	功耗（μW）	35.33	35.06	−0.76%
	延迟（ns）	49.15	49.15	0%
IDCT（17 341 门，16 bit 嵌入）	面积（λ^2）	20 755	21 271	2.5%
	功耗（μW）	23.31	23.5	0.8%
	延迟（ns）	49.2	49.2	0%
MP3（>20 000 门，20 bit 嵌入）	面积（λ^2）	16 955	17 297	4.9%
	功耗（μW）	67.49	70.82	2.0%
	延迟（ns）	49.15	49.15	0%

表 6.4　ISCAS 基准测试集上添加水印

基准电路		原始电路	加水印电路	开销
74181（61 门，56 bit 嵌入）	面积（λ^2）	86	94	9.3%
	功耗（μW）	102.41	111.84	9.2%
	延迟（ns）	9.26	10.38	12.1%
C432（160 门，56 bit 嵌入）	面积（λ^2）	176	192	9.1%
	功耗（μW）	230.87	249.89	8.2%
	延迟（ns）	20.44	19.63	−4.0%
C499（202 门，56 bit 嵌入）	面积（λ^2）	400	410	2.5%
	功耗（μW）	14.75	11.71	2.5%
	延迟（ns）	14.75	11.71	−20.6%
C1908（880 门，56 bit 嵌入）	面积（λ^2）	574	598	4.1%
	功耗（μW）	581.43	612.47	5.3%
	延迟（ns）	21.82	22.54	3.3%
C7552（61 门，56 bit 嵌入）	面积（λ^2）	4 489	4 525	0.8%
	功耗（μW）	5 778.1	5 808.5	0.5%
	延迟（ns）	65.57	65.57	0%

6.5 结论

在本章中，我们简要地讨论了超大规模集成电路设计中的 IP 问题，并根据现状，简要讨论了如何保护 IP。我们描述了一种基于约束的水印技术的基本概念，讨论了如何在设计中隐藏信息以用于身份验证。同时也举例说明了怎样在一个设计中利用无关项构建水印。最后，对设计不具备无关项的情况，提出了两种添加水印的方法，及其在 Verilog HDL 代码中的实现方式。

想要了解更多，可见后面列出的参考文献。文献[1]主要讨论了基于复用的设计方法指南；文献[2-6]主要讨论了 IP 保护的需求和相关工业标准；基于约束的水印添加技术可参见文献[7-9]；本章实验中用到的基准测试电路见文献[10-13]。

参考文献

1. Keating M, Bricaud P (1999) Reuse Methodology Manual, for System-On-a-Chip Designs, 2nd edn. Kluwer Academic Publishers, Dordrecht (Hingham, MA)
2. Virtual Socket Interface Alliance (2001) Intellectual Property Protection White Paper: Schemes, Alternatives and Discussion Version 1.1, January 2001
3. Virtual Socket Interface Alliance (2000) Virtual Component Identification Physical Tagging Standard (IPP 1 1.0), September 2000
4. Virtex[TM]-II Platform FPGA Data Sheet, http://www.xilinx.com
5. Altera Corporation. San Jose, California. http://www.altera.com/
6. Yip KW, Ng TS (2000) Partial-encryption technique for intellectual property protection of FPGA-based products. IEEE Trans Consumer Electron 46(1): 183–190
7. Kahng AB et al. (2001) Constraint-based watermarking techniques for design IP protection. IEEE Trans Comput Aided Design Integr Circuits Syst 20(10): 1236–1252
8. Qu G, Potkonjak M (2003) Intellectual Property Protection in VLSI Designs: Theory and Practice. Kluwer Academic Publishers, Dordrecht (Hingham, MA), ISBN 1–4020–7320–8
9. Yuan L, Pari P, Qu G (2004) Soft IP protection: watermarking HDL source codes. In: 6th Information Hiding Workshop (IHW'04), pp. 224–238, LNCS vol. 3200. Springer-Verlag, Berlin, Heidelberg, New York, May 2004
10. International Technology Roadmap for Semiconductors. http://public.itrs.net/Files/2001ITRS/
11. http://www.eecs.umich.edu/ ~jhayes/iscas
12. http://www.ece.cmu.edu/ ~ee545/s02/10/fpga 1813.txt
13. http://www.engr.scu.edu/mourad/benchmark/RTL-Bench.html

第 7 章 物理攻击与防篡改

许多应用广泛的半导体芯片需要具备抵抗物理攻击和防篡改的能力，这类攻击通常假定自身能通过信号线或进行某种测量而直接访问芯片。保护芯片不受物理攻击的重要性，取决于储存在芯片中的信息价值和敏感信息的数量。比如：片上的数据可能是秘密数据或公司的机密和知识产权（IP），也可能是网络电子货币或银行卡信息。安全芯片的作用是阻止潜在的攻击者执行未经授权的访问并非法获利。现在，有很多领域都需要芯片来提供防篡改的保护，其中之一就是要求防盗和报警功能的汽车工业。在 20 世纪 90 年代初期，服务提供商（如付费电视、卫星电视和公共事业公司）意识到，如果不能妥善保护访问权限和支付卡，他们的服务可能会被盗用。20 世纪 90 年代后期，家庭娱乐公司意识到，他们的游戏机变成了非法复制游戏的恶意用户的目标。近年来，许多设备制造商，如电脑外围设备、手机、打印机和计算机制造商都担心 IP 通过第三方被盗用的问题，无论是通过竞争对手还是分包商。所有上述挑战迫使硬件工程师们去寻找安全的解决方案，以更好地保护现货或自己定制的芯片。在大多数情况下，阻止攻击者接触设备及其组件是不实际的。因此，如何保护系统使其免受物理攻击，已成为系统设计的重要组成部分。长期以来，制造商和黑客之间的斗争就没有停止过，双方都在不断地提高自己的知识和经验。制造商从以前的错误教训中总结出新的安全解决方案，而黑客则不断试图破解各种器件保护机制。在这无休止的斗争中，双方相互促进又相互制约。实际上，这些问题还涉及经济学和法学。一方面，当不诚实的人试图窃取财产时，人们对安全的需求会有所增加。另一方面，逆向工程一直是技术进步的一部分，其积极意义在于有助于设计兼容产品和改进现有产品，但是，用法律来界定合法（逆向工程）和非法（盗版）是很困难的。

7.1 攻击场景

攻击可以用于不同的目的，这取决于被攻击的目标。有时复制市场上的一个有利可图的产品可以很容易地获利。较大的制造商可以考虑从芯片中窃取 IP，并将其与自己的 IP 融合以完成变相的盗窃。其他人也可以尝试从某个产品窃取机秘，以开发一个具备竞争力的新产品或直接窃取原产品已有的服务。因此，设计师首先要考虑有哪些动机会促使别人攻击他们的设备，然后再集中思考相应的保护机制。一般来说，在系统设计中应考虑以下攻击场景：

1. 盗取服务。当电子设备提供一些信息访问或服务时，其服务可能被非法盗用。例如，有线电视和卫星电视公司控制了观众可以看到的频道。如果一个恶意用户可以绕过设备的安全防护程序或仿制该设备，服务提供商就会遭受损失。此外，如果恶意用户在一个大的社区并将获得的信息分发给本社区的所有成员，则会给服务商带来巨大的经济损失。

2. 克隆和额外生产。这是一种最广泛使用的攻击场景。其中，克隆可以被各种各样的攻击者使用，有一些是喜欢便宜电子产品的个人，也有一些是没有大的设计投资却想增加销售量的大公司。比如，不诚实的竞争对手可能会克隆市场上现有的产品，以降低开发成本。当然他们不得不花费一些精力来掩饰盗版的事实，但和产品的开发成本相比，这点开支几乎可以忽略不计。通常情况下，克隆需要对目标器件进行一定程度的逆向工程。额外生产是指制造商生产的器件数量大于设计厂家的订购量，多出来的可能被制造商放到市场上去销售。此外，设计资料也可能被制造商出售给第三方。

3. IP 盗用。IP 盗用对设计人员而言是个大问题，无论是私人开发者还是大公司。它涉及信息提取、密码和密钥等诸多方面。通过 IP 盗用，可以用较低的投资设计出更好的产品，或读取加密的敏感信息和商业机密。

4. 拒绝服务。该攻击可以被竞争对手使用，以损害供应商的产品。当器件固件通过网络进行更新时，有可能会遭受拒绝服务攻击。如果竞争对手成功地对器件实施逆向工程并分析出更新协议，他就可以启动一个恶意的更新代码来关闭所有器件，甚至通过上传恶意代码来使其损毁。例如，攻击者有可能通过上传不正确的配置文件来永久损坏 FPGA 芯片。此外，现代的微控制器和智能卡通常采用闪存来存放程序代码。如果发出一个命令擦除掉所有的存储器信息，该器件将停止运行。因此，开发人员应该非常仔细地设计固件更新功能，以确保攻击者得不到正确的身份验证来使用固件。

7.2　防篡改等级

评估半导体芯片应受到的保护等级不是一件容易的事，因为它涉及许多因素。比如：芯片的封装和布局、内存结构、内存类型、编程和访问接口、安全熔丝或密钥的位置、保护机制和其他安全功能（毛刺检测、电源电压监控保护网格和防篡改等）。目前，尚没有直接的方法可评估半导体器件的硬件安全性，我们通常的做法是将各种不同的攻击方法作用到芯片上并观察结果。总的来说，测试的攻击次数越多，就越会对结果有信心。为了评估系统的安全防护水平，IBM 公司给出了 6 个防篡改安全等级，从系统没有任何安全保护的零级，到一种坚不可摧的高等级[1]。当然，还会有各种各样的中间等级用来区分设备的安全能力。

1. 零级。系统中没有使用特殊的安全功能。所有的部件都可以自由访问，并且很容易被研究。例如：具有外部存储器的微控制器或 FPGA。

2. 低级。使用了一些安全功能，但其可能只要稍微利用一点工具就会被击破（如烙铁或较低成本的模拟示波器）。虽然攻击需要时间，但它并不会使用超过 1000 美元的设备。例如：微控制器的内存无保护，但采用了独特的编程算法。

3. 中低级。采用的安全保护可以防御大多数低成本的攻击。要攻破安全防御需要一些昂贵的工具和专业的知识，但总的设备成本不会超过 10 000 美元。例如：对功率分析和电源毛刺敏感的微控制器。

4. 中级。成功的攻击需要借助特殊的工具和设备，以及一些特殊的技能和专业知识。攻击需要的设备总成本可能高达十万美元。例如：能够抵御紫外线攻击的微控制器和老式的智能卡芯片。

5. 中高级。该级别特别注意安全保护系统的设计。可以找到相关的设备，但价格昂贵，操作复杂，其设备总成本可能高达一百万美元。使用设备需要特殊的技能和知识，并且还要求多个有经验的、技能互补的攻击者共同配合以完成攻击。例如：具有先进的安全保护程序的智能卡芯片、复杂的专用集成电路和具备安全防护功能的 FPGA。

6. 高级。能防住所有已知攻击。为了找到一个新的攻击，必须要有一个专业的研究团队和高度专业化的设备，并且其中一些设备有可能是专门为此而设计和制造的。攻击总成本超过一百万美元，且还不能保证攻击一定成功。一般来说，只有像半导体制造商或政府资助的大型实验室可以负担得起这样的攻击。例如：专业权威认证应用中的密码模块。

对于带有密码的应用程序或设备，美国和加拿大联邦政府机构要求其密码产品必须通过联邦信息处理标准（Federal Information Processing Standards，FIPS）FIPS 140 和通用标准（Common Criteria，CC）的验证[2]。其中，大多数 CC 保护要求依赖 FIPS 对密码安全的验证。在 FIPS 140 - 2 或 140 - 1 验证中，有 4 个可选的安全级别来评定一个被验证的产品。

安全级别 1：提供最低级别的安全性，只满足基本的密码模块安全要求。

安全级别 2：增加对篡改涂层或密封件或安全锁的要求，在 1 级的基础上提高了密码模块的物理安全性。

安全级别 3：阻止入侵者从模块内获取关键的安全参数，进一步提高了系统的物理安全性。

安全级别 4：提供最高级别的安全性。它在密码模块周围提供了一个保护层，以检测来自任何方向的破坏。

但是，一个设备的安全级别不会持续到永远。随着技术的发展，未来可能会发现低成本的攻击方式，其所需的工具也会变得更加便宜。

7.3　攻击类别

有几种方法可以在物理上攻击半导体芯片：

- 边信道攻击允许攻击者在器件正常运行期间监视电源和接口连接线的物理特性以及器件的电磁辐射；
- 软件攻击借助器件的正常通信接口，利用协议、加密算法和实现过程中的安全漏洞来实施攻击；
- 故障生成利用异常的环境条件，采用其他方法造成器件功能混乱；
- 微探针可直接接触芯片表面，以便观察、操作并干扰器件；
- 逆向工程用来了解器件的内部结构，并学习/模仿器件的功能。它要求攻击者使用与半导体制造商相同的工艺并具备与之相当的能力。

微探针和逆向工程技术是入侵式的攻击，需要在专门的实验室里研究几个小时或几个星期，来破坏掉器件的封装。其他三个是非入侵式的攻击，被攻击的器件在这些攻击中并不会受到伤害。故障攻击是半入侵式的，这意味着故障攻击需要能接触芯片，但攻击不具备破坏性，可由光脉冲、电磁辐射、局部加热等方式引发故障。

在一些应用中，非入侵式攻击特别危险。这是由于以下两个原因：首先，该器件的所有者可能不会知道密钥或私密数据已被窃取。因此，在密钥或私密数据被滥用之前，使用者不会更换密钥。其次，非入侵式的攻击具备可扩展性，因为该类攻击所需的设备能以较低的成本被复制和更新。

　　不过，大多数非入侵式的攻击需要详细的芯片及软件知识。而入侵式微探针攻击几乎不需要先验知识，并且通常可以与其他类似的技术配合，以覆盖宽广的产品范围。一般情况下，攻击往往从入侵式的逆向工程开始，并借助其攻击结果来开发更便宜和更快的非入侵式攻击。半入侵式的攻击可以用来了解器件的功能并对安全电路进行测试。由于这些攻击不需要与内部芯片层建立任何物理接触，所以不需要一些昂贵的设备，如激光切割机和聚焦离子光束机，攻击者用一个简单的、具有闪光灯或激光头的显微镜就可以完成攻击。

　　当被攻击的器件能够恢复到初始状态时，它就是可逆的，否则就是造成永久改变，是不可逆的。例如，功耗分析和微探针可以在分析的同时不伤害器件本身。当然，微探针会留下篡改的证据，但这通常不影响器件的正常使用。相反，故障注入和紫外线攻击则很可能会修改器件状态，其内部寄存器或内存的内容可能更改并且无法还原。此外，紫外线攻击还会留下篡改证据，因为它要直接接触芯片的硅基表面，需要对芯片进行开盖处理。

7.3.1　非入侵式攻击

　　非入侵式的攻击不需要针对被测器件进行任何前期准备工作。攻击者可以在器件上搭接电线或将其插入一个测试电路进行分析。一旦发现该攻击有效，可以以极小的代价大面积推广该方法。此外，这类攻击被应用之后不会留下篡改的证据。因此，业内认为他们对所有的硬件都能构成重大的威胁。同时，要想在任何特定的器件上找到一个有效的攻击，会花费大量的时间和精力。而且，往往需要对被攻击器件的软件进行反汇编，并对硬件布局进行逆向工程。非入侵式攻击只需要非常普通的电气工程工具，比如芯片的焊接设备、数字万用表、通用芯片编程器、原型板、稳压源、示波器、逻辑分析仪和信号发生器。

　　非入侵式的攻击可以是被动的，也可以是主动的。被动攻击，也称为边信道攻击，它不与任何被攻击器件进行互动。但通常情况下，它会观察器件的信号和电磁辐射。常见的例子包括功耗分析攻击和时序攻击。主动攻击，如暴力破解和故障攻击，常常会用到器件的信号线和电源线。

　　最广泛使用的非入侵式攻击包括对电源电压和时钟信号的攻击。在低电压或过电压攻击下，攻击方可以禁用保护电路或强制处理器做错误的操作。为了应对这个问题，一些安全芯片提供了一个电压检测电路，但该电路不能对电压的瞬变作出反应。此外，功率和时钟的变化也会影响处理器的解码和指令的执行。

　　另一种可能的攻击是使用电流分析。我们可以用示波器测量器件所消耗的电流波动。地址线和数据线上往往每个比特包括数十个并联的反相器，每个反相器驱动一个大的容性负载。在电压切换时，这些反相器会造成瞬间的电源短路。

　　安全器件的另一个可能的威胁是数据残留，该技术是为了在断电后让易失性内存中的信息再保留一段时间。将该技术用于静态随机存取存储器（SRAM），可使其长期储存关键数据，并在下一次上电时使用。另一种可能是应用低温来"冻结"记忆。在这种情况下，SRAM 可以让设备有足够的时间来保留信息以访问存储器芯片，并读取其内容。数据残留也可能发生在非易失性存储器上；留在浮栅晶体管内的残余电荷可能被检测到，因为它可能会影响晶体管的阈值或时间切换特性。

　　下一个可能的攻击设备的方法是利用它的接口信号和访问协议。此外，如果一个安全协议被错误地实现，也会给攻击者留下漏洞。一些单片机和智能卡有一个工厂测试接口，用来进行访问片上存储器，并允许制造商测试芯片。如果攻击者可以找到并利用这个接口，他可以很容易地提取到存储在芯片内的信息。通常，制造商会对测试电路的信息保密，但攻击者可以尝试在引脚上施加不同的电压和逻辑电平，来使它进入测试模式。这种情况有时会发生在单片机。此外，嵌入式软件开发有时允许从内存中下载函数以实现测试和更新的目的。为了安全，我们在这样做时必须要能保证未经授权的代码无法访问内存，或使代码必须在加密后才能发送出去。

7.3.2 入侵式攻击

这类攻击需要直接访问设备的内部组件。如果它是一个安全模块或 USB 加密模块，则必须打开芯片来访问内存。对智能卡或单片机而言，应拆下包装，然后通过聚焦离子束（FIB）或激光去除芯片表面的钝化层，以访问埋在芯片内部的连线。这种攻击通常需要一个装备精良，知识渊博的攻击者。同时，随着芯片工艺尺寸的不断缩小和设计复杂度的不断增加，入侵式的攻击正在变得越来越苛刻和昂贵。

几乎任何人通过少量投资并学习少许知识，都可以执行芯片开封和化学蚀刻等操作。在此基础上，可以成功开展一些攻击，例如：利用光学读取一个旧的掩码型 ROM，或对内置了两个金属层的芯片进行逆向工程等（这些攻击都是只要能接入芯片表面就可以成功）。尽管入侵式攻击具有较高的复杂度，但有些入侵式攻击并不需要昂贵的实验设备。低预算的攻击者可能会从二手市场购买半导体测试仪器，以实现廉价的解决方案。只要有足够的耐心和技能，组装所有所需的工具不会太难。用不到 10 000 美元的价格，完全可以买一个二手显微镜或者自制显微镜，并对芯片进行入侵式攻击。

入侵式攻击一般从芯片开封入手。一旦芯片被打开后，攻击者就可以对其进行探测或修改。入侵式攻击最重要的工具是微探针工作站，其主要组成部分是具有长工作物距的专用光学显微镜。显微镜被安装在一个围绕芯片测试套件的稳定平台上，并允许探测臂以亚微米级的精度进行移动。每个探测臂上都安装了有弹性的头发粗细的探针，并允许其接触到片上的总线而不损坏它们。

在去掉封装的芯片上，其顶层的铝材质互连线仍然被钝化层（通常是氧化硅或氮化物）所覆盖，从而防止芯片的离子迁移到外界环境中。因此，要在移除钝化层后，探针才能解除到芯片。最方便的去钝化技术是使用激光切割机，通过小心注入激光来去除钝化层。用该方法在钝化层上产生的孔洞，可以小到只有单根线的宽度。这既防止了相邻的线和孔洞接触，也能稳定探头的位置，使其对振动和温度变化不敏感。通常情况下，除了 ROM，直接从安全处理器上的存储器读取信息是不切实际的。存储的数据都是通过内存总线进行访问，这样只要一个单一的位置就能访问到内存中的所有数据。微探针可以用来观察整个总线，并记录它们所反应出来的内存值。

当没有设备软件的帮助时，我们有可能会使用一个中央处理器的单元组件（如地址计数器），来实现对内存单元的访问。程序计数器在每一个指令周期中会自动递增，以读取下一个地址，这使得它完全适合做一个地址序列发生器。我们只需要防止处理器执行跳转、调用或返回指令，就可以使程序计数器生成正常的顺序序列。这通常要求对指令译码器或程序计数器电路进行少量修改，但该操作在芯片开封后不难实现。

　　了解一个设备是如何工作的另一种方法是逆向工程。第一步是获取一个芯片的版图。通常我们使用光学显微镜来拍摄芯片表面，并获取高分辨率的、几米大的数字照片。芯片的基本结构（如数据和地址总线）可以通过研究连接模式并追踪连线行为来快速获得。比如：追踪跨越了模块边界（ROM、SRAM、EEPROM、ALU 和指令译码器等）的金属线。所有处理模块通常是通过容易识别的锁存器和总线驱动器连接到主总线。攻击者显然已经熟悉 CMOS 芯片设计技术和单片机架构，而且很多必要的知识是很容易从众多的参考书上学到的。

　　现有的大多数单片机和智能卡芯片，其工艺尺寸从 0.13 μm 到 0.35 μm 不等。0.25 μm 以上的芯片可以通过逆向工程和光学技术进行观察，但需要一些特定的操作来分离各个金属层。对于最新一代有更多金属层的单片机，实施逆向工程可能需要更昂贵的工具，如电子扫描显微镜。

　　聚焦离子束（FIB）发射机是一个用于故障分析的常用的工具，它还可以被用来修改芯片的结构。该设备由一个带有粒子的真空室组成，其精密程度可与电子扫描显微镜相媲美。利用 FIB 攻击，可以将金属层和多晶硅的互连切割开，并得到一个新的深亚微米模块。利用激光干涉仪，一次 FIB 操作可以看清芯片的表面。芯片也可以从背面打磨到只有几十微米厚，然后使用激光干涉仪或红外成像，可以定位到单个晶体管。最后，利用 FIB 生成一个合适的孔洞，就能和晶体管进行联系了。到目前为止，这种后访问技术可能尚未被盗窃者使用，但该技术即将成为常用的攻击手段。因此，芯片设计师必须研究相应的对策。FIB 是攻击者简化探针攻击的首选方案。一旦在感兴趣的线上钻了一个孔，然后向里面注入白金，信号线就暴露在攻击者面前了。再在那里创建一个几微米大的测试孔，就能轻松访问信号线了。现代 FIB 工作站成本不到一百万美元，一些二手市场上的旧 FIB 不到十万美元。

7.3.3 半入侵式攻击

　　以前讨论的攻击类型：非入侵式和入侵式之间有很大的差距。目前许多种攻击都介于这两者之间，既像入侵式攻击一样成本低廉又像非入侵式攻击一样容易重复。这便是最近才被定义和介绍的半入侵式攻击[4]。与入侵式攻击相似，半入侵式攻击需要对芯片进行开封以访问其表面。但是，半入侵式的方法不需要物理上接触片内连线，因此可以不破坏芯片的钝化层。这是因为半入侵式攻击不使用微探针，所以也就不需要 FIB 等昂贵的工具。相反，我们可以使用相对便宜的激光显微镜，它由一个标准的光学显微镜连接一个激光探头构成。

　　半入侵式攻击并不完全是新的攻击手段。众所周知，紫外线可破解 EPROM 和单次编程（One-Time Programmable，OTP）单片机的安全熔丝。但是，现代的单片机不太容易遭受这种攻击，因为它们具有相应的防御措施。先进的成像技术可以被视为半入侵式，包括了各种类型的显微镜（如红外、激光扫描和热成像等）。其中，部分类型的成像技术可从芯片背部成像，这也是现代芯片中具有多个金属层设计的关键部位。这些技术使得我们能够观察到芯片内部的单个晶体管单元。

　　半入侵式攻击的主要贡献之一是它可以注入光学故障，从而修改 SRAM 的内容和单个晶体管的状态。这几乎给予了攻击者无限的能力，使他们可以控制芯片的操作并滥用保护机制。

　　与非入侵式攻击相比，由于半入侵式攻击需要对芯片进行开封，因而难度更大。然而，他们只需要比入侵式攻击便宜很多的设备，并且其攻击可以在一个相当短的时间内实现。进一步说，半入侵式攻击在一定程度上是可扩展的，并且可以很容易快速获得发起该类攻击所需的知识和技能。半入侵式攻击的部分工作（如搜索一个安全熔丝），是可以实现自动化的。与入侵式攻击相比，半入侵式的攻击并不需要进行精确的定位，因为它们通常用于整个晶体管甚至是一组晶体管，而不是片内的某条连线。

7.4　用非入侵式攻击威胁安全性

7.4.1　边信道攻击

　　半导体芯片运行一些安全操作所需的时间与输入的数值和密匙相关。因此，经过长时间的仔细测量和分析，可能恢复出系统的密匙。这个发现在 1996 年第一次被报道出来[5]。不久后，这些攻击被成功地用在一种实现了 RSA 加密的智能卡上[6]。

　　要进行攻击，首先需要收集一组消息及其处理时间，例如，回答问题的延迟。许多加密算法对时序攻击是脆弱的，其主要原因在于算法的软件实现上。这些实现包括：绕过不必要的分支语句和条件语句来优化性能、缓存的使用，不确定的处理器指令执行时间（如乘法指令和除法指令耗时不一样）以及各种各样的其他原因。结果，处理器的性能通常取决于加密的密钥和输入的数据。

　　为了防止这种攻击，提出了一种盲签名技术[7]。该技术为了防止攻击者知道模幂运算模块的输入数据，在输入值中混入了预先选择好的随机数。

　　时序攻击可以用来攻击基于密码的安全保护芯片，或使用卡片及定长密钥的控制系统，如达拉斯的产品 iButton。在这样的系统中，输入的密钥需要和数据库中的数据进行比对。通常，系统会根据在数据库的一个入口检查每个输入的字节，并在发现不正确的字节时立刻停止验证。然后，系统切换到数据库中的下一个入口并重复验证工作，直到密钥通过所有的入口验证。所以，攻击者可以很容易地测量出从输入密钥完成起到请求下一个密钥之间的时间，并据此判断密钥匹配的情况。通过相对较少的尝试次数，攻击者能够找到一个匹配的密匙。

　　为了防止这些攻击，设计者应该在对密码进行比较时仔细地计算处理器的处理周期数，并确保正确的密码和不正确的密码都具备相同的处理时间。例如，在摩托罗拉的单片机家族 68HC08，只有 8 个字节的密码在第一次输入就正确时，其内部 ROM 的引导程序才允许访问内存。为了实现这一目标，处理器在程序的处理时间中添加了额外的 NOP 命令，以保证正确和不正确的密码字节处理时长相等。这提供了良好的保护，以防止时序攻击。在德州仪器 MSP430 单片机的早期版本中并不具备该保护措施，因此，它很可能被攻击者猜出用户 Flash 的访问密码[8]。

　　一些单片机内部有一个基于 RC（电阻电容）的模式控制器，让 CPU 的工作频率取决于电源电压和芯片温度。这使得时间分析更困难，因为攻击者必须稳定设备的温度，并减少任何波动和噪声对电源线的干扰。一些智能卡有一个内部的随机时钟信号，使得攻击无法测量时间延迟。

　　一个计算设备的功耗取决于它的当前活动，即其各个组成部件的状态变化，而不是状态本身。这是由 CMOS 晶体管的性质所决定的。当输入电压施加到一个 CMOS 反相器上时，会引起瞬态短路。在这一瞬间，电流会上升并远远高于寄生漏电流引起的静态功耗。在电源线中使用一个电阻，就可以测量出该电流的波动情况。在电磁分析（EMA）中，将一个小线圈放置在靠近芯片的区域就可以获取电磁辐射。功耗分析和电磁分析均在前面的章节中有所描述，这里就不再详细讨论。

7.4.1.1　暴力攻击

　　"暴力"对密码学和半导体硬件有不同的意义。在密码学中，暴力攻击将被定义为通过大量实验来获得密钥的一种方法。这通常借助计算机或 FPGA 进行快速搜索来达到目的。

　　一个单片机中采用密码保护方案的例子，就是 TI 公司的 MSP430 芯片系列。密码本身是 32 字节（256 位）长，足够抵御直接的暴力攻击。但是，密码和 CPU 中断向量位于同一个内存地址空间，这带来了一些问题。首先，减少了密码搜索区域，因为中断向量总是恰恰指向内存中的偶地址。其次，因为中断向量指向的大多数中断子程序可能位于同一地址空间，所以当软件更新时，只有一小部分密码会被改变。因此，如果攻击者知道以前的一部分密码，他可以很容易地做一个系统的搜索，并在合理的时间内找到正确的密码。

　　暴力攻击也可以应用于 ASIC 和 FPGA 硬件设计。在这种情况下，攻击者试图向芯片输入所有可能的逻辑组合，并观察其输出。这种攻击也可以称为黑盒分析，因为攻击者不必知道任何被测试设备的设计细节。他只是通过尝试所有可能的输入信号组合来理解设备的功能，因而这种方法只适用于规模相对较小的逻辑设备。此外，攻击者面对的另一个问题是FPGA 或 ASIC 内部包含触发器，导致输出信号可能会受触发器以前的状态和输入信号的共同影响。但是，如果预先观察和分析输入信号的话，可以显著减小搜索空间。例如：可以很容易地确定时钟信号、数据总线和一些控制信号，从而显著减小搜索区域。

　　另一种可能的暴力攻击对很多半导体芯片适用，该方法将一个外部的高电压信号（通常是电源的两倍）应用到芯片的引脚，以了解它们是否有任何异常的行为，比如进入工厂测试或编程模式。事实上，通过数字万用表可以很容易找出这些引脚，因为它们不具备电压保护二极管。一旦发现一个引脚对高电压表现出高灵敏度，攻击者可以尝试一个系统的搜索，即将可能的组合逻辑信号应用到其他引脚，找出其中哪些引脚可用于测试/编程模式，并加以利用。

　　该攻击也可以应用到芯片的通信协议上，用来找到任何嵌入式软件开发人员为了测试和升级的目的而隐藏的功能。芯片制造商通常在芯片上嵌入硬件测试接口，以在流片后对芯片进行测试。如果不能正确地设计这些接口的安全保护措施，攻击者可能利用这些接口来访问片上存储器。智能卡测试接口通常位于芯片电路外部，并在测试完成后拆除，以防止任何可能的非法人员对其进行访问。

7.4.1.2　故障注入攻击

　　毛刺攻击是指提供给设备的信号快速变化，并影响设备的正常工作。一般情况下，毛刺被插入到电源和时钟信号上。每一个晶体管以及和它相连的路径构成一个具有延时特性的 RC 元件。处理器的最大时钟频率则取决于这些元件之间的最大延迟。与之类似，每一个触发器也有一个时间窗（几皮秒），在这期间，它会对输入电压进行取样并相应地改变其输出。这个窗口可以在触发器建立时间内的任何一个地方，但是对于一个温度和电压都确定的器件而言，该窗口的位置是固定的。所以，如果我们产生一个时钟毛刺（一个比普通时钟短的脉冲信号）或电源毛刺（快速的瞬态电压），就会影响到芯片上的一些晶体管，导致一个或多个触发器进入错误的状态。通过改变参数，可能让 CPU 执行一些完全错误的指令，有时甚至还包括系统不支持的指令。虽然我们事先不知道哪些毛刺会导致哪些芯片接收到错误指令，但是我们可以通过简单的系统搜索来确定。例如，摩托罗拉 MC68HC05B 的单片机在引导加载程序时，会检查第一个 EEPROM 的地址位，只有该地址位是"1"时才会允许外部访问芯片内存，否则将进入死循环。在这种情况下，如果芯片电压突然减小，CPU 会从 EE-PROM 中读到一个全为 1 的值 FFh 而不是实际值，这相当于进入了安全状态。同样，如果时钟源受到外部晶振影响而形成短路，就会产生多个时钟毛刺，这是跳出死循环并访问内存的绝佳时机。

将时钟毛刺应用在一些单片机中是很困难的。例如，TI 公司的 MSP430 系列，它在下载引导程序时使用内部 RC 电路产生的信号，该信号并不和内部时钟同步因而攻击者无法估计发起攻击的确切时间。一些智能卡可以在 CPU 指令流中随机插入延迟，这加大了毛刺攻击的难度。使用功耗分析有助于提高攻击效率，但功耗分析需要非常复杂和昂贵的设备来实时提取参考信号。

电源电压的波动会改变晶体管的阈值电平，并导致一些触发器读取它们输入值的时刻不同，或读取到错误的安全状态值。通常，在一个很短的时间内（一般是一到十个时钟周期）增大/减小电源电压就能引起该现象。电压毛刺可以应用于任何编程接口的单片机，因为它们可以影响到 CPU 的操作和硬件安全电路。但是，相对于时钟毛刺而言，电压毛刺很难找到合适的利用方式，因为除了时序参数，振幅和上升/下降时间也是可变的。

毛刺可以是一个外部的暂态电场或电磁脉冲。产生毛刺的一种方法是在探针针尖围绕几百圈细导线，以构成微型电感器。从线圈注入的电流将产生一个磁场，最终磁感线将集中在针尖上[9]。

7.4.1.3　数据剩磁

安全处理器通常将密钥储存在 SRAM 中，如果设备被篡改就会断电。众所周知，在低于 20 摄氏度的温度下，存储器的内容可以被"冻结"；因此，很多设备认为低于此阈值温度时会发生篡改事件。然而，研究表明，传统的经验不再正确，即使在较高的温度下，也会有数据剩磁的问题[10]。

安全工程师们对断电后 SRAM 依然能保留数据的这段时间很感兴趣。原因如下：许多产品执行加密和其他与安全相关的计算时，所需的密钥或变量必须是无法读取或改变的。通常的解决方案是将保密的数据保存在防篡改的易失性存储器中。一旦检测出篡改事件，易失性存储器芯片就会断电或接地短路。如果数据保持的时间比对手打开设备并给内存上电所需的时间还要长，那么保护机制就会失效。

数据剩磁效应不仅影响静态随机存储器 SRAM，还会影响其他类型的存储器，如动态随机存储器 DRAM、紫外线擦除的 EPROM，电擦除类型的 EEPROM 和闪存 Flash 等[11]。因此，一些信息仍然可以从已被擦除的存储器中提取出来。这对那些安全器件而言是个大问题，因为这些器件假定敏感信息在存储器被擦除后会消失不见。

不同于只有两个稳定逻辑状态的 SRAM，EPROM，EEPROM 和 Flash 实际上是在 MOS

管上以浮栅电荷的形式存储的模拟值。浮栅电荷会使晶体管的阈值电压偏移，并且读取该晶体管时放大器会检测到此电压偏移。最大的浮栅电荷在不同的工艺下会不一样，但通常是在 10^3 到 10^5 个电子之间。具体的电子数量可以通过测量器件栅极的漏电流来探测，或通过检测器件阈值电压的改变量来判断。在旧的器件中，感知放大器有一个参考电压，因而器件电压发生改变时很容易被检测到。例如，所有的信息都可以成功地从已经被擦除过好几次的 PIC16F84A 单片机中提取出来（见图 7.1）。在新一代器件中，在阅读过程中改变使用的参考电压等参数是很有必要的。不论是通过重写部分单元电路，还是使用设备制造商内置到芯片的无记录测试模式。

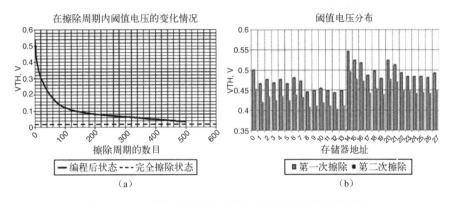

图 7.1 （a）器件在被编程和擦除时阈值电压的变化情况；
（b）不同存储器在二次擦除时阈值电压的改变情况

对未使用过的新器件而言，其阈值电压在编程/擦除期间的变化特别明显，因此可以用该特性来区分已经编程/擦除过的器件和从来没有使用过的新器件。特别是，首次被编程和擦除的器件，与从来没有编程过的新器件区别明显。但是，在经过十次编程/擦除后，这种阈值电压的变化就不那么明显了。

7.5 入侵式攻击对安全的威胁

入侵式攻击开始于部分或完全去除的芯片的封装，以暴露其中的硅片。根据芯片封装的类型和分析的要求不同，入侵式攻击可分为几个不同的种类。对于单片机和智能卡，通常只部分开封，使芯片可以放置在一个标准的程序单元中进行测试。有些芯片不能被完全开封并且需要保持其电气完整性。在这种情况下，可以利用焊机拉金丝线，从而将硅基上的引脚连接到外部载体上。这种焊机可从不同的制造商处购买，也可以购买二手设备，其价格还不到10 000 美元。此外，也可以通过探测仪的微探针针头来和硅基相接触。

大家都知道芯片开封是一个复杂的过程，需要大量的经验。事实上，它不像高中阶段标准的化学和生物实验那般，任何人都可以做。所有经验都只能在具体的芯片开封过程中学到，往往需要开封数 10 个芯片才能摸到其中的门路。在这个过程中所使用的酸是具有腐蚀性且非常危险的。理想的情况是，为了防止人吸入酸和溶剂的烟雾，应在通风柜中完成实验。同时，应戴上安全防护镜和耐酸手套来保护眼睛和手，因为酸液如果不慎接触到皮肤，会造成严重的灼伤。此外，还应该穿上防护服。

芯片开封的第一步是在封装上钻孔，这使得酸只会影响到所需的芯片上方区域（见图7.2）。该操作所需的工具都可以自己做，所有东西的花费不超过20美元。芯片常用的塑料封装，其腐蚀剂是浓度大于95%的发烟硝酸，这是一种二氧化氮浓硝酸溶液，具备很强的硝化和氧化能力。硝酸在使塑料碳化时，也会影响到芯片引脚上的铜和银。有时会使用发烟硝酸和浓硫酸的混合酸，来加快封装的碳化反应，并防止焊盘和芯片载体之间的银被腐蚀掉。通常情况下，先将芯片预热到50~70摄氏度，再用滴管将酸通过事先钻好的孔洞滴到芯片上（见图7.2）。10~30秒后，把洗瓶中的无水丙酮喷到芯片上，以消除反应产物。这个过程必须重复几次，直到硅基被充分暴露。为了加快进度，可以先用砂纸把芯片封装磨薄，并把酸放在玻璃烧瓶中进行预热。

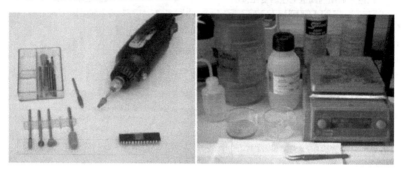

图7.2　芯片开封工具

通过超声波处理可以去除残余的碳化塑料和芯片表面的酸。将初期处理过的芯片放置在装有丙酮的烧杯中，然后放在超声波中1~3分钟即可。在用丙酮清洗芯片并将其吹干后，我们将获得一个开封后的干净芯片（见图7.3）

图7.3　开封后的芯片

一个非常类似的方法可从芯片的背部开封。唯一的障碍是芯片硅基下面的铜层与发烟硝酸的化学反应速度很慢。因此，如果使用自动开封装置，很有可能在塑料外壳被破坏时芯片的铜层还未被腐蚀掉，这导致芯片的引脚很容易被破坏。然而，我们也可以在不使用化学蚀刻的情况下与芯片背面的硅基相接触。比如，将芯片的塑料封装打磨掉，然后用机械的方法除去铜层。残留在硅基上的胶水（粘合硅基和外包装）可用溶剂除去或木制的牙签刮去。

这种部分开封技术也可用于智能卡等芯片（见图7.3），虽然硅基不是在每次开封并粘贴到芯片载体上后还能保持其电气的完整性，但大部分情况下它是能保持完好的。

7.5.1　剥层分析

与芯片制造相反的过程被称为剥层分析。一个标准的 CMOS 芯片有很多层。衬底最下面的掺杂层是晶体管。栅氧化层将栅极从晶体管的有源区中隔离出来。多晶硅层在栅氧化层上面，该层形成栅极以及栅极间的互连线。层间氧化物将这两层隔离开。金属层通常用铝材构成信号线，这些线通过孔与其他层连接。最后，由硅氧化物或氮化物制成的钝化层保护了整个结构，避免其与湿气和空气这些可能会伤害硅基的气体接触。在塑料外壳中，有一个聚合物层覆盖了钝化层，通常是聚酰亚胺，以防止包装外壳过程中形成的尖锐颗粒伤害硅基。

剥层分析有两个主要的应用领域：一是去除钝化层，露出顶部金属层供微探针攻击；另一个是为了深入芯片内部，观察其内部结构。

常用的剥层分析方法有三种：湿法化学蚀刻、等离子体蚀刻（也被称为干蚀刻）和机械抛光[12]。在化学蚀刻中，每一层的剥离都需要特定的化学物质。该方法的缺点是它具有各向同性，即在各个方向上的效果一致，这会导致不必要的部分也被腐蚀，并使得一些窄的金属线容易从表面脱落。各向同性的蚀刻也会作用到通孔刻蚀上，造成不必要的下层金属被腐蚀（见图 7.4）。等离子体蚀刻使用由一个特殊腔体里的气体来创建活跃的离子。它们与样品表面的物质反应形成易挥发性产物，并从腔室中排出。当离子在电场中加速时它们经常垂直地撞击样品的表面，因而移除样品表面时具有很强的各向异性（定向）。只有被离子撞击的表面被移除，其他部分才不会被碰到。使用研磨材料进行机械抛光，需要较长的处理时间，并且需要特殊的机器来维持样品表面的平整。从检验角度看，与湿法蚀刻和干法蚀刻技术相比，机械抛光的优点是能够逐层移除并且能在同一平面内观察感兴趣的区域特征（见图 7.4）。这对运用先进工艺制造的、具有多层互联架构的芯片而言是非常有用的。

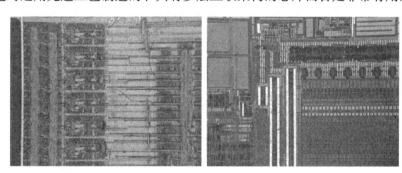

图 7.4　化学蚀刻芯片（PIC16F77）和机械抛光芯片（ATtiny45）

7.5.2　逆向工程

该技术旨在掌握半导体器件的结构和功能。对 ASIC 和专业 IC 而言，这意味着提取所有晶体管及其互连的信息。为了顺利完成逆向工程，需要掌握一些集成电路和超大规模集成电路设计的知识。随着逆向工程的进行，所有在芯片制造过程中形成的层被逐个反序移除并拍照，以确定芯片的内部结构。最后，通过处理获得的所有信息，可以创建一个标准的网表文件，用来仿真芯片的行为。这是一个烦琐和费时的过程，但也有一些公司将逆向工程作为一个标准的服务[13]。

对智能卡和单片机而言，要了解其工作原理，芯片结构和代码的逆向工程都是不可或缺的。首先，要掌握芯片的安全保护措施，可以把与之相联系的芯片区域进行逆向工程。如果使用的内存总线被加密，则负责加密的硬件也应该被逆向处理。其次，内部存储器的内容需要被提取出来并进行反汇编，以了解芯片的具体功能。

FPGA 的逆向工程方法略有不同。即使打破了芯片的安全保护，可以成功地从芯片中提取出配置比特流文件，攻击者仍然需要花费大量的时间和精力把它转换成逻辑表达式和原始功能块，以进行下一步的仿真与分析。

对 0.18 μm 工艺以上的芯片进行逆向工程，最重要的工具是带有数码相机的光学显微镜。它可以对芯片表面进行高分辨率的数字成像，这并非每个显微镜都能做到。由于光不能穿透芯片，显微镜可以获得反射光谱图。图像应该是轮廓分明的，没有几何失真和色差，否则不可能将所有的图像拼接在一起。显微镜最重要的参数是它的分辨率和放大倍率。分辨率主要取决于它的物镜，被定义为一个标本上两个可以被区分为独立实体的点之间的最小距离。分辨率是显微镜中一个比较主观的指标，因为图像被高倍放大后可能出现边缘不清晰等现象，但是，分辨率仍然是评价显微镜好坏的主要参数。

重建布局需要把芯片内所有层的图像进行拼接。该过程通常使用一个电控的自动化平台来完成，它将各个图像样本进行平移，并借助特殊的软件把所有子图拼接在一起[14]。通常情况下，对 0.13 μm 或更小工艺的半导体芯片，需要使用分辨率优于 10 nm 的电子扫描显微镜来创建图像。

7.5.3 微探针

入侵式攻击最重要的工具之一是微探针台（见图 7.5）。它包括 5 个要素：显微镜、平台、设备测试套件、显微操纵器和探针。显微镜必须和目标之间有较长的距离，在样品和物镜之间足以容纳 6 到 8 个探针（见图 7.5）。它也应该有足够的聚焦深度，可以跟踪针尖的运动情况。通常显微镜有几个镜头，以适应不同的放大倍率和聚焦深度。较低的放大倍率与更大的聚焦深度用于探针尖端的粗定位，较高的放大倍率则用于精确定位到导线或测试点尖端。芯片通常放置在一个测试套件中，该套件受计算机控制，并且可以提供测试芯片所需的一切信号。

在测试套件周围有一个稳定平台，并在上面安装有几个微动台。微动台允许我们以亚微米的精度来移动探针。探针分为被动式和主动式两类。被动式探针（如微波探针示波器 T-4）可用于窃听和注入信号。它通常是直接连接到示波器，并且具有低阻抗、高电容的特性。因此，除了带缓冲的总线，被动式探针不能探测芯片内部的其他信号。被动式探针的另一个应用是连接到开封后的芯片焊盘上。主动式探针（如微波探针示波器 12C）在探针尖端处有一个 FET 放大器。该类型的探针提供高带宽（如 Picoprobe 28 带宽为 1 GHz），并具有低负载电容（如 Picoprobe 18 B 仅为 0.02 pF）和高输入电阻（如 Picoprobe 18B 阻抗大于 100 G 欧姆）等特性。为了能探测小目标，探针尖端是用削尖的、小于 0.1 μm 的钨丝制成的。

现代的微探针台是集显微镜、平台与微动台于一体的全自动化系统。对于简单的应用程序，一个手动控制的微探针台就够了，也可以买二手仪器，其价格不到 10 000 美元。被动式探针也非常便宜（不到 5 美元），但主动式探针则相当昂贵（探针尖超过

60 美元，而且前置的采样保持放大器超过 1 000 美元）。然而，对简单应用而言，可以使用一个便宜的运算放大器（不到 2 美元）和一个被动式探针尖来制作一个主动式探针（见图 7.5）。

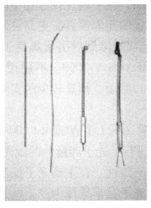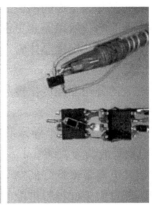

图 7.5　微探针台和探针

7.6　半入侵式攻击对安全的威胁

7.6.1　紫外线攻击

紫外线攻击出现于 20 世纪 70 年代中期，是针对单片机的最古老的攻击方式之一。通常，我们认为紫外线攻击出现在入侵式攻击之前。但由于它们需要对芯片进行开封，因此被归到半入侵式攻击中。该方法通常用来攻击一次性编程/紫外线擦除 EPROM 的控制器，因为它们的保护系统只能抵御低成本的非入侵式攻击。

该攻击可以分为两个阶段，找到熔丝并用紫外线将其重置为无保护状态。根据设计，安全熔丝不能在程序存储器被清除前被熔断，因此紫外线不能用于整个芯片。因为存储器本身被遮光材料所保护，而紫外线通过显微镜或激光只能有选择地应用到某个熔丝上。

和 EPROM 存储器一样，许多浮栅存储设备也容易被紫外线攻击[15]。同时，芯片设计人员有更多的选择，可采用不同的保护方式来防止这样的攻击。这是因为 EEPROM 和 Flash 可以双向改变它们的状态，所以可以使用一个被擦除状态来表示警报，并使用一个编程状态来与安全禁用状态相对应。只需要很少的控制逻辑改动就能实现上述功能。因此，该技术被许多制造商广泛应用在 Flash 单片机上。

7.6.2　先进的成像技术

在显微镜下进行视觉观察是分析半导体器件的第一步。由于晶体管的工艺尺寸每年都在缩小，观察芯片表面的结构变得越来越难。采用 0.8 μm 及以上工艺制造的单片机芯片可以被识别出所有的主要元件，包括 ROM、EEPROM、SRAM、CPU 甚至 CPU 内部的指令译码器和寄存器。芯片采用 0.5 μm 或 0.35 μm 工艺制造时，很难区分 ROM、Flash 和 SRAM，而采用 0.25 μm 或更小工艺时，几乎什么都识别不出来。这不仅是由小的尺寸引起的，更多是因为芯片表面覆盖了多个金属层（在 0.13 μm 工艺制造的芯片上最多可以有 8 层）。此外，平面化技术会使用金属盘来填充金属层间的空白处，同时也对光线有一定的阻隔作用。

一种方法是借助红外线（反射或发射均可）观察芯片的背面，英文硅材料在光波长度大于 1 100 nm 时几乎是透明的。然而，在一些现代芯片中使用的高掺杂硅元，在红外线的照射下是不太透明的，所以需要更密集的光源或具有更高灵敏度的红外相机。背面成像广泛地应用于故障分析，从定位晶体管/连线故障到导引聚集离子束工作。为这类应用专门设计了特殊的显微镜，如 Hypervision 的 BEAMS V-2000。不用说，这样的系统必然耗费大量的资金，只有较大的公司才能负担得起。然而，预算较少的实验室可以使用带有红外摄像机的近红外扩展显微镜。

如果其光子能量超过半导体带隙（> 1.1 eV 或 <1 100 nm），激光辐射能使芯片的半导体区域发生电离。波长为 1.06 μm（1.17 eV 光子能量）的激光辐射，其渗透深度大约为 700 μm，它能为硅器件电离带来良好的空间一致性。在主动光子探测中，一束扫描光子束与集成电路相互作用。能量大于硅材料带隙的光子在半导体中产生电子空穴对。能量较低的光子仍能与 p-n 结相互作用，但是只能发生加热效应，其强度明显弱于光伏效应。

故障分析中有多种基于光探测的扫描技术[12]，激光扫描显微镜是常用的一种光源之一。虽然这种显微镜有很大的优势，可以快速扫描（约 1 帧/秒），但它对于小的研究实验室来说太昂贵。一般情况下，小研究室通常使用一种价格便宜但扫描速度慢的激光站，并将其在 X-Y 云台上移动采样。

可用于硬件安全分析的激光扫描技术主要有两种。一种被称为光学束感生电流（OBIC），该方法可以在无偏置的芯片表面找到处于活动状态的掺杂区[16]。另一种方法称为光致电压（LIVA），更多用来检测运行中的芯片[17]。在 OBIC 中，光感电流直接产生图像。在该系统中，同一个电源被同时供给电流放大器以及目标芯片，然后通过采集板将观测到的值存入计算机中。在该系统中，片上活动区域会产生更大的电流而可以被观察到。但是，由于大部分芯片被金属层覆盖，激光无法穿透芯片也不能使其产生任何电流（见图 7.6）。在 LIVA 中，我们监测光束扫过整个芯片表面时电源电压的变化情况，并以此为依据生成相应的图像。从图 7.6 可以看出，存储器可以有不同的状态：当存储器中为"1"时代表芯片顶层在工作，为"0"时则代表芯片底层在工作。

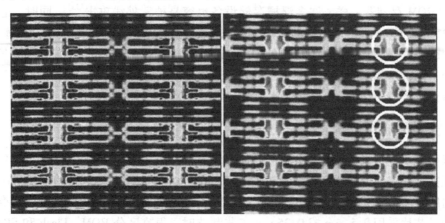

图 7.6　PIC16F84 单片机中未上电和上电的 SRAM 激光扫描谱图

7.6.3 光故障注入

光故障注入是一种针对安全控制器和智能卡的新型攻击[18]。照射目标晶体管可以使它导通，进而导致瞬态故障。这种攻击非常实用，它们甚至不需要昂贵的激光设备，只需要一个 5 美元的激光指针即可。例如，该攻击可以用来设置或重置单片机中 SRAM 的任何独立的比特。除非处理器有相应的防御措施，否则光故障注入攻击也可以在加密计算或协议中引入错误，并破坏处理器的控制流。因此，它是现有毛刺攻击和故障分析技术的巨大拓展。这种脆弱性可能会为工业造成巨大的问题，类似于那些在 20 世纪 90 年代中期的探针攻击和 20 世纪 90 年代后期的功耗分析攻击。

一个标准的 SRAM 单元由 6 个晶体管构成。两对 P 沟道和 N 沟道的晶体管构成一个触发器，而其他两个 N 沟道的晶体管用于读/写触发器。一个 SRAM 单元格的布局如图 7.7 所示。晶体管 VT1 和 VT2 构成 CMOS 反相器，晶体管 VT4 和 VT5 与之类似，并和它们一起构成触发器。触发器的读写则由晶体管 VT3 和 VT6 控制。

如果晶体管 VT1 在外部激励下导通一段很短的时间，触发器的状态也很可能发生改变。如果照射晶体管 VT4，触发器单元的状态就会变为相反的值。可以预见的是，该技术的主要困难是如何把光聚焦到只有几微米大小的节点，并选择适当的强度。最初的实验使用了单片机 PIC16F84，它具有一个 68 字节的片内 SRAM 存储器[18]。从闪光灯中出来的光被光学显微镜聚焦，再利用铝箔制成的光圈屏蔽掉多余的光线，使得只有一个单元大小的区域可以被照射到并让器件改变状态。最后，将该光束阵列放大到最大倍数。如图 7.7 所示，将光束聚焦在白色圆圈区域内，可以使得单元状态从"1"变为"0"，但如果状态已经是"0"则不改变。将光束聚焦在黑色圆圈区域内，单元状态从"0"变为"1"或保持在状态"1"。

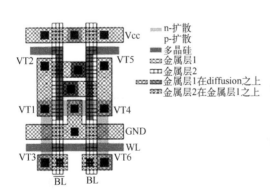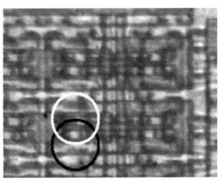

图 7.7 SRAM 单元的布局以及 PIC16F84 单片机中的 SRAM 区域

EPROM，EEPROM 和 Flash 存储器对故障注入攻击更为敏感。这是因为在浮栅单元内的电流比 SRAM 单元内的电流小一个数量级。最近出现了一些新的光故障注入攻击技术。一个是局部加热攻击[19]，它利用激光来修改 EEPROM 和 Flash 存储器的数值。该技术可以利用安装在显微镜上的、廉价的激光二极管来实现。通过局部加热存储器阵列中的某些单元，可以改变存储器的内容，从而影响到半导体芯片的安全性。由于存储单元很小，该技术不可能改变单个比特位。但是，配合上暴力攻击仍然可以恢复加密算法的密钥。另一个是碰撞攻击[20]，目的是从安全的嵌入式存储器中提取数据，该存储器通常存放部分关键算法、敏感数据和加密密钥。为了安全，除了进行被授权的数据完整性验证，该存储器不允许被回读。验证通常是在相对大的数据块上进行的，因而暴力搜索几乎无效。通过对三个环节进行安全攻击（通过光故障注入攻击在数据路径上的部分比特置为已知的状态值），每个数据块的搜索空间可以从 2^{100} 降低到 2^{15}。

现有的高端芯片防御技术（如顶层金属屏蔽和总线加密），可能会加大攻击的难度，但是还不足以消除风险。一个有经验的攻击者可以通过使用红外线或 X 射线破解金属屏蔽，而总线加密则可以通过攻击寄存器来破解。

7.6.4　光学边信道分析

晶体管在电压切换时会发射光子。这在几十年前已经众所周知，并被人们积极应用到故障分析领域。由于每次电压切换所发射的光子数非常有限（通常为 10^{-2} 到 10^{-4} 个），到目前为止，只有复杂和昂贵的设备才能观察到该现象。光子发射的峰值在近红外光谱附近（900 ~ 1200 nm），因此传感器的选择非常受限。光子发射主要来自沟道附近的区域（主要是 MOS 管的 N 沟道），此外，在使用更高的电源电压时，光子发射量明显增加[21]。

光子的发射情况与功率有很强的相关性，因而可用来指导后续的设计改进工作，以防止功耗分析攻击。如图 7.8 所示，当光子发射具有更高的带宽时，数据会出现在不同的时刻，并可以在分离后进行深入的分析。

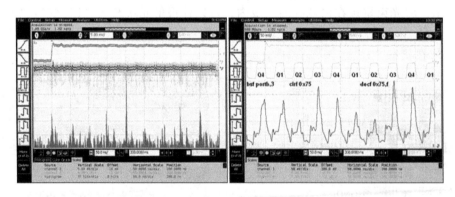

图 7.8　PIC16F628 单片机的光子发射分析和功率分析结果

现代的低成本的感光耦合元件（CCD）摄像机，就能够监测 CMOS 电路的光子发射情况。光电倍增管（PMT）虽然速度非常快，但它们在红外线区域的灵敏度不高。黑白CCD 摄像机具有良好的红外灵敏度和较低的暗电流，这对于长时间曝光而言是非常重要的。

安装有 CCD 摄像头和测试套件的标准显微镜，可用来分析光子辐射情况。具有良好红外灵敏度和极低暗电流的业余天文相机，似乎是最实用的低成本光发射分析方案。图 7.9 给出了使用 2 倍物距的相机所获得的单片机光子发射情况。图 7.10 则是 10 倍物距的相机观察到的单片机光子发射，很显然它比图 7.9 更清晰。

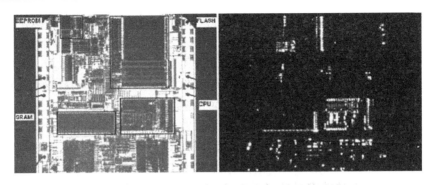

图 7.9　PIC16F628 单片机的光学图像和光子发射情况

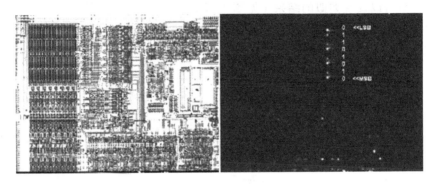

图 7.10　PIC16F628 单片机中 EEPROM 的光学图像和光子发射情况

　　现代深亚微米的芯片也会发射光子。但是，由于片内多个金属层的屏蔽效应，从芯片正面已经无法观测到光子发射的情况。对于 0.35 μm 及以下的工艺，必须从背面去观察光子发射。而且，为了看清楚光子发射，芯片的电源电压必须增加 30% 至 50%。图 7.11 给出了从 130 nm 工艺的 FPGA 芯片背面获得的片内 SRAM 光子发射图。

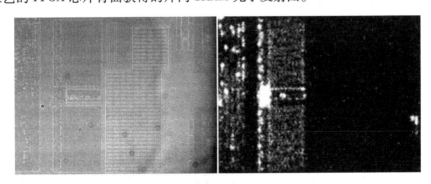

图 7.11　A3P250 FPGA 中 SRAM 的背面红外图像和光子发射情况

　　通过分析光学发射的光谱，可以提取出半导体芯片中的数据。这样毫无疑问会影响到各种芯片（包括单片机、智能卡、FPGA 和 ASIC 等）的安全性。对抗该攻击的一种对策是采用异步设计和数据加密。

7.6.5　基于光学增强的定位功率分析

　　文献［22］给出了一个为了得到更好的结果，将非入侵式攻击和半入侵式攻击相结合的例子。光学增强的功耗分析是一种新的技术，它可以从芯片的功耗轨迹中提取出一个单独的晶体管电流。

在传统的功耗分析中，能耗衡量的是整个芯片而不是芯片中的一个区域。因此，和数据处理无关的区域功耗发生变化时，也一样会影响到功耗轨迹。此外，功耗波动受到置数或复位比特的翻转情况影响（数据的汉明权重），而不是数据的实际大小。

将激光聚焦在芯片表面的一个特定区域，可以监控单个晶体管的逻辑状态，以及一个特定存储单元的活动情况。这是一种快捷便宜的解决方案，对安全分析来说尤为有用。

当激光聚焦于 PIC16F84 的 SRAM 的晶体管 VT1（见图 7.7）并写这个单元时，在电源线上可以观察到 0.4 mA 的功率抖动（见图 7.12）。相比之下，在存储器内容发生改变时，传统的功耗分析可以发现类似的结果（见图 7.12）。然而，同样的技术应用于读存储器时，若不对多个功耗轨迹进行平均，则无法看见明显的变化。这是因为激光注入时，写 SRAM 单元引起的电流响应较大而读操作所引起电流响应较小。

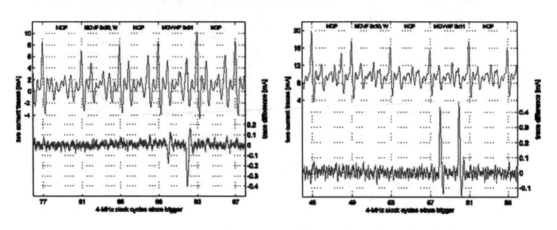

图 7.12　激光增强影响写操作及写操作期间的单比特变化功率分析

将激光聚焦在晶体管 VT1 和 VT4 之间的区域，可以在功耗轨迹中观察到更大的变化（见图 7.13）。更重要的是，此时写操作和读操作都能被观察到。这是因为当两个反相器都受到激光影响时，器件的时域特征也发生了变化。

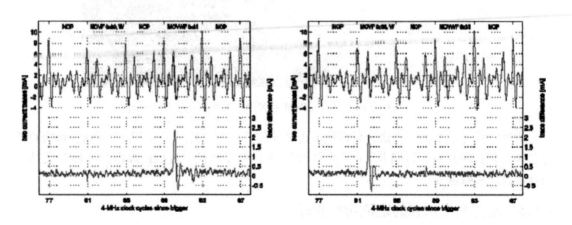

图 7.13　激光增强的（VT1 + VT4）对读写操作的影响

将激光聚焦在晶体管 VT3 和 VT6 之间的区域时，也可以得到有趣的结果。在这种情况下，访问存储器中的任何一个单元都会导致功耗轨迹上产生一个非常明显的变化。将高功率的激光集中到 VT1 和 VT4 之间时也可以获得相同的情况。因此，这些方法可以用来触发访问事件。

现代芯片通常在活跃区上有多个金属层，可防止激光的直接照射。因此，这类芯片我们通常从背面进行访问，以绕过金属屏障。背面观察到的功耗轨迹和正面获得的轨迹非常接近。

7.7　物理攻击对策

自 20 世纪 90 年代末以来，智能卡技术的提升使得入侵式攻击越来越难以实现。智能卡在其金属层顶部通常有一个 mesh 状的传感器网络，包括了传感器、地线和电源线。该网络所有的路径都被长期监控，以检测是否有中断和短路发生。并且，如果发现警告，就会使 EEPROM 复位或归零。最近诞生的一些新技术，如 EEPROM 的总线加密，可以进一步防止探针攻击。即使攻击者成功地获取了总线的信号，但由于信号被加密，他将无法恢复出其中的密码、密钥或其他敏感信息。这种保护旨在防止入侵式和半入侵式攻击。但是，由于 CPU 的访问控制未经加密，非入侵式攻击对它而言仍是有效的。

另一个值得一提的改进是 CPU 的指令译码器、寄存器文件、ALU 和 I/O 电路这些标准模块转为一个完整的、类似于 ASIC 的逻辑设计。这种设计方法被称为"胶合逻辑"，它被广泛用于智能卡设计中。胶合逻辑使得攻击者几乎不可能通过手动的方式找到物理攻击的目标信号或目标节点（见图 7.14）。胶合逻辑的设计可以由特殊的工具自动完成。

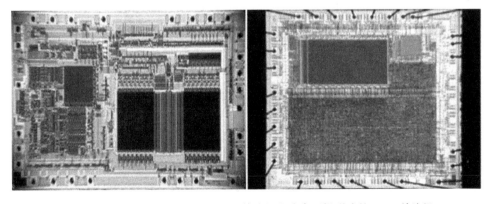

图 7.14　模块化的 MC68HC705P6A 单片机和胶合逻辑形式的 SX28 单片机

技术的进步还使得攻击者的成本增加。十年前，使用一台激光切割机和一个简单的探测站就能访问芯片表面上的任何点，但现在对深亚微米工艺的半导体芯片而言几乎不可能。攻击者必须借用非常复杂的技术和昂贵的设备。

除上述攻击外，还有大量可能的攻击方式。例如，利用显微镜，很容易看清 PIC16F877 单片机的硬件结构并进行逆向工程攻击（见图 7.15）。即使隐藏在顶部金属层下，仍然可以隐约看见第二金属层和多晶硅层，因为每个后续层在制造过程中都遵循上一层的形状。在显微镜下，观察者不仅可以看到最高的一层，还可以观察到更深层的结构边缘。在 0.5 μm 及以下的工艺中，如 PIC16F877A 单片机，在放置新层之前，每一层都会使用化学机械平面化技术来抛光。这样，顶部金属层不会影响到其他更深的层（见图 7.15）。但是，要清晰观察到更深层，唯一的方法是通过机械或化学手段去除顶部金属层。

图 7.15　PIC16F877 和 PIC16F877A 单片机

　　现代智能卡通常包括内嵌的电压传感器，以防止毛刺攻击中导致的过压或欠压现象；时钟频率传感器则可以防止攻击者降低时钟频率来进行静态分析，同时也防止时钟毛刺攻击；顶层金属传感器网格（见图 7.16）的内部总线采取了硬件加密，使数据分析更加困难；光传感器防止打开芯片并获取芯片功能；软件访问内存则利用密码来进行限制，因而，通过简单的黑客攻击来读取内存总线信息几乎行不通。

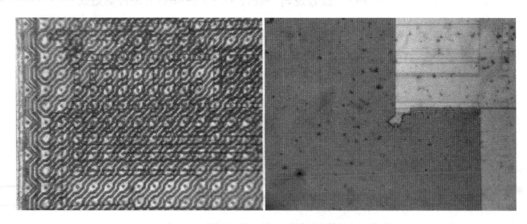

图 7.16　智能卡芯片上的顶部金属传感器网格

7.8　结论

　　没有绝对的安全。只要给予足够的时间和资源，黑客可以打破任何防护措施。关键问题是他们的方法是否具有实用价值。如果防御需要十年才能被打破，而在三年内，防御措施会被更安全的设计取代，那么，该防御就是成功的。另一方面，漏洞可能来自模块内部。如果设计安全系统时使用了不安全的组件，最后，系统的整体安全取决于该系统中最不安全的因素。即使实现一个已被证明是安全的协议，但如果该协议可以被机械探测或光学探测等手段从硬件中提取出来，那么系统也是不安全的。因此，当设计一个安全系统时，必须对所有的组件都执行安全性评估。当然，我们不可能避免所有问题，但至少要让攻击你的黑客耗费大量的时间或使用昂贵的设备。幸运的是，一旦你做到了这一点，攻击者往往会将目标转移到其他产品上，而不是花费金钱和精力去打破你的设计。

要设计一个强有力的保护措施，首先需要了解攻击者的动机和可能的攻击场景。然后，分析最有可能的攻击者（外界人士还是受组织资助的自己人），并客观地估计自己的能力，终止决定保护的目标和应该提供的保护级别。

参考文献

1. Abraham DG, Dolan GM, Double GP, Stevens JV (1991) Transaction Security System. IBM Syst J 30(2): 206–229
2. U.S. Department of Commerce. Security requirements for cryptographic modules. http://csrc.nist.gov/publications/fips/fips140-2/fips1402.pdf. Accessed 10 January 2011
3. Common Criteria Evaluation and Validation Scheme. http://www.niap-ccevs.org/. Accessed 10 January 2011
4. Skorobogatov S (2005) Semi-invasive attacks – a new approach to hardware security analysis. In: Technical Report UCAM-CL-TR-630, University of Cambridge, Computer Laboratory, April 2005
5. Kocher PC (1996) Timing attacks on implementations of Diffie-Hellman, RSA, DSS, and other systems. Advances in Cryptology, CRYPTO'96, LNCS, vol 1109. Springer-Verlag, Berlin, Heidelberg, New York, pp 104–113
6. Dhem J-F, Koeune F, Leroux P-A, Mestre P, Quisquater J-J, Willems J-L, A practical implementation of the timing attack. In: Proceedings of CARDIS'98, Smart Card Research and Advanced Applications, 1998
7. Chaum D (1983) Blind signatures for untraceable payments. Advances in Cryptology: Proceedings of Crypto 82. Plenum Press, NY, USA, pp 199–203
8. Goodspeed T (2008) Side-channel Timing Attacks on MSP430 Microcontrollers. Black Hat, USA
9. Quisquater J-J, Samyde D (2002) Eddy current for magnetic analysis with active sensor. In: UCL, Proceedings of Esmart 2002 3rd edn., Nice, France, September 2002
10. Skorobogatov S (2002) Low temperature data remanence in static RAM. In: Technical Report UCAM-CL-TR-536, University of Cambridge, Computer Laboratory, June 2002
11. Skorobogatov S (2005) Data remanence in flash memory devices. Cryptographic Hardware and Embedded Systems Workshop (CHES 2005), LNCS 3659. Springer, Berlin, Heidelberg, New York, pp 339–353
12. Wagner LC (1999) Failure Analysis of Integrated Circuits: Tools and Techniques. Kluwer Academic Publishers, Dordrecht (Hingham, MA)
13. Chipworks. http://www.chipworks.com/. Accessed 10 January 2011
14. Blythe S, Fraboni B, Lall S, Ahmed H, de Riu U (1993) Layout reconstruction of complex silicon chips. IEEE J Solid-State Circuits 28(2): 138–145
15. Fournier JJ-A, Loubet-Moundi P (2010) Memory address scrambling revealed using fault attacks. In: 7th Workshop on Fault Diagnosis and Tolerance in Cryptography (FDTC 2010), IEEE-CS Press, USA, August 2010, pp 30–36
16. Wills KS, Lewis T, Billus G, Hoang H (1990) Optical beam induced current applications for failure analysis of VLSI devices. In: Proceedings International Symposium for Testing and Failure Analysis, 1990, p 21
17. Ajluni C (1995) Two new imaging techniques promise to improve IC defect identification. Electr Design 43(14): 37–38
18. Skorobogatov S, Anderson R (2002) Optical fault induction attacks. In: Cryptographic Hardware and Embedded Systems Workshop (CHES 2002), LNCS 2523, Springer-Verlag, Berlin, Heidelberg, New York, pp 2–12

19. Skorobogatov S (2009) Local heating attacks on flash memory devices. In: 2nd IEEE International Workshop on Hardware-Oriented Security and Trust (HOST-2009), San Francisco, CA, USA, IEEE Xplore, 27 July 2009
20. Skorobogatov S (2010) Flash memory 'bumping' attacks. Cryptographic Hardware and Embedded Systems Workshop (CHES 2010), LNCS 6225, Springer, Berlin, Heidelberg, New York, pp 158–172, August 2010
21. Skorobogatov S (2009) Using optical emission analysis for estimating contribution to power analysis. In: 6th Workshop on Fault Diagnosis and Tolerance in Cryptography (FDTC 2009), IEEE-CS Press, Switzerland, pp 111–119
22. Skorobogatov S (2006) Optically enhanced position-locked power analysis. Cryptographic Hardware and Embedded Systems Workshop (CHES 2006), LNCS 4249, Springer, Berlin, Heidelberg, New York, pp 61–75

第 8 章　边信道攻击与对策

8.1　引言

边信道攻击利用非主要的、边信道的输入和输出，来发掘加密系统硬件的弱点，从而绕过加密算法强有力的防护措施。通常使用的边信道输出包括：功耗、电磁辐射、光、时间开销及声音（见图 8.1）。通常使用的边信道输入则包括：电源电压、温度、光以及其他与密码模块无关的信号输入。边信道攻击本身是观察边信道的输入与输出、主成分的输入与输出，并将其与复杂的分析技术相结合，从而破译加密系统的密钥信息。利用边信道的输出进行攻击通常称为被动式边信道攻击，而利用边信道的输入进行攻击则通常称为主动式边信道攻击或故障注入攻击。

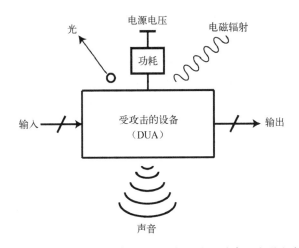

图 8.1　受攻击设备的边信道辐射示例：光、功率、电磁和声音

在本章中，我们集中讨论被动式边信道攻击和对策。我们以一个定制 ASIC 的设计者视角来看待问题，他们构建模块时会执行加密操作，以避免设计遭受边信道攻击。由于被动式边信道攻击具备非入侵攻击、对设备要求不高以及能通过高性能计算来分析数据等特性，它被用于破解密码时具有很高的成功率。另外，除非一个加密系统被设计为低边信道辐射，否则它在某个特定边信道的辐射可能会很高。针对微处理器系统边信道的攻击和防御措施（如高速缓存攻击和定时攻击）不在本章的范围内，而是放在第 11 章讨论。主动式边信道攻击和故障注入攻击则放在第 7 章讨论。

虽然本章会介绍被动式边信道攻击与硬件对策，但是关于这个课题的工作还有很多。我们的讨论仅涵盖了最常用的边信道输出类型，并且希望这能作为一个起点，帮助大家更深入地了解和研究边信道。首先，我们讨论一些常见的边信道辐射和测量技术的基本概念。其次，我们研究如何利用边信道辐射信息来攻击密码模块。最后，我们探索针对这些攻击的硬件防御措施。

8.2　边信道

第二次世界大战时期是探索边信道现象的起步阶段，与密码系统相关的边信道现象更是被深入研究。一份最近被部分解密的、1972 年的 NSA 文档，描述了在 1943 年，贝尔工作室做加密系统的员工记录。在记录中提到：无论何时系统被激活，实验室另一端的示波器上就会出现尖峰，该现象可被利用来恢复出明文数据[1]。从此以后，政府就开始资助边信道攻击及防御措施的研究，例如 NSA 的 TEMPEST 项目。很多这些早期工作中提出的攻击方法和对策，在现代系统中仍然被使用。20 世纪 90 年代，随着大量的论文发表和有效攻击的演示，边信道攻击获得了学术界和工业界的关注[2,3]。在本节的余下部分，我们将讨论一些常用的边信道辐射。

8.2.1　功耗

密码系统的功耗是现代边信道利用中最成功的信息。在任何集成电路中功耗可以分为动态功耗或静态功耗。动态功耗是对片上电容的充电或放电而耗费的能量。由于晶体管的寄生效应（门或扩散）和连接点的线，一个系统中的任何电路节点都有电容存在。因此，数字系统中节点的电压在 1 和 0 之间切换时，节点的电容被充电或放电。图 8.2 给出了一个静态 CMOS 反相器的例子。

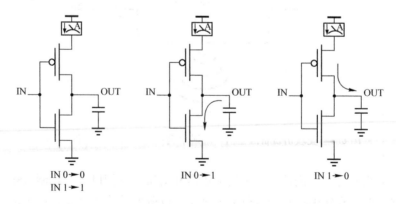

图 8.2　静态 CMOS 反相器。如果输入不变，则不产生动态功耗，对于 IN 上的 0 到 1 转换，电容放电，对于 IN 上的 1 到 0 转换，电容充电

对于一个给定的节点，其动态功耗的计算方法为 $P(\text{dynamic}) = 1/2 \times C \times \text{Vdd} \times \Delta V \times f$。其中，$C$ 是节点电容，Vdd 是电源电压，ΔV 是节点电压峰–峰值，f 是节点电压的切换频率。公式中出现因子 1/2，是因为我们只关心其中一半的转换（0→1 或者 1→0，这取决于

我们关心充电还是放电）。因此，对于整个系统，其动态功耗为 $P_{tot}(dynamic) = \sum (1/2 \times C \times$ $Vdd \times \Delta V \times f)$。在具体计算时，通常用系统时钟频率代替式中的 f，并用活跃因子 C_{eff} 代替 C。

　　静态功耗来自于电路本身的能耗或者晶体管的漏电流。电路本身的能耗常见于电流驱动型模拟电路以及某些类型的数字逻辑门（如：ECL 门，伪 NMOS 门等）。在晶体管内的漏电流则是由器件沟道的亚阈值泄漏、反向偏置的 PN 结泄漏和栅极泄漏所引起的。在 45 nm 及以下的工艺技术中，采用高 k 栅极介质（其后紧跟一个金属栅极）来增加晶体管栅极的厚度，以降低栅极漏电流。在最近过去的几年里，静态功耗已成为一个理想的电源电压缩放的主要障碍，因而受到人们的重点关注。由于电源电压的缩放比例减小，芯片能节省的功耗也就受到了限制。在一些静态功率较大的设计中，电路往往会采用时钟门控或电源门控技术，并只在需要时激活它们以节省功耗。

　　一个芯片上的电源分配网络通常由多层金属上的一个或多个金属丝网格组成。通常最上面两层金属构成全局的配电网，因为它们是最厚的，具有最低的电阻。一个或多个较低层面的金属网格则被用来和晶体管相连。除了分布式网格，Vdd 和 Gnd 之间会放置大电容（称为去耦电容），以稳定 Vdd 受到的噪声影响。并且，由于电源分配网络具备寄生电感，该电容还可以作为一个快速的局部供电设备。芯片内部电源网格和大量的芯片焊盘相连，电能通过焊点馈入网络。通常，约有一半的芯片焊盘用于电源，焊盘通过芯片封装和电路板相连。电路板上的电压调节模块（VRM）将外部提供的高电压降低到芯片内部所需的低电压。许多系统也具备动态电压频率调整技术（Dynamic Voltage and Frequency Scaling，DVFS），可根据目前芯片的工作量来动态调整所需的功耗。由于 DVFS 会调整 Vdd 和时钟频率，所以需要具备可调的 VRM 和可调的时钟源。

　　边信道功耗攻击的本质是逻辑电路的功耗，通常和它们输入的数据有关。通过观察加密操作过程中的功耗，边信道攻击能够区分出哪些功能块是活跃的以及它们所操作的一些数据信息。值得注意的是，如果输入保持稳定，则常用的静态 CMOS 逻辑就没有动态功耗；但是，如果输入使输出状态发生变化，芯片动态功耗会显著上升。

　　电源线最常见的测量点在板卡的 VRM 附近。因为在这个位置，外部电源以单点的形式和器件相连，并且调整后的电压以单点的形式输出。除了板上 VRM，电源通常单独占用一个 PCB 层，然后通过多个封装引脚（或触点）分布到芯片上，因此难以区分开。最简单的测量技术是与电源串联一个电阻，并测量电阻两端的电压，然后计算电源的电流和功耗。低阻值的电阻对减小电阻两端的压降是有利的，但是这依然会降低被测量的电压幅度。另外，电流探头（有时被称为电流钳）可用来无损地测量从电源提供给电路板的电流大小。基于霍尔效应的电流探头可以测量交流电（kHz 范围）和直流电，尽管这些传感器通常用于边信道的电磁场测量而不是功耗测量。

　　鉴于现代多核 CPU 和 SoC 的大小和复杂度，一些攻击者试图让功耗测量点尽量靠近密码块的位置。大多数大型芯片有多个（往往是几百个）Vdd 和 Gnd 引脚。如果可以区分出最靠近密码块的那个引脚，则攻击者就能获得更高信噪比的功率轨迹。目前，已有许多技术（比如使用小型电感线圈）可以探测出电源引脚的区别[4-6]。此外，这种测量方法可以绕过板级供电网的高频滤波器（比如去耦电容和 VRM）。

8.2.2　电磁

电磁辐射源于导体中电荷的加速运动，这个导体被称为天线。在近场，或者离天线大约两个波长甚至更近的位置，电场强度和磁场强度主导着辐射电磁波的强度。然而，随着与天线距离的增加，它们的强度以大于距离的平方的速率迅速减小。在所关注的频率上，近场区可以是相当大的。例如，一个 1 MHz 的信号具有 300 m 的波长。然而，高频率信号的近场区域要小得多，一个 10 GHz 的信号具有仅 3 cm 的波长。从大约两个波长到无穷大的空间被称为远场，辐射电磁波能量占主导。辐射电磁波的强度以距离的平方衰减。在一般情况下，远场的信号强度显著低于近场信号强度，因此，感测辐射电磁波的优选位置是近场。

电磁辐射，特别是通过近场感应和电容耦合，可以调制到芯片上的其他信号上。这种以其他信号作为载体的技术，提供了一种间接的方法来观测所需的信号。研究人员通过电磁耦合的方法，可以观察到载波信号的调频和调幅信息[7, 8]。由于具备高电磁辐射的特性，时钟信号和电源轨道是绝好的信号载体。Agarwal 等人将电磁辐射分为有意信号（即被研究的信号直接辐射出的电磁信号）和无意信号（即被研究的信号被耦合到载体信号中，混合后的信号所产生的电磁辐射；或者直接的近场和远场辐射信号[8]）。

考虑到辐射天线的高密度，在现代的集成电路芯片中，要准确定位到信号源可能会非常具有挑战性。小心地摆放传感器的位置和方向，或同时使用多个传感器，可以辅助信号源定位并增强信号强度和信噪比。近场传感器的位置和方向对其所获得的信号信噪比有很大的影响。在芯片内部，天线主要由平行于硅基表面的平面中所制造的金属丝连线构成。这些连线的长度从小于一微米到数毫米不等。因此，辐射场是垂直于芯片附近的硅基表面的（见图8.3）。在靠近芯片的位置放置近场的电场和磁场传感器时，最佳的方向是使其与硅基平面平行[9]。为了得到更高的信噪比，可以去除芯片的封装，这有利于探头在物理上更靠近芯片，并消除了包装材料对信号的衰减。此外，高频信号一般要好于低频信号，因为在高频频段具有更低的底噪[8]。

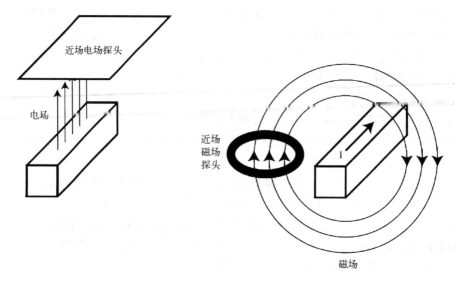

图 8.3　最佳的近场电场和磁场传感器应与芯片平行[9]，电场和磁场都垂直地离开芯片平面

利用电磁边信道的攻击可以分为两种：简单的电磁攻击（SEMA）和差分电磁攻击（DEMA）[7]。SEMA 使用单一的电磁信号轨迹来推断芯片内部的操作；而 DEMA 则是一种高阶攻击模式，它利用多个电磁信号的轨迹来提高捕获信号的保真度。Agarwal 等人特别指出，电磁边信道与功耗边信道高度相关，在每一个遭受功耗边信道攻击的芯片中，同样也能观察到电磁边信道泄漏[8]。然而，抵御功耗边信道攻击的措施并不一定能减小电磁边信道辐射，甚至在某些情况下会使电磁辐射增加。

8.2.3 光学

很多年前，人们就知道在 FET 沟道中移动的热载流子（电子和空穴）会导致可见光或红外光[10]。最近，IBM 的皮秒成像电路分析项目和英特尔的研究小组，已经开始利用这些现象（收集硅基表面的光子放射）来协助集成电路的测试和调试[10-12]。由于放射量很少，芯片在经过多次相同的输入后才能形成一个稳定的放射分布图。这种技术需要在芯片上方放置一个光电倍增管阵列，来获取光子发射的 2D 谱图；或者使用一台对近红外频率敏感的 CCD 照相机来成像[13]。通过这些技术，可以检测到单独的门或激活的逻辑，但是需要大量的、重复的输入向量以及较长的采集时间。由于单个元件的光子辐射量很少，而现代工艺中一个硅基上又存在大量高密度的元件，这使得从 MOSFET 晶体管中测量光子辐射具有极大的挑战性。

另外，调整硅的电压或电流，可以改变硅的光学特性[11,14]。具体而言，利用从锁模激光器的短光脉冲可以检测到激光电压探测系统（Laser Voltage Probing，LVP）某个节点的电压变化情况[14]，从而可以从芯片背面检测到 p-n 结处的反射率变化。这些技术只能同时测量少数目标。LVP 技术可用来直接回读芯片内部存储节点的值，也可以用来测量操作过程中内部计算节点的数值。

由于从开关场效应晶体管中捕捉到光子辐射的概率较小（一些研究者认为捕获概率小于0.1%），基于光学的观测技术需要反复地对芯片执行同样的操作。设计工艺引入到电路逻辑的随机延迟使光学观测变得更加困难和不准确，因此，需要长时间的观测来获取足够精确的观测值。

第 7 章对光纤边信道进行了详细的讨论。

8.2.4 时序及延迟

时序攻击利用了加密算法中计算时间与数据相关的特性。1996 年，Kocher 等人首次讨论了这种攻击方式[2]，开启了学术界和工业界对边信道攻击及对策的研究。时序攻击主要是利用完成计算所需要的时间信息。如果操作中需要某个由控制流决定的数据，并且控制流的不同分支具有不同的延迟，那么，延迟信息会反映出控制变量的状态变化情况。这些攻击一般被应用到基于 CPU 的系统，并用 CPU 时钟周期的多少来估计计算的延迟情况。

对专用的硬件而言，可以测量并利用某个特定逻辑块的延迟信息。在同步系统中，单个功能模块的延迟并不能从外部的主输出中看到，因为该延迟通常受到时钟驱动的存储元件约束（例如，触发器）。然而，该延迟可通过观察边信道的信息（如光辐射）来测定。在异步系统中，功能块或整个操作的延迟可以在主输出观察到，因此，该类系统设计时必须避免泄漏时序信息。关于这部分知识，会在攻击对策部分详细讨论。

确定一个同步系统中功能块延迟的另一种方法是改变时钟。通过接入流片后时钟树调谐装置的测试点，攻击者可能收缩或延长时钟到特定的频率[15,16]。能调节到的最小时钟周期则是操作的延迟。

8.2.5　声学

攻击者使用声学边信道攻击硬件系统已经有几十年的历史了。20 世纪 50 年代，英国情报人员通过窃听埃及加密机关键齿轮的复位声，来推断它们的起始位置并用于解密[17]。最近，研究人员已经可以利用声学边信道的信息，来确定点阵打印机打印的文本内容[18,19]以及键盘上被敲击的键[20-22]。然而，在微电子系统领域对声学边信道辐射的研究相对薄弱，仅有 Shamir 和 Tromer 等人的少量文献[23,24]。

在 Shamir 和 Tromer 等人的工作中，他们把麦克风靠近标准的家用电脑，来确认能否检测到 RSA 加密的运行信息。结果表明，他们不仅能将 RSA 加密运算和其他运算区分开，还可以区分出不同密钥的 RSA 运行。他们推测，声音辐射是主板上用于电源滤波和 AC-DC 转换的陶瓷电容的压电性引起的，是电源电流消耗的副产品。因此，利用声音辐射信息和分析电源电压类似，只不过声音辐射是多经过了一次低通滤波器。同样，抵御功耗分析攻击的相关措施，也可以有效对抗声学边信道分析。

有一个未经验证的技术途径，即声波是否可作为边信道信号输入到系统中。从理论上讲，就像压电效应可用于探测电源使用情况，机械振动也应该能够通过同一个边信道来往电源中注入噪声。此外，任何使用机械组件的系统部件（例如，硬盘驱动器）都可能被声波/机械振动所影响，并引发故障或导致其他影响。

8.3　利用边信道信息的攻击

利用边信道的信息进行攻击，可以分为简单攻击和差分攻击两大类[3]。在简单边信道攻击中，攻击者试图直接将边信道的部分轨迹样本和受攻击设备的操作相匹配①。例如，如果一个控制流分支（无论在软件中还是硬件中）激活具有不同边信道特性的功能模块，则可能只需要一条边信道轨迹样本就能识别出是哪个功能模块被激活了，从而判断出控制变量的状态。如果边信道的信噪比足够高，单个轨迹样本就可以完成一次成功的攻击。同样，攻击者可以简单地对多个轨迹样本进行平均，以过滤噪声并提高信噪比。如果只有少数轨迹，通常很难获得受攻击设备的访问或控制权限。要实现这类攻击目的，需要深入了解被攻击设备的实现细节、具体的边信道泄漏效应并拥有高信噪比的边信道信号。一般来说，简单的攻击很难达到这些要求。

差分边信道攻击不需要准确地知道实现细节，也不需要具备高信噪比的边信道轨迹信号，通常只要求具备加密算法的基础知识。差分攻击主要利用被处理过的数据值和边

---

①　边信道轨迹是在感兴趣的加密操作期间采集的一组边信道测量样本。

信道泄漏的关联性。首先，攻击者观察运行中的加密设备并记录其边信道轨迹。然后，攻击者构造一个模型来估计边信道的输入或输出（如明文、密文）和密钥间的关系。因为差分攻击需要大量的边信道轨迹，这通常意味着需要对被攻击设备进行长时间的占有或观察。此外，有一些增强型的差分攻击方式，比如模板攻击[25-27]和高阶微分分析[28,29]，可以提高攻击的有效性。但是，这些攻击方式要求边信道轨迹在时间上尽量精确对准，因而需要一个触发信号来对准边信道的轨迹样本。此外，可以借助统计技术和误差校正技术来实现轨迹对齐。

第 11 章对差分功耗分析攻击进行了深入的讨论。

8.4 对策

从第二次世界大战期间美国加密机的电磁边信道泄漏被发现以来，研究人员一直在发展抵御边信道攻击的对策。这些对策可分为以下几类：

- 隐藏
- 掩码/盲化
- 设计分区
- 物理安全

8.4.1 隐藏

一些攻击者利用边信道的输出来获得足够的信息，以确定和芯片操作相关的秘密数据。为此，他们正在寻求从低信噪比的边信道中恢复信号。从另一个角度来看，该过程也可以被看作在试图提高边信道信息的信噪比。因此，许多对策通过增大噪声或者减小信号来降低信噪比，以增加攻击者的难度。

8.4.1.1 噪声发生器

一种降低信噪比的方法是增加噪声。许多研究人员已经提出了添加噪声发生器来保护集成电路，以抵抗边信道攻击。对于功耗分析攻击，设计师已经提出在芯片操作期间添加电路来消耗随机量的功率，或者在低于门限时通过功耗填充来保持总功耗的恒定[30]。对于时序攻击，研究人员提出在逻辑路径中添加具有随机延时的电路[2,31]。然而，添加这种类型的电路可能会对同步系统造成问题，因为同步系统需要在时钟周期结束之前完成所有的逻辑路径。随机延迟也会使得基于欠采样（如光辐射）或轨迹对准的边信道技术更加困难。对于电磁攻击，可以加入电磁噪声来降低信噪比。该方法的主要难点是电磁辐射的频率范围相当宽，噪声添加需要在相当宽的频带中进行[8]。对于系统集成商来说掺杂这样的电磁噪声会产生一个问题，就是这些设计的芯片必须通过政府的电子干扰测试。进一步来说，对于噪声发生器，如果不增加更多的芯片面积，就需要更大的功率。最后，除非仔细地放置噪声发生器，否则由于信号耦合，它们可能会将电磁噪声添加到其他电路中去。虽然在边信道添加噪声可以有效地阻止简单的边信道攻击，但是差分攻击仍然是可行的，只是需要更多更先进的轨迹或信号处理技术。

8.4.1.2　平衡的逻辑样式

另一种降低信噪比的方式是让逻辑门的边信道辐射独立于正在处理的数据。许多边信道攻击的基础是边信道辐射（例如，功率、电磁、时序）与数据具有相关性。如果逻辑辐射与处理的数据不相关，那么边信道也就无法被利用。目前，已有很多具备低边信道泄漏特性（特别是功率边信道）的逻辑器件系列问世。然而，在设计加固逻辑时必须非常小心，因为往往在减小一个边信道辐射的同时增大了另一个边信道的辐射。大量关于这些逻辑器件系列的研究已被公开发表[32,33]。

许多加固逻辑使用一种双轨预充电（Dual-Rail Precharged，DRP）逻辑门，该逻辑门具有两个输出（输出 a 和输出 b），并且在两个阶段（复位和运行）中操作。首先，门被复位到已知值；然后，在运行阶段，输出 a 或输出 b 其中之一被转换，但不能两个同时转换。此外，加固逻辑门中的输出 a 和输出 b 在转化时应具有完全相同的边信道辐射。因此，一种抗功耗分析的加固逻辑门，应被设计成输出节点 a 和 b 具有相同的电容，并且在一次电压切换过程中消耗相同的动态功耗。然而，在标准的布局、布线综合过程中，要让输出 a 和输出 b 完全匹配是很困难的，需要专业的 CAD 工具[34,35]。如果逻辑门内部的充电电容不匹配，同样会导致边信道泄漏[32]。常见的双轨预充电逻辑系列包括 WDDL[36]，SABL[37] 和双间隔逻辑[38]。图 8.4 展现了在 SABL 中 NAND 门和 XNOR 门的例子。

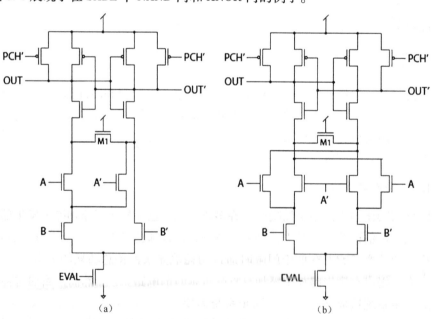

图 8.4　双轨预充电逻辑门示例：基于感测放大器的逻辑（SABL，参考文献[36]）

为了减缓平衡输出的需求，研究者开发了三相逻辑系列，如 TDPL[39] 和 TSPL[40]。它们在三个阶段（预充电、运行、放电）工作，并且不需要平衡输出负载。该逻辑系列前两个阶段的操作和 DRP 一样，但是在第三个阶段，所有的输出节点都被放电。这保证了所有的输出在每个周期中都有一个充放电过程。图 8.5 中展示了 TDPL 中的 NAND 门和 XNOR 门。目前，三相操作也被应用到模块级的运算中（见图 8.6），并允许设计者在核心功能块使用标准的逻辑格式[41]。但是，需要注意，在这种模式下，核心功能块仍然易受电磁攻击。

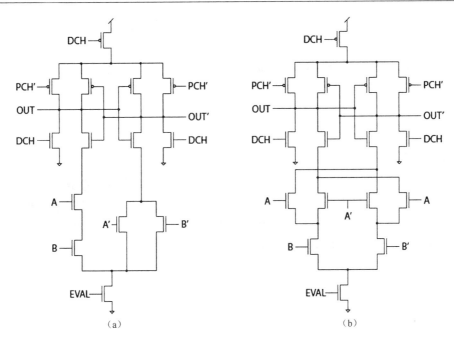

图 8.5 三相逻辑系列示例：三相双轨预充电逻辑（TDPL，参考文献[41]）

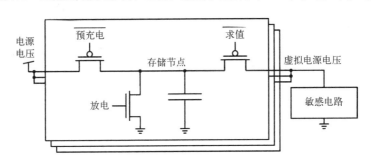

图 8.6 使用开关电容的三相电源滤波器方案（参考文献[44]，
注意，该方案允许在功能块中使用标准逻辑系列）

这些逻辑系列需要三相的非重叠时钟，虽然这不是标准的时钟类型，但我们已有产生这种时钟的技术[42]。三相逻辑的设计主要是让攻击者无法区分各个操作阶段。对于工作在高频的（比如 GHz 范围）、有电源稳定装置（如去耦电容，电压调节器）的系统，区分不同的操作阶段的确也很有挑战性，但是，这意味着设计这种逻辑系列类型必须有防止攻击者降低系统时钟频率的安全措施。

还有一个和逻辑系列安全相关的问题就是早期传播效应（Early Propagation Effect，EPE），该效应会导致通过输出开关时序发生信息泄漏[43,44]。根据逻辑功能和输入值，逻辑门也许可以在所有的输入值到达之前，将其输出转换到最终值。例如，一个与门输入初始状态$(in_a, in_b) = (1,1)$，输入结束状态$(in_a, in_b) = (0,0)$，只要有一个输入口为 0，不管另一个输入的值是多少，输出可以立刻从 1 降到 0。因此，门将显示出与数据相关的切换时间，该时间信息能使用各类边信道（如：功率、电磁、光学）观察到，并用于时序攻击。可以使用一个仲裁器，使得所有输入到达之前逻辑门无法工作，这已成为一个解决该问题的可选方案[45]。或者，所有门经过一个固定的延迟后（该延迟大于最大的门延迟），同时工作并产生辐射[40]。

最后，值得注意的一个问题是：VLSI 安全逻辑系列在面积、功率和延迟等方面的开销远远超过传统逻辑，通常是其 3 倍甚至更多[32,33]。此外，加固逻辑系列往往具有传统逻辑没有的额外控制信号和额外时序约束。因此，这些逻辑在主流的大型 SoC 或 CPU 设计中并不常见，而是仅仅被应用到需要安全操作的设计之中。

8.4.1.3　异步逻辑

异步门由于能抵抗功耗分析（大多数异步逻辑使用双轨模式或 n 中取 1 码）、具有较低的电磁辐射（无须时钟同步）、抵抗故障注入以及能将警报状态通过编码融入数据等能力，也常被用于安全系统[31,46-48]。一个经常被提及的异步逻辑的优点是：它可以在输入数据后很快完成一个计算。从边信道分析的角度来看，这是一个缺点，因为它在计算时间上泄漏了与输入数据有关的信息。通过细心的微架构设计、插入仲裁器（例如，穆勒 C 元件）或插入随机延迟，可使得不同输入数据的电路延迟均衡化[31]。

8.4.1.4　低功率设计

减小边信道辐射的一种方法是抑制整个芯片的辐射，从而让边信道难以被感测到[7]。为了实现这一点，一种简单的方式是降低芯片的总功率，从而减小输入到边信道的功率。不幸的是，传感技术仍然可以从那些使用传统低功耗技术的芯片中，恢复出边信道的辐射信息[49]。其他一些极低功耗的技术（如亚阈值操作、绝热计算等），可以让芯片功耗降低一个或多个数量级，但同时会使得性能大幅度下降，甚至低于应用允许的性能下限。此外，由于过程的变化，亚阈值操作可能放大晶体管的不匹配效应，从而增加边信道泄漏，并使得电源、电磁或时序边信道的辐射增强。

8.4.1.5　屏蔽

减小芯片总辐射的另一种方法是对边信道泄漏进行物理屏蔽或滤波。对于功率辐射，必须在电源轨道或片上电压整形器上增加额外的去耦电容，以达到滤波的效果[50]。这些电容通常放置在外部高电压（如 1.8 V）整流为内核低电压的过程中（例如，45 nm 以及更小工艺的内核电压仅需 1 V）。

目前已有多种通过屏蔽减小电磁辐射的方法，包括使用片上的上层金属层作为屏蔽层[7]。不幸的是，大多数 SoC 和 CPU 通常使用上层金属层来分配时钟和电源，正是电磁边信道希望利用的信号。尽管在现代半导体工艺中可制造出多达十个金属层，但将一个或多个金属层用于电磁屏蔽仍然是一种昂贵的开销，并且还不能屏蔽掉芯片的衬底侧。此外，芯片中任何用作屏蔽层的金属层必须具有多个孔，以允许 I/O 和电源信号能通过芯片的焊盘访问到该区域。值得注意的是，DEC 的 Alpha 21264 微处理器将两个金属层专用于 Vdd 和 Gnd 平面，以实现低阻抗的电源分配[51]。虽然这不是为电磁屏蔽设计的，但是这种结构早已被普遍使用。该芯片可以使用额外的法拉第笼来进行屏蔽，同时，该法拉第笼又必须具有多个孔，以容纳 I/O 和电源引脚。此外，法拉第笼类型的屏蔽很难在某些芯片上实现（如智能卡）。

声音屏蔽可以在系统外壳中使用声音衰减材料来实现[23]。对于光学边信道，普通的芯片金属层可以屏蔽芯片的顶层不被光探测，但是芯片背面的一侧（衬底）可能会被暴露。

虽然有多种封装可以阻挡芯片背面被光探测，但是这些对策会引入的芯片散热问题（因为背面是散热片附着在硅基的一侧）以及芯片的可测试问题（很多测试技术都依赖于背面的光探测）。虽然背面探测要求硅基尽可能薄，以获得更好的 SNR，但除此以外，目前已有很多技术都可以提高 SNR[52]。

8.4.2 掩码/盲化

掩码与盲化技术是一种从功能模块的中间节点入手，移除输入数据与边信道相关性的措施[53-56]。该技术可基于门或基于模块来实现。基于门的方案需要使用专用的掩码逻辑系列（如 RSL[57]、MDPL[58] 等），该类型的逻辑会根据全局分布的随机掩码来使得门的输出数据翻转（比如，将原始数据与掩码进行异或运算后再输出）。

基于字的掩码策略，在数据进入加密模块之前，用随机向量使输入数据随机化（见图 8.7）。加密模块对随机化数据进行操作，即使此时发生了边信道信息泄漏，边信道的信息也与原始输入数据无关。在数据离开加密模块时，会对其进行反变换以恢复输出数据。攻击者也许能够确定在加密模块中使用的中间值，但只要掩码未被泄漏，攻击者就无法获得关于原始数据的信息。这些操作对线性函数而言相对简单，对于非线性函数（如 AES S-Box）[59] 则具有一定挑战性，但仍然是可以完成的。但是，掩码措施容易受到许多攻击，包括毛刺攻击、模板攻击以及高阶差分攻击[60-64]。

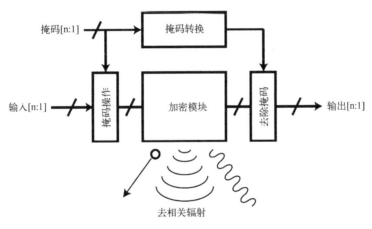

图 8.7 对于每个字进行掩码，可去除加密模块输入数据与中
间值的相关性,边信道发射无法利用原始数据信息

8.4.3 模块划分

一些边通道会泄漏信息是因为私密信号被耦合到了其他节点上（例如，无意的电磁辐射）。为了减小这些辐射，设计人员可以将芯片中操作明文的区域与操作密文的区域分开[1,7]。在 NSA TEMPEST 的报道中，这是经典的分隔 RED（明文）和 BLACK（密文）的方法。除了将芯片的不同区域进行物理隔离，这种分离还包括将片内共享的基础设施进行分离，包括供电基础设施（配电网、调节器、焊盘/引脚）、时钟基础设施（锁相环、分配网络，焊盘/引脚和晶振）和测试基础设施（触发器扫描链和内置自测试）。这种类型的分离对一些数模混合电路（模拟和数字）来说是很必要的，因为模拟电路部分极其敏感，但又

不想被来自数字电路的噪声（电源轨道或时钟信号）所干扰。注意：这种噪声在时钟频率及其谐波处有较强的频谱分量。

使用 3D 堆叠技术可以将 RED 区域和 BLACK 区域更彻底地分离。这两个区域可以在完全独立的硅基上制造，然后结合在一起形成 3D 芯片。现在，有很多制造 3D 芯片的商业技术。硅基之间可以使用多种技术进行高密度、低延迟的通信，比如硅通孔（Through-Silicon Vias，TSV）[65]。使用 3D 堆叠技术构建安全系统，也是一种解决制造安全和供应链漏洞的有效方法。比如，可以将设计分割后分别给可信/不可信的厂商生产，再利用 3D 堆叠将两块硅基堆叠到一起。

8.4.4　物理安全与防篡改

为了感知高信噪比的边信道信息，攻击者通常需要对被攻击设备进行长时间的物理访问，甚至可能需要使用入侵技术（例如，解封、改动电路板或芯片）。因此，拒绝接近、拒绝访问和拒绝受控是降低攻击者挂载到边信道进行攻击的关键[66]。

例如，由于必须在靠近芯片处才能感测到最高功率的电磁辐射，芯片周围区域的物理安全是阻碍电磁边信道感测的关键。在最近发布的 TEMPEST 文件中，美国政府法规要求在加密运算中心周围有 200 英尺的禁入区域[1]。所需的安全区域大小更多的是由 NSA 组织根据实际情况估计出来的，而不是仅考虑电磁辐射。比如低频信号（如 1MHz）具有较长的波长，其近场区域的覆盖范围超过 200 英尺。此外，防篡改和防止/检测芯片开封的技术，也可有效阻止攻击者利用电磁边信道。

在之前关于声学边信道的研究中，研究人员指出需要将麦克风靠近被攻击设备，该要求被看成是这类攻击的局限性。但是，也有一些长距离的麦克风技术，利用反射光（如红外线或激光）来检测声音的振动[67,68]，从而消除了物理接近甚至接入被攻击设备的约束。因此，在被攻击设备周围屏蔽声音传播也是必要的。

8.5　结论

越来越多的攻击利用多个边信道组合（而不是单一的边信道）来攻击加密系统，而且，攻击者会使用故障注入的方法来识别私密信息。同样，研究相应的对策必须考虑周全，而不是专注于对抗某种特定的攻击。如果一种对策能抵御一种类型的边信道辐射，但却让另一种边信道泄漏出去，则系统的整体安全性未必得到改善。此外，对策不仅需要评估其边信道的辐射情况，而且还要考虑它的延迟、面积和功耗等基本的 VLSI 开销。系统设计者必须在对策增加的安全性与对策所需的延迟、面积和功耗成本之间进行权衡。

最后，被动式边信道攻击在攻击者的武器库中永远都是一个强大的工具。虽然硬件级的对策可以显著降低边信道辐射并增加攻击者提取有用数据所需的轨迹数量，但辐射永远不会减小到零。因此，利用算法级的对策，来确保系统在发生边信道泄漏时仍然安全是至关重要的。

参考文献

1. Friedman J (1972) TEMPEST: a signal problem, NSA Cryptologic Spectrum. http://www.nsa. gov/public/pdf/tempest.pdf. Accessed Summer 1972
2. Kocher P (1996) Timing attacks on implementations of Diffie-Hellman, RSA, DSS, and other systems. Advances in Cryptology, CRYPTO'96, LNCS, vol 1109. Springer-Verlag, Berlin, Heidelberg, New York
3. Kocher P, Jaffe J, Jun B (1999) Differential power analysis. In: 19th Annual International Cryptology Conference (CRYPTO), vol 2139. Springer-Verlag, Berlin, Heidelberg, New York, August 1999
4. Xiaoxiao W, Hassan Salmani S, Tehranipoor M, Plusquellic J (2008) Hardware Trojan detection and isolation using current integration and localized current analysis. In: International Symposium on Defect and Fault Tolerance in VLSI Systems, October 2008, pp 87–95
5. Weaver J, Horowitz M (2007) Measurement of supply pin current distributions in integrated circuit packages. IEEE Electrical Performance of Electronic Packaging, October 2007
6. Weaver J, Horowitz M Measurement of via currents in printed circuit boards using inductive loops. IEEE Electrical Performance of Electronic Packaging, October 2006
7. Quisquater J Samyde D ElectroMagnetic analysis (EMA): measures and counter-measures for smart cards. In: Smart Card Programming and Security (E-smart), September 2001
8. Agrawal D, Archambeault B, Rao J, Rohatgi P (2002) The EM side-channel(s). Cryptographic Hardware and Embedded Systems (CHES), 2002
9. Carluccio D, Lemke K, Paar C (2005) Electromagnetic side channel analysis of a contactless smart card: first results. Workshop on RFID and Light-Weight Crypto, July 2005
10. Tsang JC, Kash JA (1997) Picosecond hot electron light emission from submicron complementary metal-oxide-semiconductor circuits. Appl Phys Lett 70: 889–891
11. Tsang J, Kash J, Vallett D (2000) Time-resolved optical characterization of electrical activity in integrated circuits. Proceedings of the IEEE, September 2000
12. Rusu S, Seidel S, Woods G, Grannes D, Muljono H, Rowlette J, Petrosky K (2001) Backside infrared probing for static voltage drop and dynamic timing measurements. In: Proceedings of ISSCC, 2001, pp 276–277
13. Skorobogatov S (2009) Using optical emission analysis for estimating contribution to power analysis. In: 6th Workshop on Fault Diagnosis and Tolerance in Cryptography (FDTC 2009), IEEE-CS Press, Switzerland, pp. 111–119
14. Eiles TM, Woods DL, Rao VR (2000) Optical probing of flip-chip-packaged microprocessors. In: 2000 IEEE International Solid-State Circuits Conference on Digestive Technology Papers, San Francisco, CA, 2000, pp 220–221
15. Tam S et al (2000) Clock generation and distribution for the first IA-64 microprocessor. IEEE J Solid-State Circuits 35(11): 1545–1552
16. Geannopoulos G, Dai X (1998) An adaptive digital deskewing circuit for clock distribution networks. ISSCC 1998, pp 25.3–1–25.3–2
17. Wright P (1987)Spy catcher: the candid autobiography of a senior intelligence officer. Viking Adult, 1987, p 82
18. Backes M, Dürmuth M, Gerling S, Pinkal M, Sporleder C (2010) Acoustic side-channel attacks on printers. In: Proceedings of the 19th USENIX Security Symposium, August 2010
19. Briol R (1991) Emanation: how to keep your data confidential. In: Proceedings of the Symposium on Electromagnetic Security for Information Protection, 1991
20. Asonov D, Agrawal R (2004) Keyboard acoustic emanations. In: IEEE Symposium on Security and Privacy, 2004, pp 3–11
21. Zhuang L, Zhou F, Tygar JD (2005) Keyboard acoustic emanations revisited. In: Proceedings of the 12th ACM Conference on Computer and Communications Security, 2005
22. Berger Y, Wool A, Yeredor A (2006) Dictionary attacks using keyboard acoustic emanations. In: Proceedings of the 13th ACM Conference on Computer and Communication Security (CCS 2006). ACM, New York, pp 245–254
23. Shamir A, Tramer E (2004) Acoustic cryptanalysis: on nosy people and noisy machines. Eurocrypt 2004 rump session, 2004
24. http://www.wisdom.weizmann.ac.il/~tromer/acoustic
25. Chari S, Rao J, Rohatgi P (2002) Template attacks. Proceedings of CHES 2002, LNCS, vol 2523, 2002, pp 13–28

26. Archambeau C, Peeters E, Standaert F-X, Quisquater J-J (2006) Template attacks in principal subspaces. In: CHES, 2006, pp 1–14

27. Rechberger C, Oswald E (2004) Practical template attacks. In: WISA, 2004 pp 440–456

28. Messerges T (2000) Using second-order power analysis to attack DPA resistant software. In: CHES 2000, LNCS 1965, 2000, pp 238–251

29. Waddle J, Wagner D (2004) Towards efficient second-order power analysis. In: CHES 2004, LNCS 3156. Springer-Verlag, Berlin, Heidelberg, New York, pp 1–15

30. Daemen J, Rijmen V (1999) Resistance against implementation attacks: a comparative study of the ales proposals. In: The Second AES Candidate Conference. National Institute of Standards and Technology, Gaithersburg, MD, pp 122–132

31. Moore S, Anderson R, Cunningham P, Mullins R, Taylor G (2002) Improving smart card security using self-time circuits. In: Proceeding of Eighth International Symposium on Asynchronous Circuits and System. IEEE Computer Society, Silver Spring, MD, pp 211–218

32. Menendez E, Mai K (2010) A comparison of power-analysis-resistant digital circuits. In: IEEE International Symposium on Hardware-Oriented Security and Trust

33. Mangard S, Oswald E, Popp T (2006) Power Analysis Attacks: Revealing the Secrets of Smart Cards. Springer, Berlin, Heidelberg, New York, iSBN 0-387- 30857-1, http://www.dpabook.org/

34. Hwang D, Tiri K, Hodjat A, Lai B-C, Yang S, Schaumont P, Verbauwhede I (2006) AES-based security coprocessor IC in 0.18-μm CMOS with resistance to differential power analysis side-channel attacks. IEEE J Solid-State Circuits 44(4): 781–792

35. Tiri K, Verbauwhede I (2004) Place and route for secure standard cell design. In: Proceedings of the 6th USENIX Smart Card Conference and Advanced Application Conference (CARDIS 2004), 2004

36. Tiri K, Akmal M, Verbauwhede I (2002) A dynamic and differential CMOS logic with signal independent power consumption to withstand differential power analysis on smart cards. In: Proceedings of the 28th European Solid-State Circuits Conference ESSCIRC 2002, September 2002

37. Tiri K, Verbauwhede I (2004) Charge recycling sense amplifier based logic: securing low power security ICs against DPA [differential power analysis]. In: Proceeding of the 30th European Solid-State Circuits Conference, 2004

38. Sokolov D, Murphy J, Bystrov A, Yakovlev A (2004) Improving the security of dual-rail circuits. In: Proceedings of the Workshop Cryptographic Hardware Embedded System (CHES), vol 3156, Lecture Notes in Computer Science. Springer-Verlag, Berlin, Heidelberg, New York, pp 282–297

39. Bucci M, Giancane L, Luzzi R, Trifiletti A (2006) Three-phase dual-rail pre-charge logic. In: Proceedings of the Workshop Cryptographic Hardware Embedded System (CHES), vol 4249, Lecture Notes in Computer Science. Springer-Verlag, Berlin, Heidelberg, New York, pp 232–241

40. Menendez E, Mai K (2008) A high-performance, low-overhead, power-analysis-resistant, single-rail logic style. In: Proceedings of the IEEE International Workshop Hardware-Oriented Security Trust (HOST), 2008, pp 33–36

41. Tokunaga C, Blaauw D (2010) Securing encryption systems with a switched-capacitor current equalizer. IEEE J Solid-State Circuits 45(1): 23–31

42. Glasser LA, Dobberphul DW (1985) The Design and Analysis of VLSI Circuits. Addison-Wesley, Reading, MA

43. Kulikowski KJ, Karpovsky MG, Taubin A (2006) Power attacks on secure hardware based on early propagation of data. In: 12th IEEE International On- Line Testing Symposium (IOLTS 2006), pp. 131–138. IEEE Computer Society, Silver Spring, MD, 10–12 July 2006

44. Suzuki D, Saeki M (2006) Security evaluation of DPA countermeasures using dual-rail precharge logic style. In: Goubin L, Matsui M (ed) Crypto- graphic Hardware and Embedded Systems – CHES 2006, 8th International Work-shop, Yokohama, Japan. Proceedings, volume 4249 of Lecture Notes in Computer Science, pp. 255–269. Springer, Berlin, Heidelberg, New York, 10–13 October 2006

45. Guilley S, Hoogvorst P, Mathieu Y, Pacalet R, Provost J (2004) CMOS structures suitable for secure hardware. In: Proceedings of Design, Automation and Test in Europe Conference and Exposition (DATE), pp 1414–1415, February 2004

46. Fournier J, Li H, Moore SW, Mullins RD, Taylor GS (2003) Security evaluation of asynchronous circuits. Workshop on Cryptographic Hardware and Embedded Systems (CHES). Published by Springer in LNCS 2779, New York, September 2003

47. Kulikowski KJ, Su M, Smirnov A, Karpovsky MG, MacDonald DJ (2005) Delay Insensitive Encoding and Power Analysis: A Balance Act. In: ASYNC, 2005

48. Yu Z, Furber S, Plana L (2003) An investigation into the security of self-timed circuits. In: ASYNC, 2003
49. Rabaey JM (2009) Low Power Design Essentials, Series on Integrated Circuits and Systems. Springer, New York
50. Weste N, Harris D (2010) CMOS VLSI Design: A Circuits and Systems Perspective, 4th edn. Addison Wesley, Reading, MA, USA
51. Gronowski P et al. (1998) High performance microprocessor design. IEEE J Solid-State Circuits 33(5): 676–686
52. Perdu P, Desplats R, Beaudoin F (2000) A review of sample backside preparation techniques for VLSI. Microelectron Reliabil 40: 1431–1436
53. Chari S, Jutla CS, Rao JR, Rohatgi P (1999) Towards sound approaches to counteract power-analysis attacks. In: Proceedings of Advances in Cryptology (CRYPTO 1999). Springer, Berlin, Heidelberg, New York, pp. 398–412
54. Goubin L, Patarin J (1999) DES and differential power analysis – the "duplication" method. Proceedings of the Workshop on Cryptographic Hardware and Embedded Systems – (CHES 1999). Springer, Berlin, Heidelberg, New York, pp 158–172
55. Akkar M, Giraud C (2001) An implementation of DES and AES, secure against some attacks. In: Proceedings 2001 Workshop on Cryptographic Hardware and Embedded Systems, (CHES 2001), LNCS 2162. Springer, Berlin, Heidelberg, New York, pp 309–318
56. Golic JD, Tymen C (2002) Multiplicative masking and power analysis of AES. In: Proceedings of the 2002 Workshop on Cryptographic Hardware and Embedded Systems (CHES 2002), LNCS 2523. Springer, Berlin, Heidelberg, New York, pp 198–212
57. Suzuki D, Saeki M, Ichikawa T (2007) Random switching logic: a new countermeasure against DPA and second-order DPA at the logic level. IEICE Trans. Fundament E90-A(1): 160–168
58. Popp T, Mangard S (2005) Masked dual-rail pre-charge logic: DPA resistance without the routing constraints. In: Proceedings of the Workshop on Cryptographic Hardware and Embedded Systems (CHES 2005), LNCS 3659, pp 172–186, August 2005
59. Oswald E, Mangard S, Pramstaller N, Rijmen V (2005) A side-channel analysis resistant description of the AES S-Box. Fast Software Encryption 2005, LNCS 3557, 2005, pp 413–423
60. Schaumont P, Tiri K (2007) Masking and dual-rail logic don't add up. In: Proceedings of the 2007 Workshop on Cryptographic Hardware and Embedded Systems (CHES 2007), LNCS 4727, 2007, pp 95–106
61. Tiri K, Schaumont P (2007) Changing the odds against masked logic. Selected Areas in Cryptography 2007, LNCS 4356, 2007, pp 134–146
62. Waddle J, Wagner D (2004) Towards efficient second-order power analysis. In: Proceedings of 2004 Workshop on Cryptographic Hardware and Embedded Systems (CHES 2004), LNCS 3156, 2004, pp 1–15
63. Chen Z, Schaumont P (2008) Slicing up a perfect hardware masking scheme. In: IEEE International Workshop on Hardware-Oriented Security and Trust, June 2008
64. Chen Z, Schaumont P (2009) Side-channel leakage in masked circuits caused by higher-order circuit effects. In: 3th International Conference on Information Security and Assurance (ISA 2009), June 2009
65. Beyneandetal E (2008) Through-SiliconVia and die stacking technologies for microsystems-integration. In: Proceedings of IEEE International Electron Devices Meeting, 2008
66. Anderson R, Kuhn M (1996) Tamper resistance a cautionary note, In: 2nd USENIX Workshop on Electronic Commerce, 1996
67. Galeyev B (1996) Translated by Vladimir Chudnovsky (1996). Special Section: Leon Theremin, Pioneer of Electronic Art. Leonardo Music Journal (LMJ) 6
68. Glinsky A (2000) Theremin: Ether Music and Espionage. University of Illinois Press, Urbana, Illinois

第 9 章　FPGA 中的可信设计

9.1　引言

近十年（尤其是去年）对 FPGA 的发展、应用和安全而言是非常重要的时期。比如，FPGA 的市场规模在维持现状十余年后第一次增长了三分之一，超过了 40 亿美元。更重要的是，基于 FPGA 的新设计不断增加，其数量已超过 11 万种。与之相比，新的 ASIC 设计仅为 2 500 例。同时，由于 FPGA 与 ASIC 相比表现出较高的灵活性，与通用的微处理器相比较则表现出较高的效率，它已经成为公认的高效硬件平台。

FPGA 的安全范围很广，涉及技术、结构和应用程序等不同层面，覆盖了从 FPGA 的脆弱性到新型的安全单元和安全协议，从相对有限的 FPGA 系统安全到其战略上和数量上的优势，以及从数字版权管理问题（Digital Right Management，DRM）到可信的远程操作等诸多方面。我们的目标是让 FPGA 安全涵盖所有重要的方面。

最近出版了几个关于 FPGA 的安全调查报告，如文献[1]。我们相信，本书是对该领域已有工作的补充，而且本书涉及的范围广度和问题深度是独一无二的。此外，我们重点强调基于硬件的安全问题。

本章剩余部分的结构如下：9.2 节中概述可重构综合的步骤及其漏洞；9.3 节讨论在 FPGA 中硬件加密模块的实现方法和相应的攻击手段；9.4 节讨论安全的基本要素，这些要素（比如物理不可克隆函数和真正的随机数生成技术）能用于众多不同的保护协议中；9.5 节列出该领域中最具挑战性的研究方向及这些方向的前期成果；9.6 节进行总结。

9.2　FPGA 的综合流程及其脆弱性

借助成熟的复杂计算机辅助设计工具，FPGA 可以实现高效的设计流程并覆盖广泛的应用领域。为了提高 FPGA 的用户体验，FPGA 供应商和第三方厂商提供了一套完整的程序和工具，实现从高级硬件描述语言（比如 VHDL 或 Verilog）到比特流的自动综合与编译。

FPGA 综合流程如图 9.1 所示。综合的输入是硬件规范、设计约束，以及一些和 FPGA 相关的命令。输入集通过硬件描述语言（HDL）来进行形式化描述，并包含前面所提及的设计约束和规范。设计约束包括输入和输出之间、寄存器和输入之间以及寄存器和输出之间的延迟边界。此外，设计师也可以指定其他和时间相关的约束，如多周期路径的详细信息。另一组常见的约束是关于位置的，设计师可能会将某个特定的功能模块映射到指定的芯片区域，以达到优化设计或某种特定的目标。此外，可以用命令的形式指定 FPGA 器件底层的参数，从而改变设计的时间、功耗和成本。即使是同一制造商也会提供多种档次的 FPGA 芯片，以支持不同的应用。

虽然使用高层次的抽象模型（如 SystemC 和行为合成工具）已经成为一种趋势，但它们目前还没有被广泛采用。老的 IP 和新的应用程序（覆盖工业、商业和国防等领域）都是在 RTL 级（寄存器传输级）上设计的。仅有少量设计是通过使用高级语言来实现的，包括普通的 C 或 SystemC 语言，以及用于特殊领域的 Matlab 或 Simulink 语言。行为级的规范并不能精确到时钟周期，但其可以被高级综合工具转换为 HDL 级的描述。

考虑在图 9.1 所示的设计流程中，给定 HDL 输入、设计约束和设计规范后的步骤。第一步，会在寄存器传输级进行分析，并考虑在控制、内存和数据路径的位置。第二步，在综合前对每一个指标依次进行优化。例如：

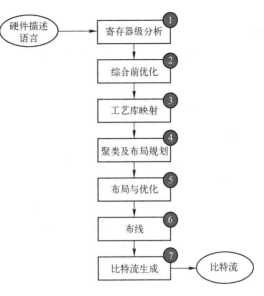

图 9.1　FPGA 综合的设计流程

优化数据路径和优化控制通路（包括有限状态机、重定时和组合逻辑）。第三步，对设计进行工艺库映射，并执行更详细的优化。在该阶段，控制逻辑被映射到片内基本的逻辑单元，数据路径则大多被映射到专用的芯片模块（包括乘法器、带进位链的加法器和嵌入式存储器等）。

第四步，布局规划，即分配逻辑单元在芯片中的位置（也可能在布局规划前，将多个基本逻辑元件划分到一个逻辑块中进行统一处理），并得到映射后的网表。第五步，布局与优化。该阶段根据大量优化后得到的芯片布局图，将元件放置到指定位置上去。该阶段的优化采用增量优化模式，逐步得到时序更佳的设计。优化的内容包括重布线、重组和复制（在复制后通常会进行新一轮的增量布局）。第六步，使用芯片上的可编程结构来连通信号路径，以实现布线。最后，映射、布局和布线的结果被编码成比特流，并配置逻辑和线路，以实现设计目标。关于 FPGA 设计自动化的更多知识见文献[2]。

9.2.1　脆弱性

前面的章节提及了大量可能出现在设计和制造流程中的攻击。现在，我们简要地讨论一下善于伪装的攻击方法以及常见的脆弱性防御措施。本节重点关注对 FPGA 的攻击，比如：在 FPGA 上实现加密算法时，有大量的脆弱点可以利用，因而可以进行系统级的协议攻击。在我们深入讨论之前，先来区分三种类型的 IP，即软核、固核和硬核。根据标准定义，如果 IP 是采用硬件描述语言等程序来实现的，则被认为是"软核"。"固核"仍然是 RTL 级的 IP 形式，但其功能/性能相对确定（如网表形式的 IP）。硬核指的是已经完成综合、布局和布线，并已生成布局版图的 IP 形式（对 FPGA 而言，可能是比特流形式）[3]。

9.2.1.1　HDL 级的 IP 盗版和篡改

HDL 级的攻击中包括盗版 IP、在 IP 中插入恶意固件以破坏其功能，或插入恶意固件/

软件来盗取 IP 的信息和数据。

防御 IP 软核盗版攻击的常见手段包括：水印、授权和核心信息加密。IP 软核本身只是数据文件，所有用于保护数据文件传输和储存的方法，都可以用来保护这种信息。由于很难获取具体的设计信息以及出于对设计人员的信任，在 HDL 级代码中插入的硬件木马/恶意软件很难被检测到。值得注意的是，设计人员在复杂的代码中插入的木马难于检测，即使是最好的验证工具也未必能够发现代码中多出的状态和功能[4,5]。通常情况下，设计人员不提供 IP 的设计细节，因而也可能没有比较 IP 软核与无木马的黄金模型。如果设计人员是可信的，可利用完整性检查（如数字签名）的方法，来确保原始的设计代码没有被修改。在本节最后，我们将讨论关于创造可信 IP 的最新成果。

如果 HDL 代码的用户获得的程序来自一个有授权证书的供应商，并且可以显示出完整的证明信息，那就没有必要担心 HDL 级的木马程序。然而，不幸的是，这种证明和授权证书并不总是对第三方 IP 和逻辑复用有效。因此，IP 软核的可信是一个复杂的、全球性的问题，没有必要归罪到 FPGA 芯片身上，因为几乎所有的 IP 软核都不是来自可信的源或有证书的供应商。

除了加密技术[6,7]，另一类打击 IP 软核盗版的方法是数字水印[3]。数字水印在 IP 中隐藏了很难伪造或者很难删除的数字签名，这样可以根据签名信息来识别数据文件的所有权[8]。在综合前或综合过程添加数字签名的技术，可以直接集成到 FPGA 的综合工具内。一般来说，数字水印可以应用到 HDL 级、网表级或比特流级。根据水印的插入位置，可以大概判断出水印的合法用户。例如，HDL 级的水印最可能由核心的设计人员插入，而比特流级的水印则很可能由工具链供应商嵌入，因为他们最容易在综合过程中将水印集成到目标上去。

文献[9]最先提供了一种在 FPGA 比特流中嵌入水印和指纹的方法。指纹是一个标记，不仅能识别出设计的拥有者，还能标识出不同的设计实例。对 FPGA 而言，嵌入指纹可以唯一地标记出该 FPGA 芯片。需要注意的是，水印和指纹都必须满足一些特性，包括难以伪造、难以篡改或删除、签名序列唯一和易于评估等。硬件 IP 和 FPGA 内核的水印和指纹设计超出了本章的范围，有兴趣的读者可以参阅文献[1,3,10]和本书的第 6 章。

9.2.1.2　综合级的 IP 盗版和篡改

综合级的 IP 盗版涉及了从 RTL 级描述到布线（图 9.1 中的步骤 1-7）之间的所有阶段。固核 IP 和硬核 IP 同样也是盗版和恶意软件植入的攻击目标。基于数字水印的方法可以提供所有权证明，但不能阻止盗版。一类专门防止固核 IP 盗版的方法被称为硬件计量激活[11-13]。硬件计量激活把不可克隆的、与 IP 相关的唯一签名集成到芯片上。这样，IP 就只能绑定在一个芯片上。若将 IP 移动到另一个芯片上，会导致设备无法正常工作。对该技术的全面探讨见本书第 5 章。

另一种保护 IP 的方法是基于物理不可克隆函数（Physical Unclonable Function，PUF），该方法借助 IP 内在的、无法克隆的变量来产生密钥。本书第 4 章全面讨论了基于物理不可克隆函数的 IP 保护技术。大量的国防研究报告和工业报告都对设计中可能会被插入的恶意硬件表示担心。根据国防科学委员会报告[14]的建议，以及 DARPA 发起的跟踪研究项目征集建议[15]，该领域中通用的可信模型包括可信的设计人员（系统集成商）、不可信的优化和综合工具、不可信的第三方公司以及不可信的现货器件。通常，我们假设芯片的功能测试可以被正确地执行，以确保芯片能实现预期的功能；此外，我们假设可以对芯片进行木马检测。关于木马的模型、检测和隔离技术见本书第 14 章至第 16 章。

9.2.1.3　比特流级的盗版和篡改

FPGA 的逻辑电路配置数据会被编码成比特流。在广泛使用的 SRAM 型 FPGA 中，由于内存的易失性，每次上电时 FPGA 会从外部的非易失性存储器上（通常是 Flash 或 EEP-ROM[6]）读取并加载比特流。比特流在发送给用户前，通常会进行功能与参数的测试。从这个角度来说，开发者和用户之间唯一的互动是通过可以被远程执行的重配置来偶尔更新 FPGA 的功能[16]。该领域常见的威胁模型之一就是遇见不可信的用户[15]。

传统的比特流加载是与 FPGA 器件无关的，只要目标器件来自同一型号的 FPGA 家族就能工作。因此，对手可以在比特流加载阶段进行攻击，将其克隆后提供给其他 FPGA 使用。克隆技术已被证明是一种可行的技术，而且该技术对拥有探头和逻辑分析仪等常规设备的工程师来说并不难。克隆和过量生产 FPGA 往往会造成开发公司的经济损失，而伪造FPGA 则可能得到劣质的芯片甚至降低系统的可靠性。

在硬件层面，器件也可以通过贴错标签来伪造。常见的方式是用低质量的芯片或上一代的芯片来假冒新的芯片。通过结构测试，可以区分出两代不同的芯片，但这种测试实时难度较大，并且大多数客户也不愿意在此浪费时间并承担测试费用。由于两代芯片的输入/输出规格相似，仅通过芯片功能测试是无法将其区分开的。目前，市场上伪造芯片所占的比例尚未得到准确的统计，但是，AGMA 机构在几年前评估过一次，那时市场上约 10% 的电子产品是伪造的[17]。据悉，近年来，伪造芯片所占的市场百分比越来越大，逐渐成为集成电路和电子产品市场的严重威胁。

另一种篡改比特流的方法是逆向工程。对某款 FPGA 而言，其比特流的格式通常是专用的。尽管比特流发生器或芯片配置的细节常常不会发布，复杂的设计通常也对比特流逆向工程有一定的防御作用，但是比特流自身并不能提供任何可被证明的安全性。在某种意义上，供应商只为特定的比特流提供一定意义上的伪装，这不能有效防止逆向工程。如果给出足够的时间和学习算法，比特流逆向工程完全是可实现的。因此，在比特流中隐藏数据和信息（即通过伪装来实现安全性）并非一种有力的安全保障措施。

比特流逆向工程会将 IP 完全暴露在对手面前。即使作者在写这篇文章的时候并不关心到底何种工具或方法能实现 FPGA 的比特流逆向工程，但早有相关报道提及了部分 FPGA 比特流逆向工程的技术。比如，大约 20 年前，一个初创公司 Clear Logic 使用 Altera 的比特流去生产更小、更便宜的激光编程设备。然而，因为 Altera 的诉讼，他们不得不停止其运营[1,18,19]。

通过对 RAM 和 LUT 的深入研究，完成比特流数据的部分解码也是有可能的[20-22]。一个成功的例子就是 Ulogic 项目，它试图通过迭代程序来制造可用的 XDL（Xilinx Design Language）文件，然后转换成比特流。当然，也可以通过比特流回读功能，来提取 FPGA 的当前工作状态。需要注意的是，该方法只提供回读时刻的 FPGA 配置和状态，并不同于原始的比特流。然而，反复利用这一技术，也一样能够有效地完成 FPGA 的测试、验证并实现部分逆向工程[1]。

9.3　基于 FPGA 的应用密码学

随着个人电脑、移动设备和互联网的普及，以及全球信息化和知识的爆炸式发展，数字功能和数据的存储与处理对新计算设备的要求越来越高。由于这些设备和服务与我们的日常生活和个人信息紧密相关。这便不难理解我们需要保护一些关键应用（包括互联网、电子邮件、无线访问、数据中心、电子商务和网格计算）的安全性。因此，几个国家和国际组织努力为保护这些应用而制订标准，比如高级加密标准（AES）、椭圆曲线密码（ECC）和最近 NIST 组织提出的新一代哈希函数[23]。

运行加密算法往往需要耗费大量的系统处理时间和资源，这个现象在需加密的文件涉及大量数据和信息时，或计算平台为了满足移动性和便携性而只能运行在低功耗模式时尤为明显[23]。此外，许多应用程序需要进行实时的数据保护，这进一步增加了系统和处理器的时序约束条件。因此，在许多现实的场景中，基于硬件的方法优先于软件方法。比如，与软件编程相比，硬件编码模块具备高吞吐量和高能耗效率，使得硬件方案实现成为首选。

值得注意的是，虽然软件方案在性能上不是最好的选择，但是这类方案价格低廉、容易调试，能缩短产品上市时间。VLSI 的硬件解决方案虽然提供高吞吐量和高能耗效率，但它们昂贵、有较长的开发周期，且设计的灵活性不足。目前，可重配置的硬件已成为许多加密模块和安全处理任务的首选。这是因为 FPGA 的性能稳定、价格相对较低，同 ASIC 方案相比拥有更短的产品上市时间，同软件方案相比又具有可重构设备的高吞吐量和高能耗效率。

对加密和安全相关的应用，选择可重构的解决方案还有很多其他的理由，包括：（1）FPGA 的单元结构在实现加密算法的位逻辑操作时具有高效性；（2）现有的 FPGA 含有大量的内存单元，能满足标准加密算法中频繁访问存储器的需求；（3）可重构平台，其可编程特性不仅使得片内的安全核到非安全核的接口更加简单，还使得多个组件能够灵活地集成到一个更大的平台上。

9.3.1　脆弱性

设计加密算法时，需考虑其抵抗算法攻击（针对算法的流程或步骤进行攻击）的能力。不幸的是，虽然传统的加密能抵抗算法攻击，但针对它们的应用场景展开攻击却是有效的，比如边信道攻击、故障注入和物理攻击。安全内核（不管其是否是软核，配置在 FPGA 上还是 ASIC 实现的）都已成为以应用为靶点的攻击目标。本节的其余部分，我们简要地介绍攻击，以为读者提供参考。

9.3.1.1　边信道攻击

一旦一个可配置的芯片被编程为特定的电路，就可以提取出电路在运行时的外在表现。术语"边信道"是可以从运行的电路中测量的、与电路运行相关的量。该信息可以反映内部电路的情况。常见的、用于安全硬核的边信道攻击包括：功率分析、时序分析和电磁辐射分析。在所有的情况下，边信道需要在不同的输入和不同的条件下进行多个测量。衡量边信道攻击很重要的两个指标，一是攻击者从每轮的攻击中可以获得的、有用的信息量，二是成功地完成攻击时所需的输入/输出的数量。

功率分析。CMOS 消耗的功率有两种：静态和动态。静态功率是指由于设备不完善而消耗的功率。对于每一个门，静态功率是门的类型和它所伴随的输入向量的函数。当一个门的状态从一个值转换到另一个值时，会产生动态功率。门的动态功率和门的类型以及门的输入电平切换情况相关。通过监测一个电路电源引脚的电流，可以在外部测试到电路的静态和动态功率。

对 SRAM 型 FPGA 的动态功率测量结果表明，这类芯片的动态功率大部分是由内部连线引起的，而逻辑开关和时钟也是动态功耗的重要组成部分。电路的静态功率在早期的工艺中并不是很重要，但是，随着新工艺的发展，晶体管的快速小型化大大增加了芯片的静态功率[24]。已有的研究表明，简单的功率分析（SPA）和差分功率分析（DPA）可以揭示密钥信息以及 FPGA 执行加密运算时的操作情况[25]。功率分析攻击主要处理与输入相关的功率轨迹，而差分功率分析攻击则分析两组或两组以上输入的功率轨迹差异。大量的基于 SPA 和 DAP 攻击的工作可参考文献[26 – 31]。

同时，许多研究人员在开发抵御功率分析攻击的措施[32,33]。研究表明：电路中如果不是一个核在单独运行，而是其他的模块或内核也产生功耗，甚至是多个内核在并行运行时，我们很难区分每一个元件对功率的贡献。一般情况下，如果加密所需要的密钥值和信息与其他操作具有相同的功率轨迹，功率分析攻击就会失效。根据这一特点，两个抵御功率分析攻击的有效措施是：（1）随机化，使一个计算的影响在许多操作中不能很容易地被区分出来；（2）均衡，使得所有的计算消耗相同的功率。对每一个加密实例而言，上述两种技术都会引入额外的功率和时间开销。这些开销是需要被移除的，因为我们还需要为有效地混淆密钥提供证明。开销移除和证明隐藏（随机性）是两个热门的研究主题。

时序分析。门的时序也是门的类型和内部值的函数。结果表明，通过仔细测量路径的时序签名信息，能够提取由门处理的密钥信息[34,35]。这类攻击的对策和功率分析类似，包括时序均衡和随机化。这两种方法可能产生额外的开销，需要仔细分析和研究。

电磁辐射分析。计算过程中的电子运动将产生电磁场，它可以被放置在芯片外的天线测量到。电磁辐射分析（EMA）已被证明是一种有效的提取加密运算密钥和操作的方法[36-41]。该攻击也适用于 FPGA。抵御这种攻击的措施大部分是基于通过改变芯片属性或添加屏蔽层来干扰电磁场的。这些方法并不能直接应用到可重构的硬件中，但是，我们可以将计算分布在整个 FPGA 区域，来避免对敏感事件的定位。最后，需要注意的是，通过联合多个边信道，能够发动一个更强大的攻击[42,43]。

9.3.1.2　故障注入攻击

电路在执行安全运算时可能产生多种形式的操作故障。故障可能由多种方法注入，包括：控制电压，让电磁场靠近芯片，或将芯片暴露在辐射下。如果有目的地进行故障注入，其相应的错误可以揭示密钥信息。我们简要地提及一些该领域正在进行的重要工作，它们也同样适用于 FPGA。

毛刺分析。这种分析的目的是强迫芯片执行错误的操作，或处于一个可能导致密钥信息泄漏的状态。常用的毛刺注入技术包括改变外部时钟和改变电源电压。这样的攻击已被证明对微控制器是有效的，并且它们也应该能对 FPGA 和 ASIC 有效[44]。针对这种攻击，一种有效的对策是：确保所有的状态都在模型和实现中正确定义，并确认故障无法改变事件的执行顺序。另一种对策是：提供篡改监测机制，报告、防止、甚至纠正时钟脉冲或电压电平的变化，以避免故障注入。

电离辐射分析。已经证明，电离辐射会引起 CMOS 电路中的单粒子翻转[45-47]。这样的单（或多个）粒子翻转可能会导致瞬态的延迟故障，或内存的比特翻转（被称为软错误）。对于 SRAM 型的 FPGA 来说，这种内存翻转可能会改变芯片的功能。电离辐射是一种产生故障的方法，并可以改变内存的内容。如果定位准确，它可以用来改变密钥，或者追踪一个密钥。由于集成电路的复杂性和各个组件的尺寸较小，使得这种精确攻击非常困难。目前，有大量研究讨论检测和移除软错误攻击的方法。

9.3.1.3　物理攻击

对于拥有昂贵、高精度的测量和测试设备的攻击者来说，他们可以通过物理探测或改变芯片来提取密钥信息[48]。在实施这种入侵性检测时，至少有两个困难需要克服。第一，为了精确地对准芯片的特定部分，需要非常昂贵的高精度聚焦离子束设备（Focused Ion Beam，FIB）[49]；第二，必须打开芯片封装，并去除保护金属连线的钝化层。在芯片开封和剖片过程中，某些封装技术和内部互连线的布线方法，可能使其非常困难。对新工艺的芯片而言，由于 CMOS 纳米尺度的小型化和互连层数的增加，进一步加大了实施这种攻击的难度。

除入侵式攻击外，还有一类半入侵式的物理攻击。这类攻击也需要移除芯片封装，但是，随后利用热分析、成像以及边信道等技术进行攻击，而不进行剖片。不同于入侵式攻击，半入侵式攻击无须非常昂贵的设备（只有政府或大型公司才能拥有），因而对一般公众来说也是可用的。需要注意的是，入侵式和半入侵式攻击对电子产品构成了真正的威胁，研究并发展抵御这些攻击的措施已迫在眉睫。

9.4　FPGA 硬件安全基础

可重构平台的安全性已经成为系统设计中一个极具挑战的安全范例。和其他系统一样，在 FPGA 上实现的系统同样需要安全的操作和安全的通信。然而，正如我们在前面的章节中讨论的，可重构系统除关注数据的保密性和完整性外，系统本身可能被恶意逻辑所替换，也可能被嵌入非法逻辑以在运行过程中甚至在设计加载前窃取信息。因此，建立配置数据的安全机制、保持设计完整性以防御恶意篡改，对可重构系统而言是非常重要的。现有的几种解决方案，折中考虑了系统的安全性和成本/性能。本章我们会讨论许多可用于保障 FPGA 或模块安全的机制和协议。

FPGA 主要通过编程来配置芯片内的可配置节点，从而实现程序定义的功能。存储编程程序的器件包括 EPROM[50]，EEPROM[51,52]，Flash[53]，SRAM[54]和反熔丝[55,56]，其中，现代 FPGA 器件中主要采用 FLASH，SRAM 和反熔丝。

大部分 FPGA 使用易失性的 SRAM 来存放配置信息。上电时，FPGA 将所需的功能信息加载到 SRAM 存储单元中。根据 SRAM 单元的值，FPGA 会初始化一系列的查找表（LUT）并控制开关矩阵的内部连接线，以实现预期的功能。一旦 FPGA 断电，SRAM 单元的内容将会丢失。换句话说，基于 SRAM 的 FPGA 必须一直上电以保留配置的功能，每一次断电后，它们都需要重新烧写。

由于 SRAM 型 FPGA 的非易失性，密钥无法被永久保持，因此必须建立一个安全信道来
发送配置数据。若没有对信道进行加密，在 FPGA 上电时，配置数据会通过不安全的通道传
送给 FPGA。这种不安全的信道对一些应用而言有较大威胁，因为这些应用必须对系统和
IP 核加以保护，以防止剽窃、未经授权的回读以及对系统功能的非法修改。

在 SRAM 型 FPGA 上集成非易失性存储器
的代价非常昂贵，因为在标准 CMOS 工艺上集
成现有的非易失性器件需要复杂的制作步骤及
晶片加工工艺。所以，非易失性存储器往往不
适用于低端设备[6]。为了在 SRAM 型的 FPGA
上存储密钥，通常需要在外部提供一个电池，
来为保持密钥的 SRAM 单元持续供电。这个概
念如图 9.2 所示。

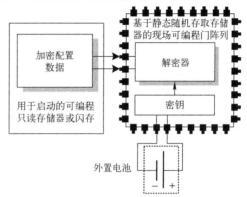

图 9.2　SRAM 型 FPGA 的嵌入式密钥存储方式

反熔丝技术采用非晶硅层，以隔离不同的
金属层。在未被编程时，非晶硅具有很高的电
阻，可以将金属层隔离[57]。在编程后，晶硅被
施加了电压，其电阻显著下降并使金属层连接到一起。和其他技术（包括 ASIC）相比，反
熔丝 FPGA 具有最高级别的安全性，因为（1）该类 FPGA 只能配置一次，因此无须在不安
全的信道上传输配置信息；（2）和 ASIC 相比，反熔丝型 FPGA 所有的设计信息（如互连、
路由、元件的位置）都存储在芯片内部的可编程链路中，并不对外透露。如果用入侵式的
逆向工程攻击打开芯片外包装，只能看见通孔的顶部而不是反熔丝硅基的状态；因此，逆向
工程无法获取太多芯片上的功能。非入侵式的攻击，如使用电扫描镜进行先进的成像和探
测，理论上可以监控芯片。成像技术通过非晶硅通孔的变形来确定反熔丝链路状态。然而，
每个芯片的反熔丝链路数量众多，完全扫描整个 FPGA 并不是一个简单的任务。例如，Actel
的反熔丝型 FPGA（AX2000）大约包含 5 300 万个反熔丝元件。

由于反熔丝型 FPGA 只能编程一次，它损失了 FPGA 领域在可重构方面的优势。表 9.1
总结了不同类型 FPGA 的区别。

表 9.1　当前可编程技术的比较

	静态随机存储	闪　　存	反　熔　断
是否易失	是	是	否
是否可重复编程	是	是	否
面积	高	中	低
功率	高	低	低
制造工艺	标准 CMOS	闪蒸过程	特殊开发
是否批量编程	100%	100%	>90%
安全度	低	中	高

在本节的剩余部分，我们集中讨论 SRAM 型的 FPGA，因为它们目前在可重构硬件领域
占有最大的市场份额。

9.4.1　物理不可克隆函数

物理不可克隆函数（Physical Unclonable Function，PUF）为 SRAM 型 FPGA 的密钥存储

提供了一种可选的机制。PUF 克服了非易失性存储器上存放密钥固有的脆弱性，可以对抗各种攻击。与 SRAM 型 FPGA 集成非易失性存储器的方案相比，该技术无需额外的开销。PUF 技术是利用硅基芯片内在的微型/小型随机特性，建立并定义了一个与硬件绑定的密钥。随机性是由于制造过程中固有的不确定性并缺乏精确控制引起的，它导致芯片尺寸、掺杂和材料质量上有微弱的区别。器件物理上的改变会反映到电气特性上，如晶体管的驱动电流，阈值电压、电容、电感的寄生效应发生改变。对于一个集成电路来说，这种变化是独一无二的。PUF 通常接受一组输入后，会将其映射到一组输出响应上。该映射功能是和芯片相关的唯一函数。因此，在两个 PUF 不同的芯片上，同一组输入的响应是不同的。PUF 概念及文献综述在本书第 4 章提供。在本章的其余部分，我们主要讨论 FPGA 的 PUF，并将其作为第 4 章的补充材料。

在 ASIC 和 FPGA 建立 PUF 的一种常见的方式是：测量、比较和量化逻辑元件和内部连接线之间的传播延迟。延迟的变化体现为时钟网格的时钟偏移、时钟上的抖动噪声、触发器建立和保持时间的变化以及信号通过组合逻辑的传播延迟。

文献[58]首次在硅基芯片上，利用独特的、不可克隆的延迟变化信息来构建 PUF。该 PUF 也称为仲裁器型 PUF 或延迟型 PUF，如图 9.3 所示。该 PUF 基于两个平行路径间的延迟差异来构建。注意，两条路径在制造前具有相同的设计，其差异是物理器件的不完善导致的。操作开始时，一个上升沿作用在 PUF 的输入端，并在并行路径中产生竞争条件。路径终端的仲裁器根据信号到达的先后产生不同的二进制输出。为了将多个路径组合在一起并产生大量的激励/响应对，路径被分割成多段由开关相连的子路径。激励到 PUF 的信号控制开关的输出，并由此得到不同的值。

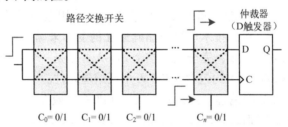

图 9.3　基于仲裁器的物理不可克隆函数[58]

这类 PUF 已被成功地应用到 ASIC 平台上[59]。需要注意的是，时延的差异来自制造误差而不是由设计产生的。为了在 ASIC 获得精确等长的信号路径和对称的延迟，需要仔细、准确的进行手动布局与布线。对 FPGA 而言，由于其难以精确地控制布局和布线，实现上述 PUF 中等长的竞争路径和对称延迟几乎是不可能的。正如文献[60,61]的研究结论：FPGA 在结构上的特性约束了布局和布线的位置，使得仲裁器型 PUF 难以在 FPGA 上实现。

然而，最近的工作已经解决了这个问题[62]，它利用 FPGA 中非交换的对称开关结构以及一个精确可编程的延迟线（Programmable Delay Line，PDL）来消除系统的延迟偏差，从而在 FPAG 上实现仲裁器 PUF。图 9.3 中仲裁器型 PUF 的路径交换开关结构，在 FPGA 中由两个多路复用器（MUX）和一个反相器来实现[见图 9.4（a）]。然而，由于从上下两个部分交叉布线（实现对角交换），这种类型的开关要保持路径长度的对称性是非常困难的。为了避免对角线，文献[62]中介绍了一个非对称路径交换的开关结构，它采用两个多路复用器，如图9.4（b）所示。从图中可以看到，该方法得到的布线和路径的长度，相对于对称轴（图中虚线）是对称的和等长的。

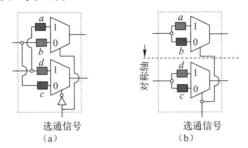

图9.4　路径选择开关的两个实现。(a) 非对称路径交换开关；(b) 对称路径交换开关

尽管使用了对称的开关结构，系统仍然具有时延偏差。这是因为上一级（及其上游）交换开关到仲裁器触发器的布线是不对称的。要消除这种延迟偏差，可采用高精度的可编程延迟线 PDL[62]。PDL 由单个 LUT 实现，其分辨率优于 1 皮秒。PDL 通过在 LUT 内稍微增加或减小信号的传播路径长度来调整信号延迟。图 9.5 给出了一个三输入的 LUT 实现 PDL 的例子。LUT 实现了一个非逻辑，其输出为 A_1 的逻辑非。A_2 和 A_3 作无关项处理，但它们可以改变信号在 LUT 中的传播路径并造成轻微的延迟改变。

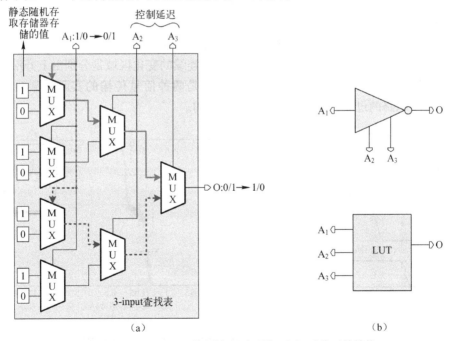

图9.5　(a) 基于 LUT 的可编程延迟线；(b) 对称开关结构

同仲裁器型 PUF 不同（该 PUF 利用信号通过两个独立路径的传播延迟构建竞争条件），文献[63,64]提出了一种时延约束型 PUF，它对信号通过组合逻辑的传播速度与系统时钟速度进行比较。时延约束型 PUF 采用标准的快速延迟测试电路来测量电路的延迟，如图9.6（a）所示。该电路由一个发射触发器、一个采样触发器和一个捕获触发器组成。在时钟的上升沿，发射触发器发送一个由低到高变化的信号给被测试电路（Circuit Under Test，CUT）。在

时钟的下降沿，CUT 的输出由采样触发器进行采样。其后，CUT 的稳态输出与采样值相比较（利用异或逻辑）。如果二者不同，则意味着采样时刻之前信号就已经到达 CUT 的输出端。这种情况被称为时序误差。以线性扫频的方式改变时钟频率，可以准确测出无错区域和错误区域，两个区域过渡的中心位置则是 CUT 的传播延迟。

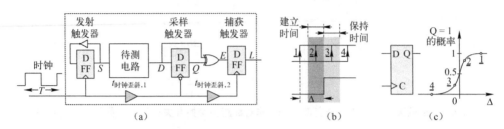

图 9.6　（a）基于快速延迟测试机制的延迟测试电路；（b）不同时刻的采样信号；（c）捕获触发器输出 1 的概率

　　如果取样时间和信号到达时间的间隔小于采样触发器的建立与保持时间，采样触发器就会产生不确定的输出。文献[63,65]的研究表明，在这种情况下采样到正确值的概率是一个与信号到达时间和采样时间间隔相关的单调递增函数，如图 9.6（b）和（c）所示。为了准确估计出过渡曲线的中心，需要进行统计误差分析。

　　对特定电路进行深入研究后发现，观测到延迟发生错误的概率具有周期性。图 9.7 说明了电路在 Virtex 5 FPGA 上实现时，测量到的延迟发生错误的概率是二分之一周期的函数。从 0% 到 50% 和从 50% 到 0%（反之亦然）的两个连续的变化区域是分别由上升沿信号和下降沿信号的传播延迟差异构成的。测量到的概率是两种信号传输的实际结果。在不同的 FPGA 上，每个电路的过渡带中心点和斜率是唯一的。

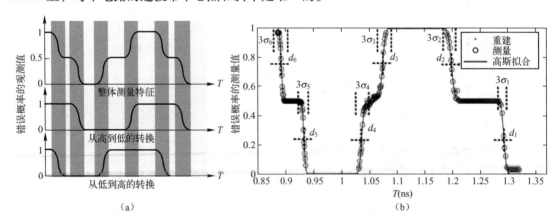

图 9.7　（a）观察上升/下降沿传输延迟的错误概率是 1/2 时钟周期的函数；（b）在 Virtex 5 FPGA 上测量到的延迟错误概率是 1/2 时钟周期的函数

　　提取到的绝对延迟数值对环境的变化比较敏感。为了在环境变化时获得更可靠的响应和更好的签名信息，文献[64]中提出了一种根据当前温度来线性校准时钟频率的方法。通过查询内置的 FPGA 传感器，我们可以获得芯片当前的运行温度和电压，并对时钟频率进行校准。此外，为了校准频率，文献[64]还提出了一种差分结构，以抵消环境变化对延迟的影响［如图9.8（a）所示］。该差分电路由两个快速延迟测试电路（见图9.6）组成，其输出被馈入一个异或逻辑。当绝对延迟增加/减小时，可以提取"移不变"的参数（如过渡区域中心点之间的距离/宽度，或曲线下的面积）来产生鲁棒的签名。对图9.8（a）中的电路，使用"黎曼和近似法"求解或非门概率曲线下的区域面积。从图中可以观察到［见图9.8（b）］，该面积与电路低温或常温工作时所测量到的区域面积相同。

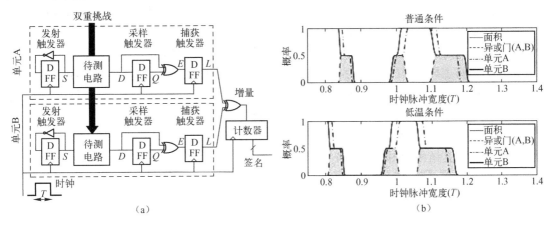

图9.8　提取移不变签名。(a) 差分时序电路；(b) 错误概率曲线

另一个适用于数字化平台，尤其是 FPGA 的 PUF 方案，是基于环形振荡器的 PUF（RO-PUF）。环形振荡器是一个由奇数个非门构成的环。由于逻辑元件和内部连接线的延迟不同，每个环的振荡频率会略有区别。RO-PUF 是通过测量和比较一组环形振荡器的振荡频率构成的。图9.9（a）给出了典型的 RO-PUF 结构。目前，现有的大部分关于 RO-PUF 的研究主要集中在后处理技术上（如选择、量化和比较机制），以提取稳定的、熵更高的数字响应。

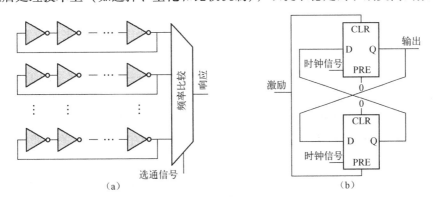

图9.9　其他基于延迟的物理不可克隆功能。(a) RO-PUF；(b) 蝶形 PUF

文献［66］是最早使用环形振荡器来构建数字密钥的论文之一，此论文提出了一种 k 中取1的掩码选择方案，以提高生成响应比特的可靠性。对每 k 个环形振荡器，具有最大频率距离的一对环被选中。有人认为，若是两个环形振荡器之间的频率差足够大，那么它们的区别很难被运行温度和电源电压的波动所影响。

为了得到更高的稳定性和鲁棒的输出，可以在不同的运行条件下测量振荡频率作为辅助信息。文献［67,68］中提出的方法就是利用这一辅助信息对环形振荡器配对或分组，以获得最大的输出熵。具体地说，该文献在两个极端的运行温度下（最低温度和最高温度）测量频率，并建立一个线性模型来预测在中间温度的频率情况。

系统过程的变化对生成唯一的 RO-PUF 而言是不利的。文献[69]讨论了提高 RO-PUF 唯一性的方法。该方法通过补偿技术来移除系统变化带来的影响，包括（1）将环形振荡器组尽可能地靠近放置；（2）选择物理上相邻的一对环形振荡器来联合评估响应比特。文献[70]进行了大量的环形振荡器阵列特性评估（实验涉及 125 个 Spartan3E 的FPGA）。

在具有反馈回路的组合逻辑中，其固有的竞争条件也可用于构建其他类型的 PUF。例如，由两个反相器组成的环有两种可能的状态，并在系统上电时进入其中一种状态。事实上，较快的门将主导较慢的门并确定输出。将这个反相器环的思想应用到静态随机存储单元上，可根据固有的竞争条件和元件延迟的变化构建出 SRAM 型 PUF，并在启动时产生唯一的输出。不幸的是，SRAM 型的 FPGA 其内部具有自动复位机制，使得该类型的 PUF 无法在 FPGA 上使用。从实用的角度出发，可使用 FPGA 的逻辑器件（而不是配置 SRAM 单元）来构建蝶形 PUF，其结构如图 9.9（b）所示。蝶形 PUF 由具有异步置数输入和复位输入的两个 D 触发器构成，并将该触发器视为组合逻辑。文献[71]提出了一种针对 FPGA 物理不可克隆函数的延迟比较分析法，并讨论了仲裁器型 PUF、蝶形 PUF 和振荡器型 PUF 的内部连线保持对称的重要性。

9.4.2　真随机数发生器

FPGA 也是实现真随机数发生器（True-Random Number Generators，TRNG）的良好平台。真随机数发生器是安全领域重要的基础，它可以生成随机数供一些任务使用，比如（1）产生私钥和公钥；（2）生成加密算法的初始化向量和种子，或构建伪随机数生成器；（3）产生比特填充；（4）产生认证号（一次性号码）等。由于现代加密算法往往需要较长的密钥，由较小尺寸的种子产生较长的密钥将显著降低长密钥的有效性。换句话说，通过对种子进行暴力攻击，就可以打破加密系统。因此，由高度加密的信源来生成密钥是非常重要的。

研究人员已提出了大量的真随机数发生器设计方案。每一个方案都采用了不同的机制，从具有不确定性和不可预测性的底层物理现象（或者从一种无法完全掌握的行为）中提出随机性。随机性常见的来源包括电路中的热噪声、电路的继发效应（如抖动和亚稳态）、布朗运动、大气噪声、核衰变以及随机的光子行为等。在本章中，我们只关心那些能在用于数字化平台和 FPGA 上实现的真随机数发生器。

一般情况下，真随机数发生器使用下列参数进行评估和测量：（1）信源熵（源的随机性）；（2）设计印记（单位比特的面积和能耗）；（3）生成比特流的可预测性和它的统计特性；（4）遭受攻击时生成比特的安全性和鲁棒性；（5）实施的难易程度。

如上所述，数字平台上的一个可测量模拟量是信号的传播延迟。该电路的噪声（热，散粒和闪烁噪声）均对传播延迟有影响。这是因为噪声会引起晶体振荡器的频率发生瞬态变化，进而反映在系统的时钟抖动和相噪上。

文献[72]主要通过采集环形振荡器的相位抖动来产生随机比特序列（见图 9.10）。多个环形振荡器的输出结果被发送到一个奇偶校验器上（比如多输入的异或门）。然后，奇偶校验器的输出被系统时钟所驱动的 D 触发器持续采样。在缺少噪声且相位相同时，异或门

的输出是常数（具有确定性）。然而，由于相位抖动的存在，异或门会输出具有不同长度的
毛刺信号。

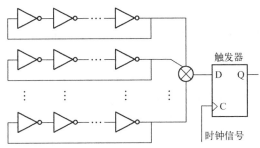

图 9.10　基于环形振荡器相位抖动采样的 TRNG

　　文献[73]中介绍了另一种基于仲裁器型 PUF 的真随机数发生器结构。但是，和 PUF 产
生可靠响应的目标不一样，该真随机数发生器的目标是产生不稳定的响应。这可以通过驱
动仲裁器进入亚稳态来实现（即违背触发器所需的建立/保持时间）。基于 PUF 的随机数
产生器也面临一些挑战，比如在仲裁器输入端很小的延迟差异会引起非常大的响应比特
变化。

　　为了提高输出比特流的质量并增加随机性，需要采用各种后处理技术。文献[72]中介
绍了一种可以滤除确定性比特位的弹性函数。弹性函数通常是对一个线性编码的生成矩阵进
行线性变换获得的，其在 Xilinx Virtex‐Ⅱ 的 FPGA 上实现的细节可参见文献[74]。处理后
的真随机数发生器（其吞吐率高达 2 Mbps）使用了 110 个环形振荡器，每个环形振荡器包
含三个反相器。一种后处理技术可能和冯·诺依曼校正器一样简单[75]，也可能像提取函
数[76]甚至是单向哈希函数（如 SHA‐1 [77]）那样复杂。冯·诺依曼法是一种众所周知的
后处理技术，它能去除比特序列中的局部偏差。该技术着眼于比特流中的比特对，如果在一
个比特对中的两个比特相同，校正器将它们从序列中移除。如果两个比特不同，则其中一个
比特被保留。因此，该技术可以将比特率减小到输入比特率的 1/4 左右（假定序列中 0 和 1
等概率出现）。

　　除了改善输出比特序列的统计特性和移除概率偏差，后处理技术还能提高真随机数发生
器抵抗攻击者伪造和环境变化的能力。一个主动攻击的攻击者可能会试图改变输出比特的偏
差概率，以减小所生成密钥的熵。后处理技术通常需要折中考虑产生的比特质量与系统吞吐
率。其他在线监测技术可被用来提高产生随机比特的质量。例如，持续监控生成比特的概
率，一旦发现比特序列中存在偏差，立刻启用另一个已被初始化的向量来产生不可靠的响应
比特[73]。

　　虽然几乎不可能用分析的方法和数学的方法来证明产生比特流的不可预测性，但我们可
以设计一个简单的系统来观测物理层的随机性，并检查比特流的统计特性和随机性。这也是
判断真随机数发生器是否安全的基础。换句话说，对生成的比特序列进行一系列复杂的统计
测试是必要的，虽然仅靠这种测试不一定够。一个众所周知的随机性测试套件在 DIE‐
HARD[78]和 NIST[79]中均有报道。

9.5　顶级的 FPGA 安全性挑战

在本节中，我们确定和分析主导 FPGA 研究与发展的机遇和挑战。FPGA 面临的挑战主要是由技术、应用、商业模式和工具发展的趋势等方面决定的。我们逐一讨论了 FPGA 领域排名前 15 的挑战，并分析了 FPGA 安全需求的独特性以及 FPGA 相对于 ASIC、通用处理器以及专用处理器的自由度。正如我们之前提到的那样，对不同的安全威胁、目标以及安全性预期而言，每种平台都有各自的优点和缺点。FPGA 的灵活性和可重构特性，使其在某些安全应用和安全协议中脱颖而出。

9.5.1　算法密码安全

算法（数学）加密是计算机领域中最优雅而有效的一种学科，该学科提出了许多巧妙和令人惊讶的原语和协议，并已将它们用到了实际场景中[80-84]。一些协议的数学基础是牢固的（如公共密钥的通信和储存），虽然很少有一致性证明去论证这一点，但要通过算法攻击去打破这些协议（如高级加密标准 AES）的几率非常小。

然而，众所周知的是，仅依靠算法安全性的计算机工程是很不可靠的。据报道，各种物理攻击和边信道攻击可以使用廉价的设备从本质上打破所有的算法加密协议。保护信息泄漏的工程技术目前已成为一个热门的研究方向。由于多方面的因素（如高度规则的布线，相对稀少但公开的电路结构，实现真随机数发生器的高难度和成本等），这些技术或多或少对 FP-GA 平台有效。然而，任何屏蔽技术尤其是在门级上的屏蔽技术，最大的障碍是阻止可用于门特征匹配的参数变化。原则上，FPGA 平台由于其可重构特性，在该点上具备极大的优势。

一旦 FPGA 平台的物理安全得到保证，它将在能耗效率、协议灵活性甚至速度方面发挥出巨大的优势，大大优于其他的可编程平台。此外，FPGA 的复用能力，可大大提高实际的安全性。毫无疑问，这样的 FPGA 至少对实现短开发周期、低成本、低能耗、低延迟和高吞吐量的加密协议算法而言非常重要。

9.5.2　基于硬件的密码学：原语和协议

硬件安全技术已历经过几个阶段。最初阶段的重点是创造独特的身份证明 ID。下一个阶段，ID 信息被用于保护硬件平台及运行在平台上的、和硬/软件相关的应用。这些应用具体包括：硬件计量、远程启用和禁用，以及类似的任务。基于硅基的 PUF 发起了硬件安全的革命[58,73]。然而，传统的 PUF 技术仅用于基于密钥的加密算法。最近，新增的几个方案重新定义了如何构造 PUF，及如何用其启动各种公共密钥安全协议。比如：PPUF[13]，SIM-PL[85,86]和定时认证[13,63,87]。从几年前公钥 PUF 的方法问世以来，越来越多的具体实现方案被提出。例如，基于 PPUF 的方案，不仅包括了授权和公钥私钥的通信，还包括了时间戳、布局戳、芯片戳以及一些高级协议（如硬币翻转和不经意传输）。观察发现，由于 FPGA 的重配置能力，它是许多原语和安全协议的理想平台。

除了硬件原语，器件级的特征和调节也发挥着重要的促进作用。例如，测量泄漏的能量可以快速准确地获取门级特征，进而用于复杂的硬件木马检测[88-93]。此外，已得到证明的是，除了边信道方式能收集芯片信息，器件调节技术可以准确地测量各种信号。例如，局部加热可以打破线性系统方程组的相关性，进而可以把所有的门确定下来[91]。另一个例子是基于目标函数的子模块来精确检测木马[90]。这些技术是通用的，且 FPGA 芯片中未使用的硬件还可以额外增加它们的有效性[63,64]。最后，硬件原语可用于创建种类繁多的安全协议。需要注意的是，和基于算法的安全协议相比，基于原语的协议具有完全不同的准则。

9.5.3　集成电路与工具的数字权限管理

保护 IP 硬核有几种主要的方式。第一种是水印[8,94-101]。目前已有大量的硬件水印技术，可在各个重要的层面提取设计信息。利用边信道信息来检测水印是当前的主流技术[102]。需要指出的是，几种早期的硬件水印技术通过少量修改输出设计或扩充有限状态机就能轻易地检测到水印[8,101]。不难看出，在 FPGA 上实施 IP 数字水印比在 ASIC 上实施水印技术要困难很多。事实证明，通过在设计规范上添加额外的约束来嵌入水印是最佳的方法之一。其原因是：在 ASIC 综合的更高层面合成水印，可节约开工费（Non-Recurring Engineering，NRE）并缩短上市时间。更多关于硬件水印的内容见第 6 章。

第二种保护 IP 硬核的方法是硬件计量，其目标是确保生产商不出售未经授权的芯片[103,104]。硬件计量有两个非常宽泛的类别。首先是被动式硬件计量，即检测已经出售的芯片并判断是否有非法生产的器件。被动式计量技术对 FPGA 和 ASIC 来说都很困难。另一种是主动式计量。该技术不仅检测非法芯片，还强制要求芯片能通过设计师提供的特定认证步骤，以完成数字版权管理。很明显，主动式计量技术更为有效，但它们也引入了额外的操作和设计开销（如能量、延迟等）。关于计量的详细内容参见第 5 章。

最后，数字版权管理系统是由设计师或授权实体进行远程控制，并决定允许或不允许用户执行某个操作[105-108]的最吸引人方案。上述三种技术和其他的 DRM 技术（如审计）都可以在三种平台上实施（FPGA，ASIC 和可编程处理器）。其中，可编程和可配置平台可以更精确地控制这些技术的实施。

9.5.4　可信工具

在现代和将来的综合流程中，使用工具是不可避免的。通过 CAD 工具，很容易在设计中嵌入各种恶意电路、恶意功能和安全漏洞。执行安全任务的一个关键便是获得一组可信的综合与分析工具。FPGA 综合过程中需要两种可信工具。第一种是开发 FPGA 硬件结构的工具。第二种则是在 FPGA 芯片上开发特定功能的工具。此外，当 FPGA 中嵌入了可编程处理器时，我们还需要保护相应的编译器和操作系统。

虽然乍一看问题比较棘手，但是，最近提出的全定制化设计理念（Fully Specified Design，FSD）可以解决该困难。全定制化设计可以在任何时候、使用任何资源来实现特定的用户功能。因此，攻击者没有办法（无硬件资源和时钟周期）发起攻击。全定制化设计可以使用常规的综合工具来实现，其关键是设计人员要能开发一款简单的工具，来检查综合工具所产生的解决方案。比如，设计人员可以不断更新他的设计，直到所有的逻辑单元在全部时钟周期中都无法使用[109]。

为了确保设计具有较高的能耗效率并能接受实时检查，我们还需要付出更多的努力。当然，上述方法可以为其他设计理念提供动力，以实现可信综合。最后需要说明的是，如何为可信综合创建大量的抽象概念，本身就是一个有趣且重要的问题。

9.5.5 可信 IP

除可信工具外，现代的设计流程中还需要可信的 IP 硬核和 IP 软核。事实证明，在制造工艺不断提高的今天，拥有一个可信的 IP 非常重要。目前，有两种办法比较实用。一种是要求每个 IP 都完全可查。例如，保证每个 IP 由可信工具来创建，并拥有可供验证的测试向量。另一种方法也许更现实，但不那么安全。该方法是：利用额外的电路逻辑为 IP 开发一个安全的外壳，以控制 IP 的输入和输出。在这种情况下，IP 的使用者只可以将特定功能的数据与其他不可信的 IP 进行交换，而无法从 IP 设计的其他部分获得并拥有整个 IP 的控制权。这个安全外壳还可以故意产生不准确的结果，使得攻击者更难获得 IP 控制权限。FPGA 的灵活性使它更容易集成可信的 IP。

9.5.6 抵御逆向工程

相对于其他芯片，FPGA 的优势之一在于它能抵抗逆向工程的攻击[110,111]。如今，芯片的逆向工程技术被广泛用于专利执法、技术间谍活动和市场趋势追踪等任务中。特别的是，反熔丝型 FPGA（比如 Actel 设计的反熔丝 FPGA）被认为是最能抵御逆向工程的芯片，并被美国的政府机构广泛使用。反熔丝芯片由于其特征尺寸很小，很难准确判断出某个特定部位是否被熔化。此外，由于熔丝的数量很大（几十万），要准确划分出使用/未使用的区域是非常困难的。此外，人们通常认为，芯片中只有很少部分的熔丝真正被熔化，这进一步加大了逆向工程的难度。但是，这种观点是不严谨的，因为少量熔丝被熔化时，其熵比芯片一半的熔丝被熔化时要高很多。

我们预计，抵御逆向工程的研究会沿着两条路线进行。第一条是技术路线，其目标是开发加大逆向工程难度的技术（理想情况下是使逆向工程变得完全不可能）。第二条是研究功能规范和实现方法的多样性，从而使每个芯片都具有唯一性。在这种情况下，很难从多个芯片中提取出完善的信息。该技术一个主要的备选方案是提供 N 个芯片版本[112-114]。

9.5.7 木马检测与诊断

近年来，硬件木马检测与诊断受到很多关注。目前，硬件木马的一个主流趋势是增加影子电路，并在某些特定情况下改变原始设计的功能。此外，更隐蔽的攻击方式则是利用芯片的老化或变形来进行攻击或引发串扰。硬件木马检测技术则可以分为两大类：（1）基于边信道的方法；（2）以功能测试或延迟测试为基准。芯片制造商常常被认为是主要的、潜在的安全攻击者之一。有人认为 FPGA 可以自动提供保护措施来防御硬件木马，因为设计者不会将 FPGA 的配置信息泄漏给潜在的攻击者。此外，规则的 FPGA 结构使得硬件木马更难以嵌入芯片。然而，上述观点只能在一定程度上正确，因为攻击者可以改变设计中非功能性的部分，如电源网络。

需要强调的是，硬件木马检测比功能检测或制造测试要困难得多，因为恶意修改是故意进行的，要对其进行分析非常困难，甚至不可行。总的来看，硬件木马检测有两个主要的困难：一是门的数量和输入/输出引脚的数量之比在不断增加，使得芯片的可控性和可观测性持续降低。二是许多测量结果和仿真结果之间的差异，可能是由处理过程的变化引起的。

然而，需要指出的是，目前已有多个类型的硬件木马能被检测甚至诊断出来[4]。我们预计，下一代的功能性木马，其恶意电路能部分或完全隐藏在电路中，从而进一步提升对设计安全的要求。与木马有关的内容参见第 14 章至第 16 章。

9.5.8　零知识和不经意传输

有一些有趣而重要的密码学协议（如零知识的不经意传输），用软件来实现时非常复杂。但是，基于硬件安全原语（如物理不可克隆函数）在 FPGA 上实现这类协议时，却能获得极高的效率[13,64]。我们希望，此类协议及与其类似的协议不仅能被提出，也能被实现出来。有趣的是，在许多类似的应用程序、协议和安全原语中，灵活性往往扮演着非常重要的角色。因此，FPGA 常常成为实现这些协议的首选平台。

9.5.9　自我可信的综合

目前，已有各式各样可信的模块和平台被开发出来。但是，在某些情况下，还没有一个细化的条款来衡量什么是可信的以及谁才可信。

最近已经证明，如果所有参数的选取和激励 - 响应的关系都是可控的，那么设计人员很容易创建出一个 PUF 结构。要做到这一点其实非常简单，只要允许用户可以随机地（或根据自己的意愿）设定每个 PUF 延迟段的老化情况即可[92,115 - 117]。

当然，不论是制定和实现一个 PUF，还是设计和实施一个任意的方案，其道路都是曲折的。但是，我们相信很快就会有相应的解决方案。虽然可以创建灵活的 ASIC 解决方案，但总的看来，FPGA 的灵活性对实现这类任务来说仍然是非常重要的。

9.5.10　新的 FPGA 架构和技术

从片内组合逻辑模块、互连结构和嵌入式存储器的角度来看，FPGA 有许多不同的架构。从配置技术上看，FPGA 也能分为多种类型，如 SRAM 型和反熔丝型。总的来说，FPGA 已经用在各种各样的应用中，但是，目前似乎尚未将安全原语和协议作为设计的目标和约束。在 CMOS 技术经过几十年的稳步发展后，似乎已经到了革命性变化的边缘。例如，石墨烯技术、III - V 和石墨烯的碳纳米管、记忆电阻、相变材料、光子学和表面等离子体光子学等，可能从根本上改变设计的目标和过程。我们已经知道，过程的变化会使硬件木马检测更加复杂，并使得 PUF 的存在与优化是可行的。总之，这些技术的变化将极大地影响 FPGA 的折中设计和体系架构。此外，3D 技术的发展也会改变 FPGA 的架构和影响系统安全。

9.5.11　基于硬件安全的 FPGA 工具

开发并分析 FPGA 安全的工具是一个艰巨的任务。例如，过程变化（Process Variation，PV）往往起着至关重要的作用，它影响着所有的设计指标，并有一个复杂的、随着技术发展而不断变化的特性。例如，有效的信道长度取决于几个高度相关的因素。另一方面，阈值电压始终服从非相关高斯分布。其他模型也很重要，如器件老化模型。此外，逆向工程的工具也扮演着非常重要的角色。

一般情况下，设计人员有两个选择：仿真和实现。由于 FPGA 的低成本和灵活性，它往往是各类应用实现平台的首选。有一类研究人员认为：实践出真知，仿真的意义微乎其微。显然，实现和仿真相比是存在一些优势的，至少它意味着这项技术在一个平台上是有效的。同时，基于一个或几个点的任何统计证明是最值得怀疑的，因为在有限的实验数据中，很难深入分析问题的本质。

仿真模型在工业中被广泛应用，已证明了其实用价值。它们不仅可以用于模拟成熟的技术，也可以用于分析那些待解决的问题。因此，仿真具有巨大的理论价值、概念价值和实际价值，并且，为了获得最大的效益，全面和最新的建模和仿真工具是必要的。我们相信，快速建立 FPGA 的安全模型并在多个设计小组之间共享是至关重要的。其实，为了实现该目标，已有研究人员开展了相关的工作，包括 Trust-Hub①（一个提供远程访问、仿真和基准能力的 FPGA 平台）。例如，收集一个有效攻击的集合可能会大大提高安全技术的发展。最后，需要强调的是，这些工具必须针对 FPGA 平台，找到一种透明的综合/分析方法。

9.5.12　边信道

边信道是一种有效的媒介和机制，它大大增加了集成电路内部的可观测性[118]。边信道的形式丰富多样并且还在不断增加，包括延迟、功率、电磁辐射、底噪和温度。边信道为恶意电路的检测和分析提供了极大的便利，还对密码协议以及其他硬件安全技术产生了巨大的威胁。

由于电路结构已知，边信道对基于 FPGA 的实现而言特别有效。此外，由于 FPGA 的元件密度远小于 ASIC，FPGA 的设计人员可嵌入额外的电路来增强边信道。

9.5.13　理论基础

目前，已有大量有趣的、甚至令人惊讶的硬件安全技术被提出，也报道了多种硬件木马攻击和防御机制，如：真随机数发生器、物理不可克隆函数和其他硬件安全原语与协议。然而，要形成坚实的硬件安全基础和统一的评价标准，我们还有较长的路要走。

目前，新型的专用技术已成为 FPGA 与 ASIC 平台中硬件安全的主流技术。复杂的 FPGA 综合流程和大量的异构设计，对建立坚实的硬件安全基础和制定标准化的综合流分析方法提出了更为迫切的需求。

9.5.14　物理和社会的安全应用

经典安全算法和新兴的硬件安全技术，其重点都是保护数据和电子系统。这些目标当然是非常重要的。然而，两种新型的应用具有更高的重要性。第一种是物理、化学和生物实体的安全性[119]。第二种是人与社会的安全性。有趣的是，硬件安全有可能在上述应用中发挥重要的作用。研究表明，许多物品（如纸张、DVD、光纤和无线电台）都可被用作 PUF，其中，芯片（特别是 FPGA）上集成的 PUF 可用来保护物理系统或生物系统。甚至人体的部分器官（如血管）都可以被用作 PUF。基于 FPGA 的平台由于其低 NRE 成本，经常被用在研究的起步阶段。

9.5.15　恢复技术和长寿使能技术

故障屏蔽技术（如内置的自我修复 BISR）在提高芯片产量或延长芯片寿命方面起着重要的作用。例如，自我修复机制和电路被广泛应用于动态随机存取存储器（DRAM）芯片中。我们预计，类似的技术在保护芯片不受木马攻击等方面可能同样有用。FPGA 由于其具备可重构能力，因而非常适合自我修复式的木马屏蔽技术。假如 FPGA 硬件中存在木马，我

① http://trust-hub.org/.

们可以通过对其进行设置或配置来去除木马。如果比特流中有木马，则可以通过检测、鉴定和清除技术，以快速创建一个无木马的干净系统。

最近，几个强大的芯片老化技术被用于创建 PUF。老化技术相比基于 PUF 变化的过程具有很多优势，包括：允许用户自己创建 PUF、具有更高的熵、阻止预计算攻击以及使芯片在各种人为/非人为的器件老化技术下具备更长的寿命。目前的老化技术只涉及了晶体管老化，但我们希望其他类型的老化技术（包括电迁移技术）能尽快被实现。

9.5.16 可执行的摘要

我们很难以一种统一的方式来分析三个主要平台（ASIC，FPGA 和可编程处理器）的优点和缺点。不同的安全功能具有不同的要求。不过，有一个说法，FPGA 由于其灵活性和流片后再开发功能的特点，可能会作为安全平台的首选。虽然新的、实用的硬件安全技术仍然处于早期的发展阶段，但它可能会引发系统安全和数据安全的革命。同时，支持经典的算法协议和数字版权管理，也是 FPGA 非常重要的亮点。

9.6 结论

我们调查了一系列与 FPGA 安全相关的重要问题。具体来说，我们重点讨论了安全原语（PUF 和真随机数发生器）、FPGA 综合流程的潜在漏洞、数字版权管理以及基于 FPGA 的加密算法等方面。我们也分析了开发 FPGA 安全平台所拥有的好处和面临的挑战。虽然做这种公开的预测风险很大，但我们仍然觉得 FPGA 系统及其硬件安全性必定会成为一个重要的研究和发展方向。

参考文献

1. Drimer S (2008) Volatile FPGA design security – a survey (v0.96). http://www.cl.cam.ac.uk/~sd410/papers/fpga_security.pdf. Accessed April 2008
2. Chen D, Cong J, Pan P (2006) FPGA design automation: a survey. Found Trends Electron Design Automation 1: 139–169
3. Qu G, Potkonjak M (2003) Intellectual Property Protection in VLSI Design. Springer, Berlin, Heidelberg, New York
4. Tehranipoor M, Koushanfar F (2010) A survey of hardware trojan taxonomy and detection. IEEE Design Test Comput 27(1): 10–25
5. Karri R, Rajendran J, Rosenfeld K, Tehranipoor M (2010) Trustworthy hardware: identifying and classifying hardware trojans. IEEE Comput 43(10): 39–46
6. Trimberger S (2007) Trusted design in FPGAs. In: Design Automation Conference (DAC), pp 5–8
7. Hori Y, Satoh A, Sakane H, Toda K (2008) Bitstream encryption and authentication with AES-GCM in dynamically reconfigurable systems. In: Field Programmable Logic and Applications (FPL), September 2008, pp 23–28
8. Oliveira A (2001) Techniques for the creation of digital watermarks in sequential circuit designs. IEEE Trans Comput Aided Design Integr Circuits Syst 20(9): 1101–1117
9. Lach J, Mangione-Smith WH, Potkonjak M (1998) Fingerprinting digital circuits on programmable hardware. In: Information Hiding (IH), pp 16–31
10. Lach J, Smith WHM, Potkonjak M (2001) Fingerprinting techniques for field-programmable gate array intellectual property protection. IEEE Trans Comput Aided Design Integr Circuits Syst 20(10): 1253–1261
11. Koushanfar F, Qu G, Potkonjak M (2001) Intellectual property metering. In: Information Hiding (IH), pp 81–95

12. Dabiri F, Potkonjak M (2009) Hardware aging-based software metering. In: Design, Automation and Test in Europe (DATE), pp 460–465

13. Beckmann N, Potkonjak M (2009) Hardware-based public-key cryptography with public physically unclonable functions. In: Information Hiding. Springer, Berlin, Heidelberg, New York, pp 206–220

14. Defense science board (DSB) study on high performance microchip supply. http://www.acq.osd.mil/dsb/reports/2005-02-hpms_report_final.pdf.

15. D. A. R. P. A. D. M. T. O. (2007) (MTO), TRUST in ICs.

16. Trimberger SM, Conn RO (2007) Remote field upgrading of programmable logic device configuration data via adapter connected to target memory socket, United States Patent Office. http://patft1.uspto.gov/netacgi/nph-Parser?patentnumber=7269724. Accessed September 2007

17. Managing the risks of counterfeiting in the information technology industry. a white paper by kpmg and the alliance for gray market and counterfeit abatement (agma)

18. Altera Corporation vs. Clear Logic Incorporated (D.C. No. CV-99-21134) (2005). United States court of appeals for the ninth circuit. http://www.svmedialaw.com/altera. Accessed April 2005

19. Court issues preliminary injunction against CLEAR LOGIC in ALTERA litigation, Altera Corp. (2002) http://www.altera.com/corporate/news_room/releases/releases_archive/2002/corporate/nr-clearlogic.html. Accessed July 2002

20. Gutmann P (1996) Secure deletion of data from magnetic and solid-state memory. In: USENIX Workshop on Smartcard Technology, July 1996, pp 77–89

21. ——, (2001) Data remanence in semiconductor devices. In: USENIX Security Symposium. August 2001, pp 39–54

22. Skorobogatov SP (2002) Low temperature data remanence in static RAM. University of Cambridge, Computer Laboratory, Tech. Rep. 536, June 2002

23. Rodriquez-Henriquez F, Saqib N, Diaz-Perez A, Koc C (2007) Cryptographic Algorithms on Reconfigurable Hardware. Springer, Berlin, Heidelberg, New York

24. Kim NS, Austin T, Blaauw D, Mudge T, Flautner K, Hu JS, Irwin MJ, Kandemir M, Narayanan V (2003) Leakage current: Moore's law meets static power. IEEE Comput 36(12): 68–75

25. Standaert F-X, van Oldeneel tot Oldenzeel L, Samyde D, Quisquater J-J (2003) Differential power analysis of FPGAs: how practical is the attack? Field Programmable Logic and Applications (FPL). Springer-Verlag, Berlin, Heidelberg, New York, pp 701–709

26. Shang L, Kaviani AS, Bathala K (2002) Dynamic power consumption in Virtex-II FPGA family. In: Field Programmable Gate Arrays Symposium (FPGA), pp 157–164

27. Mangard S, Oswald E, Popp T (2007) Power Analysis Attacks: Revealing the Secrets of Smart Cards. Springer-Verlag, Secaucus, NJ, USA. http://www.dpabook.org/

28. Standaert F-X, Örs SB, Preneel B (2004) Power analysis of an FPGA implementation of textscRijndael: is pipelining a DPA countermeasure?. In: Cryptographic Hardware and Embedded Systems Workshop, ser. LNCS, vol 3156. Springer, Berlin, Heidelberg, New York, pp 30–44

29. Standaert F-X, Örs SB, Quisquater J-J, Preneel B (2004) Power analysis attacks against FPGA implementations of the DES. In: Field Programmable Logic and Applications (FPL). Springer-Verlag, Berlin, Heidelberg, New York, pp 84–94

30. Standaert F-X, Mace F, Peeters E, Quisquater J-J (2006) Updates on the security of FPGAs against power analysis attacks. In: Reconfigurable Computing: Architectures and Applications, ser. LNCS, vol 3985, pp 335–346

31. Standaert F-X, Peeters E, Rouvroy G, Quisquater J-J (2006) An overview of power analysis attacks against field programmable gate arrays. Proc IEEE 94(2): 383–394

32. Messerges TS (2000) Power analysis attack countermeasures and their weaknesses. In: Communications, Electromagnetics, Propagation and Signal Processing Workshop.

33. Mangard S (2004) Hardware countermeasures against DPA – a statistical analysis of their effectiveness. In: Okamoto T (eds) RSA Conference, ser. LNCS, vol 2964. Springer, Berlin, Heidelberg, New York, pp 222–235

34. Kocher PC (1996) Timing attacks on implementations of DIFFIE-HELLMAN, RSA, DSS, and other systems. In: Cryptology Conference on Advances in Cryptology, ser. LNCS, vol 1109. Springer-Verlag, Berlin, Heidelberg, New York, pp 104–113

35. Dhem J-F, Koeune F, Leroux P-A, Mestré P, Quisquater J-J, Willems J-L (1998) A practical implementation of the timing attack. In: International Conference on Smart Card Research and Applications (CARDIS), pp 167–182

36. Quisquater J-J, Samyde D (2001) ElectroMagnetic Analysis (EMA): Measures and counter-measures for smart cards. In: International Conference on Research in Smart Cards (E-SMART). Springer-Verlag, Berlin, Heidelberg, New York, pp 200–210

37. Agrawal D, Archambeault B, Rao JR, Rohatgi P (2002) The EM side-channel(s). In: Cryptographic Hardware and Embedded Systems Workshop (CHES), ser. LNCS, vol 2523. Springer-Verlag, Berlin, Heidelberg, New York, pp 29–45

38. Gandolfi K, Mourtel C, Olivier F (2001) Electromagnetic analysis: concrete results. In: Cryptographic Hardware and Embedded Systems Workshop (CHES), ser. LNCS, vol 2162. Springer-Verlag, Berlin, Heidelberg, New York, pp 251–261

39. Carlier V, Chabanne H, Dottax E, Pelletier H (2004) Electromagnetic side channels of an FPGA implementation of AES. Cryptology ePrint Archive, no. 145.

40. De Mulder E, Buysschaert P, Örs SB, Delmotte P, Preneel B, Vandenbosch G, Verbauwhede I (2005) Electromagnetic analysis attack on an FPGA implementation of an elliptic curve cryptosystem. In: International Conference on "Computer as a tool" (EUROCON), pp 1879–1882

41. Peeters E, Standaert F-X, Quisquater J-J (2007) Power and electromagnetic analysis: improved model, consequences and comparisons. VLSI J Integr 40: 52–60

42. Agrawal D, Archambeault B, Chari S, Rao JR, Rohatgi P (2003) Advances in Side-channel Cryptanalysis, Electromagnetic Analysis and Template Attacks. vol 6, no. 1, Springer, Berlin, Heidelberg, New York

43. Agrawal D, Rao JR, Rohatgi P (2003) Multi-channel attacks. In: Cryptographic Hardware and Embedded Systems Workshop, ser. LNCS, vol 2779, pp 2–16

44. Anderson RJ, Kuhn MG (1998) Low cost attacks on tamper resistant devices. In: International Workshop on Security Protocols. Springer-Verlag, Berlin, Heidelberg, New York, pp 125–136

45. Karnik T, Hazucha P, Patel J (2004) Characterization of soft errors caused by single event upsets in CMOS processes. IEEE Trans Dependable Secure Comput 1(2): 128–143

46. Lesea A, Drimer S, Fabula J, Carmichael C, Alfke P (2005) The ROSETTA experiment: atmospheric soft error rate testing in differing technology FPGAs. IEEE Trans Device Mater Reliabil 5,(3): 317–328

47. Fabula J, Moore J, Ware A (2007) Understanding neutron single-event phenomena in FPGAs. Military Embedded Systems

48. Skorobogatov SP (2005) Semi-invasive Attacks – A New Approach to Hardware Security Analysis, University of Cambridge, Computer Laboratory, Tech. Rep. 630, April 2005

49. Soden JM, Anderson RE, Henderson CL (1997) IC failure analysis: magic, mystery, and science. IEEE Design Test Comput 14(3): 59–69

50. Frohman-Bentchkowsky D (1971) A fully-decoded 2048-bit electrically-programmable MOS ROM. In: IEEE International Solid-State Circuits Conference (ISSCC), vol XIV, pp 80–81

51. Cuppens R, Hartgring C, Verwey J, Peek H, Vollebragt F, Devens E, Sens I (1985) An EEPROM for microprocessors and custom logic. IEEE J Solid-State Circuits 20(2): 603–608

52. Scheibe A, Krauss W (1980) A two-transistor SIMOS EAROM cell. IEEE J Solid-State Circuits 15(3): 353–357

53. Guterman D, Rimawi I, Chiu T, Halvorson R, McElroy D (1979) An electrically alterable nonvolatile memory cell using a floating-gate structure. IEEE Trans Electron Dev 26(4): 576–586

54. Carter W, Duong K, Freeman RH, Hsieh H, Ja JY, Mahoney JE, Ngo LT, Sze SL (1986) A user programmable reconfiguration gate array. In: IEEE Custom Integrated Circuits Conference (CICC), May 1986, pp 233–235

55. Birkner J, Chan A, Chua H, Chao A, Gordon K, Kleinman B, Kolze P, Wong R (1992) A very-high-speed field-programmable gate array using metal-to-metal antifuse programmable elements. Microelectron J 23(7): 561–568, http://www.sciencedirect.com/science/article/B6V44-4829XPB-7F/2/3e9f92c100b2ab2f2527c5f039547578

56. Hamdy E, McCollum J, Chen S, Chiang S, Eltoukhy S, Chang J, Speers T, Mohsen A (1988) Dielectric based antifuse for logic and memory ICs. In: International Electron Devices Meeting (IEDM), pp 786–789

57. Design security in nonvolatile flash and antifuse FPGAs. Actel FPGAs, Tech. Rep.

58. Gassend B, Clarke D, van Dijk M, Devadas S (2002) Silicon physical random functions. In: ACM Conference on Computer and Communications Security (CCS), pp 148–160

59. Lee J, Lim D, Gassend B, Suh G, van Dijk M, Devadas S (2004) A technique to build a secret key in integrated circuits for identification and authentication applications. In: Symposium on VLSI Circuits, pp 176–179

60. Morozov S, Maiti A, Schaumont P (2010) An Analysis of Delay Based PUF Implementations

on FPGA. Springer, Berlin, Heidelberg, New York, p 382387

61. Majzoobi M, Koushanfar F, Potkonjak M (2009) Techniques for design and implementation of secure reconfigurable PUFs. ACM Trans Reconfig Technol Syst 2: 5:1–5:33

62. Majzoobi M, Koushanfar F, Devadas S (2010) FPGA PUF using programmable delay lines. In: IEEE Workshop on Information Forensics and Security (WIFS), in press

63. Majzoobi M, Elnably A, Koushanfar F (2010) FPGA time-bounded unclonable authentication. In: Information Hiding (IH), pp 1–16

64. Majzoobi M, Koushanfar F (2011) FPGA time-bounded authentication. IEEE Transactions on Information Forensics and Security, in press

65. Majzoobi M, Dyer E, Elnably A, Koushanfar F (2010) Rapid FPGA characterization using clock synthesis and signal sparsity. In: International Test Conference (ITC)

66. Suh G, Devadas S (2007) Physical unclonable functions for device authentication and secret key generation. In: Design Automation Conference (DAC), p 914

67. Yin C-E, Qu G (2010) LISA: maximizing RO PUF's secret extraction. In: Hardware-Oriented Security and Trust (HOST), pp 100–105

68. Qu G, Yin C-E (2009) Temperature-aware cooperative ring oscillator PUF. In: Hardware-Oriented Security and Trust (HOST), pp 36–42

69. Maiti A, Schaumont P (2010) Improved ring oscillator PUF: an FPGA-friendly secure primitive. J Cryptol 1–23

70. Maiti A, Casarona J, McHale L, Schaumont P (2010) A large scale characterization of RO-PUF. In: Hardware-Oriented Security and Trust (HOST), June 2010, pp 94–99

71. Morozov S, Maiti A, Schaumont P (2010) An analysis of delay based PUF implementations on FPGA. In: Sirisuk P, Morgan F, El-Ghazawi T, Amano H (eds) Reconfigurable Computing: Architectures, Tools and Applications, ser. Lecture Notes in Computer Science, vol. 5992, pp 382–387. Springer, Berlin, Heidelberg

72. Sunar B, Martin WJ, Stinson DR (2007) A provably secure true random number generator with built-in tolerance to active attacks. IEEE Trans Comput 58: 109–119

73. Odonnell CW, Suh GE, Devadas S (2004) PUF-based random number generation. In: In MIT CSAIL CSG Technical Memo 481 (http://csg.csail.mit.edu/pubs/memos/Memo-481/Memo-481.pdf, p 2004

74. Schellekens D, Preneel B, Verbauwhede I (2006) FPGA vendor agnostic true random number generator. In: Field Programmable Logic and Applications (FPL), pp 1–6

75. von Neumann J (1963) Various techniques used in connection with random digits. In: von Neumann Collected Works, vol 5, pp 768–770

76. Barak B, Shaltiel R, Tromer E (2003) True random number generators secure in a changing environment. In: Cryptographic Hardware and Embedded Systems workshop (CHES). Springer-Verlag, Berlin, Heidelberg, New York, pp 166–180

77. Jun B, Kocher P (1999) The Intel random number generator. In: CRYPTOGRAPHY RESEARCH, INC.

78. Marsaglia G (1996) DIEHARD: A battery of tests for randomness. http://stat.fsu.edu/~geo

79. NIST (2000) A Statistical Test Suite for Random and Pseudorandom Numbers. Special Publication

80. Menezes A, van Oorschot P, Vanstone S (1996) Handbook of Applied Cryptography. CRC Press, Boca Raton

81. Goldreich O (2001) Foundations of Cryptography, Volume 1: Basic Tools. Cambridge University Press, Cambridge

82. Schneier B (1996) Applied Cryptography: Protocols, Algorithms, and Source Code in C. Wiley, NY, USA

83. Diffie W, Hellman M (1976) New directions in cryptography. IEEE Trans Inform Theory IT-22: 644–654

84. Rivest R, Shamir A, Adleman L (1978) A method for obtaining digital signatures and public-key cryptosystems. Commun ACM 21(2): 120–126

85. Rührmair U, Chen Q, Stutzmann M, Lugli P, Schlichtmann U, Csaba G (2010) Towards electrical, integrated implementations of SIMPL systems. In: Workshop in Information Security Theory and Practice (WISTP), pp 277–292

86. Rührmair U (2011) SIMPL systems, or: Can we design cryptographic hardware without secret key information? In: SOFSEM, pp 26–45

87. Chen Q, Csaba G, Lugli P, Schlichtmann U, Stutzmann M, Rührmair U (2011) Circuit-based approaches to SIMPL systems. J Circuits Syst Comput 20: 107–123

88. Alkabani Y, Koushanfar F (2009) Consistency-based characterization for IC trojan detection. In: International Conference on Computer-Aided Design (ICCAD), pp 123–127

89. Koushanfar F, Mirhoseini A, Alkabani Y (2010) A unified submodular framework for multimodal IC trojan detection. In: Information Hiding (IH)

90. Koushanfar F, Mirhoseini A (2011) A unified framework for multimodal submodular integrated circuits trojan detection. In: IEEE Transactions on Information Forensic and Security

91. Wei S, Meguerdichian S, Potkonjak M (2010) Gate-level characterization: foundations and hardware security applications. In: ACM/IEEE Design Automation Conference (DAC), pp 222–227

92. Wei S, Potkonjak M (2010) Scalable segmentation-based malicious circuitry detection and diagnosis. In: International Conference on Computer Aided Design (ICCAD), pp 483–486

93. ——, (2011) Integrated circuit security techniques using variable supply voltage. In: ACM/IEEE Design Automation Conference (DAC), to appear

94. Kahng AB, Lach J, Mangione-Smith WH, Mantik S, Markov I, Potkonjak M, Tucker P, Wang H, Wolfe G (1998) Watermarking techniques for intellectual property protection. In: ACM/IEEE Design Automation Conference (DAC), pp 776–781

95. Kahng AB, Mantik S, Markov I, Potkonjak M, Tucker P, Wang H, Wolfe G (1998) Robust IP watermarking methodologies for physical design. In: ACM/IEEE Design Automation Conference (DAC), pp 782–787

96. Hong I, Potkonjak M (1998) Technique for intellectual property protection of DSP designs. In: International Conference on Acoustic, Speech, and Signal Processing (ICASSP), pp 3133–3136

97. Koushanfar F, Hong I, Potkonjak M (2005) Behavioral synthesis techniques for intellectual property protection. ACM Trans Design Automation Electron Syst (TODAES) 10(3): 523–545

98. Lach J, Mangione-Smith W, Potkonjak M (2000) Enhanced FPGA reliability through efficient runtime fault recovery. IEEE Trans Reliabil 49(49): 296–304

99. Kahng AB, Mantik S, Markov IL, Potkonjak M, Tucker P, Wang H, Wolfe G (2001) Constraint-based watermarking techniques for design IP protection. IEEE Trans Comput Aided Design Integr Circuits Syst 20(10): 1236–1252

100. Kirovski D, Potkonjak M (2003) Local watermarks: methodology and application to behavioral synthesis. IEEE Trans Comput Aided Design Integr Circuits Syst 22(9): 1277–1284

101. Koushanfar F, Alkabani Y (2010) Provably secure obfuscation of diverse watermarks for sequential circuits. In: International Symposium on Hardware-Oriented Security and Trust (HOST), pp 42–47

102. Ziener D, Assmus S, Teich J (2006) Identifying FPGA IP-cores based on lookup table content analysis. In: International Conference on Field Programmable Logic and Applications (FPL), pp 1–6

103. Alkabani Y, Koushanfar F, Potkonjak M (2007) Remote activation of ICs for piracy prevention and digital right management. In: International Conference on Computer Aided Design (ICCAD), pp 674–677

104. Alkabani Y, Koushanfar F, Kiyavash N, Potkonjak M (2008) Trusted integrated circuits: a nondestructive hidden characteristics extraction approach. In: Information Hiding (IH), pp 102–117

105. Koushanfar F, Qu G, Potkonjak M (2001) Intellectual property metering. In: International Workshop on Information Hiding (IHW). Springer, Berlin, Heidelberg, New York, pp 81–95

106. Koushanfar F, Qu G (2001) Hardware metering. In: Design Automation Conference (DAC), pp 490–493

107. Alkabani Y, Koushanfar F (2007) Active hardware metering for intellectual property protection and security. In: USENIX Security Symposium, pp 291–306

108. Koushanfar F (2011) Active integrated circuits metering techniques for piracy avoidance and digital rights management, ECE Department, Rice University, Tech. Rep. TREE1101

109. Potkonjak M (2010) Synthesis of trustable ICs using untrusted CAD tools. In: ACM/IEEE Design Automation Conference (DAC), pp 633–634

110. Wong J, Kirovski D, Potkonjak M (2004) Computational forensic techniques for intellectual property protection. IEEE Trans Comput Aided Design Integr Circuits Syst 23(6): 987–994

111. Kirovski D, Liu D, Wong J, Potkonjak M (2000) Forensic engineering techniques for VLSI CAD tools. In: IEEE/ACM Design Automation Conference (DAC), pp 580–586

112. Alkabani Y, Koushanfar F (2008) N-variant IC design: methodology and applications. In: Design Automation Conference (DAC), pp 546–551

113. Alkabani Y, Koushanfar F, Potkonjak M (2009) N-version temperature-aware scheduling and binding. In: International Symposium on Low Power Electronics and Design (ISLPED), pp 331–334

114. Majzoobi M, Koushanfar F (2011) Post-silicon resource binding customization for low power. ACM Transactions on Design Automation of Electronic Systems (TODAES), to appear
115. Nelson M, Nahapetian A, Koushanfar F, Potkonjak M (2009) SVD-based ghost circuitry detection. In: Information Hiding (IH), pp 221–234
116. Potkonjak M, Nahapetian A, Nelson M, Massey T (2009) Hardware trojan horse detection using gate-level characterization. In: ACM/IEEE Design Automation Conference (DAC), pp 688–693
117. Potkonjak M, Meguerdichian S, Nahapetian A, Wei S (2011) Differential public physically unclonable functions: architecture and applications. In: ACM/IEEE Design Automation Conference (DAC), to appear
118. Vahdatpour A, Potkonjak M, Meguerdichian S (2010) A gate level sensor network for integrated circuits temperature monitoring. In: IEEE Sensors, pp 1–4
119. Potkonjak M, Meguerdichian S, Wong J (2010) Trusted sensors and remote sensing. In: IEEE Sensors, pp 1–4

第 10 章　嵌入式系统的安全性

10.1　引言

随着网络互连在计算机和嵌入式系统领域爆炸性增长，黑客利用软件漏洞攻击个人数字助理（Personal Digital Assistants，PDA）、蜂窝电话、联网传感器和汽车电子等嵌入式系统变得越来越容易[1]。因此，嵌入式系统，特别是携带敏感信息、易遭受安全攻击（从常见的网络犯罪到恐怖主义）的嵌入式系统，其脆弱性已经成为一个非常关键的问题，对经济和社会有深远的影响[2]。例如，移动商务和安全消息应用中最受关注的问题仍然是安全问题[3,4]。除了性能、面积和功耗等传统指标，安全性已被认为是网络化嵌入式系统中最重要的设计指标之一[4]。与普通的商用台式机相比，嵌入式系统的优势在于它允许在整个系统设计过程中添加各种对策。然而，构建安全的嵌入式系统是一项复杂的任务，涉及不同系统层次的多个学科，并跨越各个设计阶段，包括电路、处理器、操作系统(OS)、编译器和系统平台等。此外，考虑到嵌入式系统在计算能力、内存、电池电源等方面存在严格的限制，以及面临着易被篡改的不安全环境，寻找一种高效的、可以应对各种攻击的解决方案是一项具有挑战性的工作。

我们对嵌入式系统安全性的研究，主要是通过在嵌入式处理器中建立高效的架构，以用于安全处理的目的。典型的软件安全攻击包括缓冲区溢出、故障注入、木马程序以及数据和程序完整性攻击[6-10]。这些攻击利用系统漏洞，允许恶意用户覆盖程序代码或数据结构、泄漏关键信息或启动恶意代码。处理器本身对这些攻击并不敏感，因为对上层软件而言处理器是透明的。此外，由于处理器可以用较少的时间执行细粒度的指令，因而它可以将错误传播最小化，并实现快速的错误隔离和强大的恢复功能。因此，我们对处理器内部安全引擎的调查集中在两个方面：一是如何整合硬件和软件，以跟踪动态信息流，从而实现对程序关键控制信息的保护，例如返回地址、间接跳转地址以及系统调用的身份信息等，最终使得它们不被恶意用户所覆盖；二是如何利用嵌入式的预测体系结构来保护不受控的数据。

接下来，我们首先介绍安全计算模型和风险模型，然后讨论数据属性的重要性，最后对我们的方法进行总结。

10.1.1　安全计算模型及风险模型

在这里，我们关注由具有外部存储器和外设的单个处理器所构成的嵌入式系统。在我们的安全计算模型中，假设处理器本身是安全的，并且免受物理攻击，例如通过观察目标属性（如功耗和执行时间）来推断关键信息的边信道攻击。可信计算基础（Trusted Computing

Base，TCB）由一个处理器和一个带操作系统的安全内核组成。外部存储器和外围设备被认为是不安全的，例如键盘、磁盘和网卡，攻击者可以利用程序执行过程中的弱点实施软件攻击，也可以通过物理攻击手段对其进行篡改。参考文献[5]对各种软件攻击进行了评论，其中软件安全攻击最典型的后果是内存破坏，从而可能导致恶意代码注入、敏感信息泄漏和用户权限提升等。

我们假设在片上缓存和片外存储器总线之间实现了加密和解密机制，这可以防止外部提取系统的关键信息，从而解决机密性问题[11,12]。在本章中，我们重点讨论如何保护数据属性，使其免受软件攻击（假定该攻击可以访问程序任意的地址空间）；而由可信计算小组（Trusted Computing Group）设计的各个可信平台芯片[11,13]则不在本章讨论范围内。

10.1.2　程序数据属性的保护

恶意用户主要通过攻击控制数据或非控制数据来访问系统。控制数据内部包括了目标地址以及系统调用的 ID。目标地址可以在运行时被加载到处理器的程序指针（PC）以改变程序的执行位置，比如在此处进行过程调用、返回、本地跳转和特殊的非本地跳转等操作。系统调用的 ID 也可能被替换，从而使得攻击者能够接入系统获取关键信息或造成系统崩溃。在当前的处理器架构中，控制流转移是未经验证的盲点。对 CERT/US-CERT 安全建议[14,15]和 Microsoft 安全公告[16]的研究表明，控制数据攻击是当今最主要的安全威胁。此外，最近的分析还表明，新型的、对非控制数据[17-20]的攻击可以获得受害进程的控制权并导致安全措施失效，这与传统的控制数据攻击一样后果严重。以安全为重的非控制数据包括配置数据、用户身份数据、用户输入数据和决策数据[17]。其中，决策数据通常是寄存器或存储器位置中的布尔变量，它决定着分支指令的方向，并在被攻击后可能改变程序执行或提升用户权限。

10.1.3　嵌入式系统安全处理的软硬件方法

我们采用层次化的软、硬件技术来加强嵌入式系统中的安全处理。第一，在低层次的指令执行时，我们采用一种新颖有效的动态信息流跟踪机制（Dynamic Information Flow Tracking，DIFT）来保护关键控制数据[72]。DIFT 用丁标记（污染）来自不可信来源（如 I/O、网络和键盘）的内存数据，并跟踪其在系统中的传播。如果这些污染的数据被不安全的使用（如去掉其标记指针），则引发安全异常。低级安全机制应该具有较小的占用面积/功耗、较少的性能开销、很少的误报和漏报以及较好的实用性（比如能使用实际代码和软件模型，包括程序二进制化、代码自动生成和程序自修改）。我们希望我们的方法能实现上述所有目标。第二，针对高层次的超级块（一组连续的基本块，其中只有最后一个基本块以间接分支指令结束），我们提出了一种新方法来监测控制流的转移和执行路径[73]。为了实现快速验证，我们利用现有片内分支目标缓冲区（Branch Target Buffer，BTB）作为内存中合法控制流的缓存，对处理器架构中的分支预测部分进行了少量修改，并确保其对上层的操作系统和程序是透明的。

10.2　针对高效动态信息流跟踪的安全页面分配

我们观察到内存攻击的一个基本特征是：它们经常使用不受信任的数据，来非法劫持正常的程序控制流。若没有检查用户输入数据的实际大小并且输入数据的地址与目标存储器相邻，或用户的输入未被正确过滤并使得字符串输入被视为语句或命令而不是常规数据，都会导致漏洞。

动态信息流追踪技术（Dynamic Information Flow Tracking，DIFT）可被用于区分数据来源（可信或不可信），在运行时跟踪数据流并检查不同类型数据的使用情况。每个数据与污点相关联，该污点通常是将数据标记为可信（0）或不可信（1）的一个比特。数据污点根据数据来源进行初始化——来自可信来源（如本地磁盘）的数据从开始就是可信任的，而来自不可信来源［比如可能被恶意用户（网络、键盘等）使用］的数据则从开始就是不可信的。随着程序的执行，污点将随之传播并且暂时存放在存储器和寄存器中。其后，为了检测程序是否被攻击，可以查看关键控制指令里面是否使用被污染的数据，如函数返回地址、系统调用 ID 或控制流传输目标地址。在这些地方使用被污染的数据是不安全的，因为它们可能允许攻击者更改应用程序的控制流，比如去执行插入的代码。

DIFT 技术已经在软件[21-23]和硬件[24-28]中广泛应用。基于软件的方法能灵活地运用污点传播和相应的检验策略。然而，软件方法会导致代码过大（内存开销）以及性能下降，并且在处理程序自修改、即时编译（Just-In-Time，JIT）和多线程应用时会比较困难[29]。基于硬件的方法克服了这些缺点并减小了性能下降的程度，但需要大幅度地更新处理器内核设计以存储和处理（包括传播和检验）污点。除此以外，为了避免虚警，硬件方法还受限于某些预设规则，也无法应对新型的攻击。大部分借助硬件的 DIFT 方案会将污点存储与数据紧密相连，比如：扩展存储器、高速缓存和寄存器文件的位宽来容纳额外的污点。在一些方案中，污点被存储在专用的存储器区域，而不去改变存储和通信总线宽度。一般来说，污点数据的粒度通常是字节级或字级的。

我们基于安全页面分配，提出一个灵活、高效和轻便的方法来执行动态信息流跟踪，即可预测的信息流跟踪技术（Predictive Information-Flow Tracking，PIFT）。与以前的方法相比，我们的方法有两个方面不同。首先，我们的方法是在编译时识别存储器数据的污点，并允许编译器将可信/不可信的信息分配给不同的内存页面，而不是在运行时跟踪信息（污点）流，即在程序运行时更新寄存器和存储器的污点标签。其次，我们不是将每个数据值与一个污点位相关联（与数据紧密耦合，或映射到特殊数组中的某个位置），而是根据它们的污点来聚合数据，即将可信数据放在可信任的内存页中、不可信数据放在不可信任的内存页中。整个页面只有一个污点位存储在页表中。通过这种方式，内存空间的开销大大减少。因此，我们的方法只需要少量的操作系统支持以及少量的硬件扩充，就可以处理动态信息流跟踪 DIFT 里面的污点。

10.2.1　相关工作

目前已经有很多工作通过 DIFT 来增强程序执行的安全性。软件上可能需要扩充编译器和操作系统。比如，利用实时监视器，在程序执行期间动态检测并终止无效流，需要对体系结构进行扩充并提供相应的操作系统支持。

软件方法对污点传播和检查、污点比特策略方面具备灵活性，并覆盖大多数已知的漏洞[21-23,30-32]。然而，它们会引起显著的性能下降（从降低30%到75%不等）。此外，它们不能跟踪在二进制库内部或系统调用中的信息流[22,32]，并且不支持多线程的代码[21,23]。另一个缺点是软件方法需要额外的程序代码来支持动态流跟踪。在通用的动态信息流跟踪框架GIFT中[31]，添加了一些用于初始化、传播和检验污点的封装函数。为了减少必须跟踪的信息量及代码量，文献[30]中实时地使用静态分析和声明性注释语言将符号标记与数据相关联。文献[31]将数值传播算法与污点分析相结合，以帮助程序员形成防御性的编程风格。

硬件方法可以通过改进处理器内核来完成污点存储和处理，从而减少执行时间。这些改进包括扩展内存、寄存器文件和总线，并增加污点初始化、传播和检验的逻辑[24,33-36]。污点初始化可以由操作系统[24,35]或新指令[33]完成。污点传播和检查的策略可以在程序执行之初进行设置[24]，也可以通过实时重配置功能来实现[33]。文献[29,34]开辟特殊的存储区域来存放污点，而不是加大内存和总线的位宽。在这种情况下，若处理器取数据的污点标记时未命中缓存，则会去访问存储器而导致额外的延迟。

除上述方法外，还有一些软硬件相结合的方案，它们利用处理器体系结构自身的特点来实现DIFT，而不去改变处理器或内存。例如，文献[37]利用现代商业处理器（如Itanium）的预测执行硬件来实现DIFT。它利用延迟异常的处理机制，为每个存放污点比特的寄存器扩展一个异常标记位。数据存储器则为它们的污点建立一个位图。对处理存储器和处理器之间的污点传播行为，它使用软件分配的安全策略和相应的软件技术来处理。但是，该方法需要把应用程序重新编译，且不支持多线程应用程序。文献[38]用一个简单的、独立的协处理器来实现DIFT，而不需占用主处理器逻辑。在该方法中，对应用程序不需要做任何改动，但程序的性能会因为核间的同步开销而有所下降。

为了减少DIFT引起的性能下降，文献[34,39-41]提出了一种方法，即在多核处理器中利用不同的核来单独运行正常的应用程序和DIFT机制。

表10.1总结了实现DIFT的各种方案，并指出每个方案所需的技术支持类型。其中，我们的PIFT方法是一个软硬件协同设计方案，它需要少量硬件传播并检验污点，但污点初始化和分配可以在编译阶段完成。此外，与现有的硬件和软件方法相比，由于我们采用了页级的颗粒度，用于污点存储的存储器开销非常小。我们相信该方法是一个有效的方案，由于它涉及了三个部分，包括编译器（无重新编程）、操作系统和硬件更改，它兼备了软件方法和硬件方法的优势。

表10.1　不同DIFT方案之间的比较

DIFT阶段	软件	硬件	我们的PIFT
初始化	软件（应用扩展/编译器）	操作系统支持	编译器
传播	应用扩展	额外的硬件逻辑	额外的硬件逻辑
存储	专用内存区域	扩大的内存或专用区域	页表
检验	应用扩展	额外的硬件逻辑	额外的硬件逻辑

总的来看，我们的贡献包括：

1. 提出了一个软硬件协同设计方法，该方法基于编译时的静态污点分析、安全页面分配和少量硬件改动来实现 DIFT。

2. 该方法每页只使用一个污点比特，并根据污点的情况来聚合数据，显著降低了内存开销。

3. 证明了只要预先知道源代码的属性（可信或不可信），我们的方法可以达到与硬件方法相同的安全级别，比如：程序自修改、即时编译和第三方库。

4. 和软件方法不同，我们的方法只涉及系统软件（即更新编译器和扩展操作系统），而无须重新编写应用程序，这使得应用程序的性能下降非常小。

10.2.2　我们的 PIFT 方法

如前所述，当前基于硬件的 DIFT 方法需要占用较多的芯片面积（比如文献[33,42]中，DIFT 需要增加 3.125% 的片外存储器、片内高速缓存和寄存器文件开销，并将总线扩展到 4 字节宽度来处理污点标记），或者由于访问污点的专用存储器而产生巨大的执行开销[29,34]。我们提出一种新的、页面级的信息流跟踪方法 PIFT。该方法以页面为基本单位（通常是 4 KB）来标记存储器系统的污点情况，并且在编译时根据数据是否可信来分配存储器。

10.2.2.1　总体思想

首先，通过对源代码进行静态污点分析，可以获得数据的污点属性。编译器根据数据来源将所有的数据分为两类：可信（TR）和不可信（UTR）。其次，在程序加载时，加载程序（操作系统提供的服务）将它们分配到受信任和不受信任的存储器页面，并初始化页面标签。在执行阶段，当数据被访问时，存储器控制器（另一个操作系统服务）使用该地址来提取数据的污点值，之后操作系统则根据污点值为数据分配动态页面。一个动态页面也只需要一个污点位，它占用该页面一个未使用的比特。因此，这是一种零开销的污点存储方法，因为我们不需要增加总线位宽或访问两次存储器（一次用于数据，另一次用于污点标记）。此外，由于增强型处理器能在进行污点处理的同时执行正常的指令，因而该方法对性能的影响也很小。

在默认情况下，存放指令的文本段是可信的。数据段、栈和堆则根据它们要保留的数据属性，被划分为两种类型（可信和不可信）的区域。可信/不可信数据将被相应地分配到可信/不可信页面。图 10.1 显示了虚拟地址空间到物理存储器的映射，该映射由页表管理，表中为每个页设置了一个标签。

为了支持污点在片外存储器和片内寄存器之间的传播，我们必须稍微改动处理器架构。其中，寄存器文件被增加了一个比特位来存放污点值，也添加了部分处理污点传播的逻辑。多种污点传播规则（如文献[33]）可被利用，并通过配置寄存器来进行选择。在我们的工作中，我们对所有选择到的操作数采用"或"规则。与其他 DIFT 方法不同，我们的系统在程序污点传播期间检测异常状况，例如，检测到不可信的信息进入可信的存储器。这种情况表明可能发生了内存破坏攻击，此时处理器将引发异常，并让操作系统或其他服务程序进一步检查情况或直接终止应用程序。我们的方法不需要在运行时检查特定的控制点，例如函数返回和系统调用。通过将关键信息（如返回地址和系统调用 ID）分配到可信页面并强制执行污点检验策略，内存中的关键数据就会受到系统的保护。但是，我们的方法仍然需要检查跳转的目标，因为它们被存储在寄存器中，且其污点在运行时会被更新。

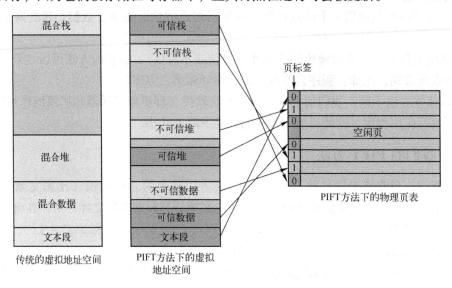

图 10.1　PIFT 的虚拟地址空间和页表

10.2.2.2　编译阶段

在本节中，我们讨论 PIFT 在编译阶段为了实现静态污点分析和内存映射生成的几个主要设计，包括数据属性分配、指令复制和数据复制。

图 10.2 给出了由修改后的编译器完成基本的代码转换过程。我们的方法不需要去改变源代码，而是去改变编译器的前端，从而将注释以静态单赋值（Static Single Assignment，SSA）的形式添加到程序的每个变量。这些注释包含每个变量的污点信息，并且可被新增的中端（编译器优化）模块使用，以实现静态污点分析。在编译器优化过程中，污点信息会被一直保存，其后被传递到后端（代码生成）模块并映射到内存上去。

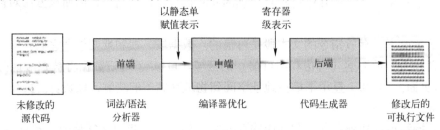

图 10.2　编译时的代码转换

在识别数据源和相应的污点初始值时，我们的方法也对重要的 C 标准库函数机进行注释，因为这些函数容易受到内存损坏攻击[43]。虽然脆弱的函数是一个黑盒，但当它每次被调用时，编译器可以检查参数的污点如何影响返回结果的污点（如果有影响的话）。例如，函数 malloc（size）返回一个指针指向新分配的块，该指针可附加一个和变量大小相关的污点。通过这种方法，虽然函数的源代码是未知的，但编译器可为结果分配一个污点。

内存映射和数据属性

通常，内存空间被划分为四个段：文本段、数据段、堆段和栈段。我们对每个段分别处理，以支持动态信息流跟踪，并支持我们为内存完整性保护所设置的某些覆盖策略。在本节，我们采用的策略是：不允许可信和不可信内存页之间交换数据。在 10.2.3 节，我们展示了通过该策略，我们的 PIFT 可以捕获到各种内存损坏攻击。

一般情况下，文本/代码段是可信的。因此，它被分配在受信任的内存页上。通常，该段对于取指程序而言是"只读"的。在程序自修改的情况下，文本段可以被覆盖，并且新生成的代码必须来自可信源。在从其他部分（比如堆栈）调用代码时，情况与上类似，即代码必须来自可信页面。

数据段（也称为符号起始区块）通常包含程序使用的常量和全局变量。常量被标记为可信并分配到可信内存页面上。相反，虽然全局变量可以被初始化为某些值，但这些值可能在执行时被改变，并且这些值在不同时刻既可能是可信的，也可能是不可信的。如果静态污点分析显示全局变量具有可信和不可信两种属性，我们将复制全局变量，一个副本用于可信的属性，另一个用于不可信的属性。

我们在中、后端实现了过程内和过程间的数据流分析，以获得变量及其属性的列表，然后识别哪些全局变量需要声明两次。这种副本增加了数据开销并需要少量的、额外的代码。

"堆"是一种动态分配的、存储临时信息的内存。如果信息来自可信源，则会为其分配一个或多个可信的页面。否则，将为其分配不可信的页面。污点与页面相关联，直到页面被释放。在编译时，链接器（后端的最后一步）为每个内存段分配正确的属性，使得操作系统可以将这些堆分配到不同的页面上。

除了动态数据，堆还负责保存内存管理单元（Memory Management Unit，MMU）所需的关键元数据，以便其管理内存块。攻击者可以利用编程错误来覆盖元数据（比如链接到空闲内存块的前向指针和后向指针），并且这种覆盖会改变代码执行流程。如果 MMU 将这些关键指针存储在可信的页面中，则利用我们的方法可以避免它们发生堆溢出或双重释放等破坏攻击。文献[44]论证了通过修改内存分配管理单元 MMU 和使用查找表，信息块可以存储在不同的内存区域。因此，我们建议将链接列表保存到可信页面中，而不是像文献[44]那样在内存块之间使用保护页。

最后一类段是"栈"，这需要单独考虑。在后端开始代码生成时，有些变量被分配给栈，而有些变量则被映射到寄存器。栈的变量可以是函数的参数、局部变量和特殊寄存器。因此，栈可以保存可信和不可信的信息。比如，帧的指针和返回地址是可信的，而函数的参数和局部变量的属性则取决于其功能。为了区分可信和不可信的数据，编译器修改栈中每个变量的分配方式。可信变量直接被分配而不进行修改，但不可信变量在分配时会有额外的偏移量。其中，偏移量要求足够大（以避免堆重叠），并且是和页面对齐的。这些修改有助于保护关键数据，包括返回地址、系统调用参数和函数调用指针。文献[45]还提出了一种多栈的技术，数据根据它们的类型（如数组、整数等）被放置在不同的栈。

代码复制

当一个变量必须被复制时，编译器需要生成一个新的语句来使用变量副本，这增加了代码量。

　　由于参数在不同位置时，其属性可能是可信的或是不可信的，这为函数调用带来了挑战。图 10.3 给出了一个示例。如果函数参数的属性在执行期间没有变化，则程序运行时没有任何开销。但是，如果参数位置从主函数内改变为循环函数内，编译器将更改函数 A 的调用方式。当参数具有不同的属性时，如图中的 var1 和 var3，函数调用就需要被复制。虽然语句复制意味着代码量呈指数增加，但通过静态污点分析可知，函数复制是一种比较罕见的场景。

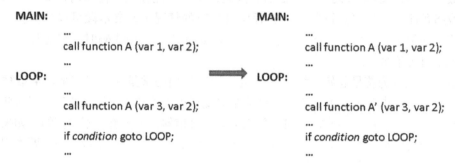

图 10.3　执行阶段的函数参数

10.2.2.3　实时执行与体系结构扩展

　　在前面的章节中，我们解释了编译器如何设置内存属性，以及如何将变量聚合到不同类型的页面上。在本节中，我们也展示了操作系统，特别是内存控制器如何在运行时处理段到内存的映射。现在，我们描述在处理器内部需要怎么改变，才能支持 PIFT 的污点传播和检查，以发现应用程序遭受的安全攻击。

　　图 10.4 给出了 PIFT 的体系结构，该结构允许编译器根据数据的污点值来进行数据聚合。在程序运行时，操作系统为当前进程分配内存，并在内存的页表初始化相应的页面污点信息。每次处理器从内存取指令时，内存管理单元 MMU（受 OS 控制）从页表中检索页面污点。为了防止恶意代码注入和执行，指令的污点必须是可信的，这点可以由取指令阶段的污点检查模块来保证。在指令执行期间，标记由污点传播模块在处理器内传播。污点传播模块共有两个：一个位于指令译码阶段，在该阶段源操作数寄存器的污点已知，并且会对当前指令进行译码操作；另一个位于访存取数阶段，在该阶段内存数据（如 LOAD 指令加载的数据）的污点是通过检索页表获取的。对于污点检验而言，内存管理单元模块确保数据写入内存时（MEM 阶段），源和目的污点组合是覆盖策略所允许的。此外，污点检验模块会核查跳转目标地址是否可信，若不可信则激活处理器异常标识。

　　处理器体系结构的具体修改信息如下：

　　增宽了寄存器：每个寄存器被加宽一位以存放污点标签。对于污点传播，我们用胶合逻辑来协调污点的读写操作。除几种特殊情况外，多个源污点之间会执行"OR"操作。一种特殊情况是，当指令只有一个源操作数时，污点可以直接传播而不进行任何处理。另一种特殊情况是，当目标寄存器被清除时（例如对寄存器 r1 使用异或指令 xor r1，r1）。在这种情况下，寄存器是可信的，其污点与源操作数的污点无关。此外，当指令加载立即数时［如 movl $ 10，(% esp)］，目标寄存器总是可信的。上述所有特殊情况都会在污点传播模块中予以考虑。

　　内存污点比特检索：污点在寄存器和存储器之间传播时，污点及其相关的变量（实际上，是保存变量的存储器页面）应该能被 LOAD 或 STORE 指令检索到。对 LOAD 指令而言，存储器地址被用来查找数据存储器/高速缓存的同时，也会被用于检索污点页表。对 STORE 指令而言，会以类似的方式查找污点在存储器中的位置。此外，如果 STORE 指令违背安全约束并引起安全警报，将强制启动覆盖策略来处理可信/不可信数据与可信/不可信页面之间的关系。支持虚拟存储器和页表的系统本身提供页表检索机制，不管指令何时去访问存储器都能得到支持，因而不需要额外的开销。此外，若要系统支持代码动态生成（如代码自修改、JIT 编译等），生成代码的源文件必须可信。

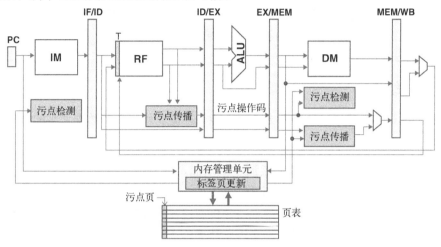

图 10.4　PIFT 的架构设计

注释：PC 为程序指针（Program Counter），IM 为指令存储器（Instruction Memory），IF 为取指令（Instruction Fetch），
ID 为指令译码（Instruction Decode），RF 为取寄存器操作数（Register Fetch），EX 为执行（Execution），
MEM 为存储器（Memory），其目的是获得操作数，DM 为数据存储器（Data Memory），WB 为回写（Writeback）

10.2.3　安全分析和攻击检测

我们从两个方面评估方法的有效性。第一，在系统没有被攻击时，该方法不应产生虚警。第二，该方法应该能检测到试图覆盖关键信息的攻击。

我们运行了 SPEC CINT2000 基准测试集[46]。对于每个应用程序，源代码被编译两次：一次使用常规编译器，另一次使用 PIFT 的编译器。两种方式下应用程序的运行结果相同，没有错误警报。至于 PIFT 编译器如何影响程序执行的细节，可参见 10.2.4 节。为了评估 PIFT 方法在安全方面的有效性，我们又运行了 DIFT 专用的三个测试程序[26]，看内存关键位置被不可信的信息覆盖时，PIFT 能否检测到。为了在运行时模拟动态信息流跟踪，我们使用了测试程序的 tracegring 修改版，该版本含有 Avalanche 项目[47]为 Valgrind[48]开发的一个插件（Valgrind 是一个跟踪污点数据流的工具框架）。

测试表明，我们的 PIFT 可以检测到所有的安全攻击。当 X86 架构遭受堆栈溢攻击时，源索引寄存器 ESI 和目标索引寄存器 EDI 的污点属性不一致，数据块被复制到存储器区域时会被检测到攻击。在格式化字符串攻击里，格式化标识寄存器的污点，被传播到 printf 函数中条件跳转所使用的一个寄存器中，这是我们的系统不允许的，因此能被检测到。在堆破坏攻击中，操作系统在运行时确定内存分配的准确位置。当需要开辟新的存储器块存放数据时，MMU 需要知道存放数据的属性，并将其分配到正确的页面中。因此，不可信数组始终被放在不可信的页面中，因而无法覆盖可信页面中的关键元数据。

对系统调用攻击和返回库函数（return-to-libc）攻击，我们的方法是有效的，因为系统确保调用的 ID 始终在可信的页面中。此外，对于语义攻击，我们的方法也有效，因为系统确保只有来自可信页面的代码可以被执行。

我们的方法能检测那些靠覆盖关键信息（如返回地址、系统调用 ID 和函数指针）来获取应用程序控制的攻击。虽然攻击者仍然可以覆盖一些内存位置，但由于我们特有的页面分配方法和安全策略，攻击者无法更改关键信息。对一些已有的安全技术而言（比如通过观察程序执行过程，来避免因不可信内存故障而导致的结果不正确、信息泄漏或应用程序崩溃），我们的方法是一个很好的补充。

10.2.4　实验结果

本节我们通过实验来评估我们的方法对性能、存储、代码量和数据大小的影响。

10.2.4.1　实现

实现我们的方法需要在编译器上添加三个功能：静态污点分析、栈复制和全局变量分离。PIFT 建立在 Vulncheck 之上[49]，其中，Vulncheck 是 GCC 4.2.1 的一个扩展，用于检测代码漏洞。污点的分析与初始化包括过程内分析和过程间分析。过程内分析主要是针对函数调用的参数和一些输入的全局变量，建立污点计算公式。过程间分析则是使用这些公式完成静态污点分析，并在有需要的时候进行变量复制。当整个分析过程结束时，代码以 GIMPLE（一种基于树的中间语言）的形式进行输出，该输出之后在编译器中端被转换为 RTL 代码。在编译器后端，栈被创建出来，并根据中端收集到的数据属性，复制某些栈。

最后，为了确保可信和不可信的全局变量在不同的页面中，我们稍微修改了 GNU 链接器（编译器的最后一步），将不可信的全局数据放置在可信全局数据的前一个页面。我们将修改过的编译器与原始 GCC 4.2.1 进行了比较。图 10.5 显示，修改后的编译器，其平均编译时间开销仅为原始编译器的 60%。此外，编译时间开销与源代码的大小有关，大程序（如 176. gcc）比小程序需要更多的编译时间。

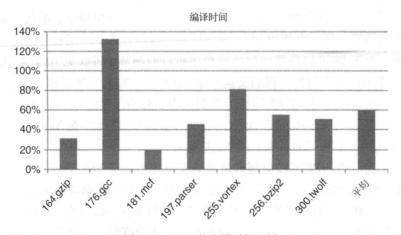

图 10.5　PIFT 的编译时间开销

10.2.4.2　静态内存开销

静态内存开销的来源有两种：全局变量副本和语句复制。图 10.6 表明，全局变量副本的平均开销仅为 6%。图 10.7 则说明，由于变量副本较小，使得所需的语句复制也较少，其平均代码开销小于 1%。代码开销较小的另一个原因是编译器为了实现块对其进行了填充处理，新复制的语句可以利用此填充空间。

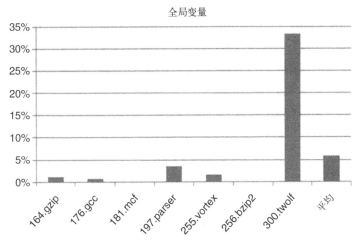

图 10.6　PIFT 的全局变量开销

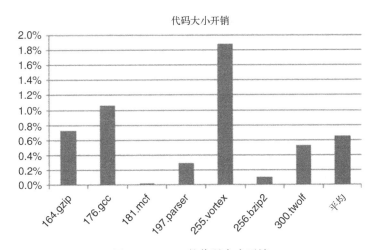

图 10.7　PIFT 的代码大小开销

10.2.4.3　动态内存开销：堆和栈

静态分析表明，所有程序都不需要堆复制。但是，栈不具备此特性。我们使用 drd（一种用于监控过程行为的 Valgrind 工具[48]）测量了每个栈在程序执行期间的增长量，如图 10.8 所示。对于某些应用程序，栈只是逻辑上分裂为两个正交栈（不可信和可信），实际大小并不会改变，所以开销为零（如 176. gcc 和 197. parser）。但在一些应用程序中，由于大多数栈需要被复制（不同用途的可信和不可信局部变量），其开销接近 100%（如 164. gzip、181. mcf、255. vortex 和 300. twolf 等）。剩下的其他应用，栈分离和栈复制都具备，其开销主要取决于栈复制的数量（如 256. bzip2）（见图 10.8）。

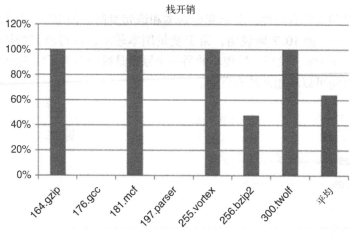

图 10.8　PIFT 的栈开销

10. 2. 4. 4　执行开销

我们在 Valgrind 上运行了一组 SPEC CINT2000 应用程序，以测试我们的方法对性能的影响。如图 10.9 所示，我们的方法引入的性能下降平均小于 2％，几乎可以忽略。执行开销主要是由缓存未命中引起的，当具有不同属性的数据被分配到不同页面时，本地的原始空间减少，导致缓存未命中增加[50]。与此同时，代码空间可能会变得更大，并且对代码页面的平均访问时间随之增加。

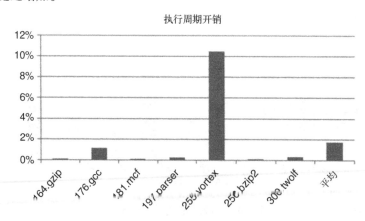

图 10.9　执行周期开销

10. 2. 5　总结

针对动态信息流跟踪问题，我们提出了一种灵活、高效和轻便的硬件/软件协调设计方案。在不牺牲安全性的前提下，我们将污点存储所需的开销几乎降为零。方案中提出的页面级污点处理技术，会产生一些存储开销。虽然我们的方法没有解决和决策数据攻击相关的问题，但我们相信，该方法可以与基于签名的安全解决方案互补，这些方案是可以基于应用的合法行为或控制流来保护程序的。

10.3　利用预测架构验证运行的程序

内存破坏攻击允许用户数据覆盖程序代码或控制流结构[51]。因此，程序执行时可能被引导到程序存储器中的恶意代码上，从而将部分或全部系统向攻击者开放。因此，为了防御控制数据攻击，对控制流的传输必须进行验证。最近，出现了一些被称为决策数据攻击的漏洞，它们可以通过覆盖局部变量而不是改变目标地址来改变控制指令的决策[18,52,53]。虽然所有控制转移都是有效的，但是由于全局控制流被破坏，攻击者可以轻易获取重要的系统信息，并且这类攻击很难被控制流转移验证技术检测到。因此，我们必须在运行时检查分支决策路径。

本节我们介绍一种在微架构级保护程序执行的新方法。我们以超块粒度（即两个连续的间接分支指令之间的代码）来监视控制流传输和执行路径。在每个检查点（即间接分支站处），我们用动态程序执行信息，包括合法目标地址和执行路径，与存放在安全存储器区域中的完整记录集（FRS）进行比较。此外，我们还预先获取未来程序执行的参考行为，以供稍后监视；并为 FRS 设置了一个高速缓存，以实现快速验证。由于分支预测技术已在嵌入式处理器中广泛使用，片上分支目标缓冲器（Branch Target Buffer，BTB）刚好可以用作FRS 所需的缓存。鉴于此，我们提出了一种确保 BTB 安全的验证机制，来避免内存被篡改。我们发现，验证机制只需在 BTB 曾经发生过误预测的那些间接分支（包括方向、地址或执行）上激活即可。和其他基于硬件的方案相比，由于该方案很少访问外部的 FRS，因此性能几乎没有下降。此外，该方法的处理器在分支预测结构上只有少量硬件改动，并且改动后仍然对上层操作系统和程序透明。因此，原有的代码可以在安全处理器上直接运行，而不需要重新编译。

我们的方法是一种基于症状来检测数据是否被攻击的机制。这种黑盒方法监视程序运行情况，并检测出非法的行为，从而我们可以忽略漏洞本身的复杂性，而专注于保护关键对象（如控制数据、决策数据和系统调用数据）。因此，如何正确地定义正常行为和异常之间的区别，以提高错误检测精度，是方法需要重点解决的问题。

10.3.1　预备知识

为了防止控制流攻击，我们微结构级的这种机制需要验证程序的控制流传输和执行路径。程序执行监视器在程序运行时对间接分支处进行采样，而并不需要观察所有条件分支或跳转，因此大大减少了由监视引起的性能和存储开销。然而，由于采样频率较低，每个检查过程必须覆盖足够的范围，以降低漏报概率。

10.3.1.1　复杂的程序控制流

在程序执行中存在若干问题，使得控制流传输和执行路径（例如多路径情况）的验证过程更加复杂。图 10.10 给了一个例子来说明这个情况，图中的节点表示基本块，边表示控制流传输。基本块 P 以间接指令结束，可能会去往不同的目标地址。图中，基本块 P 有多个输入路径，若没有合适的处理机制，这些路径可能会存在二义性，从而增加漏报概率并降低安全策略的有效性。

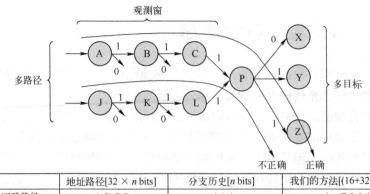

	地址路径[32 × n bits]	分支历史[n bits]	我们的方法[(16+32+n) bits]
正确路径	A-B-C-P	1-1-1	size-C-1-1-1
不正确路径	J-K-L-P	1-1-1	size-L-1-1-1

图 10.10　具有二义性的复杂程序控制流

对于直接条件分支，可以通过使用二进制判定信息来验证程序控制流（1 表示分支被采用，0 表示分支未被采用）。然而，当存在间接分支时，必须验证整个地址路径，这需要大量的存储空间。另一种解决方案是在间接分支处查看分支决策的历史，并使用二进制决策路径[53]。然而，攻击者可以控制应用程序，并利用决策历史中存在的二义性路径来改变正常的控制流。在图 10.10 中，有两条路径通向超级块的结束单元 P；假设路径 A-B-C-P 是正确的，而另一条路径 J-K-L-P 是不正确的。从图 10.10 可见，它们的二进制的历史路径是相同的：1-1-1。如果我们仅仅使用二进制历史路径信息，1-1-1 将被存储在签名中，导致不正确的路径 J-K-L-P 逃过了检查。因此，仅利用决策历史路径来验证程序执行情况是不够的。除了二进制路径，观察窗口的大小，即分支判定历史的长度，可有效降低二义性的影响。

对于上述情景，我们提出了一个混合式的解决方案：该方案要求每条历史路径必须关联足够多的历史信息，还必须允许观察窗尽可能大。借助于历史分支程序指针（Past Branch Program Counter，PBPC），我们可以区分出正确的路径和恶意的路径。此外，我们添加一个新变量，即超级块中基本块的数量，这加大了攻击者伪装自己的难度。如图 10.10 的最后一列所示，与 Z 相关联的基本块 P，其正确路径被表示为 size-C-1-1-1，即历史路径、最后分支站点地址和超级块大小的三合一。我们对 SimpleScalar 工具集[54]进行了修改，使其可以分析 MiBench 应用程序[55]，以证明程序中含有大量的、具有二义性的二进制路径。具体结果见 10.3.4 节。

此外，从每个超级块的尾部，我们可以获取未来的期望路径（Expected Path，EP）信息，并用其检查下一超级块中基本块的决策信息。这样，即使不存储所有可能的二进制路径，我们也可以在多个不同的层次（或者直到程序执行到超级块结束）获得一个当前目标地址（TPC）的全路径向量。图 10.11 给出了一个深度为 2 的期望路径向量的示例。基本块 A 是上一个超级块的结束，A 的其中一个分支指向 B，并且 B 是二叉树的根。因为 B 和下一个超级块之间的所有基本块都是直接条件分支，所以这些基本块的方向足以用路径验证。对于深度为 2 的情况，图中总共有 4 条路径：B-C-E（判决路径为 11）、B-C-F（判决路径为 10）、B-D-G（判决路径为 01）和 B-D-H（判决路径为 00）。每条路径的有效性用一个 4 比特的向量来表示。例如，如果路径 B-D-G（判决历史路径为 01）无效，并且所有其他三个路径都有效，则向量被置为 1101。因此，深度为 n 的路径，向量大小为 2^n 比特（其中每个比特表示其对应路径是否有效），和记录所有可能的 n 级路径相比（共需 $2^n \times n$ 比特），该向量方式要小很多。

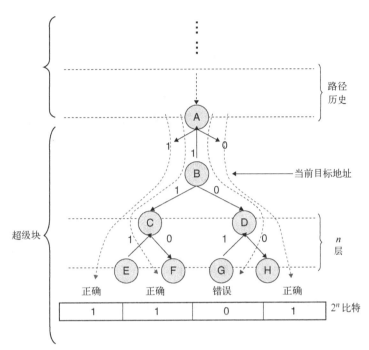

图 10.11　在间接控制指令处获取的期望路径向量

在程序执行期间，可以利用向量来加快路径验证速度，以更快完成攻击检测。每当我们遇到条件分支并对其解析时，可以根据该分支的方向信息（使用为 1，不使用为 0）将向量切分为两部分，前半部分保留 1，后半部分保留 0。如果某个向量大小变为 0，则表明程序执行了无效路径并被检测到异常。

10.3.1.2　相关工作

目前已有大量研究使用专用的软、硬件来检测特定攻击（如缓冲区溢出[56-59]）。这些研究关注攻击的特性，能有效预防攻击者利用特定的漏洞。总的来说，它们属于白盒测试的类别，通过详细分析攻击机制，来指定专用的预防措施。然而，由于漏洞的多样性，我们希望开发通用的、基于症状的机制来检测到所有的异常操作。这是一种黑盒方法，它监视程序的执行情况，并检测所有异常的行为，而不管该异常是由何种原因引起的。

研究人员已经表明，可以在系统调用、函数调用、控制流和数据流等不同层次对程序行为进行建模。如果仅仅检查系统调用对预防攻击而言是不够的，在一些情况下可能存在较高的漏报概率。此外，将程序行为存储在有限状态自动机（Finite State Automata，FSA）中并检查所有正常的系统调用轨迹，需要极大的开销[60-62]。一些工作研究了如何增加返回地址栈（Return Address Stack，RAS）的可靠性，以在函数调用级抵御攻击[63-65]。然而，其他非 RAS 间接分支的控制数据，也有可能被攻击者利用污染存储器等手段来篡改。也有研究人员提出了其他细粒度的方案来检测异常的程序行为，比如在软件或硬件的支持下检测控制流的错误。软件方法在每个基本块中使用检查机制重写二进制代码[66]。虽然这种技术灵活性较高，但它需要二进制转换，并显著增加程序大小和执行周期。硬件方法（如文献[67]中基于硬件辅助的优先控制流检测技术）在验证控制流转移情况时具有更高的性能。然而，该类方法有两大缺点：一是需要复制整个寄存器文件和 PC 用于验证，导致硬件成本很高；二是非法的间接分支转移可能会使得检测机制失效。此外，还有另一种基于硬件的方法，它侧重于直接跳转行为，并使用功能强大的协处理器来完成复杂的控制流建模和检测工作。该方法在存储参考行为时，也需要极大的开销。

和我们技术最相关的前期工作，是文献[68]中基于布隆过滤器的实时控制流验证技术。该技术通过减少合法控制流传输的存储空间，可有效减小硬件的访问延迟。但是，布隆过滤器的存在可能引入漏报。在文献[53]中，只有具备二元历史路径（分支方向）的间接分支站点，才会执行验证操作。由于该方法不能解决由二进制表示路径的二义性，它具有较高的漏报率。在我们的方法中，二进制的历史路径信息同上一个分支地址和超级块的大小相关联，有效减少了路径的二义性。此外，我们将历史路径与未来期望路径相关联，以兼顾相邻超级块之间的分支相关性。因此，我们的方法比文献[53]具有更高的、检测异常的能力。并且，由于我们利用了分支目标地址预测机制，即使在访问 FRS 时耗费了较长的时间，实现我们的方法所需的执行周期也几乎可忽略不计。

10.3.2　控制流传输和执行路径验证的推测架构

对于每个间接控制指令，系统必须验证其合法性。由于完整记录集（Full Record Set，FRS）存储在安全存储器区域中，为了完成验证而频繁访问片外的完整记录，将大大降低程序性能。为了减少性能损失，我们可以减少访问完整记录的次数或减小访问延迟。在以前的工作中，曾经采用布隆过滤器将片外硬件访问的延迟减小到 4 个周期[68]。本书中，我们通过利用分支目标缓冲区（Branch Target Buffer，BTB）的预测结构，来降低对完整记录的访问频率。

10.3.2.1　为验证提取动态程序执行信息

当验证程序执行时，系统需要收集历史条件分支的方向、上一个分支的地址以及超级块的大小等动态信息，并与静态时间分析所获得的程序正常行为进行比较。我们划取少量内存，来专门存储当前超级块的分支点和三个动态信息寄存器的内容，并只允许它们被验证系统访问和使用。分支历史移位寄存器[53]（Branch History Shift Register，BHSR）用于存储过去的 n 个条件指令的决策信息（假定 BHSR 长度为 n），其内容在每个分支的方向被解析出来后进行更新。另一个寄存器，即过去分支程序计数器（Past Branch Program Counter，PBPC），则记录上一个基本块的分支地址。对于当前超级块的大小，最后一个动态信息寄存器统计属于当前超级块的基本块的数目。

在每个间接指令站点，分支程序计数器 BPC 在 BTB 或 FRS 中查找预期行为（FRS 由一个作为标签的分支站点 BPC、一个目标地址 TPC、多个历史路径 HPS、超级块的大小 SIZE以及期望路径向量 EPV 组成）。如果 BTB 的入口地址或 FRS 的间接控制签名（Indirect Control Signature，ICS）与元组 {BPC，TPC，BHSR，PBPC，SIZE} 相匹配，则目标地址和历史记录是合法的。否则，会向操作系统发出警报，并由操作系统来接管程序。同时，期望路径向量被取出，并被用于检查其后执行的基本块。如果向量被减小到 0，则可在下一超级块内的任何时间发出警报。

10.3.2.2　BTB 更新与管理

分支预测机制已被广泛应用于高端嵌入式处理器，以减轻由条件指令引起的流水线停顿。在从高速缓存读取分支目标地址的同时预测分支的方向，已成为众多高效流水线结构设计中的基本要求。分支目标地址由 BTB 提供，而 BTB 则是一个具有多个集合组成的高速缓存结构，其集合的关联性从 1 路到 8 路不等[69]。BPC 的上部被用作访问 BTB 的标签。

图 10.12 给出了一个分支预测流程图，该流程在一个简单的 5 级流水线结构中使用了 BTB，实线和实线框图表示常规的分支预测方案。为了拥有控制流传输和执行路径验证等功能，我们对该流程进行了扩展，如虚线和虚线框图所示。当指令从指令存储器中被取出时（在 IF 级），我们仍然使用相同的 PC 地址来访问 BTB。如果缓存命中，则表示此时要执行的指令是控制指令。然后，将预测的目标程序指针（TPC）作为下一个程序指针（NPC），并在下一流水线中获取新的指令（在 ID 级），而不是等到后期（EX）使用实际计算的 NPC 来获取指令，以避免分支停滞。同时，根据指令的类型，我们预测或计算指令的方向。如果某个分支被采取（称为"方向命中"），则来自 BTB 的 TPC 将与 EX 级中计算的 NPC 进行比较；如果这两个值相匹配（称为"地址命中"），则分支方向和目标预测都是正确的。然而，在我们的方法中，需要对间接控制指令多进行一次验证。系统会将历史移位寄存器 BHSR、历史分支程序指针 PBPC 的大小，同 BTB 中的历史路径进行比较。如果历史记录也匹配，则它是"历史命中"，程序可以继续正常执行。否则，它是历史误预测，即与 BTB 中的 TPC 相关联的历史路径并不包括刚刚看到的历史信息。其后，须将 |BPC，计算得到的 NPC，BHSR，PBPC，SIZE| 等元组信息发送到外部存储器（FRS）进一步验证，只有验证再次发现错误时，才会产生安全警报。

在传统的体系结构中，在地址误预测的位置，当从指令中获取到下一个程序指针 PC 时，仅更新 BTB 入口信息。然而，间接目标地址的误预测也可能由安全攻击引起，因此，在增强架构中，我们在用间接控制签名 ICS 的信息更新 BTB 入口之前，会先检查外部存储器。在直接误预测发生的位置，如果存在用于指令的 BTB 入口、但指令实际上又没有执行，我们将删除 BTB 入口并压缩获得的 TPC。当然，这些补救措施存在一些额外的开销。

在流程图的最左侧，如果当前 PC 在 BTB 中没有找到入口，则指令类型可能是常规的数据路径指令或直接控制指令。在随后的 ID 阶段中，如果发现指令是控制指令，则该指令属于方向误预测，其地址并不在 BTB 中。在将新的入口插入到 BTB 之前，必须验证 |BPC，计算得到的 NPC，BHSR，PBPC，SIZE| 等元组是否同存储器中的记录一致。因为 BTB 的容量有限，我们可以采用替换策略（如替换掉最近很少使用的位置）来驱逐过时的数据。

许多研究表明，通过改进预测的准确性，可以减少误预测的代价及误预测引起的降低性能。我们发现对于常规的预测结构，BTB 已被当成目标地址的高速缓存来为一些所采用的分支指令服务，并且误预测仅影响性能。要将 BTB 转换为完整记录集的高速缓存，我们必须将其扩充并使其包括路径信息。更重要的是，我们必须确保其完整性，即保证 BTB 不含有外部存储器。因此，当我们在运行时使用 BTB 作为参考，在任何误预测站点（包括方向、目标地址和历史路径）上验证控制流传输和执行路径时，必须在 BTB 更新之前查找到当前分支程序计数器在外部的完整记录。

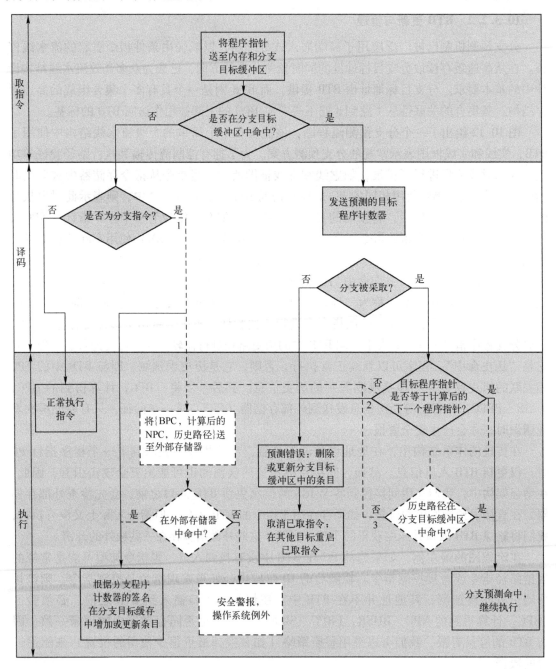

图 10.12　安全增强型分支预测流程图

10.3.2.3　体系结构对控制流验证的支持

一般来说，应尽量减少对完整记录的访问，以缓解性能的下降。因此，必须明确地区分出指向安全目标地址的指令和需要外部 FRS 信息进行验证的指令。如果已经应用了代码完整性检查机制[70, 71]，我们可以认为直接控制指令总是产生正确的目标地址。这是因为地址被编码到该类指令中，并且有办法确保指令比特是正确的。因此，对于 BTB 误预测，这些指令可以用计算得到的下一个目标地址来更新 BTB，而不需要对整个记录集进行验证。需要注意的是，BTB 入口仅需要目标地址信息。此外，内存中的完整记录不需要为直接控制指令保留任何信息。只有那些 BTB 误预测的间接控制指令，可能需要查找完整的记录信息。

在图 10.12 中，{BPC, computed NPC, BHSR, PBPC, Size} 等元组被发送到三个位置处与完整记录进行验证。这三个位置（标记为 1、2、3）分别表示方向误预测、地址误预测和历史误预测。图 10.13 给出了我们支持在处理器流水线中验证控制流的体系结构。

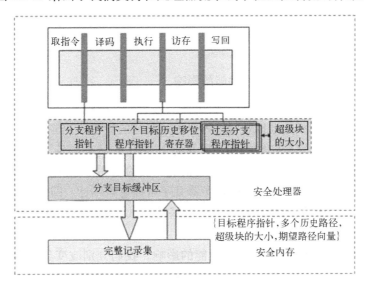

图 10.13　支持在处理器流水线中验证控制流的体系结构

10.3.3　实验结果与安全性分析

我们修改了 SimpleScalar 工具集，并用其描述一组 MiBench 应用程序，以确保二进制路径的二义性是常见现象。此外，在修改后的、以时钟周期为精度的 SimpleScalar 上，我们测试了一组 SPECINT 应用程序，并基于顺序执行的单线程处理器模型来测量性能。当采用安全增强型的分支预测单元时，我们考虑了由访问完整记录集进行验证所引入的额外延迟。

10.3.3.1　减少二义性

当两条或多条不同的执行路径具有相同分支站点（BPC）、相同目标（TPC）、相同二进制历史，以及不同的历史分支站点（PBPC）时，我们称这些路径具有二义性。分析表明，几个合法的路径可以共享同一个元组 {BPC, TPC, History}，表 10.2 给出了 MiBench 测试程序中具有二义性路径的统计结果。为了处理二义性并减小程序被成功攻击的概率，我们在元组中增加了两个元素，即历史分支站点（PBPC）和超级块中基本块的数量（Size）。有了这些信息，我们解决了测试应用程序的所有路径二义性问题。

表10.2　有二义性路径的数量

基 准 测 试	历史的 12 比特
susan-corner	16
susan-edge	5
susan-smoth	1
bitcount	4
qsort-large	15
qsort-short	22
dijkstra	8
patricia	4

10.3.3.2　实时验证机制对程序性能的影响

接下来，我们检查实时验证机制对程序性能的影响。我们的 BTB 配置包含三个参数，即集合的数量、集合间的相关性以及每个入口历史路径的数量（路径的相关性）。我们设置 BTB 配置有 512 个集合、直接映射模式，以及每个 BTB 入口有 1 条历史路径，并在此基础上评估了一组 SPECINT 测试程序性能下降的情况。实验表明，在存储器中查找完整记录集来验证误预测的间接指令，所导致的性能下降几乎可以忽略不计。即使将完整记录的存储器访问时间设置为 200 个时钟周期，对于大多数基准测试而言，其平均开销仅为 4.82%，其中，开销最大的应用程序 gcc 为 24.13%。

我们还评估了每个 BTB 参数对程序性能的影响。我们分别改变集合数量、集合相关性和历史路径相关性这三个参数之一，并评估程序性能。由于篇幅限制，本章不涉及该结果。

10.3.3.3　安全性分析

我们假设 FRS 是完备的，因而误报率为零（或接近零）。为了评估方法的误报率，我们运行了 MiBench 中的一组应用程序。我们列出各种可能的情况，并以此为依据给应用程序提供不同的输入，并观测输出结果。当没有攻击时，系统不会发出警报。

为了评估攻击检测的有效性，我们测试了众所周知的，具有漏洞的实际程序：Traceroute（双重释放）、Polymorph 0.4（缓存溢出）和 WU-FTPD（格式化字符串）。表 10.3 给出了攻击位置的详细信息。在所有情况下，攻击都被检测到了。因此，我们的方法可以有效地检测不同类型的存储器攻击。

表10.3　有漏洞的程序

程　　序	攻　　击	现 场 检 测
Traceroute	双重释放	函数 getenv 中的不同历史分支站点（PBPC）
Polymorph	缓存溢出	不同目标地址（TPC）
WU-FTPD	格式化字符串	函数 vf printf 中的未知签名

10.3.4　总结

在当前处理器中，控制流传输是一个盲点，尚未具备有效检测手段。随着越来越多的软件漏洞被对手利用，攻击控制数据和决策数据已成为计算机系统安全最主要、最严重的威胁。在本章中，我们提出了一种实用的、基于微体系结构的方法，以实时验证控制流传输和执行路径。借助于分支目标缓冲器预测架构，我们将不安全的指令退化为间接控制指令，并仅在间接控制站点进行采样验证。实验表明，我们的方法比以前的工作具有更高的异常检测率，这是因为我们不仅验证历史路径，而且还实时监视下一个分支决策。总的来看，我们的方法所需的存储开销小，对性能的影响也非常小。

参考文献

1. Mobile Threats, Secure Mobile Systems. http://www.smobilesystems.com/homepage/home.jsp
2. Computer Crime and Security Survey, Computer Security Institute (2006). http://www.gocsi.com. Accessed 2 March 2007
3. Epaynews – mobile commerce statistics (2005) http://www.epaynews.com/statistics/mcommstats.html. Accessed 12 July 2005
4. Ravi S, Raghunathan A, Kocher P, Hattangady S (2004) Security in embedded systems: design challenges. ACM Trans. Embedded Comput Syst: Special Issue Embedded Syst Security 3(3): 461–491
5. Younan Y, Joosen W, Piessens F (2005) A methodology for designing countermeasures against current and future code injection attacks. In: Proceedings of the International Workshop on Information Assurance, March 2005, pp 3–20
6. Baratloo A, Singh N, Tsai T (2000) Transparent run-time defense against stack smashing attacks. In: Proceedings of the USENIX Annual Technical Conference, San Jose, CA, June 2000, pp 251–262
7. BBP, BSD heap smashing. http://freeworld.thc.org/root/docs/exploitwriting/BSD-heap-smashing.txt. Accessed Oct 2006
8. Dobrovitski I (2003) Exploit for CVS double free() for linux pserver. http://seclists.org/lists/bugtraq/2003/Feb/0042.html. Accessed Feb 2003
9. Shankar U, Talwar K, Foster JS, Wagner D (2001) Detecting format string vulnerabilities with type qualifiers. In: Proceedings of the USENIX Security Symposium, USENIX Association, Berkeley, pp 201–220
10. Younan Y (2003) An overview of common programming security vulnerabilities and possible solutions. Master's thesis, Vrije Universiteit Brussel
11. Suh GE, Clarke D, Gassend B, van Dijk M, Devadas S (2003) AEGIS: architecture for tamper-evident and tamper-resistant processing. In: Proceedings of the International Conference on Supercomputing, pp 160–171
12. Suh GE, Clarke D, Gassend B, van Dijk M, Devadas S (2003) Efficient memory integrity verification and encryption for secure processors. In: International Symposium on Microarchitecture, pp 339–350, Dec 2003
13. Trusted Mobile Platform, NTT DoCoMo, IBM, Intel Corporation. http://xml.coverpages.org/TMP-HWADv10.pdf. Accessed 2004
14. CERT Security Advisories. http://www.cert.org/advisories. Accessed 1998–2004
15. United States Computer Emergency Readiness Team. Technical cyber security alerts. http://www.uscert.gov/cas/techalerts/. Accessed 2004–2011
16. Microsoft Security Bulletin. http://www.microsoft.com/technet/security. Accessed 2000–2011
17. Chen S, Xu J, Sezer EC, Gauriar P, Iyer RK (2005) Non-control-data attacks are realistic threats. In: Proceedings of the Conference on USENIX Security Symposium, Baltimore, MD, July/Aug 2005, pp 12–26
18. Feng HH, Giffin JT, Huang Y, Jha S, Lee W, Miller BP (2004) Formalizing sensitivity in static analysis for intrusion detection. In: Proceedings of the IEEE Symposium on Security & Privacy
19. Zhang T, Zhuang X, Pande S, Lee W (2005) Anomalous path detection with hardware support. In: International Conference on Compilers, Architecture, & Synthesis for Embedded Systems, Sept 2005, pp 43–54
20. Shi Y, Lee G (2007) Augmenting branch predictor to secure program execution. In: IEEE/IFIP International Conference on Dependable Systems & Networks, June 2007
21. Livshits B, Martin M, Lam MS (2006) Securifly: runtime protection and recovery from web

application vulnerabilities. Stanford University, Technical Report, Stanford University, Sept 2006

22. Xu W, Bhatkar S, Sekar R (2006) Taint-enhanced policy enforcement: a practical approach to defeat a wide range of attacks. In: Proceedings of the USENIX Security Symposium, July–Aug 2006, pp 121–136

23. Qin F, Wang C, Li Z, Kim H, Zhou Y, Wu Y (2006) Lift: a low-overhead practical information flow tracking system for detecting security attacks. In: IEEE/ACM International Symposium on Microarchitecture, pp 135–148

24. Suh GE, Lee JW, Zhang D, Devadas S (2004) Secure program execution via dynamic information flow tracking. In: Proceedings of the International Conference on Architectural Support for Programming Languages & Operating Systems, pp 85–96

25. Crandall JR, Wu SF, Chong FT (2006) Minos: architectural support for protecting control data. ACM Tran. Arch Code Opt 3(4): 359–389

26. Xu J, Nakka N (2005) Defeating memory corruption attacks via pointer taintedness detection. In: Proceedings of the International Conference on Dependable Systems & Networks, pp 378–387

27. Vachharajani N, Bridges MJ, Chang J, Rangan R, Ottoni G, Blome JA, Reis GA, Vachharajani M, August DI (2004) RIFLE: an architectural framework for user-centric information-flow security. In: Proceedings of the International Symposium on Microarchitecture, pp 243–254

28. Shi W, Fryman J, Gu G, Lee H-H, Zhang Y, Yang J (2006) InfoShield: a security architecture for protecting information usage in memory. International Symposium on High-Performance Computer Architecture, Feb 2006, pp 222–231

29. Venkataramani G, DoudalisI, Solihin Y, Prvulovic M (2008) Flexitaint: a programmable accelerator for dynamic taint propagation. In: Proceedings of the International Symposium on High-Performance Computer Architecture, Feb 2008, pp 173–184

30. Chang W, Streiff B, Lin C (2008) Efficient and extensible security enforcement using dynamic data flow analysis. In: Proceedings of the Conference on Computer & Communications Security, Oct 2008, pp 39–50

31. Lam LC, Chiueh T-C (2006) A general dynamic information flow tracking framework for security applications. In: Proceedings of the Annual Computer Security Applications Conference, pp 463–472

32. Pozza D, Sisto R (2008) A lightweight security analyzer inside gcc. In: Proceedings of the International Conference on Availability, Reliability & Security, pp 851–858

33. Dalton M, Kannan H, Kozyrakis C (2007) Raksha: a flexible flow architecture for software security. In: Proceedings of the International Symposium on Computer Architecture, June 2007, pp 482–293

34. Chen S, Kozuch M, Strigkos T, Falsafi B, Gibbons PB, Mowry TC, Ramachandran V, Ruwase O, Ryan M, Vlachos E (2008) Flexible hardware acceleration for instruction-grain program monitoring. In: Proceedings of the International Symposium on Computer Architecture, June 2008, pp 377–388

35. Katsunuma S, Kurita H, Shioya R, Shimizu K, Irie H, Goshima M, Sakai S (2006) Base address recognition with data flow tracking for injection attack detection. In: Proceedings of the Pacific Rim Interernational Symposium on Dependable Computing, Dec 2006, pp 165–172

36. Ho A, Fetterman M, Clark C, Warfield A, Hand S (2006) Practical taint-based protection using demand emulation. In: EUROSYS'06

37. Chen H, Wu X, Yuan L, Zang B, Yew P-C, Chong FT (2008) From speculation to scurity: practical and efficient information flow tracking using speculative hardware. In: Proceedings of the International Symposium on Computer Architecture, June 2008, pp 401–412

38. Kannan H, Dalton M, Kozyrakis C (2009) Decoupling dynamic information flow tracking with a dedicated coprocessor. In: Proceedings of the International Conference on Dependable Systems & Networks, June 2009, pp 105–114

39. Nightingale EB, Peek D, Chen PM, Flinn J (2008) Parallelizing security checks on commodity hardware. In: Proceedings of the International Conference on Architectural Support for Programming Languages & Operating Systems, March 2008, pp 308–318

40. Ruwase O, Gibbons PB, Mowry TC, Ramachandran V, Chen S, Kozuch M, Ryan M (2008) Parallelizing dynamic information flow tracking. In: Proceedings of the Annual Symposium on Parallelism in Algorithms & Architectures, June 2008, pp 35–45

41. Huang R, Deng DY, Suh GE (2010) Orthrus: efficient software integrity protection on multi-cores. Comput Archit News 38(1): 371–384

42. Newsome J (2005) Dynamic taint analysis for automatic detection, analysis, and signature generation of exploits on commodity software. In: International Symposium on Software Testing & Analysis

43. Wilander J, Kamkar M (2002) A comparison of publicly available tools for static intrusion prevention. In: Proceedings of the 7th Nordic Workshop Secure IT System, Nov 2002

44. Younan Y, Joosen W, Piessens F (2006) Efficient protection against heap-based buffer overflows without resorting to magic. In: Proceedings of the International Conference on Information & Communication Security, Dec 2006

45. Younan Y, Pozza D, Piessens F, Joosen W (2006) Extended protection against stack smashing attacks without performance loss. In: Proceedings of the Annual Computer Security Applications Conference, Dec 2006, pp 429–438

46. "Spec CINT 2000 benchmarks," http://www.spec.org/cpu2000/CINT2000/. http://www.spec.org/cpu2000/CINT2000/

47. Isaev IK, Sidorov DV (2010) The use of dynamic analysis for generation of input data that demonstrates critical bugs and vulnerabilities in programs. Program Comput Software 36(4): 225–236

48. Nethercote N, Seward J (2007) Valgrind: a framework for heavyweight dynamic binary instrumentation. In: Proceedings of the Conference on Programming Language Design & Implementation, June 2007, pp 89–100

49. Sotirov A (2005) Automatic vulnerability detection using static source code analysis Ph.D. dissertation, University of Alabama

50. Younan Y, Joosen W, Piessens F (2005) A methodology for designing countermeasures against current and future code injection attacks. In: International Workshop on Information Assurance, March 2005, pp 3–20

51. One A (1996) Smashing the stack for fun and profit. Phrack 7: 49

52. Feng HH, Giffin JT, Huang Y, Jha S, Lee W, Miller BP (2004) Formalizing sensitivity in static analysis for intrusion detection. In: Proceedings of the IEEE Symposium on Security & Privacy

53. Shi Y, Lee G (2007) Augmenting branch predictor to secure program execution. In: IEEE/IFIP International Conference on Dependable Systems & Networks

54. Austin T, Larson E, Ernst D (2002) SimpleScalar: an infrastructure for computer system modeling. IEEE MICRO 35(2): 59–67

55. Guthaus MR, Ringenberg JS, Ernst D, Austin TM, Mudge T, Brown RB (2001) Mibench: a free, commercially representative embedded benchmark suite. In: IEEE International Workshop on Workload Characterization, pp 3–14

56. Cowen C, Pu C, Maier D, Hinton H, Walpole J, Bakke P, Beattle S, Grier A, Wagle P, Zhang Q (1998) StackGuard: automatic adaptive detection and prevention of buffer-overflow attacks. In: Proceedings of the USENIX Security Symposium, pp 63–78

57. Pyo C, Lee G (2002) Encoding function pointers and memory arrangement checking against buffer overflow attacks. In: Proceedings of the International Conference on Information & Communication Security, pp 25–36

58. Suh GE, Lee JW, Zhang D, Devada S (2006) Secure program execution via dynamic information flow tracking. In: ACM Proceedings of the International Conference on Architectural Support for Programming Languages & Operating Systems, pp 85–96

59. Tuck N, Cadler B, Varghese G (2004) Hardware and binary modification support for code pointer protection from buffer overflow. In: Proceedings of the International Symposium on Microarchitecture

60. Forrest S, Hofmeyr SA, Somayaji A, Longstaff TA (1996) A sense of self for UNIX processes. In: Proceedings of the IEEE Symposium on Security & Privacy

61. Mao S, Wolfe T (2007) Hardware support for secure processing in embedded systems. In: Proceedings of Design Automation Conference, pp 483–488

62. Michael c, Ghosh A (2000) Using finite automata to mine execution data for intrusion detection: a preliminary report. In: Proceedings of the International Workshop on Recent Advances in Intrusion Detection, pp 66–79

63. Lee R, Karig DK, McGregor JP, Shi Z (2003) Enlisting hardware architecture to thwart malicious code injection. In: Proceedings of the International Conference on Security in Pervasive Computing, pp 237–252

64. Park Y, Zhang Z, Lee G (2006) Microarchitectural protection against stack-based buffer overflow attacks. IEEE Micro 26(4): 62–71

65. Ye D, Kaeli D (2003) A reliable return address stack: microarchitectural features to defeat stack

smashing. In: Proceedings of the Workshop on Architectural Support for Security & Antivirus, pp 73–88

66. Bori E, Wang C, Wu Y, Araujo G (2005) Dynamic binary control-flow errors detection. ACM SIGARCH Comput Arch News 33(5): 15–20

67. Ragel R, Parameswaran S (2006) Hardware assisted preemptive control flow checking for embedded processors to improve reliability. In: Proceedings of the International Conference on Hardware/Software Codesign & System Synthesis, pp 100–105

68. Shi Y, Dempsey S, Lee G (2006) Architectural support for run-time validation of control flow transfer. In: Proceedings of the International Conference on Computer Design

69. Perleberg C, Smith AJ (1993) Branch target buffer design and optimization. IEEE Trans Comput 42(4): 396–412

70. Fei Y, Shi ZJ (2007) Microarchitectural support for program code integrity monitoring in application-specific instruction set processors. In: Proceedings of the Design Automation & Test Europe Conference, pp 815–820

71. Lin H, Guan X, Fei Y, Shi ZJ (2007) Compiler-assisted architectural support for program code integrity monitoring in application-specific instruction set processors. In: Proceedings of the International Conference on Computer Design

72. Martinez Santos JC, Fei Y (2008) Leveraging speculative architectures for run-time program validation. In: Proceedings of the International Conference on Computer Design, Oct 2008, pp 498–505

73. Martinez Santos JC, Fei Y, Shi ZJ (2009) PIFT: Efficient dynamic information flow tracking using secure page allocation. In: Proceedings of Workshop on Embedded System Security, Oct 2009

第 11 章 嵌入式微控制器的边信道攻击和对策

11.1 引言

虽然可信赖的硬件是建立可信计算的基础，但嵌入式安全中大多数应用的安全性主要还是取决于软件。智能卡是一个很好的例子，它本身是具有集成微控制器的嵌入式计算机，外观上与信用卡类似。与信用卡相比，智能卡具有有源组件，这使得智能卡能够执行一部分加密协议，如生成数字签名。加密协议基于加密算法构建，包括对称密钥、公开密钥加密、随机数生成和哈希算法。智能卡可以使用软件或专用硬件来实现这些构建块，但通常情况下优先使用软件，这是为了降低设计成本并支持灵活性。本章将讨论嵌入式微控制器的边信道攻击以及一些常见的对策。由于受到篇幅的限制，本章的目的只是向读者介绍这一热门的研究领域，对微控制器边信道分析的更多技术可以查阅其他相关文献，如参考文献[1]。

本章主要讨论的内容如下：尽管微控制器的加密组件主要用软件来实现，但边信道泄漏却是由微控制器的硬件产生的。因此，要认识到并减少边信道的泄漏，需要掌握加密软件和微控制器硬件在底层的互动过程。从这个角度出发，我们可以用尽可能少的专用硬件来生成灵活的、不受算法限制的边信道泄漏应对策略。这是一个全新的研究领域，因为已有的两种对策中，（1）基于硬件的对策需要大量的硬件专用设计；（2）基于软件的对策高度依赖于加密算法。

11.2 嵌入式微控制器的边信道泄漏

图 11.1 给出了一个带加载和存储模块的微控制器通用架构，该架构采用直接指令实现存储器操作（读和写）。架构的核心单元是寄存器文件，寄存器文件的右侧是微控制器的指令执行模块，左侧由控制器控制的指令读写模块。加密程序可以被认为是对寄存器文件中的数据进行一系列的变换。在该架构中，系统可以区分存储器写指令、存储器读指令、算术运算指令（寄存器到寄存器）和控制指令。

现在，假设密钥存放在寄存器文件的某个位置，那么我们将该密钥称为敏感值。涉及敏感值的任何操作都可能导致边信道泄漏。这是因为对敏感值进行处理时（如将其写入存储器、用其执行算术运算等）需要消耗能量，其耗能的多少与敏感值的数值相关。因此，边信道泄漏可以用多种方法观察到，例如，测量微控制器的功率消耗情况或监测其电磁辐射情况。下面，我们说明各种指令是如何导致边信道泄漏的。

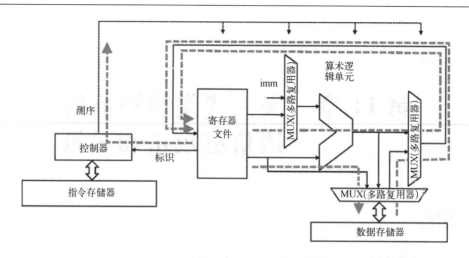

图 11.1　微控制器中的边信道泄漏源

- **存储器写指令**：该类指令将数据从寄存器文件传输到数据存储器，指令中至少需要两个参数，即存储器的地址和准备写入该地址的数据。当敏感值被用作存储器写指令的地址信息或数据时，将导致边信道泄漏。
- **存储器读指令**：该类指令将数据存储器中的数据传送到寄存器文件，指令中至少需要一个参数，即读取数据的存储器地址。当敏感值被用于地址生成时，其至敏感值被从存储器中读取的数据覆盖时，均可能发生基于功率的边信道泄漏。后一种情况可能听起来令人惊讶，但事实上很容易解释，因为 CMOS 中能量的消耗与信号的转变成比例。因此，覆盖敏感值（例如，使用 allones 模式）也会导致边信道泄漏。
- **算法运算指令和位操作指令**：这两类指令将数据在寄存器文件之间传输。当敏感值被用作源操作数或被运算结果覆盖时，将发生基于功率的边信道泄漏。
- **控制指令**：该类指令可以有条件地修改程序的执行路径。如果依据敏感值来修改执行路径，则会导致边信道泄漏。

　　显然，一旦寄存器文件包含敏感值，就可能引起多个边信道发生泄漏。因此，任何针对边信道泄漏的对策，都需要在设计时把所有可能的泄漏源考虑到。

　　本章将首先讨论边信道攻击，然后阐述相应的对策。我们使用对称密钥加密为例，重点讨论了基于功率的边信道攻击。从前面的分析可知，我们关注的重点是数据通路和存储器操作。此外，我们假设控制指令不依赖于敏感值，这对于对称密钥加密而言是合理的。

11.3　对微控制器的边信道攻击

　　本节介绍如何将边信道攻击挂载到微控制器软件上。在简要回顾常用的边信道攻击方法之后，以高级加密标准（Advanced Encryption Standard，AES）的软件实现作为实例，说明边信道攻击的实施办法。

11.3.1　边信道分析

图 11.2 给出了一个边信道攻击的实现示例。在图中，边信道攻击的目的是提取加密算法的内部密钥 k^*。攻击者可以观察输入 p 和总功耗，并且加密算法是已知的，只有密钥是未知的。

基于已知的输入 p，攻击者必须找到一个和 p 以及密钥 k^* 都耦合的中间值 v，并通过观察 v 的边信道泄漏信息（即和数据相关的功耗），来建立与密钥 k^* 相关的假设检验。在这里，由 v 引起的边信道泄漏是密钥 k^* 的函数，它可以表示如下[2]：

$$L(k^*) = f_{k^*}(p) + \varepsilon$$

函数 f_{k^*} 和密码算法以及算法在软硬件中实现时的特性相关。误差 ε 表示一个独立的噪声变量，由测量误差以及一些与密码算法的实现无关

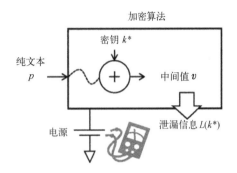

图 11.2　基于功率的边信道分析

的行为引起的。目前，已有研究人员基于该关系式，推导了几种基于功率的边信道分析方法。

- 在差分功率分析中（Differential Power Analysis，DPA），如果密钥的值与 $f_{k^*}(p)$ 相关，那么攻击者可以选择密钥的一部分作为分析对象，并基于 $f_{k^*}(p)$ 的均值差异来进行假设检验（见参考文献[3]）。
- 在相关功耗分析中（Correlation Power Analysis，CPA），对手为 f_k 建立了一个线性近似函数 $\widetilde{f_k}$，并针对 $\widetilde{f_k}$ 和 $L(k^*)$ 建立假设检验模型（见参考文献[4]）。相关功耗分析可以同时解出多个密钥位，但该方法对 $\widetilde{f_k}$ 引入的近似误差比较敏感。
- 在模板攻击中（Template Attack，TA），攻击者为每一个可能的密钥，构建一个泄漏信息相关的概率密度函数 $L(k)$，这需要知道 f_k 的近似值以及误差。当概率密度函数已知后，攻击者可以使用最大似然法来选择密钥 k^*（见参考文献[5-7]）。

使边信道攻击比暴力攻击更有效的原因，是边信道攻击可以对密钥的一部分提供确定性的假设检验。例如，假设密钥 k 包含 128 比特，而且攻击者已经识别出中间值 v 和密钥中一个字节（128 比特中的 8 比特）的依赖关系。在这种情况下，边信道攻击的假设检验只需要从 256 个可能的密钥中选择 1 个出来。重复 16 次这样的检测，攻击者可以猜测出 128 位密钥的每一个字节。与暴力攻击相比，整体搜索空间现在从 2^{128} 减小到 $16 \times 2^8 = 2^{12}$。

边信道攻击强大的另一个原因是它只需要对密码的实现细节做微弱的假设。例如，CPA 和 DPA 并不假设它们能准确地知道算法执行过程中敏感值 v 如何变化，而是只假设敏感值会在算法中的某一点发生。因此，算法实现中的微弱差别通常不会影响到攻击的效果。在本章中，我们通过一个 AES 攻击示例来演示这一点。需要注意的是，这个优点不适用于模板攻击，因为模板攻击中需要准确表示出每个可能密钥的边信道泄漏函数 $L(k)$ 是和具体实现密切相关的。

11.3.2　PowerPC 实现高级加密标准（AES）

本节及后续章节将讨论如何对高级加密标准 AES 的软件进行边信道攻击，具体包括在 32 位微处理器上 AES 的实现方式，分析的设置以及攻击的结果。

高级加密标准 AES 是一种众所周知的密码算法，文献[8]中给出了算法的详细描述，其主要步骤如下：

AES 标准一次只对一个 128 比特的数据块进行运算，并在几次循环迭代后产生密文。每次循环包括四个变换：SubBytes、ShiftRows、MixColumns 和 AddRoundKey。这些操作的具体行为可以在文献[8]中找到。图 11.3 给出了单次 AES 循环中的数据流程，由图可见，AES 将 128 位的数据块分割为 16 字节，并创建为 4×4 的矩阵。本书中的 AES-128 算法共包括 10 次这样的循环。

图 11.3 中的每一个 S 盒是一个 256 项的替换表，其运算规则如下：对输入的字节，S 盒对该字节的有限域 GF（2^8）进行逆运算，并对其结果进行仿射变换。因此，每层 AES-128 循环中需要 16 个 S 盒，并导致整个循环需要以字节宽度为单位进行计算，这对 32 位的处理器而言是一种低效的数据结构。

为了解决这个问题，我们经常将 S 盒实现为 T 盒架构，其运算包括了图 11.3 中的阴影部分。T 盒将 1 个字节转换为 4 个字节，每个字节表示 MixColumn 结果的一部分，不同的 MixColumn 实现方式需要不同的 T 盒查找表。在每层 AES 循环中，4 个 T 盒被组合在一起来构建单行的 AES 状态矩阵。显然，这种方法提供的数据结构更适用于 32 位的处理器。

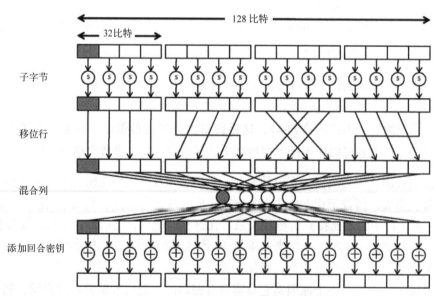

图 11.3　AES 中的数据流程图

表 11.1 比较了两个版本的 AES（一个使用 S 盒，另一个使用 T 盒）在 24 MHz、32 位 PowerPC 微处理器上实现的结果。PowerPC 在 FPGA 内部实现，其中，数据存储器和指令存储器映射到片上 FPGA 存储器中，因此不需要额外的高速缓存。从表 11.1 中可见，T 盒的

运算速度比 S 盒快，但 T 盒需要更大的内存。

表 11.1 在 24 MHz PowerPC 内核上的 AES 性能总结

	S 盒	T 盒
等待时间（μs）	310	60
吞吐量（kbps）	412	2 133
内存开销（kB）	1.9	5.2

图 11.4 给出了一个边信道的分析系统。该系统用一个 FPGA 开发板 SASEBO-G、一个数字示波器和一台计算机来实现边信道测量，示波器的电流探头能捕获到开发板的功率。在执行 AES 时，CPA 或 DPA 需要收集大量的微控制器功率轨迹，其具体步骤如下：计算机将样本明文发送到 FPGA 上的 PowerPC 进行加密，数字示波器在加密期间从开发板上捕获其功耗。加密完成后，计算机从示波器中读取采集到的功率轨迹，并继续下一个样本明文。该系统可以完全自主运行，并能在一秒内捕获多个功率轨迹。因此，它可以在短时间内完成数千次的测量。

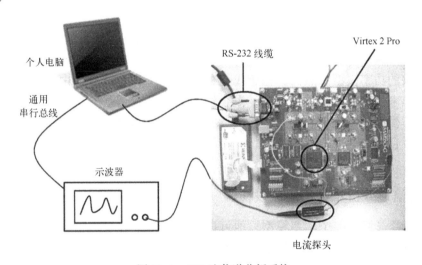

图 11.4 AES 边信道分析系统

11.3.3 边信道分析：功率模型的选择

本节介绍边信道分析如何用于 PowerPC 处理器上运行的 AES 算法。假如使用的攻击方式是相关功率分析 CPA，则分析中涉及 CPA 的两个重要方面。其一是如何选择功率模型，其二是如何定义成功攻击的测量泄漏度量（Measurements To Disclosure，MTD）。

CPA 需要比较测量原型机获得的结果与功率模型估计出的功率值。因此，选取的功率模型，其输出结果应该与密钥具有相关性。

其中一种较好的功率模型是利用算法替换表的输出来估计功率。假设攻击者在观察 AES 加密，则在第一轮 AES 加密中，替换表的输出如下：

$$out[i] = \text{subbytes}(in[i] \text{ xor } key[i])$$

其中，$in[i]$ 是 128 位明文的第 i 个字节，$key[i]$ 是 128 位密钥的第 i 个字节，$out[i]$ 是 128 位

AES 状态的第 i 个字节。在这个公式中，in 是已知的，而 key 和 out 是未知的，但是算法的功耗隐含了 out 的信息。因此，攻击者可以使用功率模型为 out 创建密钥字节的假设检验。通过对第 i 个密钥字节的猜测，攻击者可以推断出 $out[i]$ 的值。CPA 中使用的功率模型是对假设的 $out[i]$ 进行功耗估计。

在 CMOS 技术中，状态转换会产生功耗，因此也通常选择汉明距离作为功率模型（见参考文献[1]）。例如，当在处理器上执行功率分析时，攻击者可以使用处理器的寄存器状态转换信息。然而，该方法需要知道处理器中寄存器的前一个值和后一个值，而攻击者估计出 $out[i]$ 后，只能确定出寄存器的下一个值。要知道寄存器的先前值，攻击者需要准确知道 AES 算法具体如何使用处理器的寄存器，这是一个很苛刻的条件。因此，攻击者可以使用汉明权重（比特计数）作为功率模型，而不是汉明距离。因为当我们假设寄存器的前一个值可以是任意值时，汉明权重对汉明距离而言是一种良好的统计近似。

选择功率模型的第二个难点是软件实现的 AES 通常需要多个指令，导致 AES 加密的功率轨迹覆盖了几百个时钟周期，而攻击者通常不能预测在哪个时钟周期 $out[i]$ 会被计算出来并存储到寄存器中。为了解决这个问题，攻击者在各个时钟周期都计算 $out[i]$ 的汉明权重，从而将功率模型扩展到功率轨迹覆盖的所有时钟周期上。

最后，在攻击一个未知的 AES 算法时，算法具体的实现方式是攻击者未知的。例如，AES 可以使用 S 盒设计或 T 盒设计。S 盒产生前面所说的中间值 $out[i]$，因此 $out[i]$ 的汉明权重是有效的功率模型。然而，基于 T 盒的设计并不具有这样的中间值，因为它使用几个其他操作来代替 S 盒。对于 T 盒，更合适的功率模型是基于 T 盒查找表的模型。在实践中，功率模型的不确定性并不是一个大问题，因为攻击者可以尝试多个功率模型，并从中选出最合适的一个。因此，本章中假设所有的攻击实验都是基于最好的功率模型进行的。

11.3.4　边信道分析：实用的假设检验

一旦攻击者选择了一个功率模型，他可以将测量结果与功率估计结合起来，并执行 CPA 所需的假设检验。检验并不会给出一个确切的答案，而是给出哪个答案正确的概率最高。因而，如何定义实用的度量来评价边信道分析的成功，成为一个具体的问题。

一种常用的度量称为测量泄漏度量（MTD）。其基本思想是：使用边信道分析成功攻击加密设计，如果需要测量的信息越多，设计就越安全。假设攻击者有一组随机明文（$pt[1\cdots n]$），每个明文被用来进行　次测量。攻击者还有 n 个功率轨迹，每个功率轨迹包含 m 个采样点（$tr[1\cdots n][1\cdots m]$）。

在实验中，CPA 使用 pt 和 tr 作为输入，通过对 AES 第一次循环的结果进行分析，逐个字节地破解出 AES 的密钥。算法 1 给出了实现的细节，其基本过程是利用 $pt[1\cdots n]$ 和密钥字节的估值（$key\text{-}guess$）来计算 AES 软件的中间值 $iv[1\cdots n]$（$iv[i] = f(key\text{-}guess, pt[i])$）。通过对一条完整的功率轨迹进行采样，攻击者能确保在每个采样点上对应一个中间值。其后，攻击者用 iv 的汉明权重（$iv\_hw[1\cdots n]$）来估计 iv 消耗的功率，并计算每个采样点上 iv_hw 和实测功率之间的相关系数轨迹 $corr[1\cdots m]$（其中，$corr[i]$ 是 $iv\_hw[1\cdots n]$ 和 $tr[1\cdots n][i]$ 的相关系数）。一个相关系数轨迹对应一个密钥字节的估计值。由于密钥的一个字节有 256 个可能值，因此，攻击者可以获得 256 个相关系数轨迹。将这 256 个系数轨迹放在一起，攻击者能够从中识别出一个与众不同的系数轨迹。具体地说，当对中间值进行运算后，正确密钥的系数轨迹估值在某些点上比所有其他系数轨迹大得多。

图 11.5 给出了相关系数轨迹的示例。在约为 $100\,\mu s$ 的时间内，有一个轨迹和其他的完全不同。该黑色轨迹对应于正确的密钥字节。

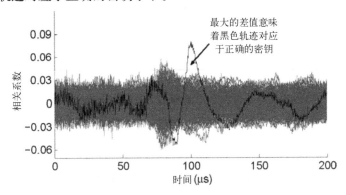

图 11.5　256 个相关系数轨迹的示例。在 $100\,\mu s$ 左右，对应于正确密钥字节的黑色轨迹与其他255个轨迹的明显不同

算法 1 密钥字节的相关功率

要求：$pt[1\cdots n]$ 为用于加密的随机明文集合；$tr[1\cdots n][1\cdots m]$ 为采样的功率轨迹集合；f 为输入信号到中间值 iv 的映射函数；g 为相关系数计算函数。
确保：$gap[j]$ 是 CPA 攻击的密钥字节。
/ ∗ Obtain correlation coefficient traces *corr* ∗ /
for key guess = 0 to 255 **do**
　　　for $i=1$ to n **do**
　　　　　$iv[i]=f(key\ guess,\ pt[i])$
　　　　　$iv\ hw[i]=HammingWeight(iv[i])$
　　　end for
　　　for $i=1$ to m **do**
　　　　$corr[key\ guess][i]=g(iv\ hw[1\ \dots\ n],\ tr[i][1\ \dots\ n])$
　　　end for
end for
/ ∗ Find the correct key byte ∗ /
for i = 1 to m **do**
　　　find|$corr[key1][i]$| = $max(|corr[0\ \dots\ 255][i]|)$
　　　find|$corr[key2][i]$| = $second\ max(|corr[0\ \dots\ 255][i]|)$
　　　$gap[i]=corr[key1][i]-corr[key2][i]$
　　　$key\ gap[i]=key1$
end for
find $gap[j]=max(gap[1\ \dots\ m])$
return key $gap[j]$ as the correct key byte

11.3.5　边信道分析：攻击结果

表 11.2 比较了 AES 的 S 盒架构与 T 盒架构在对抗边信道攻击方面的能力。从表中可见，S 盒和 T 盒都可以通过 CPA 破解，并且要达到相同的破解水平，T 盒需要更多的测量数据。这和预期一致，其原因是 T 盒将 SubBytes、ShiftRows 和 MixColums 的一部分组合成一个高度压缩的查找表，这种方式与 S 盒相比，敏感数据在系统中存在的时间更短，不利于边信道进行采集与分析。

表 11.2　攻击结果总结：破解的字节数

测　　量	S 盒	T 盒
2 048	2	2
5 120	4	4
10 240	8	6
25 600	11	8
40 960	16	12
51 200	16	13

图 11.6 给出了典型的 S 盒和 T 盒相关系数图。

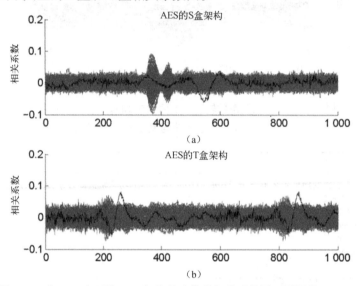

图 11.6　在 PPC 上两种 AES 架构的边信道相关系数图（测量数 = 5 120）

以上是对未保护的 AES 标准进行边信道攻击的概述。下一节我们讨论抵抗这种边信道分析的对策。

11.4　微控制器的边信道对策

由于 SCA 是被动攻击，被攻击的对象无法检测到异常，它只能通过消除边信道泄漏来避免被攻击。本节介绍如何在微控制器中设计此类对策。

有大量的方法可以解决边信道泄漏的问题。考虑一个用 C 语言编写的 AES 算法，算法首先被编译成在微处理器上可执行的机器指令。在这个阶段，有两种对策可以避免边信道信息泄漏。一是算法级对策。该对策在编译 C 程序的过程中，采用各种策略来避免边信道泄漏。二是体系结构级对策。这种对策旨在创造一个更好的微控制器来避免边信道泄漏，比如硬件上采用特殊的电路。

算法级对策对软件程序员有极大的吸引力，因为它们不需要特殊硬件的支持，而仅仅是对 C 程序进行转换，使得程序的边信道泄漏与嵌入密钥毫无关系。该类对策常用的技术是随机化，即在 C 程序的执行中混入未知随机值。例如：对 C 程序中的操作进行可逆的掩码运算（见参考文献[9 – 11]）。另一个技术是将敏感值出现的时间随机化（见参考文献[12]），使攻击者很难得到稳定的边信道轨迹。对攻击者而言，如果不能准确知道随机值，则无法获得有用的边信道信息。但是，如果攻击者可以消除随机化的影响，甚至是只有 50% 以上的概率能猜测到随机数的值（见参考文献[14]），随机化技术都将会变得无效（见参考文献[13]）。此外，掩码运算的算法具有特殊性，用它对代码进行转换时通常需要对加密算法有深入的了解。

体系结构级对策与加密算法无关，它依靠的是结构校正法，即：如果单个逻辑门可以得到充分保护，则使用这种门构建的整个电路也将受到保护。体系结构级对策基于专用硬件或改进型的微结构。迄今为止，大多数研究集中在专用硬件领域（见参考文献[15 - 18]）。这类专用电路使得功耗与数据无关（隐藏技术），或让功耗看起来是随机的（掩码技术）。然而，这类电路会在面积、功耗和性能方面增加额外的、较大的开销。与无保护的电路相比，它们的占用面积和功耗至少增加 2 到 3 倍。

本节将介绍算法级对策和体系结构级对策的关键技术。众所周知，我们可以在通用电路上构建算法级对策。与体系结构级对策相比，算法级对策更加灵活，并且可以根据需要进行调整。有关这类技术的详细描述以及实验结果可以参考文献[19, 20]。

11.4.1　隐藏对策的电路级实现

本节首先描述用于抑制边信道泄漏的体系结构级技术：双轨预充电（Dual Rail Precharge，DRP），其后讨论如何在软件层面实现等价的功能。图 11.7 给出了在与非门上实现 DRP 操作的例子。在这个例子中，逻辑门的静态和动态功耗分别通过其输出的汉明权重和汉明距离来近似。在单个与非门的情况下 ［见图 11.7（a）］，静态和动态功耗取决于逻辑门的输入值。例如，如果静态功耗是 0，则两个输入都必须是 1。这种边信道泄漏是攻击者进行边信道攻击的基础。

图 11.7（b）给出了一个 DRP 与非门的测试用例。在 DRP 逻辑中，电路使用互补对 $(A_P, \overline{A}_P)$ 为每个逻辑值编码。此外，在每个时钟周期刚开始时，数据对会被预充电到（0, 0）。因此，在任何一个时钟周期内，每个 DRP 信号对都会有一端从 0 跳变到 1，另一端从 1 跳变到 0。在这种情况下，DRP 逻辑门产生的静态功耗和动态功耗均与输入的信号值无关。

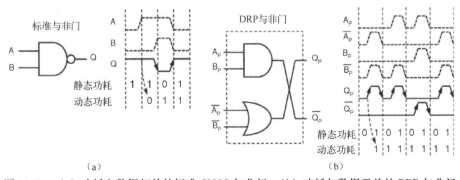

图 11.7　（a）功耗和数据相关的标准 CMOS 与非门；（b）功耗与数据无关的 DRP 与非门

DRP 技术作为一种安全电路，已被广泛地应用于硬件之中，例如：SABL（见参考文献[21]）、WDDL（见参考文献[22]）和 MDPL（见参考文献[23]）等。然而，不能直接把 DRP 技术应用到软件上，其主要原因是 DRP 需要并行地执行互补的数据通路，而常规的微控制器没有这样的互补结构。

11.4.2　VSC：将 DRP 移植到软件中

本节说明如何修改微控制器以支持 DRP，图 11.8 简单描述了这个方法。与 DRP 电路类似，处理器有两个部分：一个部分执行直接操作，另一个部分执行互补操作。这样的处理器被称为平衡处理器。平衡处理器第一部分的每一个直接操作在第二部分都进行对应的互补操作。假如直接操作接收输入信号 in 并产生输出信号 out，则互补操作输入 $\overline{in}$ 并生成输出 $\overline{out}$，这里 $\overline{in} = \mathrm{NOT}(in)$，$\overline{out} = \mathrm{NOT}(out)$，NOT 指逐位取反运算。

平衡处理器具有被称为平衡指令的一组指令。每个平衡指令从处理器的两个部分中选择一对互补操作，并且同时执行它们。加密算法用这组平衡指令编程，算法就会同时调用直接执行路径和互补路径。此外，在运行加密算法时，直接明文和互补明文（平衡输入）分别提供给这两个路径。最后，算法产生直接加密和互补加密结果（平衡输出），如图 11.8（a）所示。

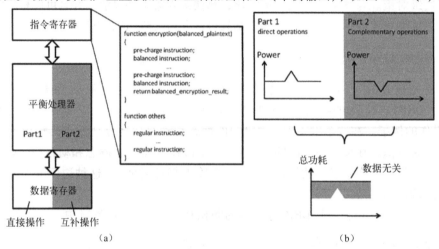

图 11.8　（a）平衡处理器和 VSC 编程的概念；（b）平衡处理器不具有边信道泄漏

除了平衡指令，处理器还具有另一组指令，该组指令让处理器执行预充电操作，与 DRP 电路类似。在执行平衡指令之前，一组预充电指令首先清除执行数据的通路。然后，再由平衡指令完成数据计算。

上述概念衍生出了 DRP 电路早期的软件版本。类似于图 11.7 中的 DRP 门，对平衡后的指令而言，直接操作产生的功耗总是与互补操作的功耗对应，并且这两者之和是常数，如图 11.8（b）所示。

11.4.3　VSC 的实现

在给出硬件 DRP 和软件 VSC 的概念后，下一步是定义具体如何编写 VSC 软件。这类软件需要使用到平衡指令集，并且每个平衡指令执行一对互补的操作。为了使平衡数据路径与常规数据路径兼容，直接路径和互补数据路径的宽度通常设计为常规数据路径宽度的一半。以下指令易于被包含在 VSC 平衡指令集中。

- 在所有的逻辑运算中，NOT 指令是对自身取反。这意味着，如果输入的一半是直接值，另一半是互补值，那么 NOT 的输出仍然是一对互补值。因此，常规 NOT 指令也可以用作平衡 NOT 指令。

- OR 指令与 AND 指令为互补操作。因此，平衡 AND 指令（b_and）应当是拥有直接输入端的一半执行 AND 指令、拥有对互补输入的一半执行 OR 指令。类似地，平衡 OR 指令（b_or）应当有一半 OR 指令和一半 AND 指令，如图 11.9 所示。借助平衡 AND、平衡 OR 和平衡 NOT 指令，可以实现任何复杂的逻辑功能。

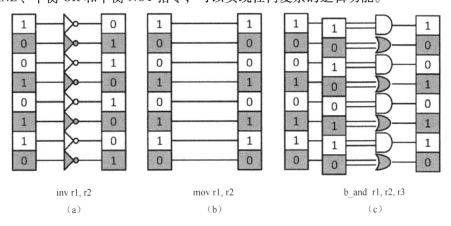

inv r1, r2　　　　　　　mov r1, r2　　　　　　　b_and r1, r2, r3
（a）　　　　　　　　　　（b）　　　　　　　　　　（c）

图 11.9　（a）常规 INV 可以用作平衡 INV；（b）常规 MOV 可用作平衡
MOV；（c）平衡 AND 指令使用一半 AND 运算符和一半 OR 运算符

- Shift 指令和 data-move 指令很相似，它们都是将程序的中间值从一个存储位置移动到另一个存储位置。由于"移动"操作不改变操作数的值，所以它们的互补操作就是自身。与 NOT 指令类似，shift 指令和 data-move 指令由平衡和常规指令共享，如图 11.9 所示。
- 预充电操作不需要特殊指令。要在 VSC 中对平衡指令进行预充电，只需在执行任何操作前将平衡指令所有的输入设置为全 0。

接下来给大家展示，指令集（AND、OR、NOT、data-move）已经足以实现对称密钥加密。因此，不需要创建算术运算指令的互补指令集。此外，对于对称密钥加密，可以合理地假定 VSC 中的控制指令并不产生边信道泄漏。

11.4.4　将 AES 映射到 VSC 上

要将 AES 实现为 VSC，需要将其分解为基本的 AND，OR 和 NOT 操作。事实上，这种分解技术在高性能加密中非常常见，通常称为"比特分片"。对称密钥加密中比特分片的概念首次由 Biham 等人针对 DES 算法提出（见参考文献[24]）。在比特分片中，算法被分解为位级计算（AND、OR、NOT、XOR），并且每个位级操作都用机器指令来实现。例如：使用 AND 指令实现位级 AND 操作。由于处理器的字长为 n 位（例如 32 位），这意味着可以并行地执行 n 个位级 AND 操作。因此，使用比特分片，算法的 n 个并行的副本可以被同时执行。算法对比特分片技术的适用度取决于算法本身的硬件级复杂度。从本质上讲，比特分片将算法视为组合逻辑的网表，并且使用处理器指令来模拟该网表。

参考文献[25-29]对 AES 的比特分片方法进行了广泛的讨论，以阐明比特分片的两个优势，即：比特分片能提高性能，并且能提供时变的边信道电阻。注意，当查找表（存储器读操作）被替换为计算模块（逻辑操作）时，时变电阻的优势将被发挥出来。在这种情况下，避免了与数据相依赖的高速缓存行为，导致 AES 固定的执行时间。然而，在这种

VSC 上应用比特分片技术，只能使得 AES 具有恒定的功率。

为了在编程实现 VSC 时能利用比特分片技术，开发人员应该将算法直接的版本和互补的版本映射到比特分片中。这种转换如图 11.10 所示，图中的阴影寄存器位置表示我们感兴趣的值，并且原始的软件程序含有 2 个 3 比特的 AND 操作。图 11.10（b）给出了将程序转换为比特分片处理的思路，即：使数据"处于自己的地盘"，从而将 2 个 AND 操作转换为 3 个并行的 AND 操作。最后，为每个比特分片插入一个互补程序，以获得程序的 VSC 版本，如图 11.10（c）所示（VSC 程序将会对 4 个比特进行操作）。

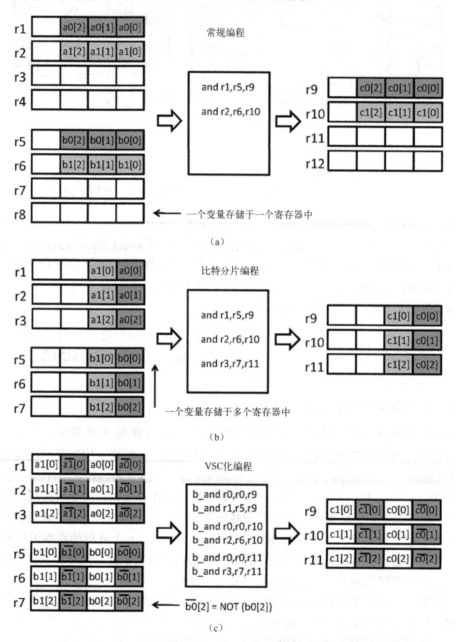

图 11.10　（a）具有两个 AND 指令的常规编程示例；（b）程序（a）的比特分片版本；（c）将（b）的比特分片程序 VSC 化

11.4.5　实验结果

本节展示在 FPGA 原型机中使用 VSC 编程的方法。为了实现平衡 AND 和平衡 OR 指令，定制了一个 Leon-3 嵌入式处理器。该原型机在 Xilinx Spartan 3E-1600 的 FPGA 开发板上实现，平衡 Leon-3 处理器使用 FPGA 资源来搭建，时钟频率为 50 MHz。测试的应用软件程序存储在板上的 DDR2 SRAM 存储器中。

根据早期测试的结果，本实验的边信道攻击使用相关功率攻击（Correlation Power Attack，CPA）来实现（见参考文献[30]）。在本实验中，CPA 聚焦于 AES 算法第一轮迭代中的 SubBytes 运算输出（16 字节）。图 11.11 显示了对未受保护的 AES 进行边信道攻击，所获得的 5 120 次测量结果。从中可以发现一个明显的相关峰。

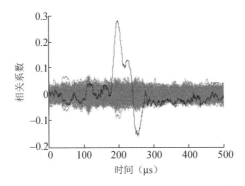

图 11.11　使用 5 120 次测量对未受保护的 AES 进行攻击的结果

图 11.12 给出了对 VSC 实现的 AES 进行相同攻击后的结果。由图可见，在这种情况下，无法从 5 120 条功率轨迹中区分出正确的轨迹。因此，此规模的测量值并不能破解 VSC-AES。通过实验，作者验证了至少需要 25 600 条功率轨迹才能破解出 VSC-AES 的所有关键字节，而只需要 1 280 条功率轨迹就能破解出未保护的 AES 所有关键字节。因此，我们可以得出结论，VSC-AES 与未受保护 AES 相比，其测量披露指数 MTD 增加了 20 倍以上。有关该实验的详细结果可以参考文献[19]。

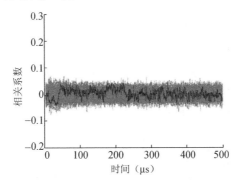

图 11.12　使用 5 120 次测量对受保护的 AES 进行攻击的结果

11.5 总结

本章讨论了嵌入式微控制器中的边信道泄漏问题。边信道泄漏除了影响加密硬件，也给加密软件带来风险。边信道分析并不难构建，它是一种实用且有效的密码破解方法。因此，对边信道攻击设计相应的对策是一个重要且关键的研究领域。本章展示了一个抑制边信道泄漏产生的例子，它仅在微控制器上定义了两个新的指令，就能达到未受保护电路 1/20 的边信道泄漏。下一代微控制器将包含专用指令来提高性能，并在此基础上实现具有防御边信道攻击能力的指令集。

参考文献

1. Mangard S, Oswald E, Popp T (2007) Power Analysis Attacks: Revealing the Secrets of Smart Cards. Springer, Berlin
2. Prouff E, Rivain M (2009) Theoretical and practical aspects of mutual information based side channel analysis. In: ACNS'09: Proceedings of the 7th International Conference on Applied Cryptography and Network Security, Springer-Verlag, Berlin, pp 499–518
3. Kocher PC, Jaffe J, Jun B (1999) Differential power analysis. In: CRYPTO, pp 388–397
4. Brier E, Clavier C, Olivier F (2004) Correlation power analysis with a leakage model. In: CHES, pp 16–29
5. Archambeau C, Peeters E, Standaert F-X, Quisquater J-J (2006) Template attacks in principal subspaces. In: CHES, pp 1–14
6. Chari S, Rao JR, Rohatgi P (2003) Template attacks. In: CHES'02: 4th International Workshop on Cryptographic Hardware and Embedded Systems, Springer, London, UK, pp 13–28
7. Rechberger C, Oswald E (2004) Practical template attacks. In: WISA, pp 440–456
8. Daemen J, Rijmen V (2002) The Design of Rijndael. Secaucus, NJ, USA: Springer, New York, Inc.
9. Akkar M-L, Giraud C (2001) An implementation of DES and AES, secure against some attacks. In: CHES 2001, vol LNCS 2162, pp 309–318
10. Oswald E, Schramm K (2005) An efficient masking scheme for AES software implementations. In: WISA 2005, vol LNCS 3786, pp 292–305
11. Gebotys CH (2006) A split-mask countermeasure for low-energy secure embedded systems. ACM Trans Embed Comput Syst 5(3): 577–612
12. Ambrose JA, Ragel RG, Parameswaran S (2007) rijid: Random code injection to mask power analysis based side channel attacks. In: DAC 2007, pp 489–492
13. Clavier C, Coron J-S, Dabbous N (2000) Differential power analysis in the presence of hardware countermeasures. In: CHES 2000, vol LNCS 1965, pp 252–263
14. Schaumont P, Tiri K (2007) Masking and dual-rail logic don't add up. In: Cryptographic hardware and embedded systems (CHES 2007), vol 4727 of Lecture Notes on Computer Science. Springer, Berlin, Heidelberg, New York, pp 95–106
15. Tiri K, Verbauwhede I (2004) A logic level design methodology for a secure DPA resistant ASIC or FPGA implementation. In: Proceedings of the Design, Automation and Test in Europe Conference and Exhibition, 2004, vol 1, pp 246–251, February 2004
16. Popp T, Mangard S (2007) Masked dual-rail pre-charge logic: DPA resistance without the routing constraints. In: Cryptographic Hardware and Embedded Systems – CHES 2007, vol 4727. Springer, Berlin, Heidelberg, New York, pp 81–94
17. Suzuki D, Saeki M, Ichikawa T (2007) Random switching logic: a new countermeasure against DPA and second-order DPA at the logic level. IEICE Trans 90-A(1): 160–168
18. Popp T, Kirschbaum M, Zefferer T, Mangard S (2007) Evaluation of the masked logic style MDPL on a prototype chip. In: CHES'07: Proceedings of the 9th international workshop on Cryptographic Hardware and Embedded Systems. Springer, Berlin, Heidelberg, New York, pp 81–94
19. Chen Z, Sinha A, Schaumont P (2010) Implementing virtual secure circuit using a custom-instruction approach. In: Proceedings of the 2010 international conference on Compilers, architectures and synthesis for embedded systems, CASES'10. ACM, New York, NY, USA, pp 57–66

20. Chen Z, Schaumont P (2010) Virtual secure circuit: porting dual-rail pre-charge technique into software on multicore. Cryptology ePrint Archive, Report 2010/272. http://eprint.iacr.org/

21. Tiri K, Verbauwhede I (2003) Securing encryption algorithms against DPA at the logic level: next generation smart card. In: CHES 2003, vol LNCS 2779, pp 125–136

22. Tiri K, Verbauwhede I (2004) A logic level design methodology for a secure DPA resistant ASIC or FPGA implementation. In: Proceeding of DATE 2004, vol 1, pp 246–251

23. Popp T, Mangard S (2005) Masked dual-rail pre-charge logic: DPA-resistance without routing constraints. In: CHES 2005, vol LNCS 3659, pp 172–186

24. Biham E (1997) A fast new DES implementation in software. In: FSE'97: Proceedings of the 4th International Workshop on Fast Software Encryption. Springer, London, UK, pp 260–272

25. Konighofer R (2008) A fast and cache-timing resistant implementation of the AES. In: CT-RSA'08: Proceedings of the 2008 The Cryptopgraphers' Track at the RSA conference on Topics in cryptology. Springer, Berlin, pp 187–202

26. Matsui M (2006) How far can we go on the x64 Processors? In: FSE, pp 341–358

27. Kasper E, Schwabe P (2009) Faster and timing-attack resistant AES-GCM. In: CHES, pp 1–17

28. Matsui M, Nakajima J (2007) On the power of bitslice implementation on Intel Core2 processor. In: CHES'07: Proceedings of the 9th International Workshop on Cryptographic Hardware and Embedded Systems. Springer, Berlin, Heidelberg, New York, pp 121–134

29. Rebeiro C, Selvakumar D, Devi A (2006) Bitslice implementation of AES. In: CANS, vol LNCS 4301, pp 203–212

30. Brier E, Clavier C, Olivier F (2004) Correlation power analysis with a leakage model. In: CHES 2004, vol LNCS 3156, pp 16–29

第 12 章　射频识别（RFID）标签的安全性

12.1　引言

　　射频识别(RFID)是一种利用 RFID 标签（也称应答器）来检索和访问数据的信息自动识别技术。基本的 RFID 系统包括 RFID 标签、RFID 阅读器和一些相关的接口（如图 12.1 所示）。标签被贴到我们想要标识的对象上，读取器使用射频信号查询标签以获得标识符。RFID 系统应用广泛，可用于项目管理、物理访问控制、旅行证件、金融及银行、传感器、动物跟踪、身份识别和产品防伪等众多领域。

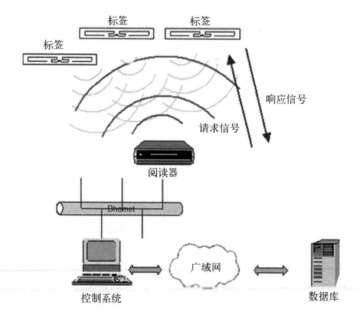

图 12.1　RFID 系统

　　大多数无源 RFID 系统要求标签具有较低的成本。因此，无源 RFID 标签被阅读器询问时，通常由于低功耗要求和设计的约束而只能提供一个简单的唯一标识号。这使得无源 RFID 标签很难应用到对安全性要求较高的场景中，因为在标签上实现加密算法、加密通信和加密认证需要耗费较多的硬件资源（见参考文献[1]）。因而，研究人员也在努力寻找低成本的加密算法、认证协议和其他一些新技术。

12.1.1　RFID 的历史

第一个 RFID 应用的例子可以追溯到 20 世纪 30 年代。当时美国和英国将敌我识别系统装配到飞机上，并在战争期间利用 RFID 作为信标识别友军飞机。很多年来，这种自动识别技术局限于大型且昂贵的系统，直到 1998 年麻省理工学院将其用到机器人导航领域。他们设计了一种低成本的 RFID 标签，该标签没有电池和发射器，只有简单的电路。该标签从阅读器的射频信号中获得能量来代替电池，从而控制电路运行。该标签也不使用板级发射机，而是将阅读器发出的射频信号修改后通过散射反馈给阅读器以传达信息。

之后，研究人员意识到，使用 RFID 标签识别所有物品具备商业前景，可用于识别供应链中的零售产品。他们给这个标识符命名为电子产品代码（Electronic Product Code，EPC）。1999 年，麻省理工学院创建了自动识别（Auto-ID）中心，并在综合评估成本、读取范围以及标签容量后，选取了 900 MHz 作为零售业中使用标签的最佳频率。自动识别中心获得宝洁、沃尔玛等公司的支持，并在 2003 年接受 UCC 和 EAN 的融资成立了 EPCglobal 公司，成为引领 RFID 供应链标准的非营利公司（UCC 和 EAN 现已并入 GS1）。

12.1.2　物联网

将物理世界与网络世界相结合是 RFID 研究人员的梦想。2005 年，国际电信联盟发布了一份报告，提出了物联网的概念。报告中指出：物联网各个设备中应嵌入具有唯一标识的传感器和收发器，并且可以与个人和其他设备通信（见参考文献[3]）。因此，物联网所需的技术包括唯一识别系统（如 RFID）、传感器技术（可以检测环境的变化）、嵌入式智能技术、网络技术和小型化技术等。在物联网中，设备可以收集信息，并允许管理者通过无线信号进行远程查询。而且传感器和收发器的角色将被逐步弱化，就像手机的基础设施一样普遍。当然，物联网也会存在一些挑战，比如数据的标准化和隐私性问题，而 RFID 和身份识别就是其中之一。

12.1.3　RFID 的应用

最成功的 RFID 应用是项目管理，包括供应链、物流、库存控制和设备管理。供应链是将产品推向市场的网络，包括供应商、制造商、托运人、仓储设施、分销商和零售商。物流是对供应链进行管理。库存控制则是订购、收货、控制和维护库存中每个物品正确数量的过程，这需要跟踪存货的数量和类型。设备管理是对设备的维修和维护进行跟踪，并根据设备的使用情况进行收费。这些项目管理中的所有领域都可以使用 RFID，来对目标进行非接触的、自动的跟踪。

RFID 为供应链提供了可见性，这意味着每个被标记的物品在从制造商到零售商的过程中，其类别、时间和地点等信息都能被获取。随着可见性信息量的增加，企业可以识别出系统中的瓶颈并进行纠正，从而节省运行成本。供应链的可见性加速了 RFID 的发展，比如，美国国防部（DoD）在意识到集装箱内使用 RIFD 标记昂贵物品的好处后，使用了 RFID 来跟踪集装箱并要求在 2005 年之前所有昂贵物品必须使用 RFID 进行标记。又比如，2003 年 6 月，沃尔玛要求他们的前 100 名供应商在 2005 年 1 月前对托盘级和箱级货物使用 RFID。后来，沃尔玛又要求供应商扩大 RFID 的使用，并在 2010 年 7 月宣布他们将在牛仔裤和内裤上放置可移动的 RFID 标签来优化库存管理。

另一个 RFID 应用是物理访问控制，包括解锁和启动汽车、授权和缴费以进入收费公路、解锁建筑物门禁或进入付费停车库。嵌入在汽车钥匙中的 RFID 标签提供了额外的认证功能。由于其是唯一的标签标识符，因而可以有效减少汽车盗窃案件。此外，用于建筑物或付费停车场的入口访问的 RFID 标签，通常嵌入在徽章、卡扣等物品中；高速路口收费使用的 RFID 标签，则通常为半无源式标签。

2006 年，美国开始签发嵌有 RFID 标签的电子护照（e-passport）。由于它们是高端 RFID 标签，具有能够执行加密算法和协议的安全嵌入式微控制器（见参考文献[4]），业内倾向于称它们为智能卡而不是 RFID。此外，智能卡也常常用于保存生物特征的数字信息，例如面部、指纹或视网膜的数字照片。

为了满足西半球旅行计划的需求，美国额外推出了一种称为国土安全部人民安全访问服务卡（PASS 卡或护照卡）来替代高成本的护照。该卡中包含了无源超高频（UHF）RFID 标签（见参考文献[5]）。其中，PASS 卡是发给美国公民的，可以使用它从墨西哥、加拿大、加勒比和百慕大进入美国。一般情况下，超高频标签的读取范围为 20 英尺左右，远大于电子护照的4 英寸读取范围。可以想象，和使用具有较小读取范围的护照相比，使用超高频标签的人可以坐在车中轻松通过边境检查。此外，RFID 标签在未来将应用在驾驶执照中。2005 年通过的真实身份法案，明确了驾驶执照和身份证都能作为唯一的身份标识的条例（见参考文献[6]）。

金融业和银行业也在使用 RFID。现在，许多主要的信用卡提供基于智能卡标准的嵌入式 RFID 标签。这样，用户可以在收银台的读卡器附近晃动一下卡片或钥匙链（见图 12.2）来完成支付，而无须将卡交给收银员。显然，非接触式的支付方式比使用磁条刷卡要快得多。

图 12.2　支付钥匙链

对某些应用而言，将传感器和 RFID 相结合的传感器标签非常实用。例如，KSW Microtec公司开发了一款具有温度传感器与 RFID 的传感器标签。该标签有一个电池供电并且可被编程，比如：通过编程使标签每过一段时间就被唤醒，并将温度记录到非易失性存储器中。这样，标签可以持续进行测量，直到电池耗尽。由于数据保留在非易失性存储器中，即使电池耗尽也不会消失，仍然可以被获取（这种情况下传感器标签可以借助 RFID 从阅读器获得能量）。

RFID 可用于跟踪家畜，如牛和宠物等。与供应链类似，RFID 标签可提供动物位置的可见性，使人们了解该动物曾经在哪些地方待过。过去，由于动物会被买卖，无法得知某个动

图 12.3　宠物芯片

物的历史位置，因而难以确定某种疾病的起源地。如果所有牲畜都被标记，那么任何疾病都可以追溯到某个具体的农场再进行处理，而不是关闭大量相关的农场。目前，RFID 标签已被用来标记各种宠物（如狗），这种 RFID 标签（如图 12.3 所示）可以通过特殊的注射器植入颈部附近的皮肤下。该标签被包装在玻璃胶囊中，胶囊含有特殊的化学品，使得标签与皮肤紧密结合而不会移动。标签的唯一标识符被记录在数据库中，对走失的宠物而言，可利用该标识符来获取宠物信息并联系宠物的主人。

　　VeriChip 公司销售一种工作频率约为 134 kHz 的人工植入式 RFID 标签。在该频率下，射频信号可以穿透泥浆、血液和水。标签大约有一颗生米粒的大小，和植入宠物的芯片类似。2002 年，美国食品和医药管理局将 VeriChip 的设备纳入监管范围，并于 2004 年要求 VeriChip 将标签中的序列号关联到个人医疗保健信息。此外，VeriChip 公司还销售医疗保健领域的其他标签，包括：医疗设备识别标签、健康信息紧急查询标签、便携式医疗记录标签（内含个人保险信息、住院患者信息、医疗设备使用信息，以及危险人群的疾病治疗信息，如疫苗接种史等）。VeriChip 还有一种标签可在飓风后贴在灾民身上。和人工方式相比，该标签有效降低了信息识别错误并能持续记录人的位置（见参考文献[7]）。

　　造假是在汽车、服装、奢侈品、制药、食品、软件和娱乐等行业中普遍发生的问题，每年因为假货带来的损失在 6000 亿美元以上（见参考文献[8]）。使用 RFID 标记物品可以有效减少造假。例如，美国食品和医药管理局估计美国所有药物中有 10% 是假药。因此，研究人员提出借助 RFID 来创建药品的电子谱（e-pedigree），在药物制造时将标签嵌入到瓶中。之后，药物从制造商、批发商，直到药房都将被自动追踪，并创建或记录到电子谱中，从而降低假药流入市场的概率。

12.1.4　射频识别参考模型

　　RFID 系统可以划分成一个 6 层的 RFID 参考模型（如图 12.4所示），该模型由应用层、中间件层、网络层、阅读器层、媒体接口层和标签层组成。应用层指的是 RFID 的用途，例如项目管理或防伪。中间件层指的是数据从阅读器到应用层过程中，用于传送数据和过滤数据的软件。例如，将不同阅读器的输出转换成用标准格式、以方便应用层进行后续处理的软件。网络层是指阅读器和服务器上应用之间的通信路径。通常使用标准的通信协议，例如以太网、WiFi 和互联网协议。阅读器层指的是阅读器的体系结构。具体来看，一个阅读器是由计算机和收发器组合而成，并连接到一个或多个天线。媒体接口层是指受阅读器控制的、访问传输媒体（通常为无线媒介）的方式。由于阅读器需要使用无线信道来与标签组中的每个标签进行通信，媒体接口通常含有比较复杂的协议。例如，EPCglobal 公司的 Class 1 Generation 2 协

图 12.4　RFID 参考模型

议，它包括了一种类似于以太网随机接入协议的操作[2]。标签层指的是 RFID 标签的体系结

构，包括功率采集电路、调制器、解调器、逻辑和存储器布局。

12.1.5　射频识别标签的种类

RFID 标签可以分为三类：无源标签、半无源标签和有源标签。无源 RFID 标签由于不含电池和发射器，且电路简单，是一种低成本的物品识别方案。该类标签从阅读器的射频信号中直接获得能量来操作标签电路，因而无需电池。该类标签将阅读器的能量进行调制后反射（称为反向散射通信），因而无需发射器。最常见的用于物品识别的 RFID 无源标签是 EPCglobal 公司的 EPC（见参考文献［2］）。半无源标签有一个电池供电电路，采用和无源标签一样的反向散射通信技术与阅读器进行交流。增加电池可以提高电路的灵敏度，从而获得更大的读取范围和更快的读取速度。因此，它们被用于收费公路支付等应用中，使得阅读器可以从快速移动的车中读取到标签。由于使用反向散射通信，并不需用电池去驱动发射器，因而电池的使用寿命较长。有源标签是具有电池和发射器的标签，电池为电路和发射器供电。这种标签比无源或半无源的标签更昂贵，并且电池寿命较短。然而，由于具有电池和发射器，它的灵敏度更高、信号发射距离更远。

12.1.6　射频识别对社会和个人的影响

RFID 对社会和个人有重要的影响。假如有一个世界，你身边和你携带的或穿着的每个物品都有可唯一识别的传感器，并且可以通过互联网对其进行查询，那在这样一个透明的社会中，我们可以很快找到失踪的儿童，可以解决许多犯罪行为，还可以很容易地找到朋友和家人。但是，这种透明社会也有不好的地方。比如：政府可以监视我们，我们几乎没有隐私。RFID 对个人最大的威胁是它能够大规模地跟踪、分析和监控个人。不管它是否被正当使用，这都会引起公众的担忧。RFID 对个人的威胁具体可分为跟踪、记录、提取列表和分析。跟踪是确定个体当前所在的位置，记录是确定个体曾去过的地方，提取列表是挑出接触过某些特定人和物的个体，而分析则是识别个人所拥有的物品。

12.2　对无源射频识别标签安全的攻击

自从引进射频识别，安全一直是各种 RFID 系统应用中主要考虑的因素之一。对于无源标签来讲，严格的成本限制和功耗预算使得板卡上不可能集成复杂的数字和模拟电子元件。尽管已有研究人员在利用标签硬件实现加密方面开展了大量工作，但是这种加密标签并未被广泛采用。并且，事实表明，即使标签具有硬件加密模块，也不足以确保 RFID 系统的安全（见参考文献［9］）。由于标签有着相对简单的电路和无线（或者非接触式）通信的方式，RFID 系统中有大量的漏洞并容易受各种恶意攻击，从而威胁到它们的机密性、完整性和可用性。这些恶意攻击可能针对阅读器、标签、通信协议、中间件和数据库。本章讨论了针对RFID 标签安全的各种恶意攻击，并特别关注基于硬件的攻击。另外，可以在参考文献［10,11］中找到更多相关资料。

12.2.1　伪装攻击

在伪装攻击中，对手会试图模仿目标标签的身份来与阅读器进行通信，使阅读器误以为自己在访问真正的标签。该类攻击具体可以分为四类：标签克隆、标签欺骗、中继攻击和回放攻击。

12.2.1.1　标签克隆

因为 EPC 的 I 类标签没有防克隆机制，攻击者很容易将一个标签内存中的内容（包括唯一标识符）复制出来并创建一个相同的克隆标签。对简单的无源射频识别系统而言，无法区分克隆标签与真正的标签。即使标签具有一些额外的安全功能，攻击者仍然能够通过更复杂的攻击来愚弄阅读器，使它认为克隆标签是合法的（见参考文献[10]）。迄今为止，已经有多起克隆标签（包括克隆电子护照）的实例被报道出来，从这些报道可知，两个具有相同标识符的标签能混淆系统并破坏系统的完整性。

12.2.1.2　标签欺骗

标签欺骗，又叫标签模拟，可以被认为是标签克隆的变体，因为这两种攻击都是使用非法的设备去访问服务。与标签克隆不同，标签欺骗使用定制设计的电子设备来模仿或模拟真实标签（克隆是对真实标签的物理再现）。与标签克隆相同，标签欺骗攻击也威胁 RFID 系统的完整性，例如，一个模拟标签可以用于欺骗自动结账系统，使其认为产品还未售出。标签欺骗要求攻击者具有对合法通信信道的完全访问能力，并掌握身份验证过程中使用的协议和秘密（见参考文献[11]）。

12.2.1.3　中继攻击

无源 RFID 标签只能在近距离与阅读器通信（小于 25 英尺）。因此，当阅读器成功访问标签时，它假定该标签是在读取范围内的。然而，这种假设可以被攻击者利用中继攻击来创建一个"虚拟克隆"，进而控制通信信道中的所有业务。

如图 12.5 所示，为了执行中继攻击，攻击者需要两个设备（Leech 和 Ghost），分别作为标签和阅读器。Leech 设备模拟成合法的阅读器呈现给被攻击的标签，Ghost 设备则模拟成合法的标签呈现给被攻击的阅读器（见参考文献[12]）。这两个设备用作中继，使得可信通信信道中的消息被 Leech/Ghost 捕获，并且通过高速信道（例如有线通信信道）在 Leech 和 Ghost 间传输。当受到攻击的阅读器和标签被欺骗时，认为它们两者之间彼此直接通信，它们之间任何的数据交换（无论是否被加密和验证），都可以通过中继信道来传递。此外，这些非法的设备可能在中继期间对传递的数据进行修改。

中继攻击可以在相当大的距离中进行，并且中继设备不受任何监管标准的约束。许多成功的案例都被报道过，包括电子投票机、无钥匙门禁和电子护照。

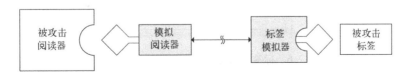

图 12.5　中继攻击下的 RFID 信道

12.2.1.4　回放攻击

回放攻击有点类似于中继攻击，但回放攻击中攻击者可以滞后一段时间再用捕获到的阅读器－标签之间的通信数据去欺骗其他阅读器或标签，其中通信数据的捕获可通过中继攻击或窃听攻击等手段来实现。与中继攻击类似，标签即使具有强大的加密或认证保护，仍容易受到回放攻击。参考文献[11]指出，一个典型的回放攻击应用场景就是破坏 RFID 的访问控制系统。

12.2.2　信息泄漏攻击

该类攻击的重点是非法获取存储在标签上的数据，导致信息泄漏。这种攻击具体手段包括：读取未授权的标签、隐蔽信道、窃听、边信道攻击和标签篡改。

12.2.2.1　未授权的标签读取

未授权的标签读取是最简单的信息泄漏攻击方式，攻击者在目标标签附近放置非法阅读器以访问标签的数据。由于成本和功率限制，存储在大多数无源 RFID 标签上的数据并不受加密或认证机制保护，并且该类标签没有电源开关。因此，未授权的标签读取是一种简单而有效的攻击。

12.2.2.2　隐蔽信道

隐蔽信道是非预期或未经授权的通信路径，传输信息时可能违反系统的安全策略。对于无源 RFID 标签，可使用用户自定义的存储器区域来创建隐蔽信道。文献[10]报道了一个隐蔽信道的案例，该案例中患者体内植入式 RFID 标签的私人医疗或社会信息被偷偷地向外传送。

12.2.2.3　窃听

在窃听攻击中，对手使用带有天线的电子设备来监听合法的阅读器－标签通信并记录消息。它可以攻击阅读器到标签方向（前向信道）或标签到阅读器方向（后向信道）的信息。如图12.6 所示，因为阅读器的发射功率远远高于标签的发射功率，所以攻击者可以从更远的距离（数百米，参考文献[10]）来捕获前向信道通信。

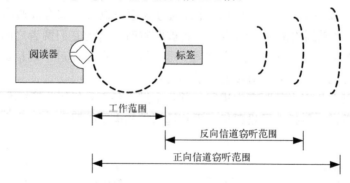

图 12.6　标签读取范围划分（参考文献[17]）

通过窃听攻击捕获到的数据可被用到更复杂的攻击中去，例如中继攻击和回放攻击。窃听攻击的实例在许多文献中已有报道，例如参考文献[13]。

12.2.2.4　边信道攻击

为了增强 RFID 标签的安全性，研究人员已经试图在无源标签上实现先进的加密技术。然而，在标签上增加一个具有加密算法的模块对 RFID 系统的安全而言是不够的 (见参考文献[9])，因为边信道攻击者攻击的是加密硬件模块而不是加密算法。具体地说，CMOS 电路在处理不同数据时会表现出不同的功率、延迟、电磁干扰和其他电气/逻辑等特性，攻击者可以记录这些不同的特性，并利用统计算法放大这些特性的差异以"猜测"加密算法的密钥。据报道，边信道攻击能够破解大多数标准加密算法，如 AES、DES、RSA 和 ECC 等。目前常见的边信道攻击包括差分功耗分析、时序分析、差分电磁攻击和故障注入攻击。此外，参考文献[9]中介绍了差分频率分析的方法，以应对无源 RFID 标签中用到的随机策略。由于 RFID 系统的无线特性，使得边信道攻击对 RFID 更易实现，因为攻击者能够远距离记录信息泄漏的电气特性。文献[14]报道了一些成功的案例 (见参考文献[14])。

12.2.2.5 标签篡改

标签篡改与前面提到的所有信息泄漏攻击稍有不同，它的目的是修改存储在标签内的数据。这种攻击可能会导致各种后果，例如，攻击者可能会清除一个昂贵产品存储在标签上的价格，并向其写入一个便宜的价格；另一种更严重的情况是恶意篡改标签上病人所需的药品信息。由于无源 RFID 标签包含用户可写的存储器，因而有可以被攻击者利用非法的阅读器修改或删除其数据 (见参考文献[10])。这种攻击的有效性受到标签的数据组织形式以及写保护机制的影响。

12.2.3 拒绝服务攻击

在针对 RFID 标签的拒绝服务 (DoS) 攻击中，攻击者试图中断标签和读取器之间的通信链路，并禁止阅读器访问标签。由于 RFID 系统的无线特性，这种类型的攻击实现起来相对简单，常见的攻击手段有：滥用 KILL 命令、无源干扰和有源干扰。

12.2.3.1 滥用 KILL 命令

无源 RFID 标签通常支持 KILL 命令，该命令执行后，标签停止响应任何阅读器的查询操作。这个过程被存储在标签上的密码所保护。然而，一组标签通常共享相同的 KILL 密码，并且有时还存在一个对大量标签有效的主密码。这些 8 位或 32 位的密码可能被攻击者通过相应的攻击手段来获得，然后使用非法的 KILL 命令，使目标标签停止响应。

12.2.3.2 无源干扰

像其他射频信号一样，RFID 阅读器和标签之间的射频通信链路容易受到干扰，例如链路中有水或金属。此外，无线电波可以从物体表面反射并在某些地方发生冲突，如果它们在空间中的特定位置相位相反，则这些信号可相互抵消 (见参考文献[11])。虽然这些类型的干扰大多不是故意的，但攻击者却可能对其加以利用，比如：使用箔衬袋来屏蔽标签，使其无法接收从合法阅读器发送的电磁波。

12.2.3.3 有源干扰

不同于无源干扰，有源干扰主动发出无线电信号来中断阅读器和标签之间的通信。这种类型的攻击可以使用无线电噪声发生器来实现，例如：开关电源或电子发生器 (见参考文献[11])、处于同一频段的阅读器、标签信号拦截器 (见参考文献[15]) 或 RFID 监护器 (见参考文献[16])。

12.2.4　物理操作攻击

前面讨论的所有攻击都可以远程执行，而本节要讨论的攻击需要攻击者与目标标签有物理上的接触。这种攻击包括物理篡改、标签替换、移除和破坏，以及标签重编程。

12.2.4.1　物理篡改

物理篡改攻击的目的是获取/修改存储在标签上的数据。可以利用微探针、聚焦离子束、故障注入和激光切割机显微镜等方式，在标签拆开后对存储器进行攻击（见参考文献[11,17]）。虽然这种攻击价格昂贵又耗时，但是它们能够绕过所有的逻辑级安全检查，比如密码和认证。

12.2.4.2　标签的替换、移除和破坏

这三种攻击非常简单：标签替换是将一个对象原有的 RFID 标签移走，贴上另一个标签；标签移除是从相关联的对象中把标签拿走；标签破坏是指通过使用化学物质、施加多余的压力或张力，或摘下天线来禁用标签（见参考文献[11]）。所有这些攻击都利用了标签物理上的不牢靠或不安全特性。

12.2.4.3　标签重编程

标签重编程攻击的目标是那些可通过 RF 或有线接口重新编程的标签（见参考文献[11]）。对手能够对标签进行编程，以创建克隆或导致标签上的数据与后端数据库中的数据不一致。虽然这样的可编程特性通常受密码保护，但是对手可以通过更复杂的攻击（诸如边信道攻击）来获得这些密码。标签重编程攻击的一个例子可以在参考文献[18]中找到。

12.3　射频识别标签的保护机制

自从出现了 RFID 标签的威胁和攻击后，来自工业界和学术界的研究人员一直在研究各种保护机制。在本节中，与上一节的攻击类别相对应，逐一介绍了 RFID 标签现有的各种保护机制。

12.3.1　伪装攻击

12.3.1.1　标签克隆和欺骗

激励－响应认证协议可以降低克隆攻击的有效性（见参考文献[10]）。但是，由于标签上的硬件资源有限，弱认证协议并不能完全有效地抵抗克隆攻击，并为此提出了几种新的认证协议。需要注意的是，该方法也可用来对抗欺骗攻击。

参考文献[19]中提出了一种称为物理不可克隆函数（PUF）的方法，该方法利用硅的物理特性和集成电路制造过程中的差异来唯一地表征每个芯片。具体地说，PUF 是基于复杂物理系统内部不可避免的差异，构造的输入激励到输出响应的映射（见参考文献[19]）。比如，在一个标签上具有相同布局的两个等长数据通路，理论上应该具有完全相同的传播延迟。但是，由于制造过程中的差异，它们必然会表现出不同的延迟特性。这种传播延迟的时间差可以被提取出来创建一个配置比特。如果一个标签上可以提取多个这样的配置比特，那

么这个配置比特序列对所有的标签而言是唯一的，从而可以被用来认证标签或作为加密算法的密钥（见参考文献[19]）。由于这种配置比特序列是基于集成电路的物理不确定性来产生的，因而它无法被预测、控制或复制。基于 PUF 的标签认证由可信方在注册阶段将一系列激励信号作用到标签上，并从标签获得相应的响应。这些激励－响应对被存储在数据库中。在身份认证过程中，可信方选择先前存储的某个/某些激励信号去作用于标签上，然后将该响应与存储的响应进行比较，以查看它们是否匹配。如果身份认证过程中每个激励只使用一次，则可有效防止中继攻击。

参考文献[20]提出了一种称为脆弱水印的方法，该方法利用伪随机数发生器，把少量存储在标签上的数据生成水印，并将水印嵌入在阅读器－标签的通信协议中，使阅读器便能够将其用于标签认证。如果在生成水印时使用了每个标签唯一的集成电路序列号，则可以检测到克隆的标签。参考文献[21]提出了一种用于检测克隆标签的同步密钥方法。每当标签被阅读器访问时，阅读器产生一个随机数写入到标签的存储器中。在下一次访问时，标签识别符和该随机数都会被阅读器检查。由于克隆的标签没有这个同步的密钥，它将被阅读器检测到。此外，标签指纹也能用于克隆标签检测，该技术将在 12.4 节中详细讨论。指纹的主要优点是：（1）无须修改无源标签的软件和硬件；（2）不额外增加标签的成本。

12.3.1.2 中继攻击和回放攻击

为了对抗中继攻击，除了加密通信信道，或通过降低便利性、增加成本来添加第二认证等方式，还有一种有效的方法是检测阅读器和标签之间的距离。因为距离越短，中继攻击越难实现（见参考文献[10]）。有多种成熟技术可用于标签－阅读器的距离测量，例如：检测无线电信号的往返延迟、检测接收信号的强度、基于超宽带脉冲通信的距离边界协议，以及另一种基于边信道信息异或操作的距离边界协议。类似的方法也能用来抵抗回放攻击，因为标签和阅读器之间的距离可用来区分授权和未授权的标签/读取器。此外，其他一些常见的回放攻击抵抗机制有：时间戳法、一次性密码、增量序列号、时钟同步法以及通过射频屏蔽限制无线电信号的方向等。

12.3.2 信息泄漏攻击

12.3.2.1 未授权的标签读取、隐蔽信道和窃听

未授权的标签读取有两类防御措施：一类是当标签不被访问时，中断阅读器和标签之间的通信链路；另一类是使用标签访问控制机制。前者可以通过屏蔽标签（比如把标签放在铝衬包内）、阻塞标签（即模拟大量的 RFID 标签信号，从而使阅读器无法发现实际的标签）和 RFID 监护［即 RFID 的防火墙工具，它可以围绕标签建立隐私区域，使得只有通过认证的阅读器才能访问标签（见参考文献[16]）］等手段来实现。后者可以通过向阅读器－标签之间的通信协议添加加密措施，并使用 KILL 命令禁用标签来实现（见参考文献[10]）。防止隐蔽信道信息泄漏，可以限定只有授权的阅读器才能对标签进行访问，也可以通过减少标签上可用的存储器资源来实现（比如，每隔几秒将未使用的内存清除一次，或将代码位置和数据的位置随机化，见参考文献[10]）。窃听攻击也可以采用上述方式来防御。此外，减少存储在标签上的信息，也能降低窃听攻击的有效性（见参考文献[11]）。

12.3.2.2　边信道攻击

为了抵御基于功率的边信道攻击，需要去除瞬态功耗与处理的数据的耦合关系。这可以通过功率平衡技术或功率随机化技术来实现。平衡功率波动的技术主要包括：（1）采用新的 CMOS 逻辑门，它能对每个被处理的数据进行完整的充放电循环；（2）采用异步电路，特别是基于双轨编码逻辑的异步电路，它能保证每个数据周期内具有固定的电平切换行为；（3）修改算法的执行；（4）补偿电源节点处的电流，以及（5）使用亚阈值操作。另外，功率数据随机化的技术也能去除数据和功率的耦合关系，并已有大量研究成果。对时序攻击而言，常用的对策有：插入伪操作、使用冗余表示以及统一乘法操作数等。

虽然功率平衡技术使得电磁波动降低，但是无法完全消除电磁的差异，因为寄生电感很难完全一致。要对抗电磁攻击，可以通过降低信号强度和减少信号量来实现。此外，也可以限制电磁辐射、增加标签硬件电路的复杂性和使用抗篡改的标签（如参考文献［10］中提到的 plusID 标签）。

对基于故障注入的边信道攻击，通常可以采用容错设计技术（例如时间和空间冗余）来抵抗某些类型的故障。常见的容错技术包括：并发错误检测、检错码/纠错码、使用冗余模块、内建自测试和算法修改。

12.3.2.3　标签篡改和重编程

为了防止攻击者修改标签内存里面的内容，可以使用"只读"标签。然而，这种解决方案显然降低了 RFID 系统的灵活性并限制了其应用。另一种方案是采用有效的编码策略或加密算法来保护标签上的数据。此外，采取阅读器认证的方法也可以防止未经授权的阅读器访问标签数据。

12.3.3　拒绝服务攻击

12.3.3.1　滥用 KILL 命令、无源干扰和有源干扰

要保护标签不被未授权的阅读器使用，其中一种方式是提升授权阅读器通信通道的物理安全，比如使用围壁来屏蔽某个特定的无线电频率（见参考文献［22］），可有效防御 KILL 命令滥用、被动干扰和主动干扰攻击。此外，也可以使用安全的密码管理机制来对抗 KILL 命令滥用攻击，比如：不使用主密码（见参考文献［11］）。

12.3.4　物理操作攻击

12.3.4.1　物理篡改

保护标签集成电路免于物理篡改需要使用防篡改技术，例如存储器保护、芯片涂层和自毁。这些技术超出了本章讨论的范围。有兴趣的读者可以参考其他相关出版物。

12.3.4.2　标签交换、移除和破坏

提高标签的物理弹性可有效防御这些攻击，比如：粘贴标签时使用强力胶水或将标签嵌入到包装袋内。其中，后一种方法对包装袋材质有要求，因为水或金属等材料会吸收射频信号，若将标签嵌入这类材料中，可能会无法正常访问标签。

12.4　用于防伪的 RFID 标签指纹

制造过程引入的 RFID 标签电子特性差异，可以被测量出来并生成指纹。由于指纹对每个标签是唯一的，因而可用于防伪（见参考文献[23]）。指纹可以单独使用，也可以和其他方法（如传统认证协议）一起使用。图 12.7 给出了使用指纹防伪的一般步骤（含指纹注册和指纹验证）。在注册阶段，测量标签的特征以创建指纹，并存到数据库里面。在指纹验证阶段，同样测量标签的特征并创建指纹，然后使用匹配算法将所得到的指纹与数据库中注册的指纹进行对比。如果注册的指纹和测得的指纹匹配，则认为该标签是真实标签的概率很大。

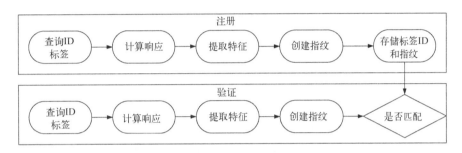

图 12.7　标签指纹系统

12.4.1　指纹电子设备的背景

电子设备可以通过其唯一的物理指纹特征进行识别或认证，比如时钟偏移（见参考文献[24]）、瞬态时间响应（见参考文献[25,26]）、频率响应（见参考文献[25]）和其他射频特性（见参考文献[27]）。参考文献[24]展示了从远程位置识别计算机网卡在硬件制造中引入的时钟偏移差异。参考文献[26][27]中阐述了如何利用射频指纹（如硬件差异引起的信号振幅、相位和频率特性差异）来唯一地识别信号发射机，并指出该技术可以被军方用来对发射机进行标识和跟踪、被业余无线电爱好者用来跟踪干扰信号以及被移动电话公司用于防范克隆手机诈骗。此外，参考文献[25]提出了一种基于射频指纹识别的蓝牙入侵检测系统。

无源 RFID 标签的一种指纹基于标签会修改阅读器发出的信号。参考文献[28]将高频无源 RFID 指纹识别技术应用于电子护照，并通过标签认证来检测克隆护照。该方法在阅读器天线上测量由标签所引起的瞬态响应，从而将不同型号的标签区分开来。但是，该技术目前还不能区分相同型号中的不同标签。此外，该方法需要昂贵的宽度晶振支持，并且只能用于近距离工作模式的高频无源 RFID 标签，而无法用于支持远距离工作模式的超高频 RFID 标签。这是因为在超高频频段，标签耦合到阅读器天线上的信号会比高频频段小很多。

12.4.2　标签的最小功率响应

在参考文献[23]中，无源超高频 RFID 标签使用标签的最小功率响应（MPR）产生指纹。MPR 是标签处于工作模式时，在不同频率下进行响应所需的一组最小功率，对其测量通常使用自下而上的方式，即让阅读器从低功率起向标签发送信号，并逐步增加功率，直到检测到来自标签的响应为止。比如，文献[23]中把 50 个相同模型同一批次的标签（标签几乎是在同一时间制造的）从 860 MHz 到 960 MHz 之间的 101 个不同频率点各自测量 6 次。

在测量 50 个标签的 MPR 后，论文对数据进行了分析。首先，使用双向方差分析法（Two-way ANOVA）来确定不同标签是否具有显著不同的 MPR。该方法主要通过统计多组测试数据的平均值是否相等，来验证假设条件是否成立，即标签频率和标签类型对 MPR 测试结果的影响大约在 1% 量级。结论表明，不同的标签类型和标签频率都对 MPR 存在显著的影响，假设成立。

在明确不同标签的 MPR 有显著不同之后，论文作者提出将标签的 MPR 作为识别系统的指纹。K 最近邻算法（K Nearest Neighbor，KNN）被用作匹配算法，根据新给定标签的MPR，判断其和历史检测标签中哪一类比较近似。该过程被执行十次，并对检测的结果采用十折验证技术进行验证。识别系统的有效性采用真阳率（True Positive，TP）、假阳率（False Positive，FP）和受试者工作特征（Receiver Operating Characteristic，ROC）的曲线下面积来衡量。真阳率是测量正确标签获得正确结果的实例；假阳率是测量错误标签获得正确结果的实例。ROC 曲线是一个真阳率与假阳率的比值图，曲线下的面积代表了随机选择时正确匹配的概率高于错误匹配的概率。如表 12.1 所示，识别系统的平均真阳率为 94.4%、假阳率为 0.1%，ROC 曲线下面积为 0.999。

表 12.1　基于最低功率响应的标签分类

真 阳 率	假 阳 率	ROC 曲线下面积
94.4%	0.1%	0.999

12.4.3　标签频率响应和瞬态响应

参考文献[29]研究了无源超高频 RFID 标签的频率响应特性。研究结果表明，不同的标签模型在频率响应函数的第三次谐波和第五次谐波之间存在差异，但是相同的标签模型之间没有显著差异。此外，由于指纹在发射器识别方面有成功应用的案例（如手机，见参考文献[27]），作者也研究了如何利用标签的瞬态响应来创建指纹。注意：当标签开始将信息反向散射到阅读器时，标签信号的部分特征就是标签的瞬态响应。结果表明，无源超高频标签之间的瞬态响应并没有明显差异。因此，尽管基于稳态响应的指纹技术在高频标签等常见有源设备中已被广泛使用，但由于无源标签没有电源供电且无法用于远场场景，该技术对无源超高频标签而言并不实用。此外，无源 RFID 系统中必须由阅读器发起通信，标签要被阅读器发射的信号供能后才能响应，这与有源标签也是不一样的。

12.4.4　标签时间响应

参考文献[29]和[30]利用标签的时间响应作为指纹。参考文献[29]选取了 3 种不同的标签模型，并在每种模型下抽取了 10 个标签样本来进行测试，并记录了标签在被阅读器查询后，发送 ID、校验位和控制位的时间。测试后发现，3 个模型中有 2 个标签模型的时间是具有唯一性的。其后，每隔一周对每个标签进行两组测量，直到所有标签的时间响应都被测量了 6 次。

在确定标签具有不同的时间响应之后，作者在识别系统中使用标签的频率响应作为各个模型的指纹，并让识别系统考虑到各个模型最坏的情况。KNN 被用作匹配算法，以分析出给定的标签属于之前注册标签中的哪一类。然后，对分类结果执行 10 次十折验证法。从表 12.2 的结果可以看出，标签的时间响应可以用作两个模型中的有效指纹。此外，需要注意的是，从文献[29]及其后的研究结果可以发现，标签模型中的集成电路芯片，如果在测量时不具备一致性，是无法直接采用该技术的。

表 12.2　基于 EPC、PC 和 CRC 传输长度的标签分类

	真 阳 率	假 阳 率	ROC 曲线下面积
制造商 – 1	99.2%	1%	0.999
制造商 – 2	95%	6%	0.998
制造商 – 3	47.5%	5.8%	0.91

参考文献

1. Juels A (2006) RFID security and privacy: a research survey. IEEE J Selected Areas Commun (JSAC) 24(2): 381–394
2. EPC^TM Radio-Frequency Identity Protocols Class-1 Generation-2 UHF RFID Protocol for Communications at 860–960 MHz, ver. 1.0.9, EPCglobal Inc. http://www.epcglobalinc.org/. Accessed 31 Jan 2005
3. ITU Internet Reports 2005: The Internet of Things, Executive Summary. http://www.itu.int/osg/spu/publications/internetofthings/. Accessed 18 July 2011
4. Smart Card Alliance Challenges DHS over RFID Deployment for WHTI PASS Card (2006) Smart Card Alliance. http://www.smartcardalliance.org. Accessed June 2006
5. United States Passport Card (2010) http://www.uspasscard.com/. Accessed October 2010
6. Real ID Act of 2005 Driver's License Title Summary (2010) National Conference of State Legislatures. http://www.ncsl.org/IssuesResearch/Transportation/RealIDAct of2005Summary/tabid/13579/Default.aspx. Accessed October 2010
7. Daigneau E (2006) Tag lines: RFID track Katrina's body count. Governing. http://www.governing.com/topics/technology/Tag-Lines-RFID-Track-Katrinas.html. Accessed March 2006
8. The International Anticounterfeiting Coalition (2010) http://www.iacc.org/. Accessed October 2010
9. Plos T, Hutter M, Feldhofer M (2008) Evaluation of side-channel preprocessing techniques on cryptographic-enabled HF and UHF RFID-tag prototypes. In: Dominikus S (ed) Workshop on RFID Security 2008, pp 114–127
10. Mitrokotsa A, Rieback MR, Tanenbaum AS (2009) Classifying RFID Attacks and Defenses, Information System Frontiers, DOI 10.1007/s10796–009–9210-z
11. Mitrokotsa A, Beye M, Peris-Lopez P (2010) Threats to Networked RFID Systems, Unique Radio Innovation for the 21st Century, Part 1, 39–63, Springer Publisher, DOI 10.1007/978-3-642-03462-6_3
12. Oren Y, Wool A (2009) Attacks on RFID-based electronic voting system. IACR ePrint, August 2009
13. Verdule R (2008) Security analysis of RFID tags. Master Thesis, Radboud University Nijmegen, June 2008
14. Oren Y, Shamir A (2007) Remote password extraction from RFID tags. IEEE Trans Comput 56(9): 1292–1296, 10.1109/TC.2007.1050

15. Juels A, Rivest R, Szydlo M (2003) The blocker tag: selective blocking of RFID tags for consumer privacy. In: 10th ACM Conference on Computer and Communication Security, pp 103–111
16. Rieback M, Crispo B, Tanenbaum A (2008) RFID guardian: a battery-powered mobile device for RFID privacy management. In: 13th Australian Conference on Information Security Privacy, July 2008, LNCS 5107. Springer-Verlag, Berlin, Heidelberg, New York, pp 184–194
17. Ranasinghe DC, Cole PH (2006) Confronting security and privacy threats in modern RFID systems. In: 40th Asilomar Conference on Signals, Systems, and Computers, Nov 2006, pp 2058–2064
18. Juels A () Strengthening EPC Tags against Cloning, In: Jacobson M, Poovendran R (eds) ACM Workshop on Wireless Security, LNCS 3982. Springer-Verlag, Berlin, Heidelberg, New York, pp 67–76
19. Devadas S, Suh E, Paral S, Sowell R, Ziola T, Khandelwal V (2008) Design and implementation of PUF-based "Unclonable." In: RFID ICs for Anti-Counterfeiting and Security Applications, 2008 IEEE International Conference on RFID, April 2008, pp 58–64
20. Han S, Chu C (2008) Tamper detection in RFID-enabled supply chains using fragile watermarking. In: IEEE International Conference on RFID
21. Lehtonen M, Ostojic D, Ilic A, Michahelles F (2009) Securing RFID systems by detecting tag cloning. In: The 7th International Conference on Pervasive Computing, May 2009
22. Karygiannis T, Eydt B, Barber G, Bunn L, Phillips T (2007) Guidelines for Securing Radio Frequency Identification (RFID) Systems: Recommendations of the National Institute of Standards and Technology, NIST Special Publication, vol 800(98)
23. Periaswamy SCG, Thompson DR, Di J (2011) Fingerprinting RFID tags. IEEE Transactions on Dependable and Secure Computing, to appear
24. Kohno T, Broido A, Claffy KC (2005) Remote physical device fingerprinting. IEEE Trans Dependable Secure Comput 2(2): 93–108
25. Barbeau JHM, Kranakis E (2006) Detecting rogue devices in Bluetooth networks using radio frequency fingerprinting. In: Proceedings of the IASTED International Conference on Communications and Computer Networks, Lima, Peru, Oct 2006
26. Mallette MC (2006) Sherlock in the XP age. In: CQ VHF, Winter 2006, pp 61–64
27. Riezenman MJ (2000) Cellular security: better, but foes still lurk. IEEE Spectr 39(6): 39–42
28. Romero HP, Remley KA, Williams DF, Wang C (2009) Electromagnetic measurements for counterfeit detection of radio frequency identification cards. IEEE Trans Microwave Theory Tech 57(5): 1383–1387
29. Periaswamy SCG (2010) Authentication of radio frequency identification devices using electronic characteristics. Ph.D. dissertation, Depertment of Computer Science and Computer Engineering, University of Arkansas, Fayetteville, AR
30. Periaswamy SCG, Thompson DR, Romero HP, Di J (2010) Fingerprinting radio frequency identification tags using timing characteristics. In: Proceedings of Workshop on RFID Security (RFIDsec'10 Asia), Singapore, 22–23 Feb 2010, pp 73–82

第 13 章　内存完整性保护

13.1　引言

随着个人计算机和互联网的发展，计算机已经融入我们的生活。虽然为我们带来更多的便利，但也随之产生了更多的漏洞。一个位于地球另一端的入侵者可通过突破防火墙、进入计算机内部系统来访问我们最私密的信息。受感染的计算机也会泄漏我们最私密的信息，诸如个人文档、图片、电影、浏览历史记录、聊天记录、银行账户密码等。

目前，人们已提出了许多检测并防止入侵的对策，但是计算本身也在不停地改变。首先，机器的所有者就可能是不可信的。假设有一个多玩家在线的游戏，其中一位拥有机器的玩家在游戏世界中扮演着特定的角色。该玩家（机器所有者）有很强的欺骗动机，他可以更新机器进程内存赋予其角色更多的权力。在这种情况下，隔离技术（如隔离沙箱）并没有什么作用，因为平台的所有者拥有对系统软件与硬件的完全访问权。游戏开发商正在提升监视技术来检测作弊，然而，避开这类保护相对较简单。通常情况下，我们会在硬件上对虚拟内存等存储器空间强制执行隔离技术加以保护。然而，软件平台（例如互联网浏览器甚至操作系统组件）也不是完美的，所以仍存在许多攻击（如缓冲区溢出攻击），可利用漏洞在未经授权的情况下访问其他进程的内存空间。

进一步看，云计算更是将这些威胁提升到了一个全新的水平。云服务器可能被多个用户共享，这些用户在各种不同的操作系统上运行多个应用程序，并通过虚拟化把这些程序都运行在同一物理平台上。这种级别的共享更加强调进程级的内存保护。仅仅依靠软件级的虚拟机隔离和硬件级的虚拟内存隔离是远远不够的。

在本章中，我们对如何保护计算机内存系统的完整性和安全性进行了概述。但需要说明的是，我们提出的存储器保护技术并不全面。

13.1.1　问题的定义

最典型的安全服务就是保密性，即在攻击者出现时能保护隐私信息。目前已经有许多解决方案和商业软件用于此目的。例如，Microsoft 的 BitLocker™ 就是一种硬盘分区加密工具。当存储器系统的内容中涉及机密性问题时，加密算法的高延迟与频发的存储器访问相结合很容易触发系统的性能瓶颈。由于此性能瓶颈，除高风险的应用外，其他应用中几乎不会采用集成式存储器。虽然这是一个重要的研究领域，但它并不是本章的重点。

本章的重点在于随机存取存储器（RAM）中的另一种安全服务，即数据完整性。简单来说，数据完整性意味着可以以很高的概率检测出对数据未经授权的修改。因为本地性原则，硬盘访问频率相对较低，因此在硬盘中存储数据的完整性相对容易。在下面几节中我们将看到为此目的提出的多个有效方案。相比之下，在访问频率高 1 到 2 个数量级的 RAM 中，如何构建性能合理的完整性保护方案是目前主要的挑战。

13.2　简单的解决方案：采用消息验证码

保护数据完整性的标准技术是采用消息验证码（Message Authentication Code，MAC）。在密码学中，MAC 就是一小段信息，或说是用于验证消息的标签。如果从计算和概率上看，攻击者不可能伪造一个消息验证码来修改消息，那么接收机就可以通过检查其是否满足 MAC 来验证消息的完整性。当接收机怀疑消息可能被篡改时，可借助密钥来验证数据及其标签。MAC 早已成功地用于通信中以确保分组完整性，并且可以直接对它们进行调整，以适应配置好的数据存储格式。图 13.1 给出了 MAC 标签生成与验证的高层次描述。

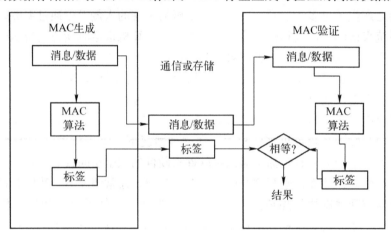

图 13.1　MAC 标签生成与验证

生成 MAC 的常用技术是带密钥的哈希函数。它接收密钥及任意长度的消息作为认证的输入，并输出 MAC 标签。

遗憾的是，单凭 MAC 还不能完全保护好内存的完整性。设有这样一种内存完整性保护方案，其中我们为每个小的内存块设置了一个 MAC。每次访问单个内存块时，我们通过验证相应的 MAC 来验证该数据块，并在必要时计算新的 MAC。这个简单的方案既不高效也不安全，因为该方案只能保护静态数据的完整性。在下一节中，我们将讨论由此想法引出的一个实用型代码验证方案。

13.2.1　程序代码的完整性

在冯·诺依曼结构的程序存储形式中，程序的可执行部分（即指令）连同数据一起存储在同一结构中。这种方式在现代计算机的主存储器中可见。处理器将其起始地址提供给存储器来请求执行指令，而存储器则根据请求提供指令。存储器还存储并提供数据，数据可由软件开发人员静态生成，也可以在程序执行时动态产生。指令和数据都需要被认证，以便程序可在处理器上安全地执行。

在文献[1]中，作者提出了一种基于有效 MAC 的实用型代码验证方案。在该方案中，计算延迟被隐藏于存储器访问延迟中，使得认证是"即时"执行的。在该方案中，每行代码都与认证标签相关联。所有代码将在执行前采用这些标签进行验证。标签可由软件提供商生成并使用高成本的公共密钥方案传输给最终用户。有关标签生成的详细信息，见参考文献[1]。这里我们将关注采用标签的"即时"身份验证。

软件验证的主要步骤如图 13.2 所示。当对一个指令块的存储器请求送出去后，存储器的访问延迟被流加密 $SC(K_T, A, I)$ 用来生成伪随机填充数 R_T。生成的伪随机填充数 R_T 被累加到处理器的一个寄存器内。

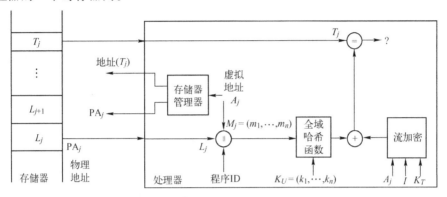

图 13.2　软件验证

当 CPU 从内存中提取指令时，它们采用快速全域哈希函数递增地进行散列。每个增量散列操作仅由 GF（2^w）中的 2 次加法和 1 次乘法组成，因此可以被快速执行完。在最后一个程序块被散列后，由公式 $T_j = PR_{K_U}(M_j) \oplus R_T$ 得到累积的标签值。在认证单元中计算出的标签 T_j 必须与从存储器中获取的标签相同，这样才能完成验证。只要增量散列计算操作的延迟可隐藏在存储器访问延迟之中，可并发地运行验证操作。在从存储器引入最后一个程序块并进行增量散列后，验证的结果及指令就已经准备就绪。因此，该步骤引入的开销主要在于从存储器检索认证标签以及在最后的增量散列和 XOR 计算上的延迟。

当处理器接收到程序块及其认证标签 (M_j, T_j) 时，处理器中内置的认证电路首先计算先前定义的摘要信息 $PR_{K_U}(M_j)$，其中 $M_j := (L_j || I || A_j)$ 且 L_j、I、和 A_j 分别为程序块、程序 ID 及块地址。该电路检查标签是否验证成功并据此确定是否执行程序，正如图 13.2 所示。

13.3　瓶颈与限制

13.3.1　回放攻击

代码和动态数据间的主要区别是数据可以不时地被修改，而代码通常不会。这种差异使得实时数据认证成为一个更难实现的任务。不断变化的数据带来的主要缺点是系统可能遭受回放攻击。回放攻击是利用旧的数据片段及其标签重写新的数据片段及其标签，换句话说就是回放旧的数据。若没有时序或排序机制，就没有方法判定 MAC 方案的记录是否过期。

该问题有两个常见的解决方案：采用 Merkle 树结构或引入时间戳。这些方法有助于抵御回放攻击。然而，这些方法需要额外的存储空间或增加访问延迟。在许多情况下，生成 MAC 所需的加密哈希计算所引入的延迟已经很高了，再与回放攻击对策所引入的延迟合在一起，会使得存储器完整性检查变得非常缓慢。

　　高延迟带来的主要问题是阻碍了实时的存储器完整性保护方案的实施。与存储器块相关联的标签通常在每次访问到该记录时都需要进行验证与更新。这意味着每次内存更新，都会导致很大的开销。由于现代计算机存储器可能被频繁访问，这种延迟将导致性能进一步降低。

　　13.2.1 节中提到的密码认证方案将不会受到这种攻击，因为该方案假定受保护的数据（程序代码）是静态的。此时，在每个位置只有一个有效记录，因此没有可回放的旧记录。所以，代码认证方案不需要采用高成本的措施来检测回放攻击。

13.3.2　可信根

　　我们将在后面的章节中看到，认证方案总是需要一些安全空间来保存敏感数据，例如 MAC 中使用的密钥、时间戳或 Merkle 树的根。在现实中，除非存在安全的硬件，否则这个安全空间很难找到。因此，许多方案依赖于可信平台模块（Trusted Platform Module，TPM）。

　　为了将信任度引入计算系统，可信计算组织制定了相关标准定义这种复杂的模式[2]。尽管在主要设备制造商和软件供应商的强大支持下，该标准被快速推进并得以实现，但是，该标准仅在高层次对安全性给出了非常通用的描述，而并未考虑与性能相关的问题，如操作的效率及架构的整合。举个例子，测量（证明）的常用方式是计算程序或数据的散列值（程序状态）。计算得到的散列值存储在 TPM 的平台配置寄存器（PCR）中，由 TPM 中的密钥签名来生成一个索引。类似地，可利用 TPM 的功能来实现程序认证。

　　然而，正如参考文献[3,4]中所示，任何涉及 TPM 的操作都会显著地降低性能。虽然可以使用 TPM 进行初始完整性检查或偶尔在程序运行中使用它，但大量的计算与通信（在处理器和 TPM 间）负担会消除代码"即时"验证/解密的能力，并且会引入明显的延迟。

　　因此，相比常规的存储空间，这个安全空间的计算与成本都是非常昂贵的。因而它对认证方案提出了另一个限制，即认证方案应尽可能少地使用该安全空间。显然，另一种解决方案是把认证/验证机制整合进处理器结构，本质上是把一些 TPM 的功能（以及 TPM 之外的更多功能）嵌入到处理器结构内。

13.4　模块构建

13.4.1　Merkle 树

　　Merkle 树是一种由只接受固定大小输入的哈希函数构建而成的、可接受长输入的哈希函数的结构[5]。如图 13.3 所示，该树的叶节点携带数据块，而树的分支节点携带数据块的散列结果或较低级的散列结果。

　　容易看出，如果采用的哈希函数本身抗冲突，则由它构建的更大结构也抗冲突。要对数据执行未经授权的修改，唯一的方法就是改变树的分支节点。因此，对树叶的任何修改将会导致不同的树根。若树根保存在受保护的存储器中，也就是处在一个受硬件保护的区域，则整个数据的完整性也可以得到保护。

　　只要攻击者无法访问 Merkle 树的根并进行回放，那么 Merkle 树就可抵抗回放攻击。对任何标签（它是根的一个子节点）进行未经授权的回放都能被检测到。Merkle 树的另一个特点是它只需要一个很小的安全存储空间，这使得它比向标签添加时间戳的办法更为实用。然而，多级树结构需要额外的散列操作，这会显著降低该方案的实时性。即使我们采用速度较快的 SHA-1 算法，在 Merkle 树方案中也存在巨大的时间开销。

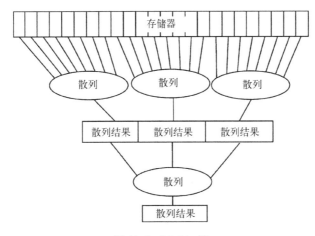

图 13.3 Merkle 树

13.4.2 哈希函数

安全而高效的哈希函数对许多现有方案来说非常重要。简而言之，它就是将任意长度的消息映射为短输出字符串的过程或数学函数。对任何给定的消息，其冲突概率应该足够小。比如 SHA-1 加密哈希函数，它在计算时几乎不会发生冲突。

目前，SHA-1 应用广泛，其效率在大多数情况下足够高。然而，它对于内存认证方案来说仍显太慢。为了解决这个问题，有时采用称为全域哈希函数的哈希函数系列。全域哈希函数是可证明的、具有较小冲突概率的哈希函数。仅靠全域哈希函数并不能提供任何安全性。

然而，全域哈希函数仍可被用于构建无条件安全的 MAC。为了实现这一点，需要通信双方共享的加密密钥，并从全域哈希函数族中秘密选择的一个随机的哈希函数。其后，可以用共享的哈希函数对消息进行散列来验证该消息，再使用共享密钥对生成的散列结果进行加密。Carter 和 Wegman 等人[6]证明了：当哈希函数族非常通用（即消息以成对独立的方式映射到其图案中）并且通过一次性填充来实现加密时，攻击者伪造这个信息的概率（即使他具有无限的计算能力）并不会比随机选择字符串进行消息认证通过的概率高[6]。

Carter 和 Wegman 等人还指出：全域哈希函数是从一个大小为 a 的有限集 A 到大小为 b 的有限集 B 的映射过程[7]。对一个给定的哈希函数 $h \in H$ 和消息对 (M, M')，其中 $M \neq M'$，函数定义如下：若 $h(M) = h(M')$，则 $\delta_h(M, M' = 1$，否则为 0。也就是说，当输入消息对冲突时，函数 δ 的值为 1。对一个给定的有限哈希函数集，$\delta_H(M, M')$ 被定义为 $\sum_{h \in H} \delta_h(M, M')$，这告诉我们在 H 集中 M 和 M' 冲突时的函数数量。当从 H 中随机选择 h 且两个不同的消息 M 和 M' 被作为输入时，这个冲突的概率等于 $\delta_H(M, M')/|H|$。

接下来我们介绍一些关于全域哈希函数族的定义[8]。

定义 13.1 若对于任意 $M, M' \in A$ 且 $M \neq M'$，

$$\left| h \in H : h(M) = h(M') \right| = \delta_H(M, M') = \frac{|H|}{b}$$

则称哈希函数的集合 $H = h : A \rightarrow B$ 为全域的。

定义 13.2 若对于任意 $M, M' \in A$ 且 $M \neq M'$

$$\left| h \in H : h(M) = h(M') \right| = \delta_H(M, M') \leqslant \varepsilon |H|$$

则称哈希函数的集合 $H = h : A \rightarrow B$ 在 ε 内近似全域。

过去已提出了许多全域和近似全域的哈希族[9-14]。近似全域的哈希函数族称为 NH，文献[13]对其进行了详细介绍。具体的 NH 定义如下：

定义 13.3 给定 $M = (m_1, \cdots, m_n)$ 和 $K = (k_1, \cdots, k_n)$ [13]，其中 m_i 和 $k_i \in U_w$，对于 $n \geqslant 2$ 的任意偶数，则 NH 可由公式

$$\mathrm{NH}_K(M) = \left[\sum_{i=1}^{n/2} \left((m_{2i-1} + k_{2i-1}) \bmod 2^w \right) \times \left((m_{2i} + k_{2i}) \bmod 2^w \right) \right] \bmod 2^{2w}$$

计算得到。

作为典型的全域哈希函数族，NH 计算难度低且已证明其冲突概率也很低。然而，由于它是线性的，如果攻击者能访问足够多的消息结果，则他可通过求解线性方程来提取密钥。

增量哈希函数： 采用传统哈希函数的 Merkle 树结构时间开销为 $B \log_B(M)$。其中，M 为要保护的数据大小、B 为块的尺寸。块尺寸较小时散列开销较低，但它需要更多层的 Merkle 树，并消耗更多的存储空间。并且，这些中间层的散列计算也会带来额外的开销。与此相反，块尺寸较大意味着树结构较小，代价则是较高的延迟。

增量哈希函数可解决上述问题。通过采用增量哈希函数，开销不再必须与块大小成比例。极少的哈希函数可对散列结果进行增量计算。在文献[15]中，作者给出了哈希函数增量的定义。他们还定义了理想增量方案，即：运行时间是与字的尺寸（数据的最小存取单元）、散列尺寸及散列字数对数相关的多项式。在这里，我们只讨论理想的算法，因为非理想算法在实际应用中太慢。此外，我们只关注哈希函数的属性，而不考虑它是如何产生的。因此，我们可以对定义进行重写如下。

假设将一个信息块 M 划分为 n 个字，且 w 是每一块的尺寸，$M\langle j, m \rangle$ 表示将 M 的第 j 个块更新为 m。注意：该分法仅仅是索引消息的一种方式，并不一定与散列算法有关。

定义 13.4 一个增量哈希函数由一对 $H = (\mathrm{HashAll}, \mathrm{Update})$ 算法确定，其中

– 多项式时间散列算法 HashAll 接收一个消息 $M \in \{0,1\}^{nw}$，并输出 k 比特字符串 h，称为 M 的散列值。

– 增量更新算法

$$\forall M \in \{0,1\}^{nw}, \ j \in \{1, \cdots, n\}, \ m \in \{0,1\}^w \ \text{且} \ h = \mathrm{HashAll}(M)$$

$\mathrm{Update}(M, h, (j, m)) = h'$ 能从 HashAll 及算法运行时间中得到与 $h' = \mathrm{HashAll}(M\langle j, m \rangle)$ 相同的输出，且算法运行时间是关于 w、k、$\log(n)$ 的多项式。

上一节讨论的全域哈希函数的例子具有增量特性。例如，若我们想要将 m_{2i-1}, m_{2i} 更新为 m'_{2i-1}, m'_{2i}，新的散列结果可计算为：

$$\begin{aligned} \mathrm{NH'} = \big[\mathrm{NH}_{others} &+ ((m_{2i-1} + k_{2i-1}) \bmod 2^w) \times ((m_{2i} + k_{2i}) \bmod 2^w) \\ &- ((m_{2i-1} + k_{2i-1}) \bmod 2^w) \times ((m_{2i} + k_{2i}) \bmod 2^w) \\ &+ ((m'_{2i-1} + k_{2i-1}) \bmod 2^w) \times ((m'_{2i} + k_{2i}) \bmod 2^w) \big] \bmod 2^{2w} \end{aligned}$$

由上可知，若字的尺寸固定，则无论我们选择什么样的块尺寸，此更新操作的复杂性将保持不变。

13.4.3　Merkle 树以外的方案

13.4.3.1　多重集哈希函数

多重集哈希函数是一种新的加密工具，可用于构建轨迹 – 散列的完整性检查器[16]。与

标准哈希函数不同（以字符串作为输入），多重集哈希函数对多重集（或集合）进行操作。它们将任意有限大小的多重集映射为固定长度的字符串（散列值）。

简单来说，多重集哈希函数的作用就好像你把多个球放在一个包里。你可以用任意顺序把不同的球放入两个袋中，而这个函数可以告诉你这两个包中是否包含了相同的球的组合。为了保护 RAM 的完整性，我们为每个写入 RAM 的内容和从 RAM 中读取的内容分别保留一个散列值。如果这两个散列值相同，则我们知道读出的与写入的东西不同的可能性微乎其微。因此，我们可以认定该 RAM 是完好的。

多重哈希集的一个良好特性是它们的递增性。当将新成员添加至多重集时，哈希运算耗费的时间成比例增加，这与我们在前面的章节中提及的增量哈希函数一致。因此，多重集哈希函数是内存认证方案的理想选择。

上面仅对如何使用多重集哈希函数来保护存储器的完整性进行了简要的讨论。要确保真正的安全性，还需要定义一个严格的方案。稍后我们将给出如何使用多重集散列来提供完整性保护的细节。

13.5　已有的方案

13.5.1　基于 GCM 的验证方案

Yan 等人提出了一种存储器加密方案[17]，还提出了一种基于 Galois/计数器模式（GCM）的认证方案来实现内存完整性保护[18]。作者采用分割计数器来提高加密效率，并使用 GCM 进行内存认证。认证方案与存储器加密方案紧密结合，并将认证延迟隐藏于存储器加密延迟之中。

图 13.4 给出了 GCM 的概况，稍后我们会给出基于 GCM 的哈希函数 GHASH 的详细定义。从图中我们可以发现，加密操作可并行地计算，但 XOR 与 Galois 域乘法不能并行执行。然而，Galois 域乘法本身具有可并行计算的特性。若能提供额外的硬件，则也可以利用该并行性来提供运算速度。

定义 13.5　文献[18]将 GHASH 函数定义为 $GHASH(H,A,C) = X_{m+n+1}$。其中，H 是使用分块密码加密的 128 个零字符串，A 是数据，C 是密文，m 是 A 中 128 比特分块数，n 是 C 中 128 比特分块数，对于 $i = 0, \cdots, m+n+1$，变量 X_i 的定义为

$$X_i = \begin{cases} 0 & i = 0 \\ (X_i \oplus A_i) \cdot H & i = 1, \cdots, m-1 \\ (X_{m-1} \oplus (A_M^* \| 0^{128-v})) \cdot H & i = m \\ (X_i \oplus C_{i-m}) \cdot H & i = m+1, \cdots, m+n-1 \\ (X_{m+n-1} \oplus (C_M^* \| 0^{128-u})) \cdot H & i = m+n \\ (X_{m+n} \oplus (len(A) \| len(C))) \cdot H & i = m+n+1 \end{cases}$$

在 Yan 等人的方案中，存储器中的几个数据字被并行加密，然后采用 GCM 进行散列。如图 13.5 所示，除了 XOR 运算和 Galois 域乘法，大部分计算都可并行执行。因此，虽然哈希函数所需的计算量大，但是该方案所造成的延迟却相对比较小。

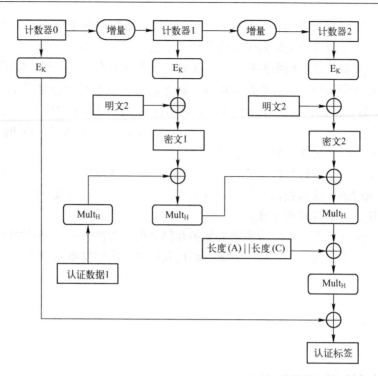

图 13.4　GCM 概况

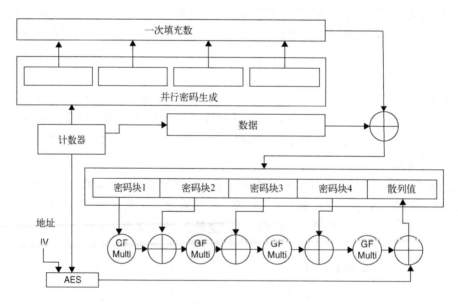

图 13.5　Yan 等人的存储器加密方案概况

13.5.2　自适应树对数方案

自适应树对数方案由 Clarke 等人提出[19]。该方案自动生成基于多重集哈希的完整性检查器和 Merkle 树以实现更高的效率。如 13.4.3.1 节中所述，基于多重集的轨迹 – 散列检查器可保留外部存储器的写操作和读操作的轨迹。为了解释基于多重集的轨迹 – 散列检查器与 Merkle 树是如何结合的，我们从多重集哈希方案的细节开始。

定义 13.6 多重集是一个使得 $(H, +_H, \equiv_H)$ 为概率多项式时间（PPT）算法的三元组[16]。如果该三元组满足以下特性，则它是一个多重集哈希函数：

压缩性：H 将多重集 B 映射至基数 $\approx 2^m$ 的一个集合的元素中，其中 m 为某个整数。压缩性保证我们可以在有限的内存中存储散列值。

可比性：因为 H 可看作一个概率算法，所以多重集并不总是需要散列成相同的值。因此，我们需要 $\equiv_H$ 运算来比较散列值。为了可以进行比较，必须使得

$$H(M) \equiv_H H(M)$$

对所有 B 的多重集 M 成立。

递增性：在已知 $H(M)$ 和 $H(M')$ 的前提下，我们想要有效地计算 $H(M \cup M')$。需利用运算符 $+_H$：

$$H(M \cup M') \equiv_H H(M) +_H H(M')$$

该操作对 B 的所有多重集 M 和 M' 成立。特别地，仅知道 $H(M)$ 和某个元素 $b \in B$，我们极易计算出 $H(M \cup \{b\}) = H(M) +_H H(\{b\})$。

举个例子，我们构造一个多重集哈希函数结构 MSet-XOR-Hash（多重集–异或–哈希）。

定义 13.7 令 H_k 是带有种子（密钥）k 的伪随机函数，即 $H_k: \{0,1\}^l \to \{0,1\}^m$。令 $r \xleftarrow{R} \{0,1\}^m$ 表示从 $\{0,1\}^m$ 中均匀随机地选择 r。则 MSet-XOR-Hash 的定义如下[19]：

$$H_k(M) = ((H_k(0,r) \oplus \bigoplus_{v \in V} M_v H_k(1,v); |M| \bmod 2^m;)$$

$$(h,c,r) \equiv_{H_k} (h', c'r') = (h \oplus H_k(0,r) = h' \oplus H_k(0,r') \wedge c = c')$$

$$(h,c,r) +_{H_k} (h',c',r') = (H_k(0,r'') \oplus (h \oplus H_k(0,r)) \oplus (h' \oplus H_k(0,r')); c + c' \bmod 2^m; r'')$$

其中，

$$r'' \xleftarrow{R} \{0,1\}^m$$

Clarke 等人在参考文献[19]中提出了几种多重集哈希函数。这几种方案所面临的问题以及它们的计算效率都各不相同。既然我们已有多重集哈希函数，完全可以以它为基础构建一个内存完整性检查器。因为这类方案是通过确保访问轨迹的有效性来保护 RAM 的完整性的，Clarke 等人称这种方案为"轨迹–哈希"（trace-hash）。

从图 13.6 可以看出，如果我们使用的多重集哈希函数是递增的，那么存储和加载所需的操作也将是递增的。这意味着这些操作引入的开销只随字长增加而增长。如前所述，这是内存完整性保护程序的理想特性。然而，当需要检查时，检查器需要逐字地将整个块放入"袋"中，这将导致巨大的延迟。因此，如果某个应用需要频繁地进行完整性检查，则这种基于多重集的方案的总体性能将下降，甚至低于常规的 Merkle 树方案。

Clarke 等人通过将多重集哈希方案和 Merkle 树进行自适应组合来解决这个困境。此外，文献[19]中还介绍了一种更高效的带缓存的方案。这里，我们只讨论两种方案的自适应组合策略。简而言之，组合就是构建"树–轨迹–检查器"（tree-trace-checker）。最初用 Merkle 树保护所有数据；当访问内存时，该系统将通过轨迹–哈希–检查器（trace-hash-checker）记录访问记录，而不去更新 Merkle 树。只有当为轨迹–哈希–检查器调用检查时，才会更新 Merkle 树。在这种情况下，轨迹–哈希将在检查后刷新，并根据最新数据更新 Merkle 树。至此，整个 RAM 将再次被 Merkle 树保护。

检查器的固定尺寸状态为：
- 2 个多重集哈希：WRITEHASH 和 READHASH。两个哈希的初值都为 0。
- 1 个计数器：TIMER。TIMER 初始为 0。

子函数定义使过程更加清晰：

put(a,v)将值 v 写入存储器中的地址 a：
1. 设 t 为 TIMER 的当前值。将(v,t)写入存储器中地址 a。
2. 更新 WRITEHASH：WRITEHASH + H = hash(a,v,t)。

get(a)从存储器中的地址 a 取值，
1. 从存储器中的地址 a 读取(v,t)。
2. 更新 READHASH：READHASH + H = hash(a,v,t)。
3. TIMER = max（TIMER，$t+1$）。

跟踪 – 检查器的接口：

initialize( )初始化 RAM。
1. 为每个地址 a 调用 put($a,0$)。

store(a,v)将 v 存储在地址 a。
1. get（a）。
2. put（a，v）。

load(a)载入地址 a 处的数据值。
1. v = get(a)。将 v 返回到调用处。
2. put(a,v)。

check( )检查 RAM 的行为是否正确（在操作结束处）。
1. 对每个地址 a 调用 get(a)。
2. 若 WRITEHASH 等于 READHASH，则返回 TRUE。

图 13.6　轨迹 – 哈希 – 检查器

这种方案的优点是显而易见的。它不用保护整个数据块，轨迹 – 哈希 – 检查器（trace-hash-checker）仅保护在两个检查调用之间访问的数据。若频繁地调用检查操作，则需要认证的数据量就会很小，这样检查速度会更快。若检查频率低，则更多的数据将受到轨迹 – 哈希 – 检查器保护，并享有该检查器的低访问延迟。

13.5.3　基于 UMAC 的 Merkle 树方案

Hu 等人提出了一种方案[20,21]，该方案采用具有快速/增量全域哈希函数的 Merkle 树来实现高效的存储器完整性保护。为了便于参考，我们将其称为 HHS 方案。

该方案的基本思想是使用增量全域哈希函数。之前章节中介绍的 NH 全域哈希方案在软件上表现出了优异的性能[8]，因为它被设计成与通用处理器架构兼容的指令格式。假设公式中的 w 为 32 或 64，计算 NH 仅需的操作就是加法和乘法。然而，尽管全域哈希函数有精确的统计特性，但单独使用时它们并不提供任何加密保护。因此，HHS 方案采用了随机比特串对全域哈希函数的结果进行加密。该组合的工作方式与一次性填充数相似，并可提供切实的安全性。同时，Toeplitz 技术[22,23]也可用来强化安全性，而不会显著增加密钥大小。

简而言之，该方案就是 Merkle 树和 UMAC 的有效结合。设计背后的思想其实很简单，就是将复杂设计与 NH 的增量性质结合在一起来构建高性能方案。

图 13.7 给出了一个两层的 Merkle 树结构，其中所应用的 32 比特 NH 全域哈希函数两次采用了如前所述的 Toeplitz 方法，对散列结果添加掩码生成标签。掩码则通过对随机种子进行分组密码来生成，加密算法通常采用 AES。种子是随机生成的，并与生成的标签以明文形式一起存储在未经保护的存储器中。然后，对标签进行散列以提供根散列的结果。若将标签用到较高层的数据上，则该方案可被扩展到 l 级。文献[20]将此方案称为基本方案，本书中我们将此方案称为 HHS 基本方案。

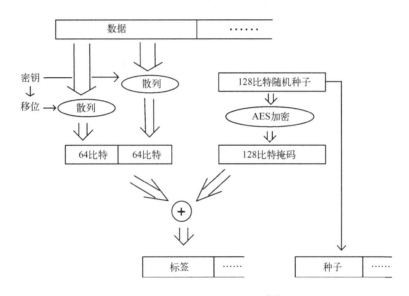

图 13.7　HHS 的基本流程[20]

HHS 基本方案及其他类似的认证方案中存在一个问题，就是在每次访问之前都需要检查一次数据，否则系统无法检测到未经授权的修改。例如，若在每次访问之前未检查数据，则攻击者可在读操作之后下一次检查之前恢复这次修改。这样，系统将永远不会知道它读到的是伪造的数据。在 Merkle 树结构中，检查意味着对一整块数据至少进行一次散列。而在 HHS 方案中，虽然检查操作很快，但由于增量更新，检查操作仍是系统瓶颈。但是，若已知错误的继承属性，我们就可借用该属性来取消检查，从而提高性能。文献[20]首次对这个属性进行了定义，并在参考文献[21]中进行了详细讨论。

若能具有这种属性，则任何发生在执行中注入的误差都会向前传递并影响标签的未来值。即使标签经过长时间的检查，仍可能以高概率在一个时间点检测到某一次注入的误差。例如假设在 NH 方案中，攻击者已经将数据块 M_1, M_2 改变为 M_1', M_2'，然后授权的用户想要将数据修改为 M_1'', M_2''。则新散列结果计算式为：

$$NH' = \left[NH_{others} + \left((m_{2i-1} + k_{2i-1}) \bmod 2^w \right) \times \left((m_{2i} + k_{2i}) \bmod 2^w \right) \right.$$

$$- ((m'_{2i-1} + k_{2i-1}) \bmod 2^{w}) \times ((m'_{2i} + k_{2i}) \bmod 2^{w})$$
$$+ ((m''_{2i-1} + k_{2i-1}) \bmod 2^{w}) \times ((m''_{2i} + k_{2i}) \bmod 2^{w})] \bmod 2^{2w}$$

只要攻击者无法取消由 M'_1 和 M'_2 计算出的项，我们就能检测到攻击。另一方面，基于 SHA-1 的方案并不提供这样的特性，因此必须在每个更新周期中检查标签，以检测是否发生恶意修改。HHS 方案及本文提出的修改方案使得我们可以用很低的速率执行完整性检查，而并不遗漏未经授权的修改，这将使得系统性能更加卓越。

错误继承属性的安全性源于攻击者无法隐藏攻击痕迹这一事实。在 NH 中，这个痕迹就是从旧的被攻击数据中计算得到的部分结果。然而，若攻击者可控制一次授权的更新，则他就可以通过让系统更新来抹掉数据受攻击的痕迹。

这种攻击将会危害 HHS 方案中的"错误继承属性"。然而，若数据是随机均匀选择的，就意味着攻击者既不能控制也不能预测数据，继承属性仍可作为一种提高性能的方法。通常情况下，内存中的数据并不是随机的，因此该属性起不了任何作用。但是，我们可以通过修正方案来将数据随机化。通过随机化，甚至可以省略掉每次读操作前的检查。

要实现数据随机化，需要为每个被随机化的数据段保留相应的随机掩码[21]。这些随机掩码被称为随机数发生器。随机数发生器可由硬件随机源或 PRNG 生成。对于 Merkle 树的每次更新，数据与相应的随机数发生器之和被当作树叶，而非仅是数据。此外，该随机数发生器在每次数据更新后会发生改变。若该改变是随机的，则随机数发生器与数据之和也是随机的。错误继承属性就是这样工作的。这些随机数发生器不会为用作一次性填充数的散列结果掩码。它们仅用于随机化数据，而非对数据进行加密。因此，只要随机数发生器是不可预测的，就可以保持错误继承属性。图 13.8 展示了这种带高速缓存的 HHS 改进方案的主要流程。

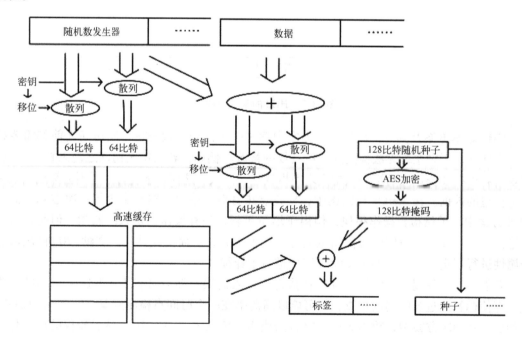

图 13.8　新方案概要

如图 13.8 所示，散列结果的更新与掩码的准备过程是独立的。因此，可预先执行或并行执行掩码的相关计算。若有足够的处理器核来执行这些计算，则存储器的访问速度就可以非常快。在这种情况下，NH 的更新成为新的瓶颈。然而，在 Merkle 树中，较高层的计算必须等待较低层计算被执行完后才能开始。换句话说，树中的高层依赖于树低层的运行结果。这种依赖形成了关键路径的延迟，并随着树的增大而持续恶化。

HHS 方案本身是一种对 Merkle 树做了小改动的解决方案。在 HHS 方案中，用于数据块的标签实际上由两部分组成：标签本身和种子。通常，标签会作为树的较高层数据。标签是从数据中计算出来的，因此会导致前面提到的问题。然而，若将数据依赖性移至种子而非位于树高层的标签，则可以去除该限制。新种子完全是随机选择的，使得它们之间不会存在任何依赖性问题。Merkle 树的每一层都可以进行更新，而不需要等待较低层的结果。因此，Merkle 树的计算可以被并行执行。

13.6　内存完整性保护的推广

我们在本章中所讨论的方案是为了保护动态存储器的完整性而引入的。但是，在其他应用程序中也一样可以用到它们。比如，这些方案也可以用来保护存储在其他介质上的信息，如 RFID 和硬盘。虽然目前已有大量的文件保护机制，但是，从内存的完整性保护方案中获取的一些新的思路还是非常有借鉴意义的。

其中一个应用前景是保护那些存储在"云"中的数据。云计算为消费者和企业的存储与计算提供了更大的灵活性与便利性。例如，亚马逊 EC2、谷歌 Apps 及微软 Azure 等多个云服务提供商都会提供存储服务。在需要时，云存储用户可以访问百万兆字节（terabytes）级的存储空间，并可在不需要时释放多余的存储空间以节省成本。然而，云计算也继承了个人电脑中的大部分信息安全问题。

现存的内存完整性保护方案可被用于云存储的完整性服务中。若我们将云视作 RAM 而客户端视作 CPU，则这两个目标将表现出显著的相似性。另外，云客户端的分离特性使客户端成为一个理想的可信根，图 13.9 给出了这样的应用场景。右图中客户端充当中央处理器，而左图的云计算服务供应商（CSP）则利用云之外的可信服务器来充当 CPU。

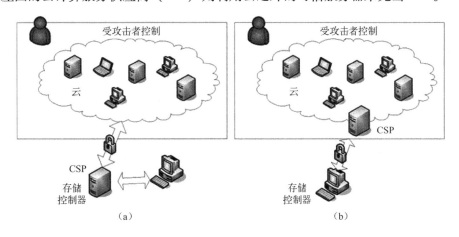

图 13.9　模型概况。（a）CSP 提供数据认证服务；（b）客户端认证数据本身

参考文献

1. Durahim AO, Savas E, Sunar B, Pedersen TB, Kocabas O (2009) Transparent code authentication at the processor level. Comput Digital Tech, IET, 3(4): 354–372
2. Trusted Computing Group, Incorporated. TCG Software Stack (TSS), Specification Version 1.2, Level 1, Part1: Commands and Structures, https://www.trustedcomputinggroup.org/ Accessed 6 January 2006
3. McCune JM, Parno B, Perrig A, Reiter MK, Isozaki H (2008) Flicker: an execution infrastructure for tcb minimization. In: Sventek JS, Hand S (eds.) EuroSys. ACM, New York, pp 315–328
4. McCune JM, Parno B, Perrig A, Reiter MK, Seshadri A (2008) How low can you go?: recommendations for hardwaresupported minimal tcb code execution. In: Eggers SJ, Larus JR (eds.) ASPLOS. ACM, New York, pp 14–25
5. Merkle RC (1980) Protocols for public key cryptosystems. In: Proceedings of the 1980 IEEE Symposium on Security and Privacy
6. Wegman MN, Carter JL (1981) New hash functions and their use in authentication and set equality. J Comput Syst Sci 22(3): 265–279
7. Carter L, Wegman MN (1979) Universal classes of hash functions. J Comput Syst Sci 18(2): 143–154, 1979
8. Nevelsteen W, Preneel B (1999) Software performance of universal hash functions. In: Advances in CryptologyEUROCRYPT99, pp 24–41. Springer, Berlin, Heidelberg, New York
9. Shoup V (1996) On fast and provably secure message authentication based on universal hashing. In: Advances in CryptologyCRYPTO96, pp 313–328. Springer, Berlin, Heidelberg, New York
10. Halevi S, Krawczyk H (1997) MMH: software message authentication in the Gbit/second rates. In: Fast Software Encryption, pp 172–189. Springer, Berlin, Heidelberg, New York
11. Rogaway P (1999) Bucket hashing and its application to fast message authentication. J Cryptol 12(2): 91–115
12. Krawczyk H (1995) New hash functions for message authentication. In: Advances in CryptologyEUROCRYPT95, pp 301–310. Springer, Berlin, Heidelberg, New York
13. Black J, Halevi S, Krawczyk H, Krovetz T, Rogaway P (1999) UMAC: fast and secure message authentication. In: Wiener MJ (ed.) CRYPTO'99, volume 1666 of Lecture Notes in Computer Science, pp 216–233. Springer, Berlin, Heidelberg, New York
14. Etzel M, Patel S, Ramzan Z (1999) Square hash: fast message authentication via optimized universal hash functions. In: Advances in Cryptology-CRYPTO99, pp 786–786. Springer, Berlin, Heidelberg, New York
15. Bellare M, Goldreich O, Goldwasser S (1994) Incremental cryptography: the case of hashing and signing. In: Advances in CryptologyCRYPTO94, pp 216–233. Springer, Berlin, Heidelberg, New York
16. Clarke DE, Devadas S, van Dijk M, Gassend B, Edward Suh G (2003) Incremental multiset hash functions and their application to memory integrity checking. In: Laih C-S (ed.) ASIACRYPT 2003, vol 2894 of Lecture Notes in Computer Science, pp 188–207. Springer-Verlag, Berlin, Heidelberg, New York
17. Yan C, Englender D, Prvulovic M, Rogers B, Solihin Y (2006) Improving cost, performance, and security of memory encryption and authentication. In: Proceedings of the 33rd annual international symposium on Computer Architecture, pp 179–190. IEEE Computer Society
18. McGrew D, Viega J (2004) The Galois/Counter mode of operation (GCM). Submission to NIST http://siswg.net/docs/gcm_spec.pdf. Accessed July 15th 2011
19. Clarke DE, Edward Suh G, Gassend B, Sudan A, van Dijk M, Devadas S (2005) Towards constant bandwidth overhead integrity checking of untrusted data. In: IEEE Symposium on Security and Privacy, pp 139–153. IEEE Computer Society, Silver Spring, MD
20. Hu Y, Hammouri G, Sunar B (2008) A fast real-time memory authentication protocol. In: Proceedings of the 3rd ACM workshop on Scalable trusted computing, pp 31–40. ACM, New York
21. Hu Y, Sunar B (2010) An improved memory integrity protection scheme. Trust and Trustworthy Computing, pp 273–281
22. Krawczyk H (1994) LFSR-based hashing and authentication. In: Advances in Cryptology-CRYPTO94, pp 129–139. Springer, Berlin, Heidelberg, New York
23. Kaps J-P, Yuksel K, Sunar B (2005) Energy scalable universal hashing. IEEE Trans Comput 54(12):1484–1495

第 14 章 硬件木马分类

14.1 引言

随着半导体集成电路（IC）制造外包的增加，军事部门和商业部门越来越担心芯片中被植入硬件木马。最近，媒体报道出来的一起军用电子设备中被植入硬件木马的事件[1]，该木马既可以改变芯片的功能并影响设备运行，也可以使得系统被禁用，这加剧了各个部门的担忧。为了应对这些问题，美国国防部高级研究计划局（DARPA）开展了"可信集成电路"项目，以研究硬件木马消除、检测和防范技术[2,3]。

为了促进木马消除、检测和防范技术的发展，我们有必要先将硬件木马进行分类，这是因为：

- 木马分类将有助于系统性地研究木马的细微特征。
- 可以为不同类别的木马开发不同的木马检测和消除技术。
- 可以针对不同类别的木马来设计测试基准，以利用这些基准来比较木马检测方法的优劣。

目前，已有研究人员对木马特征进行了探索，并提出了一些硬件木马分类方法[4-7]，本章将对其进行讨论并给出一些案例。

14.2 硬件木马

硬件木马是对现有芯片底层电路的恶意添加或篡改，可在集成电路开发周期中的任何一个阶段插入，其目的是改变电路功能、降低电路可靠性或泄漏芯片中有价值信息。

一个可以被触发的硬件木马通常由两部分构成：触发器和有效载荷。"触发器"类似于传感电路，用于激活木马。"有效载荷"则负责在木马被激活后执行特定的任务。此外，如果木马总是处于激活状态，则只需要具备有效载荷部分即可。

14.3 木马分类

硬件木马可以基于 5 个特征来进行分类：（1）插入阶段；（2）抽象级别；（3）激活机制；（4）功能；（5）位置。各个类别及其子类如图 14.1 所示。

14.3.1 按插入阶段分类

硬件木马可以在芯片的整个开发周期中的任意一个阶段植入，可以根据其不同的植入阶段对其进行分类。

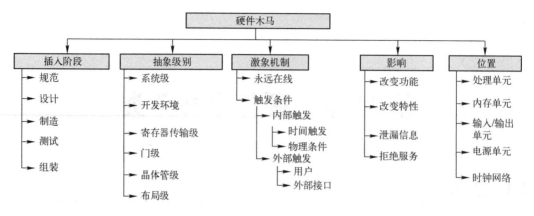

图 14.1　硬件木马分类

14.3.1.1　规范说明阶段

规范说明阶段需要定义系统的特性（例如，目标环境、预期功能、大小、功率和延迟等），当设计人员在这个阶段对芯片进行定义时，植入的木马可能改变说明文本中对电路功能的描述或改变电路的约束条件，例如，更改硬件电路的时序要求。

14.3.1.2　设计阶段

在设计阶段，设计人员将规范说明文档中定义的芯片功能、逻辑、时序和物理约束等，映射到目标工艺上。在这个阶段，设计者可以使用第三方知识产权核（Intellectual Property，IP）和标准单元。

14.3.1.3　制造阶段

在制造阶段，根据设计对硅片进行掩膜，并制作出所需的晶圆。由于细微的掩膜变化会对芯片造成极大的影响，因此，黑客可以使用自己的掩膜替代原始的掩膜来实现木马植入。另外，黑客也可以在制造过程中改变材料的化学成分，以增加关键电路（如电源和时钟网格）中的电迁移速度来加大故障的概率。

14.3.1.4　组装阶段

在组装阶段，生产好的芯片和其他硬件组件被放置到印制电路板（Printed Circuit Board，PCB）上构建成为硬件系统。在一个硬件系统中，两个或多个组件之间进行交互的接口是潜在的木马插入点。即使系统中的所有芯片都是可信的，黑客仍然可以通过恶意的组装操作在系统中引入安全漏洞。例如，利用印制电路板某个节点的非屏蔽线，可以在板上的信号与周围电磁环境之间建立电磁耦合通道，从而进行信息泄漏或故障注入。

14.3.1.5　测试阶段

测试阶段对硬件可信而言是很重要的阶段，这不仅仅因为它是一个可能的木马插入阶段，还因为它对硬件木马检测而言是一个很好的机会。只有当测试是可信的时候，对木马检测才是有用的。例如，在制造阶段插入木马的黑客，可能会控制测试向量使其植入的木马在测试期间不被发现。因此，测试阶段的可信意味着测试向量需要被保密，同时该保密的测试向量确实被用于测试工作，并且严格执行测试后输出的行为（如：接受、拒绝－丢弃）。

14.3.2　按抽象的层次分类

在各种硬件抽象层次上都可能插入硬件木马，木马的功能和结构严重依赖于它们被插入的层次。

14.3.2.1　系统级

系统级定义了所使用的硬件模块，以及模块间的互连方式和通信协议。在这个级别，可以把硬件中的某个模块设计成木马。例如，将键盘设计为木马，使得输入的 ASCII 码被替换为其他码制。

14.3.2.2　开发环境级

典型的开发环境包括综合工具、模拟工具、检验工具和确认工具。这些 CAD 工具以及脚本文件中可能被植入软件木马，以自动生成硬件木马。此外，也可以在这些 CAD 工具中插入软件木马来掩盖硬件木马的踪迹，例如，分析工具在发现硬件木马时不向用户报告。

14.3.2.3　寄存器传输级

在寄存器传输级（Register Transfer Level，RTL），每个功能模块按照寄存器、信号和布尔函数来描述。由于黑客可以通过 RTL 级的描述完全掌握硬件的功能，他们很容易在这一级设计并插入木马。例如，在加密算法模块的 RTL 级插入一个硬件木马，使计数器的步长从 1 变成 2，从而将加密算法的迭代次数减半。

14.3.2.4　门级

门级定义了设计中用到的逻辑门以及门之间的互连关系。在这个级别，黑客可以精确地控制插入的硬件木马的各个方面，比如木马的大小和位置。例如，木马可以是由 XOR 门构成的比较器，用于监控芯片内部信号；也可以是具有其他功能的组合逻辑或时序逻辑。由于这些木马通常被用来改变原始设计的功能，因此它们也被称为"功能"木马。

14.3.2.5　晶体管级

晶体管是构建逻辑门的基本单位。黑客在这个级别可以利用木马来控制电路特性（如功耗和时序）。比如，黑客可以通过插入或移除某些晶体管，来改变原始电路的功能；也可以修改晶体管尺寸来改变电路的参数（比如减小晶体管栅极宽度，使电路的关键路径更长、延迟更大）。一般来说，晶体管级的木马通常被用来改变电路的功能，因此它们也被称为"功能"木马。

14.3.2.6　布局级

布局级定义了所有电子元件的尺寸和位置。在布局级，黑客可以通过修改芯片物理层上连线的尺寸、电子元件之间的距离和金属层配置方式等方法来植入硬件木马。例如，改变芯片时钟网格的金属线的宽度可以使得时钟发生偏移。由于在布局级的硬件木马通常会修改芯片的物理层参数，因此它们也被称为"参数"木马。

基于插入的逻辑门数量，硬件木马可以分为小型木马或大型木马。同样，基于木马在芯片中的分布情况，可将其分为紧耦合型木马和松散型木马。紧耦合型木马的所有组件彼此之间距离较小，相对集中（这可能需要更改原始设计的走线）。松散型木马的组件分布在整个芯片中，它利用原始设计在布局中的空白位置摆放器件。但是，这类木马需要复杂的路由机制将分布式的组件互连到一起。

14.3.3　按激活机制分类

一些硬件木马被设计为始终运行状态，而另一些木马则在被触发之前处于休眠状态。显而易见，"永远在线"的硬件木马会一直影响芯片。在布局级上插入的木马，由于其改变了芯片物理层的参数，因而被认为是一直运行的木马。

触发式木马需要一个内部或外部事件来激活，一旦木马被激活，它可能一直保持活跃，也可能在工作一段时间后返回到休眠状态。

内部触发：内部触发指利用芯片内部发生的、基于时间的或基于物理条件的事件来激活木马。基于时间触发的木马常见的场景有"定时炸弹"，即利用计数器在预定的时间将木马激活。基于物理条件的木马触发则可能利用电磁干扰、湿度、高度和大气压力等，例如：当芯片温度超过 55℃ 时，木马可能会被激活。此外，木马也可以在状态机达到某个特定状态时被激活。

外部触发：外部触发木马是将信号从芯片外部注入到目标模块来激活木马。信号可以由用户输入或直接利用其他设备的输出。用户输入信号可能来源于按钮、开关、键盘或输入数据流的关键字/短语。外部设备信号则可以来源于同芯片相连的任何设备。例如，利用外部接口（如 RS-232）的信号触发芯片内木马。通常情况下，外部触发的木马需要有一些传感电路来接收来自外部的触发信号。

除了从触发信号的来源区分木马，触发式木马还能根据触发的条件分为两类：（1）传感器触发；（2）逻辑触发。传感器触发的木马由温度、电压等物理条件触发。逻辑触发的木马则由计数器、时钟信号、数据、指令和/或中断的状态的逻辑条件触发。

14.3.4　按影响分类

硬件木马对目标硬件和系统的影响，其严重程度可以是微弱的干扰，也可以是灾难性的系统故障。基于木马带来的不良影响，可对木马进行分类。

改变功能：木马可以更改目标设备的功能，并可能导致难以检测的错误。例如，木马可能导致错误检测模块接受了原本应该拒绝的输入。此类木马还包括修改设计规范植入的木马，因为这样的木马改变了芯片的功能，而不是芯片输出和预期不一致。

降低可靠性：木马可能通过更改芯片参数来降低芯片性能。它们可以改变芯片功能、接口或参数（如功耗和延迟）。例如，木马可能会在芯片的互连线中插入更多的缓冲器，使得芯片功耗增大，这可能会迅速耗尽电池的电量。木马还可以插入故障（如固定型故障、桥接故障等）来降低系统的可靠性。

泄漏信息：木马可以通过隐蔽的通道或者公开的通道泄漏芯片的敏感信息。这些通道包括射频辐射、光学、热学、功率和时序等边信道，也包括 RS-232 和 JTAG 等物理接口。例如，木马可能通过未使用的 RS-232 端口泄漏加密算法的密钥。

拒绝服务：拒绝服务（DoS）木马可以禁止芯片使用某个功能或资源。这类木马可能导致目标芯片的稀缺资源（如带宽、计算能力和电池电量）被耗光，也可能从物理上损坏、禁用或更改芯片的配置。例如，使处理器忽略来自特定外设的中断请求。DoS 型木马可以是临时的也可以是永久的。

14.3.5 按位置分类

硬件木马可以存在于芯片的单个组件或者多个组件中，如处理单元、内存、I/O、电源网格或时钟网格。分布在多个组件上的木马既可以彼此独立地运行，也可以作为一个整体运行。比如，木马被分布放置在多个组件中，但它们联合在一起攻击它们共同的目标。

处理单元：木马可能被插入到处理单元中。任何嵌入到处理单元的任意一个/多个逻辑单元中的木马，都可以被归纳到这一类。举个例子，有种木马会被放置在处理器中更改指令的执行顺序。

内存单元：存在于内存块以及内存接口单元中的木马可被归类在这个类别。这类木马可能会改变存储在内存中的值，或阻止对某些存储器位置的读或写。例如，木马可能会改变芯片中 PROM 的内容。

I/O 单元：这类木马可以驻留在芯片外围设备中或印制电路板内。这些位置通常是芯片与外界进行沟通的关键部分，在这些位置插入木马能够控制芯片和外设之间的数据通信。例如，木马可能会改变通过 RS-232 端口传到芯片的数据。

电源单元：木马可能会改变提供给芯片的电压和电流并导致故障。

时钟网格：时钟网格中的木马可能改变时钟的频率，也可以在提供给芯片的时钟中插入毛刺，导致故障攻击。此外，时钟网格中的木马还可以冻结芯片中特定功能模块的时钟信号。例如，利用木马增加时钟偏移，使其对芯片特定模块失效。

通过组合不同的属性和不同的类别，可以获得我们感兴趣的硬件木马。表 14.1 列出了木马分类法中的一些分类。使用这些分类信息，可以轻松地设计一些有趣的木马。反过来看，针对特定的木马，我们可以根据其分类设计相应的木马检测方法。

表 14.1 基于不同属性分类的一些木马类型

分类编号	木马类型
1	规范说明阶段 – RTL 级 – 外部组件触发 – 信息泄漏 – 在输入/输出接口中
2	设计阶段 – RTL 级 – 用户输入触发 – 信息泄漏 – 在输入/输出接口中
3	设计阶段 – RTL 级 – 用户输入触发 – 改变功能 – 在存储器中
4	设计阶段 – RTL 级 – 用户输入触发 – 信息泄漏 – 在处理器中
5	设计阶段 – RTL 级 – 用户输入触发 – 永久拒绝服务 – 在处理器中
6	设计阶段 – RTL 级 – 用户输入触发 – 永久拒绝服务 – 在输入/输出接口中
7	设计阶段 – RTL 级 – 用户输入触发 – 永久拒绝服务 – 在时钟网格中
8	设计阶段 – RTL 级 – 用户输入触发 – 永久拒绝服务 – 在电源中
9	设计阶段 – RTL 级 – 用户输入触发 – 暂时拒绝服务 – 在处理器中
10	设计阶段 – RTL 级 – 一直运行 – 信息泄漏 – 在处理器中
11	设计阶段 – RTL 级 – 一直运行 – 信息泄漏 – 在输入/输出接口中

（续表）

分类编号	木马类型
12	设计阶段 – RTL 级 – 物理参数触发 – 永久拒绝服务 – 在处理器中
13	设计阶段 – RTL 级 – 时钟触发 – 暂时拒绝服务 – 在输入/输出接口中
14	制造阶段 – 晶体管级 – 用户输入触发 – 改变功能 – 在处理器中
15	制造阶段 – 晶体管级 – 一直运行 – 改变功能 – 在处理器中
16	制造阶段 – 晶体管级 – 时钟触发 – 改变功能 – 在处理器中
17	制造阶段 – 物理级 – 一直运行 – 改变功能 – 在处理器中
18	规范说明阶段 – 系统级 – 用户输入触发 – 改变功能 – 在处理器中
19	规范说明阶段 – 系统级 – 时钟触发 – 暂时拒绝服务 – 在时钟网格中
20	设计阶段 – RTL 级 – 物理参数触发 – 改变功能 – 在处理器中
21	设计阶段 – RTL 级 – 物理参数触发 – 永久拒绝服务 – 在存储器中
22	设计阶段 – RTL 级 – 时钟触发 – 改变功能 – 在输入/输出接口中
23	设计阶段 – RTL 级 – 时钟触发 – 暂时拒绝服务 – 在存储器中
24	组装与封装阶段 – 系统级 – 外部元件触发 – 泄漏信息 – 在输入/输出接口中
25	组装与封装阶段 – 系统级 – 外部元件触发 – 永久拒绝服务 – 在电源中
26	制造阶段 – 晶体管级 – 时钟触发 – 永久拒绝服务 – 在时钟网格中
27	制造阶段 – 晶体管级 – 一直运行 – 暂时拒绝服务 – 在时钟网格中
28	制造阶段 – 物理级 – 一直运行 – 暂时拒绝服务 – 在时钟网格中
29	制造阶段 – 物理级 – 物理参数触发 – 永久拒绝服务 – 在电源中

14.4　硬件木马案例

14.4.1　基于边信道的恶意片外泄漏木马（MOLES）[8]

功能：利用芯片的功率边信道将加解密处理器的密钥泄漏给远程黑客。木马将伪随机数发生器（PRNG）生成的随机数同密钥进行异或，以产生一个编码信号，并该编码信号发送到电容。由于电容的功率与编码信号直接相关，黑客可以通过测量电容器的功率，来提取编码信号。由于黑客知道伪随机数发生器的种子，所以，黑客可以从编码信号中求解出密钥。对于测试人员，由于并不知道 PRNG 的随机数种子，编码信号会被当成噪声而无法识别。这种技术类似于在通信中使用的扩频技术。

设计：该木马如图 14.2 所示，包括一个伪随机数发生器（PRNG）、异或门（XOR）和电容（C）。图中一个异或门和一个电容的组合可以编码并泄漏密钥中的一个比特。伪随机数发生器通过使用线性反馈移位寄存器（LFSR）来实现，并且只有黑客才知道产生随机数的种子。线性反馈移位寄存器在每个时钟周期生成一个随机数。由于芯片的 I/O 引脚通常在芯片中具有最大的电容特性，因此，异或门的输出可以直接连接到芯片的 I/O 引脚。

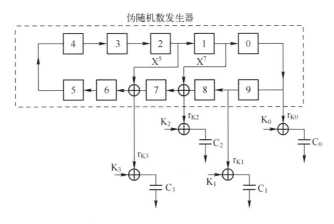

图 14.2 摩尔斯木马设计

工作：在每个时钟周期，由线性反馈移位寄存器产生的随机数与密钥进行异或。根据异或后产生的编码数值，可以对电容进行充电或放电，从而导致额外的功耗。黑客利用这种额外的功耗来提取密钥。

摩尔斯木马可以在设计阶段植入，由于结构复杂，更适合在 RTL 级对其进行描述。此外，该木马不包含任何触发部分，是一个一直运行的、泄漏信息的木马。

14.4.2 通过 RS-232 泄漏密钥的木马[9]

该木马利用 RS-232 协议漏洞泄漏信息，如图 14.3 所示。该木马可以在规范说明阶段和设计阶段插入、在 RTL 级进行描述、并位于 RS-232（即一个 I/O 单元）中。密钥以较高的波特率发送，比设定的波特率快 12 倍，在这种情况下，一个 8 比特数据包可以在原始波特率的一个比特传输周期内完成传输。RS-232 协议中的每个数据包都以标志位（逻辑 "1"）开始。因此，在较低波特率传输标记位期间，可以以较高波特率完成整个数据包的传输。但是，由于要求数据包在用高波特率传输时不能影响低波特率的标记位形状，木马的灵活性会被降低。然而，如果数据包中仅有一个比特需要用高波特率传输，而包中的其他比特都是逻辑 "1"，那么高波特率的数据包和低波特率的符号位相匹配的概率，在最好的情况下为 11/12，在最差的情况下为 10/12。因此，正常用户以较低波特率监视 RS-232 信道时，仍然可以正确地接收以低波特率发送的数据包。但是恶意用户以更高的波特率监视 RS-232 通道，也可以有效地获得想要的密钥信息。在这里，黑客以较高的波特率在一个数据包中传输一个密钥比特。

14.4.3 综合工具木马

这是一个软件木马，它攻击芯片开发所需的 CAD 工具库（见参考文献[10]）。例如，修改 ASIC 设计中记录逻辑资源使用情况的文件，让软件界面一直显示原始的 ASIC 设计所需的逻辑资源数。在这种情况下，即使黑客在芯片中植入一些硬件木马，用户也无法发现耗费的逻辑资源增加，也无法发现木马的存在。

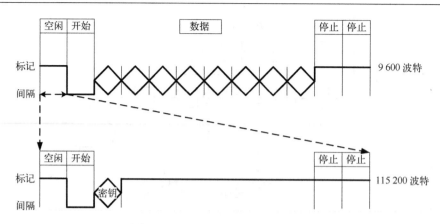

图 14.3　通过 RS-232 协议泄漏密钥

14.4.4　通过温度边信道泄漏密钥的木马

这个木马通过温度边信道泄漏嵌入在加密芯片中的密钥信息（见参考文献[9]）。芯片的温度升高表示逻辑"1"，温度降低则表示逻辑"0"。黑客使用温度探测器监测设备的温度，从而提取出密钥（如图 14.4 所示）。

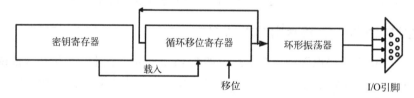

图 14.4　通过温度边信道泄漏密钥

设计：将加密处理器的关键寄存器连接到一个循环移位寄存器。该循环移位寄存器的低比特位（Least Significant Bit，LSB）作为使能信号，控制一个振荡频率非常高的环形振荡器。环形振荡器的输出连接到具有非常大寄生电容的 I/O 引脚。当高频信号驱动这些 I/O 引脚时，它会使寄生电容快速充电和放电，从而快速升高和降低 IC 的温度。

工作：上电时，关键寄存器中存放的密钥被加载到循环移位寄存器中。如果 LSB 值为逻辑"1"，则环形振荡器被激活并高速震荡，从而使得芯片温度升高；如果 LSB 值为逻辑"0"，则环形振荡器不被激活，芯片维持正常温度或从高温状态降低到正常温度。为了使黑客测量逻辑值"1"和"0"，必须有足够的时间来加热或冷却芯片。通常情况下，需要 2～3 分钟的时间间隔来传递一个比特信息。因此，循环移位寄存器 2～3 分钟移位一次。

这个木马可以在设计阶段插入，其复杂的结构可以利用 RTL 进行描述。由于它不包含任何触发部分，它属于一直运行的、泄漏信息的木马。

14.4.5　拒绝服务（DoS）木马

这种木马在收到特定的输入序列时就冻结芯片的时钟，从而可以在芯片上执行拒绝服务（DoS）攻击[11]（如图 14.5 所示）。

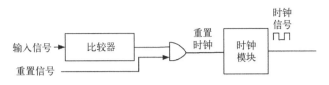

图 14.5　通过冻结时钟拒绝服务

设计：该木马由一系列 XOR 门和一个与门（AND）组成，XOR 门将输入序列与预定义的二进制值进行比较。与门的一个输入引脚连接到复位信号，另一个输入引脚则由上级的比较器拉高到逻辑 "1"（如果输入序列与预定义值匹配）。在这种情况下，与门的输出将时钟信号冻结在逻辑 "1"。

当时钟信号被冻结时，除非芯片被复位，否则芯片将不工作。该木马可以在设计和制造阶段插入，并且可以在门级进行描述。从类别上看，这是一个输入触发的木马，它位于芯片的时钟模块内。

14.4.6　通过 VGA 显示器泄漏信息的木马

这种木马通过视频图形阵列（VGA）泄漏芯片的密钥（见参考文献[12]）。调节 VGA 的刷新速率到略高于或略低于正常刷新速率以指示逻辑 "0" 或逻辑 "1"。对于正常的用户而言，一般无法察觉显示器刷新率的变化，既使频率调整范围较大时，用户也只能在显示器上看见噪声或闪烁，而无法获得其他信息。但是，黑客可以使用示波器观察刷新速率的变化，并以此为依据提取密钥。这个木马可以在设计阶段插入，并在 RTL 级对其结构进行描述。由于不包含任何触发部分，它属于一直运行的、信息泄漏型木马。

14.5　总结

硬件木马正在成为一个严重的威胁。为了掌握木马特性并开发木马检测技术，本章充分分析了硬件木马的各个特征，并讨论了基于木马特征的硬件木马分类方法。使用该方法，可以进一步研究硬件木马的行为，并针对它们开发相应的木马检测技术。同时，本章还展示了几个具有不同特性的硬件木马实例，这有助于读者理解硬件木马的行为。

参考文献

1. Adee S The hunt for the kill switch, IEEE Spectrum, http://www.darpa.mil/mto/solicitations/baa07-24/index.html
2. Defense Science Board, "Defense Science Board Task Force on High Performance Microchip Supply," Feb. 2005. http://www.cra.org/govaffairs/images/2005-02-HPMS_Report_Final.pdf
3. DARPA. http://www.darpa.mil/mto/solicitations/baa07-24/index.html
4. Karri R, Rajendran J, Rosenfeld K, Tehranipoor M (2010) Trustworthy hardware: identifying and classifying hardware trojans. Computer 43(10): 39–46
5. Rad RM, Wang X, Tehranipoor M, Plusquellic J (2008) Power supply signal calibration techniques for improving detection resolution to hardware Trojans. In: IEEE/ACM International Conference on Computer-Aided Design, pp632–639, 10–13 Nov 2008
6. Wolff F, Papachristou C, Bhunia S, Chakraborty RS (2008) Towards trojan-free trusted ICs: problem analysis and detection scheme. In: Design, Automation and Test in Europe, 2008. DATE '08, pp 1362–1365, 10–14 March 2008

7. Wang X, Tehranipoor M, Plusquellic J (2008) Detecting malicious inclusions in secure hardware: challenges and solutions. IEEE International Hardware-Oriented Security and Trust (HOST), 2008

8. Lin L, Burleson W, Paar C (2009) MOLES: malicious off-chip leakage enabled by side-channels. In: IEEE/ACM International Conference on Computer-Aided Design – Digest of Technical Papers, pp 117–122, 2–5 Nov 2009

9. Baumgarten A, Clausman M, Lindemann B, Steffen M, Trotter B, Zambreno J Embedded Systems Challenge. http://isis.poly.edu/~vikram/iowa_state.pdf

10. Tamoney A, Kouttron D, Radocea A RPI team: number crunchers. Embedded Systems Challenge. http://isis.poly.edu/~vikram/rpi.pdf

11. Stefan D, Mitchell C, Almenar C Trojan attacks for compromising cryptographic security in FPGA encryption systems. Embedded Systems Challenge. http://isis.poly.edu/~vikram/cooper.pdf.

12. Gulurshivaram K, Hailemichael R, Jimenez J, Raju A Implementation of hardware trojans. Embedded Systems Challenge. http://isis.poly.edu/~vikram/poly_team1.pdf

第 15 章　硬件木马检测

15.1　引言

在集成电路领域，将设计和制造业务外包给其他机构成为一种新趋势，同时芯片设计对第三方 IP 核和电子设计自动化工具（EDA）的依赖度不断增高，使得芯片在生命期内的不同阶段越来越容易受到硬件木马攻击。图 15.1 显示了现代集成电路设计、制造、测试和部署阶段，并标注了各阶段的可信度。在集成电路生命期内的各阶段，都有可能存在不可信的组件/人员，因而要求各阶段需要对其所面临的恶意设计/篡改进行可信度验证，这已成为当前集成电路领域新的挑战[1]。特别是在集成电路生产后的测试阶段，更需要对不可信的制造商所生产的芯片进行恶意设计/篡改检测。当然，对来自不可信第三方的 IP 核进行可信度验证也是有必要的。

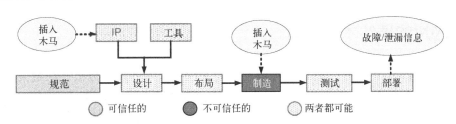

图 15.1　集成电路设计流程不同阶段的可信等级[1]

上一章介绍了不同类型的硬件木马及其在检测中的隐蔽性。本章重点关注硬件木马检测技术，描述并比较不同技术的性能及限制。遗憾的是，传统的测试及验证方法并不能可靠地检测硬件木马。传统的测试策略侧重于检测由芯片的制造缺陷引发的无效功能行为，它们并不能检测到在设计中恶意修改带来的附加功能，比如一个聪明的攻击者在硬件中植入的一个不易被察觉的木马。经过巧妙设计的硬件木马可能是一个相对不太显眼的电路。并且，为了避免被检测到，它只有在极少数情况下才会被触发。此外，攻击者还可能设计一种对于功能输出完全没有影响的木马，比如通过电流签名泄漏机密信息的木马[2]。要完备地产生触发木马的测试向量集，并观察对手可能使用的木马及其造成的影响，是非常困难的。对于只能在一系列小概率事件发生情况下才能被激活的木马或"时间炸弹"，上述检测尤其困难。但是，我们可以通过观察木马电路对功率轨迹（power trace）或路径延迟（path delay）等"边信道参数"的影响来检测木马。这是边信道分析的一个重要优势，即：不用激活木马并观察其对于输出逻辑值的影响。因此，产生边信道分析所需的测试数据会更简便一些。但是，对于存在于数百万门级设计中的超小木马而言，由于纳米工艺技术和测量噪声的变化降低了信号检测的灵敏度，边信道分析并不那么有效。

现有制造测试的解决方案，无论基于逻辑测试还是基于边信道分析，并不能形成硬件木马检测的全覆盖。但是，我们可以通过采用实时监测提高芯片的可信度。在木马检测中，实时监测法是检测关键的计算执行部分，从而在长时间的芯片运行中识别出被触发的特定恶意行为。例如，一个通过无线信道泄漏加密芯片信息的木马，可能会导致没有通信发生的空闲时间段内，突然出现大量的功率消耗。因此，监测功率轨迹的运行状态可用来检测类似的木马。

验证不可信第三方 IP 核的可信度面临着更多的挑战。与芯片不同，我们很难获得 IP 核的标准模型或参考模型。对第三方 IP 核来说，其功能规范是唯一可信的。因此，对于 IP 核的可信度验证而言，进行定向的功能测试是一种可行的方法。然而，只有当木马的触发条件及其效果是已知的时，才能够生成这样的测试，这限制了方法的覆盖范围。另一种可选的方法是形式化验证，例如从某个 IP 核的功能规范或其高层结构化信息获得该 IP 核的高层参考模型，并利用该模型进行时序等价性检查。

应注意到现有的木马检测方法都有其独特的优势及限制。目前，尚无一种行之有效的技术可以在高可信度条件下适用于不同类别的木马检查。结合不同木马检测方法进行优势互补，可以组合成一种提高可信度的解决方案。逻辑测试方法可以与边信道分析进行结合。类似地，制造测试方案可以同在线监测相结合。最后，可以用安全设计电路（DfS）来强化测试方案，以形成多种攻击下硬件安全的综合性保护措施。

15.2　芯片的硬件木马检测

本节针对流片后的芯片，概述了可信度验证中现有的木马检测方法。在绝大多数方法中，都假定图 15.1 给出的设计流程中，芯片设计、布局和测试步骤均为可信的，而不可信的部分仅为制造阶段。因此，我们可以获得标准的设计及测试向量。对于边信道分析，有时需要一组黄金样片以校准处理噪声及验证测量结果。在这类方法中，通常假设标准测试结果可以通过利用精确模型进行大量仿真来获取；或对一些样片（经验证不包含木马）进行破坏性的逆向工程来获取，从而允许对其余的芯片进行非破坏性验证。

15.2.1　木马检测方法的分类

木马检测方法的分类如图 15.2 所示，大致可分为破坏性和非破坏性两类。破坏性方法是用化学药品去掉成品芯片的表面封装，再用扫描式电子显微镜观察其中每一层电路图像。然后，根据图像进行分析和重建，以确定晶体管或门电路以及布线情况。紧接着，利用自下而上的逆向工程法，将芯片的结构模块与已有的模板相匹配，再将它们组合在一起确定其实现的具体功能。在过去，这些逆向工程技术通常用来破解竞争对手的芯片机密，从而设计出具备更好性能的产品来获得竞争优势。现在，它们也用来验证具有标准规范的芯片内部功能，以确保芯片成品中是否存在不希望的电路或功能。然而，这些方法既贵又耗时（单个芯片的破坏性分析需要数月时间[3]），且随着晶体管集成密度的增加，其效果并不太好。此外，分析单个样片的结果并不能推广到整个产品，因为对手很可能只对该批次的少数芯片进行了修改。因此，每个集成电路都需要单独测试以确保可信度。对于木马检测，破坏性检测技术仅用于测试芯片成品中的一小部分样品，以得到一组标准芯片，然后将它们作为黄金样片来和其余芯片进行噪声校准及边信道参数比对。

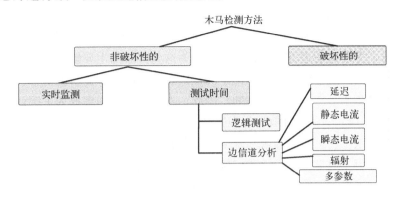

图 15.2　硬件木马检测方法的分类

非破坏性技术可分为（a）实时监测法和（b）测试法。应当注意的是，实时监测法通常包含安全设计电路在内的入侵式检测[4-7]。这些实时监测电路可在多核系统[7]中采用可重配置核[4]来开发出备份部件，从而避免使用被感染的电路。因此，即使芯片中存在木马或不能抛弃被木马感染过的芯片，该方法也能确保电路的可靠运行。从另一方面来说，对于关键的任务系统，可提供给芯片一个自毁包，由用户从外部对其激活，或由实时的木马监视器在探测到恶意功能后从内部激活。然而，必须确保用于触发芯片自毁的实时监视器或电路不会受到破坏，并且只能由一个可信的用户控制。

测试法可以包括安全设计电路，并且与逻辑测试电路（如扫描链和内建自测试）类似。这些电路能够提高木马检测灵敏度或增大可测范围。然而，必须要确保附加的测试电路没有被破坏。类似地，若启动测试的信号易于被识别，则攻击者可能会在测试中根据这个信号来让木马电路休眠。在整个测试中，木马不会触发恶意功能，甚至可能在测试中对电源进行门控以避免边信道信息的泄漏。通常，测试法已成为非侵入性的木马检测技术，因为它不必改变设计流程或增加设计的任何开销，但却可以在成品后的测试阶段识别被恶意植入的任意电路。测试法被进一步分为（1）基于逻辑测试的方法和（2）基于边信道分析的方法。

逻辑测试法[8,9]侧重于生成并使用测试向量来激活木马电路，并观察其对于主输出端有效载荷的恶意影响。这种方法类似于传统的故障测试；然而，木马模型与故障模型有很大的不同。制造上的缺陷所导致的故障通常会使得内部某个节点被卡在特定的逻辑值上。测试这些故障的困难在于，需要将所有内部节点激励到所有可能的逻辑值，并观察其对主要输出的影响。难以被激励或观察的节点被称为低可控性或低可观测性节点。随着门数量的增加，难以测试的节点数量也在增加，这使得测试所有节点的综合故障覆盖率越来越低。从另一方面来看，木马被建模为一个巧妙植入的门（或门组），其在罕见的条件下会被触发并引起一些恶意功能。特定类型和大小的木马电路数量与电路的节点数呈指数函数关系。同样，对于需要由多个罕见事件激活的时序型木马，可能在测试期内是无法观察到由木马引起的恶意功能。最后，可能由于木马的数量众多，传统的故障覆盖检测技术已不再适用于木马覆盖检测。

边信道分析法则是基于如下事实：在芯片中任意植入的恶意电路都会在某些边信道参数

中有所表现，例如：由于漏电流[13]、静态电源电流（IDDQ）[10-12]、动态功耗轨迹（ID-DT）[13-17]、路径延迟特性[18,19]、电磁辐射[13]（Electromagnetic Radiation，ER）甚至上述多个参数的集合[20]。若原始电路中有 N_{orig} 个逻辑门且消耗静态电流为 I_{orig}，在电路中植入额外的 N_{troj} 个实现木马的逻辑门将增加电流 I_{troj}，这可以通过在标称条件下测量电源电流观察到。已有的文献提出了多种边信道方法，并且一直认为这些方法的主要缺点是它们对于处理过程及环境噪声引起的误差过于敏感。甚至由于测量设置带来的噪声也可能对分析造成干扰，导致对电路中是否存在木马做出错误的判断。因此，木马的检测问题成为了统计事件，其目标是最大化检测概率（P_D）且同时最小化虚警概率（P_{FA}）。测试向量生成在边信道分析方法中也发挥了重要作用，它可以增加木马检测的灵敏度[14-17]，这对检测超大型片上系统中的超小型木马尤为有用。通常情况下，我们假定木马电路尺寸比原始设计要小，这是因为木马是在生产过程中通过修改原始设计的布局而被植入的。我们还假定攻击者会利用布局中的空白空间植入少量额外的门，并重新布线以实现其目的。和逻辑测试法相比，边信道分析方法的主要优势在于无须激活木马就能检测到木马的存在。因此，它们可检测那些不会导致恶意功能，但会通过微弱的边信道泄漏秘密信息的被动式木马。若过程噪声可被校准，且环境噪声和测量噪声也可被消除，那么木马电路的存在肯定会反映到所测量的边信道参数上。

15.2.2　木马检测所面临的挑战

对木马检测中存在的主要挑战可作如下分类：
（a）选择合适的木马模型；
（b）生成测试来激活木马或增加边信道测量中的木马敏感度；
（c）消除/校准处理过程噪声、环境噪声和测量噪声（在基于边信道分析的方法中）。

15.2.2.1　木马建模

不同的研究人员选择不同的木马模型来说明他们所提出的方法特点。为了保持处理过程的一致性并能够对比不同的方法，人们依据木马尺寸、隐蔽性、激活概率、载荷影响等参数对木马进行了分类[21]。正如前面章节所描述的，可能用多个特性去描述同一个木马，但是大多数方法基于特定的特性进行检测。例如，如果木马的有效载荷导致了泄漏秘密信息，但其尺寸可能大也可能小，其激活条件可能是组合的也可能是时序的，也不能确定它对关键路径延时是否有显著影响，以及它是否可以由一些内部节点的数字值或类似温度上升的模拟条件激活。但是，从逻辑测试的观点来看，激活条件很重要，它与木马的有效载荷是否导致在某些主要输出处可观察到逻辑值的改变，或者是否导致边信道信息泄漏同样重要[2]。

在逻辑测试的测试向量生成方面，数字式触发和数字式负载的木马模型最为有用[8]。一个巧妙设计的木马将被罕见的电路节点条件所激活，并在功能方面将其有效载荷作为关键节点。同时，这些木马很难通过测试手段观测到，这样可以避免在常规功能测试中被发现。如果木马包括时序元素，例如罕见事件触发计数器，则测试向量需要精准地复制时序序列去触发它，这使得它难以被检测到。然而，当在内部节点选择罕见值作为木马的输入时，应当注意，组合出的罕见事件是可实际产生的，否则木马将永远不会在现实生活中被触发。对给定的参数而言，这限制了可能的木马数量。

图 15.3 显示了组合型木马和时序型木马的通用模型[8]。触发条件是内部节点处的 n 比特值，假定其足够罕见从而能避免正常的功能测试。有效载荷被定义为木马激活时被反转的节点。为了使其难以被检测，可以考虑一个时序型木马，它需要罕见事件重复 2^m 次才能使得木马被激活并使有效载荷节点反转。时序状态机的最简形式可被认为是计数器，并且有效载荷输出与原始信号进行异或以最大化木马对电路的影响。在更通用的模型中，可以用任何有限状态机（Finite State Machine，FSM）来代替计数器，并且电路可以被修改为木马输出和负载节点的函数。类似地，木马触发条件被建模为几个罕见节点的与（AND）函数，以使得组合事件更为稀少；然而，攻击者可以选择复用电路内的现有逻辑来实现触发条件，而不需要额外添加太多门。

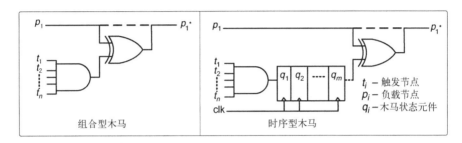

图 15.3 针对逻辑测试方法的组合型和时序型木马通用模型

对基于边信道方法的木马检测技术，木马可以被建模成单个电流宿或不活跃的门电路，以模拟其对于静态电流的影响；也可以建模为一个附加在节点上的电容来观察其对路径延时的影响。然而，为了能通过监测瞬态电流或辐射来检测木马，我们需要让构成木马的逻辑门发生电平切换。在这些情况下，木马模型类似于逻辑测试方法中所用的模型。一般来说，木马的尺寸越大，越容易检测其对边信道参数的影响，比如电源电流。但是，原始设计越大，影响也将越容易被噪声所掩盖。因此，为了保证边信道法的可扩展性，需要考虑木马电路相对于原始电路的大小，并在选择模型时考虑其对待测边信道参数的相对影响。此外，在边信道分析法中，其他需要被精确估值建模的事物包括被测电路、供电网、原始电路中的寄生电容及其参数变化，这些都可能导致标准芯片的边信道参数产生变化。

15.2.2.2 生成测试向量

对于所有的木马检测技术来说，生成测试向量是一个重要的问题。应当注意，在测试期间对于木马检测，不应存在任何可被清楚识别的测试使能信号 TE。因为木马触发逻辑为了使自己在芯片测试中不被检测出来，可能利用 TE 控制线来禁用木马。因此，基于扫描的设计无法提高安全性，功能性检测必须被包含进来。正如前面所指出的，木马模型不同于用于常规测试中的固定故障模型。虽然随机向量函数或自动测试模式生成（Automatic Test Pattern Generation，ATPG）工具所生成的向量或许能够检测出随机插入的、遵循上述模型的木马程序，但是，要生成向量检测到巧妙设计的木马，仍然是一项巨大的挑战。因为这些木马可能仅被低可控性节点衍生出的罕见条件触发，且触发后它们对于有效载荷节点的影响也很难被观察到。图 15.4 阐明了插入到组合及时序电路（无论有无扫描链）中不同类型的木马（组合型和时序型）。在扫描链模式下，原始时序电路退化为一个具有额外主输入（Primary Input，PI）和主输出（Primary Output，PO）的组合电路。木马模型同前面描述的模型相同。

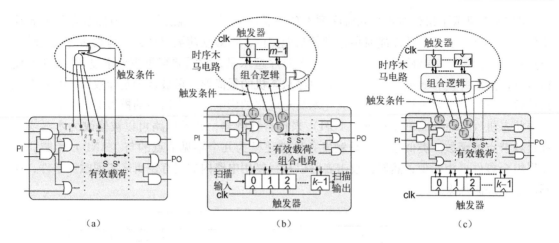

图 15.4　如果原始时序电路没有全扫描，则从组合木马到时序木马的触发难度会
增加。(a)组合电路中的木马;(b)全扫描时序电路中的时序木马;(c)在
非扫描时序电路中的时序木马(其中，PI:主要输入、PO:主要输出、
T_i:木马触发节点、S:被木马有效载荷修改为 S^* 的原始电路节点)

生成测试向量所面临的第二项挑战是：有限的内部节点集可能衍生出的木马数量非常
多。这个非常大的木马空间使得生成一组详尽的测试向量来检测所有可能的木马几乎是不可
能的。举个例子来说，即使有 $n=4$ 个触发节点和单负载节点的限制，一个仅有 451 门的小
型 ISCAS-85 基准电路 c880 可以分别有 $^{451}C_4 \approx 4.1 \times 10^{10}$ 个触发器和 $^{451}C_4 \times (451-4) \approx 1.8 \times 10^{13}$ 种可能的组合型木马。如前所述，不是所有木马程序在功能上都可行;因此，测试生成
需要考虑的是，来自主输入的罕见事件组合是否合理。同样，扫描链触发器的初始状态必须
是功能上有效的状态，而不是电路状态机的"不可达状态"。

最后，考虑"p"个主要输入和"q"个状态元素的情况，可以用 2^{p+q} 个测试向量进行
穷举测试。假设 $(p+q)$ 非常小，那我们也许可以触发所有可能的组合木马。但是，这并不
能代表典型的百万门级 SoC 的情况。此外，即使使用穷尽测试也不能检测到需要罕见事件被连
续触发"m"次的"计时炸弹型"木马。事实上，时序木马中的状态元素可能并不使用全局
时钟，它们可能会使用内部电路节点的罕见开关活动作为时钟信号。这样的设计再次降低了
木马触发的可能性，使得它们对于基于逻辑测试的方法来说几乎是透明的。还需要指出的
是，SoC 内存储器元件的存在使得有效状态空间呈指数爆增。正如文献[8]所说，这些原因
促进了统计测试生成法的使用。

15.2.2.3　过程噪声、环境噪声和测量噪声

在边信道分析方面，测试生成相对简单，因为无须完全激活木马来观察其对电源、电流
等测量参数的影响。然而，由于制造过程中的不确定性，现代纳米技术在工艺参数上可能存
在着巨大的差异，这使得不同芯片的电路参数（如延迟和电流）表现出巨大的不同。事实
上，在文献[22]中已经证明，180 nm 工艺下，节点工艺的差异导致高达 30% 的延迟变化以
及 20X 的漏电流变化。工艺的影响更多在于漏电流，因为漏电流对晶体管阈值电压具有指
数依赖性。图 15.5 显示了工艺变化对晶体管阈值电压的影响，该影响可被建模为叠加在裸
片间和裸片内的高斯分布。1 000 个裸片的瞬态电流呈现出显著的电流重叠现象，表明木马

电路对瞬态电流的影响可能被过程噪声所遮掩。它还显示了测量噪声对多个时间间隔内的同一组矢量所记录的电流波形的影响。

如图15.5（c）所示，由于过程噪声引发的变化也是测量参数的函数。因此，对具有高活跃性的大规模电路，瞬态电源电流（IDDT）可能具有较大的变化，这与小型木马电路带来的效应相重叠。这个问题可简化描述为：选择一个适当的边界或阈值，将被测试的芯片分类为黄金样片或木马芯片。任何高于阈值电流的黄金样片都会被误划为一个木马芯片（假阳性）；同样，任何消耗低于阈值电流的木马芯片也会被误划为黄金样片（假阴性）。考虑到过程噪声的阈值选择可能导致检测概率和虚警概率之间的折中，为安全起见，我们宁可将一颗包含了一个（或多个）假阳性的黄金样片视为木马芯片，也不让受感染的芯片通过测试（假阴性）。

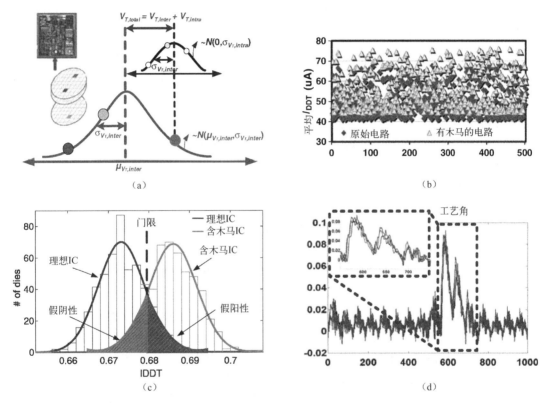

图15.5 （a）裸片间和裸片内工艺变化可被建模为晶体管阈值电压（V_{th}）的变化；（b）将工艺变化的两个组件均设定为高斯分布,用HSPICE中的蒙特卡罗模拟来得到500个裸片的电源电流,它们分别包含一个不带木马(基准电路)和带有木马的8比特ALU电路以及一个8比特比较器；（c）1 000个裸片的瞬态电流分布中存在足够的重叠,甚至对于较大木马,给出了由过程噪声引起的掩蔽效应;（d）测量噪声对瞬态电流(记录16个时钟周期)的影响

降低错误概率的一种方法是增加原始参数与受木马影响后的参数之间的差异。这样做的依据是可以增加灵敏度。应当注意的是，边信道参数的值随电路条件的改变会有很大变化；因此，选择测量参数时输入的向量集至关重要。标准的情况是，应当选择向量使得原始电路的参数变化尽可能小，而木马电路对它们却非常敏感。基于区域划分有向

测试向量生成的方法可尽量诱发木马的活动，从而使木马容易被检测到。另一方面，也可以通过降低过程噪声的影响来增加木马检测灵敏度。大多数推荐的木马检测方法涉及过程噪声校准并将被测量的边信道参数简化为公分母，这使得木马的效果能更加突出。过程噪声校准常用的技术包括归一化和统计平均技术等。在一般情况下，若噪声可以完全消除，木马的效果就会从标准电路参数中明显地显现出来，从而无论木马电路的尺寸大小，都可以 100% 检测出来。

15.2.3　测试和验证方法

首先，我们描述了一些基于测试的木马检测方法，并对其优缺点进行了比较。常用的木马检测方法大多属于这一类。这些方法中的一部分是在传统的测试方法中合并加入了木马检测，而另一部分则是在某些边信道参数中感知木马的效应。

15.2.3.1　基于逻辑测试的方法

由于通过功能测试来检测木马与传统的故障测试不同，因此基于向量生成的统计方法更加适用。文献[9]中记录了一种基于随机理论的技术，该技术以概率的方式对比了木马电路的功能与原始标准设计功能。该技术源于概率等价性检验，其中每个电路的输出仅与其输入的概率分布相关，以便在输出节点处以预定义概率获得一个逻辑"1"值。用这个唯一的概率分布来生成随机输入向量，以测试不可信电路并将其输出与标准设计的输出进行比较，即利用电路实现后的功能性不匹配来识别木马电路的存在，并将引起不匹配的输入向量定义为该特定木马的指纹。这种技术并不考虑任何用于向量生成的木马模型，而是基于在两个电路中寻找等价。作者声称，木马造成的功能性中断越大，检测它就越容易。因此，这种技术可以用产生随机向量的方法来补充，目的是触发可能的木马输入以增加检测覆盖率。在给定标准可信模型的情况下，该技术也能用于验证第三方 IP 核的可信度。

文献[8]中介绍了一种叫做 MERO 的方法来生成木马检测的统计向量。它会产生一个最优测试向量集，这些向量可以多次（N 次，其中"N"是用户指定的参数）触发电路中的每个稀疏节点，类似于 N－检测测试的概念[23]。木马模型触发节点的稀疏度、数量以及木马的性质（无论是组合的还是时序的）都是算法的可变输入。使用这种逻辑测试方法，与在主输出处进行故障检测（木马检测）相比，更加容易触发木马，因为木马的有效载荷节点通常是可观察性较低的节点。通过考虑两个参数，可量化评估测试生成方法（触发覆盖和木马覆盖[8]）的有效性。在计算这些覆盖度量指标时，应当注意的是，需要舍弃那些不能被触发的木马。对于较高的"N"值，可以增加木马检测覆盖率，其代价是增加了测试长度，如图 15.6 所示（针对两个 ISCAS-85 基准电路）。然而，与加权随机模式集相比，该方法在达到相同木马检测覆盖率的情况下，缩减了 85% 的测试长度。MERO 方法还可以利用时序电路中的扫描触发器来进一步减小测试长度并增加木马覆盖率。即使未能激活木马功能，从测试向量引起木马电路电平切换的频率来看，使用 MERO 方法也能得到相对较高的触发覆盖率。这一点也表明了该方法在边信道分析技术中具有很好的潜在利用价值。

基于模糊的设计方法可以用来防止攻击者对芯片中 IP 核的功能实施逆向工程[24]。这样做的结果是，攻击者会错误地假设电路内部节点的稀疏性，从而插入易被触发或根本不被触发的木马（良性木马），从而导致攻击失败。文献[24]描述了这种设计技术，它在 MERO 方法的基础上进一步增加了木马检测覆盖率。

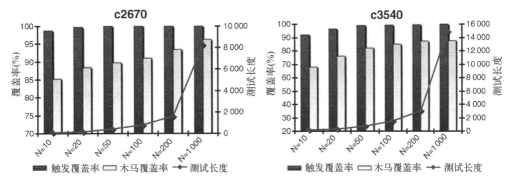

图 15.6　使用 MERO 方法[8]，对不同的"*N*"值，两种 ISCAS-85
基准电路得到的触发覆盖率、木马覆盖率和测试长度

利用安全设计技术，可提高木马触发概率和有效载荷节点的可控性与可观察性，从而增加大型电路的可测性。通过插入难以识别的控制有限状态机（FSM），可在唯一定义的透明状态中选择性地测试复杂设计中的不同模块。通过使用特定的输入序列，将每个模块转换为某个特殊的透明模式[25]，同时，其他所有模块均被旁路掉。模块输入处的内部节点可以从主输入进行测试，而输出节点值的压缩签名将出现在主输出处，表示木马是否存在。

15.2.3.2　基于边信道分析的方法

所有的边信道分析方法都需要观察所插入的木马对物理参数的影响，例如电源电流（静态或瞬态）、功耗或路径延迟。这些方法的优点在于，即使木马电路在测试期间不会在电路中引起可观察到的故障，但存在的额外电路也可影响到一些边信道参数。目前，边信道分析的主要挑战是现代纳米工艺的巨大差异和测量噪声，它们可能掩盖木马电路对边信道的影响，尤其是小型木马电路。稍后，我们会给出用边信道检测额外电路的例子，在此之前，我们先讨论如何消除噪声影响、提高木马检测灵敏度的具体技术。

静态电流（IDDQ）：即使电路在实际测量期间没有激活任何故障，电路中存在的额外逻辑也会改变其电气特性参数。在电流受电源控制的情况下，该改变非常直观。任何额外的门都会消耗额外的泄漏功率，此功率具有可加性并可用于区分木马病毒感染电路和标准电路。然而，当测量数百万门级 SoC 的总漏电流时，对于由几个额外门产生的漏电流效应的灵敏度将非常差。为了提高灵敏度，可以测量来自多个电源引脚的电流，从而有效地将问题简化为在芯片的部分逻辑门中检测少数逻辑门。这种基于区域的方法也有助于定位芯片中被木马感染的一个小区域电路。

瞬态电流（IDDT）：反映了由开关活动引起的动态功率变化，可从相同的电源引脚测量，以给出关于特定输入向量对门的切换次数影响。因此，通过激活电路中某个较小的子块，可以用输入向量提供一个额外的控制等级，从而增加了木马检测灵敏度，如图 15.7(a)所示，基于瞬态电流的木马检测方法，其灵敏度随着木马电路规模减小而减小，但也可通过选择合适的向量来提高。这增强了对更大型设计和 100 nm 以下技术的可扩展性。

延迟（Delay）：可用于检测木马的第三个参数是路径延迟。木马电路影响路径延迟的方式有几种。如果木马电路位于正在测量延迟的路径上，则它会在路径延迟上增加几个门的延迟。即使应用的测试向量没有激活木马，但由于木马的输入，使得某些节点负载电容增加，从而导致路径延迟增大。但是，对于大的路径延迟，延迟这种微小变化可能被工艺变化所掩盖，如图15.7(b)所示。因此，如果通过适当的输入向量控制木马激活，就可以采用固定的模型来触发所有可能的木马，然后将测量的路径延迟与标准电路的路径延迟进行比较。此外，测试人员只能测到源自主输入并终止于主输出的路径延迟。因此，对于没有全扫描的时序电路，需要采用入侵式设计技术来测量所有路径延迟。

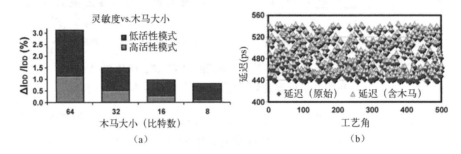

图15.7　(a)基于瞬态电流（IDDT）木马检测法的灵敏度随着木马尺寸的减小而降低，而选择了适当的测试向量则可以使其增加；(b)电路的关键路径延迟随着工艺变化而明显变化，这可以掩盖木马电路的影响

电磁辐射（EM）： 由于逻辑门在电平切换时会产生电磁辐射，可以通过观察芯片的电平辐射，从而在非入侵的方式下检测到电路中额外的木马门。然而，除了具有不同的测量电路，任何基于测量该参数的技术都与测量瞬态电源电流的技术相同。

对上述基于测量物理参数"I"进行比较的边信道技术，一种简单的灵敏度提高思路是考虑测量过程中的各种噪声效应并使用校准技术。例如，在边信道方法中，考虑没有噪声的理想情况，任何标准电路都将得到一个预期的测量值 I_{orig}。由额外的木马电路引入的偏差导致受感染芯片的测量值为 $I_T = I_{orig} + \Delta I_T$。在没有噪声的情况下，灵敏度与 ΔI_T 成正比，与 I_{orig} 成反比。现在，由于测量噪声（In_{meas}）和制造过程噪声（In_{proc}）的存在，未感染电路的测量值可由 I_{orig} 变为 $In_{meas} + In_{proc}$。过程噪声 In_{proc} 是不随时间变化的常数，并以不同的方式影响不同的芯片。它还可以被分解到裸片间和裸片内的各个部件上去，裸片内部件又具有各种各样的子部件，如图15.5(a)所示。测量噪声 In_{meas} 对于同一芯片具有时变特性（由于温度和其他因素），并由于测量电路而具有直流偏移。对一般的边信道分析方法，灵敏度可以定义为：

$$\text{Sens} = \frac{I_T - I_{orig}}{(I_{orig} + In_1) - (I_{orig} + In_2)} = \frac{\Delta I_T}{\Delta In_{meas} + \Delta In_{proc}} \tag{15.1}$$

现有的边信道法倾向于通过归一化（或拐点估计）进行过程校准，并对多个测量值求平均来实现校准，以此来消除随机噪声。为了消除裸片间的差异并校准裸片内的差别，可以使用基于区域的方法。其中，来自多个功率引脚的测量对应于不同的激活区域，将有助于比较相同芯片在不同情况下的测量参数。通过使用基于区域的方法，还可以提高灵敏度、降低 I_{orig} 值，并且也可减小与测量值成正比的噪声（如过程噪声）。对于所有芯片，可以使用统计信号处理技术来校准过程噪声并使得测量的边信道参数尽可能接近标准值。

木马检测的边信道分析概念源于边信道攻击领域，即通过观察电源电流等边信道参数并将其与在不同的预测关键值下的电流轨迹执行相关操作，从而估计加密芯片使用的密钥。简单的功率分析或时序分析等技术也可用于识别木马电路的存在，因为任何意外的活动都会反映在这些参数中。甚至，上述技术可以检测到大到足以引起泄漏电流明显变化的非激活型木马。此外，通过对多次测量求平均可以减小测量噪声，直到突出木马效应。然而，由于工艺的变化，标准电流值并非固定值。为了识别带有制造过程噪声的木马，可以采用先进的信号处理技术，例如 Karhunen-Loeve 扩展，来提取出由恶意电路引发的、与标准芯片不一致的电流签名。此外，也可以用芯片指纹技术来校准过程噪声，并从变换后的功率轨迹信号中识别出子空间，以突显木马的存在性[13]。这些子空间对应于特定的测试向量，并且子空间中的木马电路会发生电平切换，同时电路的其余部分具有不太明显的电流。这时，观测到的过程噪声与功率轨迹的幅度成正比。从功率轨迹分析来看[13]，在存在 ±7.5% 随机参数变化的情况下，有可能确定出等效面积为电路总尺寸 0.01% 的木马。

为了增加激活木马的可能性（仅在主输入处灌入测试向量），需要生成适合的测试向量。对于大型的时序电路，基于区域的电路激活方法可用来增加基于边信道分析的木马检测灵敏度。电路可以根据功能的不同来划分区域，也可根据每个分区中逻辑门具有最小跨区结构的原则来划分区域。这些分区彼此之间又构成时序状态的基本元素。接下来，以最大限度地提高在所考虑区域中的电平切换活跃度为目的，生成有向测试向量；同时，最大限度地降低电路中其余部分的活动。这毫无疑问会增加电流测量的灵敏度，从而更好地检测到存在于激活区域中木马。这种基于区域的测试生成方法与随机测试模式相比更加有效，这一点可借助木马电路中相对的电平切换频率加以证明[14]。另一种持续向量技术可进一步增加木马检测灵敏度。此时，电平切换仅由元素的状态改变引起，而主输入在多个周期内保持恒定，这有助于进一步降低原始电路内的活动，从而减小 I_{orig}。这种技术同之前的方法相比，其对于原始电路和被感染电路的功率差放大了 30 倍[15]。

基于区域的过程噪声校准法还用于芯片上的电源网络[10,26]。通常情况下，芯片在较高的金属层处具有分布式电源网格，其包含连接到不同电源引脚的金属凸块，如图 15.8（a）所示。

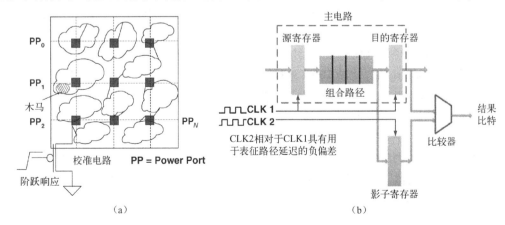

图 15.8　（a）采用来自多个电源端口的、基于区域的方法可有效区分出木马
　　　　　的影响[10]，其中晶体管短路后可校准工艺变化带来的影响[26]；
　　　　　（b）快速延迟表征技术可检测由任何木马电路带来的延迟变化[19]

从外部来看，在板级，这些引脚可连接到统一的电源上以测量来自不同输入向量的多个功率端口的电流轨迹，从而可对电流轨迹进行积分以量化分析电平切换期间的电荷转移情况。任何包含木马的电路都会随着时间推进积累更多电荷，因为与标准电路相比它们具有额外的电平切换活动。这一点可以通过比较多个芯片的积分电流轨迹来进行检测。由于电流测量来自于多个电源端口，所以也可以估计木马的位置。通过在芯片内每个电源端口处集成电流传感器，可以提高电流测量精度，从而可以校准电网的阻抗变化。通过测量来自多个电源端口的瞬态信号，可以增加边信道分析方法的分辨率，因为从每个端口测量的电流对应于包含在大规模芯片总门数中可控部分的局部区域。然后，将这些单独的电源信号进行相互比对来识别一个小区域内是否有木马电路存在。

多种不同的校准方案可用来消除电源端口中的电阻差异并校准裸片间和裸片内的工艺差异[26]。过程校准电路 [见图 15.8 (a)] 包含连接在电源端口和地之间的单个晶体管，可以使用扫描触发器有选择地使其导通。其后，可使用校准矩阵对来自多个电源端口的一组测试向量的测量电流进行归一化，并使用散点图对正交的功电源端口的测量电流进行比较，以划分标准芯片和木马电路的边界区域。该技术能够在一个 ISCAS-85 基准电路中检测出约 50% 的激活型木马和约 30% 的非激活性木马。为了增加激活电路中罕见的内部节点的激活概率，可以引入与节点相连的伪扫描触发器（输出馈入 AND / OR 门）。这种设计方案增强了内部节点的可控性，并使得攻击者很难选择罕见的触发节点来隐藏木马。然而，罕见的节点仍然可能被攻击者利用来逃避在测试期间的检测。基于布局的扫描单元重排序方案可以加强特定区域中电平切片的可控性[16]。这可增加木马电路中的电平切换概率，从而增强检测概率。此外，还可以测量校准芯片的多个电源端口静态电流（IDDQ）来实现类似的统计分析，以检测和定位硬件木马[10]。然而，入侵式 DfS 测量（如校准电路或片上电流传感器）很容易被攻击者检测到，并绕过它们来实施难以检测的木马。

对于位于测量路径上并改变路径延迟的木马，可以在输出引脚处测量一组路径延迟来识别其存在。如文献[18]所述，针对电路中的多个路径可获得大量延迟信息，特别是对于大规模电路。因此，需要数据压缩技术，如主成分分析（Principal Component Analysis，PCA）技术，来减小数据尺寸并构造一个凸包来估计考虑了工艺差异的标准芯片边界。这些压缩后的数据点被称为路径延迟指纹。如果测试集激发特定路径且延迟效应传播到主输出，则我们可以检测到所有对路径延迟有显著影响的木马。对于工艺差异在 ±7.5% 左右、仅占总面积 0.13% 的隐式木马，该方法能 100% 地检测到木马逻辑带来的路径延迟增加。然而，对于仅增加被测路径负载电容延迟的显式木马，检测覆盖率仅为 36% 左右。

快速延迟表征技术[19]与比较器一起被引入到了芯片内部的影子寄存器中 [见图 15.8 (b)]，以识别内部寄存器到寄存器延迟的路径延迟。与功能时钟相比，该 DfS 技术采用时钟的负边沿对影子寄存器进行触发，并对一系列锁存的输出进行比较以确定延迟分布。它还可以帮助校准工艺差异引起的延迟变化，并利用统计的路径延迟分布检测到测量路径中的硬件木马。环形振荡器可用作热监视器来校准温度引发的延迟变化。这种技术需要与测试矢量生成法及木马的模型相结合，以在最少的测试时间内实现高覆盖率。此外，该方案的硬件开销可通过复用芯片认证或环境变化校准的相同电路来进行分摊。最后，该方案还可用于实时检测可能被现场激活的休眠硬件木马。实践证明，这种方法能够在 ±20% 的工艺差异下检测 8×8 阵列乘法器电路中的木马[19]。另一种观测木马电路延迟效应的方案是将路径周围配置环路振荡器，其工作频率会由于内部负载效应或甚至由于与木马电路的电线间串扰而发生变化。环形振荡器使用片上计数器来测量频率。这种方案的主要挑战是需要尽量降低导致环形振荡器频率改变的工艺差异和环境变化。此外，攻击者可以在不影响环形振荡器频率或不损坏频率计数器电路的情况下插入木马，以躲避该技术的检测。

在门级表征技术中，路径延迟和漏电流都被认为是边信道参数[12]。硬件木马检测问题可被划为线性规划问题（Linear Programming Problem，LPP），每个门的工艺变化被表示为在各种输入条件下具有常数泄漏或延迟的缩放因子。该技术能够在 ISCAS-85 基准电路中以高可信度检测到额外添加的单个逻辑门。门级表征技术可进一步细化，以通过漏电流的热效应来去除所需的相关性。为了提高检测精度，可使用统计测量技术，并在各种 ISCAS-85 和 ISCAS-89 基准电路的标准电路和木马电路之间获得高分辨率。门级漏电流的估计和表征问题在文献[11]中被列为 NP 完整问题。基于估计误差的期望分布，可采用一种一致性度量，并在门级的估计算法中采用迭代运算使得统计数据收敛，最终找到电路中额外（木马）的逻辑门。

为了校准芯片裸片间的工艺差异，可以采用多参数法[20]。在工艺变化的情况下，可利用电路的瞬态电源电流（IDDT）和最大工作频率（F_{max}）之间固有的相关性来减小过程噪声的影响并增加木马检测灵敏度。由于攻击者不会去危及电路的关键路径延迟，所以测量到的 F_{max} 可用于校准芯片裸片间的工艺差。由于制造过程差异，IDDT 中任何不按规律变化的参数都可用来识别木马。它可以同一个基于区域的方法（根据电路功能划分成较小区域，并生成测试向量减小背景电流）相结合，并通过 MERO 法的定向测试向量来增加低活性木马电路内的电平切换频率。图 15.9（a）给出了 ALU 电路中裸片间工艺差异在 ±20% 左右时，三个参数（IDDQ、IDDT 和 F_{max}）之间的相关性。随机的裸片内差异将导致图中离散的点被轻微扩展，从而导致偏离趋势线。与单独考虑 IDDT［见（图 15.5（b）］或 F_{max}［见（图 15.7（b）］的扩展情况相比，该情况下数据的扩散程度被大大降低。因此，该方法可用来减小 In_{meas} 的值并增加木马检测的敏感性。此外，通过选择适当的矢量，可在功能区内引起受约束的活动，从而减小 I_{orig} 以增加该方法的灵敏度。如图 15.9（b）所示，该方法可用来检测对 IDDT 有影响的木马电路，一旦木马影响大于限制线的约束。图 15.9（c）使用一组 FPGA 芯片进行测量，其结果证明该方法对大型电路（如 32 比特的整数执行单元和 DLX 处理器）的有效性。

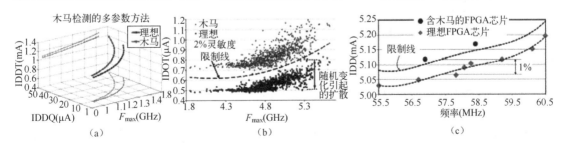

图 15.9　（a）IDDT、F_{max} 和 IDDQ 等多个参数可用于校准过程噪声，并将受木马感染的芯片从标准芯片中分离开；（b）对于裸片内存在随机差异的情况，IDDT 值的扩展由限制线来衡量，该限制线定义了木马检测灵敏度的下限；（c）通过对 10 个 FPGA 芯片的瞬态电流和 F_{max} 的测量可以得到类似的曲线，其中 2 个芯片含有木马[20]

为了进一步降低过程噪声，可采用一种自参考的方法[17]。在该方法中，激活电路的各个区域而测得的瞬态电流可相互作为参考使用。若根据同一芯片的电流测量值对裸片间和裸片内的工艺噪声进行校准，则可以增加木马检测灵敏度。在这里，并不使用来自理想芯片的边信道参数进行比较，而是使用同一芯片中未感染的区域来校准噪声并隔离被感染区域。通过将多个区域的边信道参数彼此进行比较，可隔离木马感染区域。对小型木马或大区域的情况（此时在不同的参数比较中异常现象的程度不一致），我们可采用大数判决法。已经得到证实的是，采用同等大小的区域可以得出最佳检测概率。这种技术可以在大电路中分层使用，以增加置信度并识别在感染的芯片中识别出构成木马的各个门/晶体管。将此方法结合文献[14]中提出的基于区域的向量生成法（降低背景电路电平切换频率），结合文献[8]中的测试向量生成法（增加罕见活动的木马激活概率），并利用文献[26]中提出的灵敏度提高策略（对同一个芯片的多个电源端口进行电流测量），就能检测到超小型的木马并可以扩展到大型时序电路的木马检测中。

15.2.4　实时监测法

由于在流片后测试和验证期间，不太可能全面检测覆盖所有类型和大小的木马，因此，采用在线监视可显著提高系统对硬件木马攻击的可信度等级。虽然这些实时监测法会带来一些性能开销，但它们可在检测到恶意逻辑时禁用芯片，或当存在不可靠组件的情况下绕过该部分组件进行可靠操作。其中一种实时监测法是在给定的SoC中添加可重配置的逻辑，其被称为安全性设计启用逻辑DEFENSE[4]。这种监测可与正常电路操作同时运行，当检测到相对正常功能的偏差时，即可触发相应的措施。通常情况下，可重配置逻辑会去实现受感染电路的正常逻辑功能，继而禁用或绕开受感染电路。

文献[5]中提出了一种软硬件结合的方法来实现实时监控。文中在CPU外部设置了一个简单的、可验证的"硬件防护"模块。通过采用增强型操作系统的定时检查功能，该模块可对抗拒绝服务攻击（DoS）和特权升级攻击。针对SPEC 2006基准程序的测试表明，实现该方案只需降低2.2%的平均性能开销。

文献[6]中提出了一种称为BlueChip的软/硬件混合法，包括设计时检测与实时监测。该方法尝试用设计验证测试来确定所有未使用过的电路，并将这些电路标记为可疑对象。在运行期间，系统移除这些可疑电路并用可触发软件异常的逻辑取代，从而绕过恶意硬件木马正常运行。这种技术旨在绕开类似于软件木马的硬件木马。这些木马旨在将所有程序的权限升级为超级用户模式，授权访问受限内存空间或发起DoS攻击，从而与软件上执行的恶意代码类似。这些木马电路可以插入到可重构FPGA的IP硬核中，或植入到嵌入式处理器上运行的指令代码中。

针对多核处理器的情况，文献[7]实现了一种可自我调度的实时监测方案，该方案在多个CPU核上执行相同功能的线程，并利用动态分布式软件调度进行辅助。分布式调度器在多次运行中进行了线程可信度学习，并将来自不同处理器核的子任务输出进行比较，动态评估各自的可信度级别。这个方案能在木马感染的环境中成功完成工作，并在系统连续运行时提高吞吐量。它类似于容错计算的概念，即故障或低可靠性核在运行时被旁路掉，并不会降低芯片的成品率。

15.2.5　木马检测方法的比较

表 15.1 总结了木马检测中逻辑测试和边信道分析方法的优点与缺点。显然，这两种方法在木马检测上具有互补性。因此，将这两种方法结合可以更好地检测各种类型的木马。测试法的主要优势是不需要任何硬件开销，而主要的劣势在于需要一个"理想的"（即不含木马的）成品芯片或功能模块。实时监测法具有较大的性能和功耗开销，但它们是木马检测中的最后一道防线并能确保计算结果 100% 正确。

表 15.1　逻辑测试方法和边信道分析方法的优缺点

	逻辑测试方法	边信道分析方法
优点	对小型木马有效 能抵抗制造过程噪声	对大型木马有效 测试生成简单
缺点	测试生成复杂 大型木马检测具有挑战性	对过程噪声脆弱 小型木马检测具有挑战性

15.3　IP 硬核的可信度验证

对不可信的第三方 IP 供应商，其 IP 硬核可能被恶意篡改，因此在它们被用到系统设计之前需要进行可信度验证。这个问题可以阐述为：给定寄存器传输级（Register Transfer Level，RTL）或门级或 GDS-II 格式的第三方 IP 核及其功能规范，如何确定该 IP 核是否完全符合规范？需要注意的是，如果将第三方 IP 核视为一个黑盒子，确定 IP 中可信度问题就变成了类似于确定芯片的可信度问题，除了一点，就是芯片可以有一个标准的参考设计，而第三方 IP 核很难有这个标准设计。对芯片而言，只要进行破坏性的逆向工程就可以获得标准的芯片特性；但对来自于不可信供应商的 IP 核，只有设计规范可信任，而规范往往还是不完整的。可以证明的是，时序等价性检查（Sequential Equivalence Check，SEC）是解决这个问题的自然选择。如果可以得到完整的可信规范，就可以从中导出高层次的标准功能模型，然后采用 SEC 等形式化验证方法来检测其是否与不可信的 IP 核等价。然而，由于缺乏可靠的标准模型，这种验证方法可能并不实用。

少有研究探讨在较高级的设计描述中解决木马的检测问题，例如 RTL 级的 IP（又称 IP 软核）。在文献[27]中，提出了一种结构检查方法来验证第三方 IP 核的完整性，但该技术很难扩展到大型设计中[4]。硬件木马可插入到包括第三方 CAD 工具在内的较高级设计流程中，这些工具也可能被强大的攻击者攻陷[28]。这种恶意修改通过形式化验证的方法就能够检测到，从而可以进一步从不可信的 CAD 工具中获得安全的无木马设计。通过使用调度、寄存器绑定、完全确定的有限状态机（FSM）等规则，在设计电路的同时可以使得攻击者无法有效插入木马。

对 IP 可信度验证并不能作为形式化验证性问题来建模解决，而是应当将其作为测试/验证问题来建模解决。如果已经有了测试解决方案，就能够使用基于仿真的验证或将其映射到硬件仿真器来加速验证。考虑到逻辑测试技术可以被用来激活并检测芯片中的木马，该技术同样也适用于 IP 核的检测。因此，对于小型木马，可以通过触发意外故障并结合统计测试方法来验证其功能。然而，这样的测试方法对于大型木马可能不太有效，特别是复杂的时序木马。除了统计型测试方法，还需要表征出特定的木马行为，并为它们生成定向测试。这样更利于检测到木马最终的恶意影响，如秘密信息的泄漏、敏感状态的恶化等，而不是试图识别木马电路的结构或"增加的功能"。

功能验证与时序等价性验证的结合可以有效地实现 IP 核的全面可信度验证。文献[29]中提出了一种全面验证 RTL 级 IP 可信度的方法。该方法由以下步骤组成：

1. 功能向量仿真，以识别出对应未检测故障的可疑信号。这是由于在正常功能测试期间，木马不太可能被执行。

2. 采用全扫描 ATPG 的 N 维检测向量，以滤除那些可由多重向量激励的节点。

3. 对可疑信号的剩余节点进行等效性检查。激活可疑信号上的固定故障，并在主要输出端进行观察。然后，将可疑电路和规范电路的 FSM 展开进行比较，以查看可疑信号被激活时是否产生相同的结果。

4. 最后，通过采用基于区域的分析来识别受木马感染的所有节点，并隔离感染区域。

对于一组 ISCAS-89 时序基准电路的测试表明，该方法能有效检测不可信 IP 核的恶意副本并准确定位出隐藏的木马功能。

15.4　总结

硬件木马及其有效的反制措施是近年来的一个研究热点。在本章中，我们分析了木马检测技术面临的主要挑战，介绍并比较了迄今为止已公开的各种木马检测方案。硬件木马检测可以用来评价不可信第三方厂商制造的芯片与 IP 硬核。木马检测在本质上不同于传统功能和结构测试，它并不仅仅是验证一个设计的预期功能行为。传统的测试生成和应用方法并不涉及对设计中额外附件功能（由恶意篡改引起）的检测，这部分附件功能可能会在极罕见的条件下影响输出的逻辑值，也可能根本不影响输出结果（如文献[2]中所描述的木马案例）。因此，在设计中检测硬件木马电路需要新的方法，以便能轻易激活复杂设计中的任意木马并观察其影响。值得注意的是，破坏性的方法可对芯片进行系统分层与成像，能有效地识别芯片中存在的附加电路。然而，这些方法成本高、耗时长，因而并不适用于大的设计，而只能应用于小的芯片。考虑到对手可能仅篡改部分选定的芯片，破坏性方法就更不能成为芯片可信度评估中通用的、低成本的解决方案。

不同的非破坏性木马检测技术有不同的适用范围，目前尚没有一种全面的解决方案。值得注意的是，在芯片流片后的验证过程中，分析一个或多个边信道的物理参数，正成为木马检测中一种强有力的新兴解决方案。同时，纳米级技术中工艺的差异，是从边信道签名中识别出木马的主要挑战。因此，大量的研究工作一直致力于开发有效的校准技术，以消除制造过程噪声。通过对比同一芯片中两个区域的电流签名，可有效减少工艺差异（包括裸片间和裸片内）的影响，因此这种自参考法可以取得更高的检测灵敏度[17]。此外，边信道分析法需要使用适当木马模型来增加生成测试的有效性，这对于那些微小的难以检测的木马来说是非常重要的。因为对于数百万门的设计而言，这些微型木马对于边信道特征（例如电源电流）的影响微乎其微，甚至可能根本就低于测量仪器的基底噪声。在一般情况下，生成的测试向量需要能放大木马效应，同时最大限度地减少背景的活动。以电源电流为例，除了要巧妙地生成测试向量，还应该能基于电流签名对芯片中的木马电路进行空间定位，并通过测量多个电源引脚来提高信噪比和木马探测的灵敏度。

在复杂的大型设计中（上百万门），检测任意形式/大小的木马电路仍然是一个棘手的问题，仅在芯片流片后的测试阶段要实现木马检测的全覆盖几乎是不可能的。因此，需要利用实时监测法（在尽可能小的性能/功率开销下监测关键电路的可信度）来提供更高的安全等级。这种在线监测的方法可以从被篡改的芯片中检测到绕过测试检测方法的恶意设计，还可以对研究未建模的木马电路或新兴的木马攻击起到积极的作用。如文献[30]中提到的多层次木马攻击，它将木马植入到芯片生命期中的多个阶段。

考虑到硬件木马不同的特性和尺寸，我们需要将多种检测技术（包括逻辑测试和边信道分析技术）结合到一起，来提高安全性级别。对成品芯片，我们可以将制造测试期间的木马检测法与在线监测法相结合，从而提高可信度。最后，测试与在线监测可同安全设计方案进行整合，以对不同类型、不同尺寸的木马形成全面的保护措施，具体内容将在下一章中进行讨论。安全设计方案可以跨越不同层次的设计描述，并提供预期的预防和辅助措施。

由于在片上系统设计中第三方 IP 硬核使用得越来越多，这些 IP 核的可信度验证问题引起了大家的关注。由于缺少理想模型或参考模型，IP 硬核中的木马检测面临着新的挑战。因此，在芯片验证过程中提出的大多数木马检测方法，对 IP 核的可信度验证来说可能是无效的。由于 IP 核的功能规范是唯一可信的资料，我们可以使用功能测试向量来激活关键电路中的恶意部件以验证 IP 核。另一种办法是从其微体系结构或高层次规范中产生 IP 核的高层次模型来实现时序验证。

显然，木马检测领域面临大量的挑战，需要更多的科研工作来解决这些问题，从而在遭受木马攻击的情况下还能获得可信的计算。在芯片流片后的验证期间，如何将置信度最大化仍然是一项艰巨的任务。DfS 设计与测试和验证的有效结合将是未来研究的重要主题。未来的研究还包括：通过大量激励并观察输出结果，来实现可靠的模拟木马检测；将设计与测试相结合，实现对可信度的量化评价；在缺乏理想模型的情况下，评估芯片或 IP 核的可信度；建立一种评估平台，通过分析设计方案来估计对木马攻击敏感的脆弱性区域，并评估改变设计对硬件可信度的影响。

参考文献

1. DARPA (2007) TRUST in Integrated Circuits (TIC). http://www.darpa.mil/MTO/solicitations/baa07--24. Accessed 15 Sept. 2008
2. Lin L et al. (2009) Trojan side-channels: lightweight hardware Trojans through side-channel engineering. In: Proceedings of Workshop on Cryptographic Hardware and Embedded Systems
3. Chipworks, Inc., Semiconductor Manufacturing – Reverse Engineering of Semiconductor components, parts and process. http://www.chipworks.com. Accessed 20 July 2011
4. Abramovici M, Bradley P (2009) Integrated circuit security – New threats and solutions. In: Proceedings of Workshop on Cyber Security and Information Intelligence Research, pp 1–3
5. Bloom G, Narahari B, Simha R (2009) OS support for detecting Trojan circuit attacks. In: Proceedings of the IEEE International Workshop on Hardware-Oriented Security and Trust
6. Hicks M, Finnicum M, King ST, Martin MMK, Smith JM (2010) Overcoming an untrusted computing base: detecting and removing malicious hardware automatically. In: Proceedings of the IEEE Symposium on Security and Privacy
7. McIntyre D, Wolff F, Papachristou C, Bhunia S (2009) Dynamic evaluation of hardware trust. In: Proceedings of the IEEE InternationalWorkshop on Hardware-Oriented Security and Trust

8. Chakraborty RS et al. (2009) MERO: a statistical approach for hardware Trojan detection. In: Proc Workshop on Cryptographic Hardware and Embedded Systems

9. Jha S, Jha SK (2008) Randomization based probabilistic approach to detect Trojan circuits. In: Proceedings of the 11th IEEE High Assurance Systems Engineering Symposium, pp 117–124

10. Aarestad J, Acharyya D, Rad R, Plusquellic J (2010) Detecting Trojans though leakage current analysis using multiple supply pad IDDQs. In: Proceedings of the IEEE Transactional Information Forensics and Security

11. Alkabani Y, Koushanfar F (2009) Consistency-based characterization for IC Trojan detection. In: Proceedings of the International Conference on Computer-Aided Design

12. Potkonjak M, Nahapetian A, Nelson M, Massey T (2009) Hardware Trojan horse detection using gate-level characterization. In: Proceedings of the Design Automation Conference

13. Agrawal D, Baktir S, Karakoyunlu D, Rohatgi P, Sunar B (2007) Trojan detection using IC fingerprinting. In: Proceedings of the Symposium on Security and Privacy pp 296–310

14. Banga M, Hsiao M (2008) A region based approach for the identification of hardware Trojans. In: Proceedings of the IEEE International Workshop on Hardware-Oriented Security and Trust

15. Banga M, Hsiao M (2009) A novel sustained vector technique for the detection of hardware Trojans. In: Proceedings of the International Conference on VLSI Design

16. Salmani H, Tehranipoor M, Plusquellic J (2010) A layout-aware approach for improving localized switching to detect hardware Trojans in Integrated Circuits. In: Proceedings of the IEEE International Test Conference

17. Du D, Narasimhan S, Chakraborty RS, Bhunia S (2010) Self-referencing: a scalable side-channel approach for hardware Trojan detection. In: Proceedings of the Workshop on Cryptographic Hardware and Embedded Systems

18. Jin Y, Makris Y (2008) Hardware Trojan detection using path delay fingerprint. In: Proceedings of the IEEE International Workshop on Hardware-Oriented Security and Trust

19. Li J, Lach J (2008) At-speed delay characterization for IC authentication and Trojan horse detection. In: Proceedings of the IEEE International Workshop on Hardware-Oriented Security and Trust, pp 8–14

20. Narasimhan S et al. (2010) Multiple-parameter side-channel analysis: a non-invasive hardware Trojan detection approach. In: Proceedings of the IEEE International Symposium on Hardware-Oriented Security and Trust

21. Tehranipoor M, Koushanfar F (2010) A survey of hardware Trojan taxonomy and detection. IEEE Design Test Comput 27(1): 10–25

22. Borkar S et al. (2003) Parameter variations and impact on circuits and microarchitecture. In: Proceedings of the Design Automation Conference, pp 338–342

23. Pomeranz I, Reddy SM (2004) A measure of quality for n-detection test sets. IEEE Trans Comput 53(11): 1497–1503

24. Chakraborty RS, Bhunia S (2009) Security against hardware Trojan through a novel application of design obfuscation. In: Proceedings of the International Conference on Computer-Aided Design

25. Chakraborty RS, Paul S, Bhunia S (2008) On-demand transparency for improving hardware Trojan detectability. In: Proceedings of the IEEE International Workshop on Hardware-Oriented Security and Trust, pp 48–50

26. Rad R, Plusquellic J, Tehranipoor M (2010) A sensitivity analysis of power signal methods for detecting hardware Trojans under real process and environmental conditions. IEEE Transaction on Very Large Scale Integration Systems

27. Smith S, Di J (2007) Detecting malicious logic through structural checking. In: Proceedings of IEEE Region 5 Technical Conference

28. Potkonjak M (2010) Synthesis of trustable ICs using untrusted CAD tools. In: Proceedings of Design Automation Conference

29. Banga M, Hsiao M (2010) Trusted RTL: Trojan detection methodology in pre-silicon designs. In: Proceedings of the IEEE International Symposium on Hardware Oriented Security and Trust

30. Ali S, Mukhopadhyay D, Chakraborty RS, Bhunia S (2011) Multi-level attack: an emerging threat model for cryptographic hardware. In: Proc Design Automation and Test in Europe

第 16 章　硬件可信度设计

16.1　概述

如前面几章所述，为了进一步提高硬件木马检测方案的有效性并降低其局限性，硬件安全和可信组织已经提出了一些对前芯片设计流程的改进方法，这些方法统称为硬件可信性设计[1]，其目的是防止硬件木马植入并便于硬件木马检测。与被动的木马检测方法相比（检测芯片输出并期望发现被嵌入硬件木马的异常行为），木马预防是一种主动的行为，它通过相应步骤改变电路结构本身来防止木马的插入。为了实现这个目标，需要重新审视整个芯片供应链，并强调设计的安全性以应对木马威胁，从而为可信的芯片设计提供解决方案。

在已有的木马预防方法中，大多数都是在芯片设计阶段插入无实际功能的电路来构建边信道签名，以完善基于边信道的木马检测方法。在以下章节中，我们称这些方法为基于边信道指纹的硬件预防法。它们中的一部分只能辅助片外设备测量一些边信道信息（正常情况下这些信息无法用片外设备测量），从而对木马检测方法起到辅助作用；另一部分不仅可以在片内测量边信道信息，而且可以通过专用的片上模块，将测得信息与预定阈值进行比较，确定边信道信号中是否存在异常。设计开销是这类技术所面临的主要问题，因为边信道检测和电路分析可能相当复杂并占用大量的片上资源。有趣的是，由于这个原因，这类木马预防方法通常选择路径延迟作为构造芯片边信道指纹基础，因为测量延迟的模块开销较小。

还有一些其他方法，它们假设攻击者仅仅会采用罕见事件来触发被植入的木马。因此，它们试图在测试阶段提高激活植入木马的可能性，来增强传统的功能化/结构化测试方法。其中，设计混淆技术可以隐藏了电路，使攻击者无法计算真实事件的概率[2]，而伪扫描触发器[3]和反相电压方案[4]可以平衡内部信号过渡频率，以便消除罕见事件。此外，为了避免依赖于各种假设，文献[5]提出了一种基于木马测试的设计法（DFTT）来增强原始设计。

最后，研究人员还提出了一些以保护 IP 核为目标的方法。由于 IP 核是当代大多数片上系统设计的重要组成部分，人们逐渐意识到保护第三方 IP 核的重要性。文献[6,7]的作者提出了一种新概念，称为携带证明的硬件（Proof-Carrying Hardware，PCH）。该概念的基础是一个完善而正式的软件保护方法，即携带证明的代码（Proof-Carrying Code，PCC）。

16.2　基于延迟的方案

16.2.1　影子寄存器

影子寄存器是基于路径延迟的木马预防法中一个关键的组件，该方法首先在文献[8]中被提出，然后文献[9]对其进行了详细讨论。其后，文献[10]中首次提出了基于路径延迟指纹的木马检测。研究表明，在统计数据分析的帮助下，即使考虑±7.5%的工艺误差，这种方法可以有效地检测仅占片内总面积0.2%的硬件木马。但是，由于很难测量/观察到内部路径（例如从寄存器到寄存器但不连接到主输入/输出）的延迟，这种基于路径延迟的木马检测方法难以被推广，因为在没有内部路径延迟信息的条件下，是无法构造完整的路径延迟指纹并将其与被测芯片进行比较的。影子寄存器可以启用内部路径延迟的测量机制，从而为解决该问题提供了一个可能的方案。

图16.1给出了影子寄存器木马预防方案的基本结构[8]。从这个结构中可以发现，基本单元包括一个影子寄存器、一个比较器和一个结果寄存器。在路径末端，影子寄存器位与目标寄存器并行放置，并由一个影子时钟（与系统时钟不同）的负边沿所触发。系统时钟的频率和相位保持恒定，以保证延迟测试模式下原始电路的功能不发生改变。影子时钟具有同系统时钟相同的频率，但它的相位是可调的。为了进行内部路径延迟的测量，需要一个片外时钟信号发生器或片上数字时钟管理器（Digital Clock Manager，DCM）。信号发生器或数字时钟管理器（DCM）的精度决定了测量得到的路径延迟的精度。在每次内部路径延迟测量的开始，影子时钟的相位被重置为与系统时钟一致，所以影子寄存器中的值和目标寄存器中的值相同，并且比较器的输出是"0"。然后，影子时钟会根据信号发生器或数字时钟管理器的精度一点一点地负偏移。这样的调整将持续直到比较器的输出为"1"，表示影子寄存器的值与目标寄存器的值不同。这个输出的"1"接着被存储在结果寄存器中，并最终通过扫描链将其读出（图中未显示该部分）。

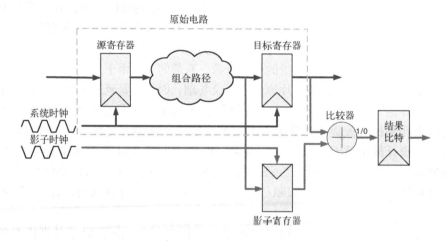

图16.1　含有影子寄存器的木马防护结构[8]

影子寄存器结构显著地提升了芯片内部的可视性，因此可更容易为真实芯片和待测芯片构建路径延迟指纹。尽管作者在文献[9]中阐述了这种木马预防方法在样本目标电路（8×8的Braun乘法器）上的有效性，但是该预防方案也存在着若干个限制。接下来我们讨论这些限制和可能的解决方案。

1. 信号发生器或数字时钟管理器（DCM）的相位调节步长对于测量延迟的精度很关键，并且还与这种方法的有效性有关。一个高分辨率的片上数字时钟管理器（DCM）是最佳的选择，但是它将会占用大量片上面积并带来较大功率开销。

2. 工艺差异和测量噪声的存在会导致测量结果恶化。一种常用解决方案是利用统计数据分析法来处理测量得到的延迟信息。

3. 随着原始电路的规模增大，需要检测的路径总数也随之增加。因此，应该将更多测试向量运用到设计中去，以便覆盖大量路径并提高测试覆盖率，但这样做会带来更高的测试成本。电路尺寸和复杂性的持续增长，也意味着原始设计中需要更多的影子寄存器。这些影子寄存器被影子时钟所控制。从布局的角度来看，一个有着两个时钟信号的设计会耗费更多的片上空间，并且芯片的性能会受低效的时钟信号分布影响而降低。

4. 如何从结果寄存器中读取信息是这种木马预防方法的另一个关注点。将结果寄存器嵌入到原始扫描链中并使用扫描链控制器进行控制，可有效减小该预防方案占用的芯片面积。但是，它会频繁地迫使芯片停止正常的运行而进入扫描模式。

16.2.2　环形振荡器

为了降低因影子寄存器增加的测试成本，但仍利用路径延迟来防止硬件木马的植入，一些研究者尝试不去测量已有的路径延迟，而是插入新的路径并测量这些新路径的延迟。由于以下原因，环形振荡器成为构造额外内部路径的最好选择之一：

1. 占用面积小：环形振荡器的面积远小于其他木马预防结构的面积，可使得总开销较低。

2. 便于插入：由于环形振荡器的结构非常简单，设计者很容易在对原始电路影响较小的情况下向电路设计中插入环形振荡器。此外，由于其结构简单，即使存在巨大的工艺差异，也容易预测出被插入环形振荡器的行为。

图 16.2 给出了一个由三个与非门构成的环形振荡器示例。使用与非门而不是反相器可以提高环形振荡器的可控性。在这个例子中，有三个控制信号，分别是 con1、con2 和 con3 来控制振荡器。只有当三个信号都是高电平时，环形振荡器才开始振荡。在正常运行状态下，所有插入的环形振荡器将被关闭以降低功耗；而在测试模式中，切换控制信号的值就可以允许测试者打开被选中的环形振荡器，并读出振荡器的频率。除了确保低功耗，增加的控制信号也可以阻止攻击者了解插入的环形振荡器的细节。

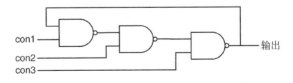

图 16.2　三个与非门构成的环形振荡器

基于环形振荡器的木马预防法的主要思想是，任何对原始设计的恶意修改都会影响到预先插入的环形振荡器参数。这些改变包括由于重新布线而导致的更低的电源电压、更高的输入电流以及与非门间更长的延迟等。这种方法所带来的问题是，需要多少个环形振荡器以及它们需要被放置在芯片的什么位置。文献[11]中的作者使用了一个例子来回答这两个问题，其目标系统为一个基于 Trivium 的加密平台，平台中包含了一个 Trivium 加密核、一个释义模块、一个 RS232 收发器和一个 JTAG TAP，如图 16.3 所示。

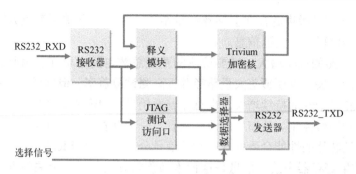

图 16.3　基于 Trivium 的加密平台

　　三个环形振荡器被植入加密平台：一个在 RS232 收发器中、一个在释义模块中、还有一个在 JTAG TAP 中。位置的选择覆盖数据路径和控制逻辑，并重点关注目标平台中输入/输出模块的安全弱点。作者期望通过仔细选择插入位置，来降低所需的环形振荡器的数量，并提高木马预防方案的效率。但是，这种位置的选择仅仅基于设计者的经验以及他们对目标电路的理解，因此也可能是有缺陷的，而攻击者可能利用该缺陷来规避整个保护方案。例如，在 RS232 收发器和 JTAG TAP 中插入的环形振荡器，也许能够检测任何尝试通过 RS232 通道来泄漏信息的修改，并防止扫描连控制逻辑中的任何恶意修改。然而，由于明码文本不受这三个环形振荡器的保护，如果在明码文本输入和 RS232 输出通道间恶意添加一条路径就可以很容易地规避这个预防方法并泄漏此文本[12]。

　　不同于前面所提及的方法，另一个使用环形振荡器的木马预防方案是通过插入多路器（MUX）、与非门电路和反相器，从原始设计门中构造出环形振荡器。相比于在设计中直接插入环形振荡器来检测附加的恶意电路，该方法大幅提高了构造的环形振荡器的灵敏度，因为任何直接改变内部架构的修改都会导致已构造的环形振荡器发生明显的频率偏移。但是，在最坏的情况下，插入的恶意电路仍有可能屏蔽环形振荡器。和前一个方法一样，设计者也能通过调整覆盖率（构造环形振荡器占片上区域的百分比）来更好地控制面积开销。在纽约理工大学举办的 2010 CSAW 嵌入式系统挑战比赛上，参赛者选择了一个 4 比特超前进位加法器作为样品电路，来展示其平衡硬件安全水平和面积开销的技巧[13]。参赛者在加法器内部构造两个、四个、六个环形振荡器来实现三级电路防护等级。其中，具有两个多路复用器和两个反相器的低级保护（两环振荡器）覆盖了原始设计门的 62%（26 门中的 16 门）、具有四个多路复用器和四个反相器的中级保护（四环振荡器）覆盖了原设计门的 85%（26 门中的 22 门）、具有六个多路复用器和六个反相器的高级保护（六环振荡器）覆盖了原设计门的 92%（26 门中超过 24 门）。图 16.4 给出了一个带环形振荡器的 4 比特超前进位加法器门级电路结构。其中，该振荡器由一个额外的反相器、一个额外的多路复用器和三个原设计电路中的门（一个异或门、一个与门和一个或门）构建而成。当环形振荡器控制信号 RO 是 "0" 时，电路执行其正常功能。但是，当它被设置为 "1" 时，环振荡器开始振荡。然后，测试人员可以测量所构建的环形振荡器的频率，由此确定芯片是否完好。

　　如图 16.4 所示，在小规模的电路中很容易构造内部环形振荡器。但是，对于复杂的电路，设计者将不得不依靠算法来自动完成插入过程，因此开发这样的自动化插入工具是有必要的。这一领域的研究仍在进行中，而且未来可能会提出非常有效的算法。

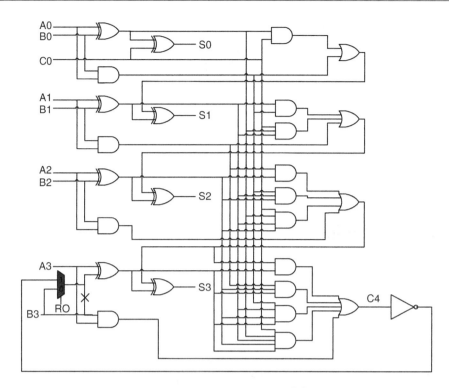

图 16.4　插有环形振荡器的 4 比特超前进位加法器门级电路

　　虽然插入或构建环形振荡器的开销并不大，但我们需要仔细考虑这两种方法读取内部环形振荡器频率的能力。一种直截了当的解决方案就是为每个环形振荡器添加引脚，然后利用外部高精度的测试设备来测量频率。然而，考虑环形振荡器的数量庞大，使用或重用宝贵的引脚资源并不是一种经济的方式。因此，当前的大多数解决方案是使用片上频率测量模块来完成这项任务。计数器是最受欢迎的频率测量模块之一。图 16.5 给出了一个包括两路独立计数器、时钟计数器和 RO 计数器的测量模块示例[14]。其中，两路计时器可被全局复位信号复位；时钟计数器有连接到系统时钟的引脚，并对系统时钟的周期计数；而 RO 计数器则连接到环形振荡器的输出。时钟计数器的输出与预定义的阈值 N 进行比较，以决定 RO 计数器的 ON/OFF 状态。在测试阶段，环形振荡器被启用。两个计数器以不同的频率开始计数，一个基于系统时钟频率，另一个基于连接的环形振荡器的频率。当时钟计数器的输出为 N 时，RO 计数器停止计数，将其输出除以 N 所得就是相对于系统时钟的频率。尽管该方法相当简洁，但是增加的频率测量模块也增加了这种木马预防方法的开销。

　　之前介绍的所有硬件木马预防方法都是通过测量内部路径的延迟来检测插入的木马的。然而，它们中没有一个注意插入的测试电路本身的安全性。因此，这些方法的整体有效性可能低于预期。许多研究人员都指出：安全性不明的保护电路具备局限性。并且，他们成功地进行了硬件木马攻击，而这些攻击并未被上述方法探测到，从而证明了上述木马预防方法存在缺陷[11,12,14-17]。事实上，在 CSAW 2010 年会中，有人提出嵌入式系统需解决的主要问题就是找到环形振荡器木马预防方法的安全局限[13]。从这次比赛报道的情况来看，目前提出的硬件保护方法，其安全性远未达到最初设想的水平。竞赛中提交了超过 200 个木马设计，其中许多都成功地躲避了木马预防方法。

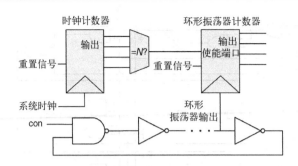

图 16.5　环形振荡器的频率测量模块[14]

16.3　罕见事件的删除

　　除基于边信道指纹的木马预防方法外,其他研究人员正在尝试开发功能/结构性的木马预防方法。在文献[18]中,作者推测,攻击者只会选择很少发生的事件作为触发器,并基于此提出了可触发低概率事件的木马向量以增强传统电路结构的可测性。在这里,发起木马攻击的基础是事件发生的概率,因为攻击者将选择低概率事件来触发插入的木马。因此,如果一个设计方案计算了事件频率的难度,或使罕见的事件更难以发生,攻击者将不得不随机选择触发事件,并使得测试阶段插入木马的激活概率增加。这加大了攻击者在设计中插入木马的难度。设计混淆[2]、伪扫描触发器[3]和反相电压方案[4]是功能/结构木马预防方法的代表。

　　根据定义,设计混淆表示一个设计将被转换为在功能上等同于原设计的另一个设计,但攻击者会更难获得对内部逻辑的完整理解,从而使逆向工程更加困难。在文献[2,15]中,作者提出了一种木马预防方法,即在原始功能(称为正常模式)的基础上又添加了一种混淆模式,以混淆状态的功能转换过程。图 16.6 显示了对原始设计的状态转换函数进行混淆处理后的功能与正常功能。如图所示,过渡圆弧 K_3 为此设计从混淆模式进入正常运行模式的唯一途径。因此,只有一种输入方式能够将电路引导到其正常模式。这种特殊的输入方式被称为初始化关键序列。在不知道这个关键序列的情况下,攻击者不可能通过随机选择输入方式进入正常模式。并且,如果只运行在正常模式下,由仿真导出的事件概率不能反映它们的真实概率(为了阻止攻击者找到初始化关键序列,会将混淆状态空间的尺寸设计得非常大)。在设计混淆后,任何插入的硬件木马都可以被分为两类,一类具有来自混淆模式的全部(或部分)触发状态、另一类具有来自正常模式的全部触发状态。对于前一组木马而言,因为混淆模式下的状态空间在正常操作中不可达,所以这些木马就永远不会被触发;对于后一类木马来说,虽然它们是有效的,但是真实事件概率可能不同于攻击者意欲通过仿真的概率,因此这些事件很少发生不一定是真的。在图 16.6 中,这两组木马分别被标记为无效木马和有效木马。

　　设计混淆法很容易实现,因为它可以集成到商业化的 EDA 工具上。文献[2]提出了一种使整个混淆过程自动化的算法。然而,在许多情况下,基于设计混淆的硬件木马预防方法中,其部分假设可能并不完全正确。比如,其中一个假设是,攻击者只会采用罕见的事件来触发木马。这种假设忽略了始终在线的硬件木马,且对于"罕见"的定义也是不确切的。

注意，稍后介绍的另外两种木马预防方法，即伪触发器插入和反相电压，也同样面临这个问题。另一个假设是攻击者只是试图分析混淆后的代码来寻找罕见事件，而对混淆机制并无深入了解。这个方法假定攻击者不能从全部输入方式和 ATPG 模式（加上罕见事件）之间的空间来选择触发器，即使这个空间非常大。如果这些假设中的任何一个在现实中是无效的，那么整个木马预防方法的有效性将被减弱。

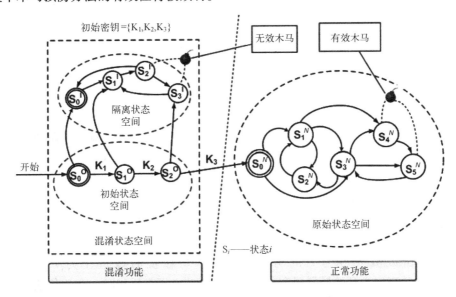

图 16.6　设计混淆处理的木马防护[15]

在文献[3]中，作者首先对采用几何分布的内部网络转移概率进行建模，并基于在网络上生成一次转换所需的时钟周期数来计算该值，然后提出了一种木马预防方法（或者更准确地说，一种木马激活方法）。如果采用该方法，可以增加在功能性木马电路中的状态转移概率（若存在的话），并分析生成转移所需的时间。为了增加低转移概率网络的活跃性，需要在原设计中插入额外的触发器（称为伪触发器）。这些伪触发器在插入时并不改变原设计的功能。图 16.7 分别给出了采用和不采用伪触发器计算网络转移概率的过程。在图 16.7(a)中，例子电路包含设定了 3 级电平的 7 个与门，其具有 8 个输入和 1 个输出。若假定每个输入为 "1" 和 "0" 的概率是相等的，那么基于与门的特性，"0" 的输出概率是 255 / 256，而 "1" 输出的概率只有 1 / 256，这是相当低的。在图 16.7(b)中，将一个伪触发器和一个或门插入到最后一个与门的分支中，那么 "1" 输出的概率增加到 17/512，为原电路概率的 8.5 倍。

这种基于伪触发器的木马防范方法，可以在以下两个方面对检测木马和预防木马提供帮助：

1. 基于边信道的功率分析：由于伪触发器及相关与/或门的插入，在生成 ATPG 的测试模式下，木马的活跃性将增加，从而在测试阶段会消耗更多功率。即使攻击者知道该设计是受到伪触发器保护的，木马功耗对总功耗比率的增加仍将导致插入的木马容易被检出，并最终阻止攻击者插入木马。

2. 功能测试：插入的伪触发器可以平衡内部网络的转移概率，从而增加了完全激活所插入木马的概率。关于罕见事件发生概率的假设（也是攻击者赖以逃避传统功能测试的手段），可能会无效并导致在某个主输出处可以观察到错误的输出响应。

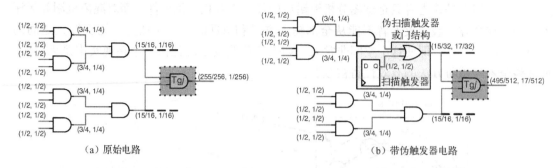

(a) 原始电路　　　　　　　　　　　　　　　　(b) 带伪触发器电路

图 16.7　原始电路（a）和带伪触发器电路（b）的状态转移概率分析[3]

在文献[4]中，作者提出了一种电源电压反相的方法，在不插入额外电路的情况下，能提高木马活跃性。其关键思想是，反转门电源与地线来改变门的功能，使低概率输出更加频繁地发生。图 16.8 显示了该方法如何通过切换任意内部门的多数值和少数值来帮助检测插入的木马[4]。示例木马的触发器是一个 4 输入与门，$P1$、$P2$、$P3$、$P4$ 分别为 4 个输入为逻辑值 1 的概率。因此，输出等于 1 的概率约为 $P = P1 \times P2 \times P3 \times P4$。若木马触发器的电源电压反相，而木马有效负载的电压保持不变，则木马的结构会变得像图 16.8(b) 中一样，与门变成一个输出数值大多为 1 的与非门，其木马触发的概率变为 $P' \approx (1 - P)$。图 16.8(c) 显示了当该木马的触发器和有效载荷的电源电压都反相时，有效负载门转换为或门，但木马激活概率并不改变。

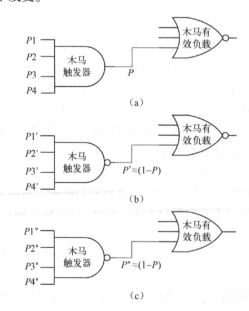

(a)

(b)

(c)

图 16.8　（a）正常供电电压的木马电路；（b）只受反相供电电压影响的木马触发器；（c）受反相供电电压影响的木马触发器和有效负载[4]

CMOS 逻辑中的电源电压反转的一个问题是，降低一级 CMOS 门的电位会导致下一级 CMOS 门电位也降低，且信号可能在几级之后就彻底停传。为了避免这种降级问题，文献[4]

修改了这种方法，以使得将反相电压施加于原电路中的共轭阶段。

　　在文献[19]中，作者提出了用来在正常运行期间执行在线安全检查的基本结构逻辑，并将重点放在片上系统（SoC）领域。在 SoC 平台上添加了一个名为"启用安全性设计（DEFENSE）"的可重配置逻辑，以实现实时异常监控。图 16.9 显示了采用 DEFENSE 强化 SoC 芯片的架构。DEFENSE 逻辑的基本模块是信号探测网络（SPN）/安全监视器（SM）对。信号探测网络是一种分布式流水线多路复用网络，配置为从用户定义的重要信号子集中进行选择并将它们传送到安全监视器。安全监视器是一种可编程处理引擎，被配置为运行一个有限状态机以检查来自 SPN 的用户自定义的行为属性。安全和控制处理器（SECOPRO）重新配置 SPN 以动态重选监测信号。所有的配置都被加密存储在安全的闪存中，以使其功能对于逆向工程不可见。

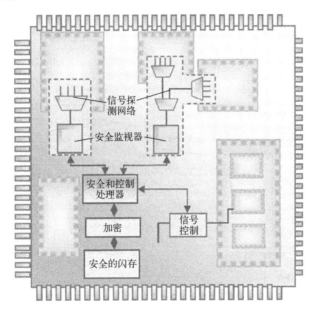

　　图 16.9　具有 DEFENSE 逻辑的片上系统设计[19]

　　当检测到异常信号时，信号控制模块会使能 SECOPRO 重写所有可疑信号的值，并将整个系统恢复至正常运行态。存在非法行为的核也可能被孤立。虽然这样做很有效，但这种方法的开销仍然是一个问题，因为片上信号的高覆盖需要大量的网络监视，并且芯片上相当大的区域也将被 DEFENSE 逻辑占用。

16.4　木马测试设计

　　在参考文献[5]中，作者提出了一种通用的强化方案，该方案遵循可测性设计（DFT）这一被广泛认可的结构性故障测试方法。由于此方案的目标是阻止攻击者在电路设计中插入硬件木马，因此被称为 DFTT。尽管命名相似，DFTT 和 DFT 之间却有一些关键差异。对于 DFT 而言，其测试向量是基于待测电路（Circuit-Under-Test，CUT）是可信赖的前提下生成的，也就是说待测电路中没有被植入恶意电路。之所以要基于这一前提是因为 DFT 的目的是为了检测芯片中的制造故障。然而，对于 DFTT 而言，其目的是为了生成测试向量来检测芯片中是否含有被恶意植入的电路。

DFTT 的中心思想是，任何有效的硬件木马都是在受感染的电路上附加一个特定的结构，攻击者可以利用它来泄漏内部信息。虽然这种结构对于电路设计者是未知的，但是借助于本地探测单元来检查片上所有有源逻辑足以揭示其存在性，并由此暴露硬件木马。这种方法是健壮的，因为即使攻击者非常清楚这种审查机制，也难以回避。在原始设计上进行 DFTT 被称为硬化设计。图 16.10 给出了 DFTT 的 3 个基本步骤，其后我们会进行解释。

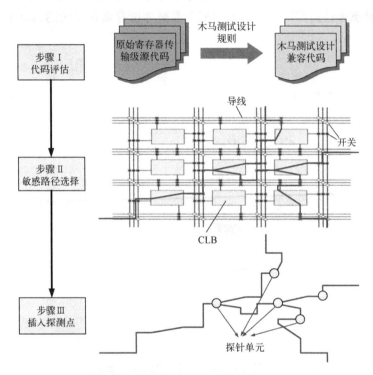

图 16.10 通过木马测试设计方法强化设计的基本流程[5]

(CLB: 可配置逻辑模块)

16.4.1 步骤 I：代码评估

首先推导出 DFTT 编码，通过该规则将原始硬件描述语言（Hardware Description Language, HDL）代码转换为符合 DFTT 的代码。

16.4.2 步骤 II：敏感路径的选择

此时假设攻击者的目的是在原设计中插入额外的电路以窃取内部敏感信息。为此，将尝试在插入木马之前评估内部信号（例如加密芯片中的密钥）的相对价值。因此，DFTT 工具（与 DFTT 方法同时被推导出来，用于实现整个 DFTT 过程的自动化）将敏感信号或辅助敏感信号从主输入到主输出途经的路径分离出来。

16.4.3　步骤Ⅲ：插入探测点

基于第二步中选择的敏感路径，将探针单元插入符合 DFTT 的代码中。该步骤类似于在执行 DFT 时插入扫描触发器（SFF），但是探针单元同普通的 SFF 略有不同，区别在于两个关键特征：真实性和完整性[5]。

在采用 DFTT 方法完成强化设计后，后续的测试过程类似于 DFT 中的测试。由 DFTT 工具产生的 DFT 触发－响应对被加载到 CUT 中。假设在设计中没有制造故障，若 CUT 的响应序列和真正的响应序列不匹配，则可以反映出内部逻辑已被修改的事实。然后，可以执行逆向工程或其他相关的测试方法进一步分析可疑芯片。

16.5　带校验的硬件

在文献[20]中，作者指出了现有木马检测方法的局限性，即他们都试图在流片后的阶段仔细寻找芯片中是否存在木马。至于在流片前的阶段，则很少研究这个问题。遗憾的是，在硬件可信任领域的设计中也存在同样的问题。所有先前介绍的木马预防方法都是基于这样的假设：如果设计者很容易测量到边信道信号，或攻击者很难找到内部事件的真实概率，则在流片后的阶段，检测任何插入的硬件木马就会相对容易。但是，这些方法都没有尝试保护第三方 IP 硬核免受硬件木马的威胁。

最近，已经开始研究如何对抗硬件木马对第三方 IP 核的威胁。在软件领域已经发展了一套完善的工作体系，被称为 PCC。PCC 最初由 Necula 等人在 1996 年提出[21]，它提供了一种新的方法以确认来自不可信来源的代码是否可以安全执行。该方法通过建立一个正式的、可自动验证的条例来检验可疑的代码是否服从一系列形式化的特性。通过这样的检验可知：一组给定的机器指令集是否遵循特定编程语言预定义的安全规则类型。将此检验过程与代码相结合，就能允许接收者自动检查代码。只有当检查过程完成，并且没有错误时，接收者才能确认代码可以安全运行。

文献[6]首次将这种方法扩展到硬件可信领域。由于 FPGA 和可重构器件显著增加，作者论证了 PCH 的必要性；若硬件本身变得像软件那样可瞬时重编程，则应当要求建立未知电路的可信性。作者通过将其与其他更加常见的安全实践（如形式验证或模型检查）进行对比，进一步阐明了该方法的新颖性。他们认为，相对于这些方法而言，PCH 是独特的，因为它只需要很少的终端用户，并且这些用户只需要执行一个简单直接的验证检查。证明安全的责任落在了制造者身上，当他们提供原始 IP 核时，必须构建相关的证明。由于 FPGA 比特流的简单校验方法并未考虑代码的实际功能，所以这种新方法也与之前简单校验方法有所区别。

作为可证明硬件安全性的第一步，作者提出了一种用在 FPGA 码流中实现数字逻辑功能的组合型等价证明技术。该方法对每项逻辑功能都需要约定一个规范函数 $S(x)$，及从 FPGA 网表中提取的应用 $I(x)$。由这两个输入，将会自动生成一个证明表明应用 $I(x)$，并在组合上等同于规范 $S(x)$。使用者可针对 $I(x)$ 和 $S(x)$ 来检查这个证明，从而迅速看出所实现的功能是否与其规范一致。

要得到这一结果，具体需要使用的工具包括：标准 FPGA CAD 工具、一个可满足性

（SAT）求解器以及一个 SAT 轨迹检测器。从 CAD 综合工具的网表输出中，我们必须依据规范对每个逻辑功能进行证明。对于每个这种功能，作者创建了一种称为"miter"的结构，这种结构由 $S(x)$ 与 $I(x)$ 异或而成，即为 $M(S(x), I(x))$。如果存在布尔向量 x 满足 $S(x) \neq I(x)$，则该结构的输出只能为真，这样就证明 $M(S(x), I(x))$ 无法满足，从而也证明了 $S(x)$ 与 $I(x)$ 等效。

当 SAT 求解器发现 $M(S(x), I(x))$ 的确无法满足时，就会输出一段轨迹以显示这种不令人满意的结果是怎样得到的。正是这种轨迹，构成了 PCH 系统正确性的证明。当提取出所有相关功能的轨迹时，它们将随着比特流一起发送给用户。然后，用户可根据网表为每种逻辑功能重新生成 miter 结构，并对相应的证明轨迹进行检查。若所有的功能检查都符合它们的轨迹，则该硬件就可视为安全。

这项工作是可证明安全性中的第一步。显然，由于对 FPGA 比特流的逻辑功能组合行为进行修改会被立即检测到，这样的系统能预防多种类型的木马。然而，这种方法的局限在于它需要指定精确的布尔函数。在 PCC 软件中，安全策略通常指具有更宽泛定义的"安全"行为，而不必准确地规定程序必须计算什么。

为了应对这个限制，其他研究人员已经开始寻求扩展 PCH 的方法，以包含对安全相关属性更抽象的概念。在文献[7]中，作者提出携带证明的硬件知识产权（PCHIP），用以确保关于电路的 HDL 形式，而非 FPGA 比特流。PCHIP 与更传统的形式验证方法在表面上相似，因为它对编码属性采用特定域的时间逻辑，但其最终目的是传输并验证这些属性的证明的有效性，这是传统方式无法完成的。

如图 16.11 所示，为了设计并获得 IP 硬核，PCHIP 提出了一种新的协议。在这种体系下，IP 硬核的客户委托供应商根据标准的功能规范以及时序逻辑中一系列正式的安全属性来构建模块。这些属性显然与不需要描述模块功能的行为规范不同；相反地，它们把这种行为限定在可接受的范围以内，以使用户可以确保只有必要的功能。接下来，IP 供应商的任务是构造其模块满足这些属性的正式证明。正如在 PCC 和 PCH 中一样，由此产生的证明将会随着 IP 核一起发送给用户。

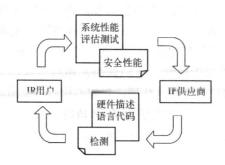

图 16.11　IP 核设计和获取协议[7]

然而，与 PCH 不同的是，PCHIP 中允许更加抽象的属性。在文献[7]中，作者采用 Coq 证明辅助[22]，为 HDL 精心编写的语法描述了一种正式语义。在这个语义模型背景下，可以制定描述同步电路中信号行为的时序逻辑。在此逻辑中，与安全相关的属性可被指定为复杂谓词和限定符所构建的树，而非在 PCH 中允许的简单布尔函数规范。为了在已建立的语义模型中，给表示代码行为的 Coq 生成一组命题，PCHIP 提供了一组适用于 HDL 代码的规则，并必须为每个与安全相关的属性构建的证明中引用这些命题。

图 16.12 显示了当客户收到电路的 IP 代码及其对应的 Coq 证明时，该如何运行证明检查。因为不知道包含在接收证明中的东西是否能与供应商的不可信代码真正相匹配，代码需要先通过一个"验证生成器"，以重新生成描述电路行为的所有命题。然而，由于它们是根据供应商和客户端相同的规则集所生成的，所以可保证所得命题也将是一致的。如果不是这样的话，证明也就无法一直参考它们。然后，再生的语义描述与证明和安全属性重新组合，并用 Coq 释义器进行检查。若发现证明是有效的，则认为该模块是可信的。

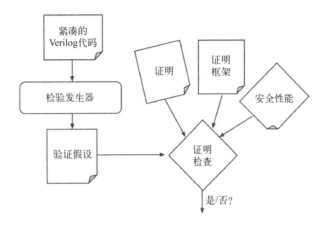

图 16.12　自动化设计验证[7]

PCHIP 的作者认为，在系统中与安全相关属性的表示可以有效地阻止某些类型的木马，只要禁止木马可能涉及的恶意行为种类即可。然而，他们的工作仍然遗留了许多未来可能涉及的重要问题，特别是和生成安全属性相关的问题。这些问题包括：安全属性中有多少需要被标准化、不同模块的用户想要证明的担保种类中是否有重叠、证明需要达到的程度以及管理的自动化程度等。

16.6　总结

本章介绍了近几年来在硬件可信设计领域提出来的木马预防方法。在检测插入的硬件木马或防止木马插入方面，这些方法虽已被证明是有效的，但是仍然有其自身的局限性。同时，这些局限性也正是该领域未来的研究方向。对于基于指纹的边信道木马预防方法，因为内部测量结果传输到主输出需要复杂的控制逻辑，所以面积开销是一个关键问题。而其他方法，包括设计混淆、伪触发器以及反相电压，只能在攻击者仅选择罕见事件触发木马的情况下才有效。此外，所有这些方法关注的都是强化方案本身的安全性，但攻击者完全可能在篡改原始电路之前就先对安全方案进行了破坏。最后，在此方向上，DFTT 是第一种提供了良好机制来保护安全强化方案的技术。

形式化的方法，如 PCH 和 PCHIP 范式，对流片前第三方 IP 核的木马预防而言，是一个良好开端。这两种方法将 IP 核安全证明的重任转嫁到生产商这边，以便在其实施过程中加快 IP 安全性的验证过程。在可预见的将来，这类协议很可能成为可信 IP 领域的行业标准。

最后，在硬件可信度领域，当代的研究几乎都只关注数字电路。然而，模拟电路中广泛使用的传感器和执行器，以及在电信领域中大量使用的射频电子器件，肯定会吸引潜在攻击者及硬件安全和可信团体的兴趣。文献[23]对无线加密芯片的木马问题进行了研究，这也是该领域最早的研究文献。因此，在不久的将来，我们也需要研究模拟/射频电路的木马预防方法。

参考文献

1. Tehranipoor M, Koushanfar F (2010) A survey of hardware Trojan taxonomy and detection. IEEE Design Test Comput 27: 10–25
2. Chakraborty RS, Bhunia S (2009) Security against hardware Trojan through a novel application of design obfuscation. In: Proceedings of the IEEE/ACM International Conference on Computer-Aided Design pp 113–116
3. Salmani H, Tehranipoor M, Plusquellic J (2009) New design strategy for improving hardware Trojan detection and reducing Trojan activation time. In: Proceedings of the IEEE International Workshop on Hardware-Oriented Security and Trust, pp 66–73
4. Banga M, Hsiao M (2009) VITAMIN: voltage inversion technique to ascertain malicious insertion in ICs. In: Proceedings of the IEEE International Workshop on Hardware-Oriented Security and Trust, pp 104–107
5. Jin Y, Kupp N, Makris Y (2010) DFTT: design for Trojan test. In: Proceedings of the IEEE International Conference on Electronics Circuits and Systems, pp 1175–1178
6. Drzevitzky S, Kastens U, Platzner M (2009) Proof-carrying hardware: towards runtime verification of reconfigurable modules. In: Proceedings of the Reconfigurable Computing and FPGAs, pp 189–194
7. Love E, Jin Y, Makris Y (2011) Enhancing security via provably trustworthy hardware intellectual property. In: Proceedings of the IEEE Symposium on Hardware-Oriented Security and Trust, pp 12–17
8. Li J, Lach J (2008) At-speed delay characterization for IC authentication and Trojan horse detection. In: Proceedings of the IEEE International Workshop on Hardware-Oriented Security and Trust, pp 8–14
9. Rai D, Lach J (2009) Performance of delay-based Trojan detection techniques under parameter variations. In: Proceedings of the IEEE International Workshop on Hardware-Oriented Security and Trust, pp 58–65
10. Jin Y, Makris Y (2008) Hardware Trojan detection using path delay fingerprint. In: Proceedings of the IEEE International Workshop on Hardware-Oriented Security and Trust, pp 51–57
11. Reece T (2009) Implementation of a ring oscillator to detect Trojans (Vanderbilt University). CSAW Embedded System Challenge. http://isis.poly.edu/~kurt/s/esc09_submissions/reports/Vanderbilt.pdf. Accessed 17 July 2011
12. Rajendran J, Kanuparthi AK, Somasekharan R, Dhandapani A, Xu X (2009) Securing FPGA design using PUF-chain and exploitation of other Trojan detection circuits (Polytechnic Institute of NYU). CSAW Embedded System Challenge. http://isis.poly.edu/~kurt/s/esc09_submissions/reports/Polytechnic_JV.pdf. Accessed 17 July 2011
13. Embedded Systems Challenge (CSAW – Cyber Security Awareness Week) (2009) Polytechnic Institute of New York University.http://www.poly.edu/csaw-embedded
14. Guo R, Kannan S, Liu W, Wang X (2009) CSAW 2009 team report (Polytechnic Institute of NYU). CSAW Embedded System Challenge. http://isis.poly.edu/~kurt/s/esc09_submissions/reports/Polytechnic_Rex.pdf. Accessed 17 July 2011
15. Narasimhan S, Du D, Wang X, Chakraborty RS (2009) CSAW 2009 team report (Case Western Reserve University) CSAW Embedded System Challenge. http://isis.poly.edu/~kurt/s/esc09_submissions/reports/CaseWestern.df. Accessed 17 July 2011
16. Yin C-ED, Gu J, Qu G (2009) Hardware Trojan attack and hardening (University of Maryland. College Park). CSAW Embedded System Challenge. http://isis.poly.edu/~kurt/s/esc09_submissions/reports/Maryland.pdf. Accessed 17 July 2011

17. Jin Y, Kupp N (2009) CSAW 2009 team report (Yale University). CSAW Embedded System Challenge. http://isis.poly.edu/~kurt/s/esc09_submissions/reports/Yale.pdf. Accessed 17 July 2011

18. Wolff F, Papachristou C, Bhunia S, Chakraborty RS (2008) Towards Trojan-free trusted ICs: problem analysis and detection scheme. In: Proceedings of the IEEE Design Automation and Test in Europe, pp 1362–1365

19. Abramovici M, Bradley P (2009) Integrated circuit security: new threats and solutions. In: Proceedings of the 5th Annual Workshop Cyber Security and Information Intelligence Research: Cyber Security and Information Challenges and Strategies, article 55

20. Hsiao MS, Tehranipoor M (2010) On trust in third-party hardware IPs. Trust-HUB.org, 2010. http://trust-hub.org/resources/133/download/trust_hub_sept2010-v03.pdf. Accessed 17 July 2011

21. Necula GC (1997) Proof-carrying code. In: Proceedings of the 24th ACM SIGPLAN-SIGACT symposium on Principles of programming languages, pp 106–119

22. INRIA (2010) The coq proof assistant. http://coq.inria.fr/. Accessed 17 July 2011

23. Jin Y, Makris Y (2010) Hardware Trojans in wireless cryptographic ICs. IEEE Design Test Comput 27: 26–36

第 17 章　安全和测试

17.1　引言

几乎所有的数字硬件都带有测试接口。在许多情况下，系统的安全性取决于测试接口的安全性。据报道，已有黑客通过测试接口这一途径对系统发动过攻击。在过去的 20 年里，工业界和学术界的研究者们也已开发出相应的防御系统。设计者可以通过了解已知的威胁并使用已有的防御措施，来降低系统被外部探索的可能。

17.1.1　测试接口的发展

测试接口成为系统的关键部件至少已有 100 年的历史了。它们解决了在非主要功能路径上施加激励和进行观察的需要。例如，容纳液体或气体的大型容器通常都有检查口。通过这些检查口可以看见储罐的内部并进行评估，以避免由于腐蚀而发生意外故障。否则，预测故障将非常困难。汽车上的刹车系统通常在卡钳中有检查孔。因此不用拆卸刹车片就能检查其性能状况。不仅仅解决"刹车片能工作吗"这样的功能性问题，检查孔还让机修工能回答更加深层次的问题，例如"刹车片还能使用多长时间？"。在注重操作可靠性和效率的领域，产品中加入了相应部件使其可以被测试，能让维护人员更容易了解它们的内部情况。

从 20 世纪中期以来，电子设备变得越来越复杂，仅通过观察系统的输入和输出来调试和诊断问题变得很困难。例如，20 世纪 60 年代的无线电接收机，其接收器就已经包含了多个滤波器和级联的混频器来形成理想的频率响应。系统中有很多调节器，其中许多又发生了交叉耦合，使得所有调节器都会影响输出。要实现最佳的接收机性能，要求系统可以在某个特定向量上得到最大输出。然而，仅给接收机提供输入信号并观察输出，技术人员几乎不可能推断出需要调整哪个量来优化接收机。为了使设备可维护，厂家在电路中提供了测试点，信号可被测量或注入到这些测试点中。这使得我们能从结构上分解电路，从而使得维护更直观。每个部分可以独立对齐，且仅涉及少量调节。

20 世纪四五十年代，电子计算机问世。通常，我们在计算机系统上写入可运行的"测试"或"检验"程序来验证硬件功能的正确性。如果出了故障，则通过测试程序为技术人员提供故障点的指示，以加速问题诊断和系统修复。在计算机上运行程序来检测计算机的方法实际上只是功能测试，由于没有足够的时间来测试覆盖硬件所有可能的状态及转换，即使能通过所有的测试，该测试模式也不可能提供严格的硬件保证。

20 世纪 60 年代以后，计算机的复杂度日益增长，设计师需要寻求更强的测试方法和更快的故障隔离策略。从可操作的角度来看，设计者希望使故障检测和系统备份之间的平均时间最小化。随着计算机开始在实时操作中发挥关键作用，高效性成为除传统性能要求外的又一目标。以上这些原因使得 IBM 这样的大型计算机开发商，全力去开发用于测试独立结构块的技术。

17.1.2　示例：测试一个 2 比特状态机

我们以图 17.1 中的 2 比特同步电路为例，来说明数字电路的测试问题。该电路具有两个输入：时钟和复位信号。它还有一个输出信号，当且仅当状态是 S3 时，输出信号为高电平。在时钟信号的每个上升沿，下一状态确定为：

- 若复位信号有效，则下一状态是全零状态。
- 否则，下一状态是原状态加 1 后对 4 取模。

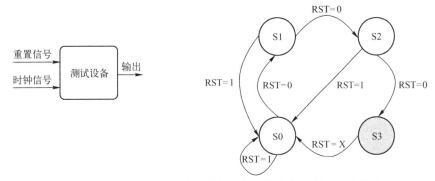

图 17.1　状态机具有 4 种状态。若输入是 RST 起效，则下一状态为 S0；
否则，状态机将向前计数；当状态是 S3 时，输出为高电平
（RST：重置信号；Si：状态 i）

测试实际状态机的过程主要受 3 个因素的影响：

1. 我们要确定什么？
2. 我们可以对被测设备做怎样的假设？
3. 我们如何对测试进行约束？

17.1.2.1　我们要确定什么

对于第一个问题，一个可能的答案是确定被测设备是否等价于参考实现或模型。在这种情况下，等价意味着对所有可能的输入序列，被测设备的输出与参考输出一致。另一种可能性是，旨在确定该设备对一部分受约束的输入，其参考实现是否等价。同样，我们也能检查某些输入序列集合是否满足一种制定好的规则。

17.1.2.2　我们能假设什么

假设：状态的数目

测试电路时，必须要问的第二个问题是我们能做什么样的假设。状态机由一组状态、一组边界（转换）、一组输入、一组输出和一个初始状态组成。了解系统中有多少种状态、电路中有多少个触发器，都是非常有用的。如果知道系统有多少种状态，我们可以通过一些技术（如对常规语言应用泵引理（pumping lemma））来限制状态机的行为[1]。泵引理指出，如果状态的数量有限，则一定存在无数的组输入序列集合，可以使得最终状态相同。这对测试具有现实的意义，因为如果状态的数目有界，至少在理论上有可能通过一组有限的测试向量来完全测试电路。

在恶劣的安全环境下，我们无法假设被测设备具有指定的状态数。在设计和制造过程中，木马都可能被插入到电路中。一种典型的木马就是一个待触发的特殊模式或序列。例如，将触发条件隐含在输入的数据流中，并利用木马激活其有效载荷。有效载荷实现了一种恶意行为，它可能与执行嵌入式程序一样复杂，抑或像中止或复位系统一样简单。我们需要对木马进行精心设计，使其可通过正常测试。因此，它们通常包含所有指定的良性逻辑，再加上触发检测和有效负载执行的额外逻辑。从测试的角度来看，木马更像是一个额外的功能而非一个缺陷。

测试额外状态变量的存在性极其困难。假设要测试一个 4 态状态机系统（如图 17.1 所示），该系统有两个输入：时钟和复位信号。它还有一个输出。当状态是 S3 时，输出为"1"。该系统可以很好地实现预期的状态机（见图 17.1），也可能实现非预期的状态机（见图 17.2。其中，当状态是 S03、S13、S23 或 S33 时，输出是"1"）。

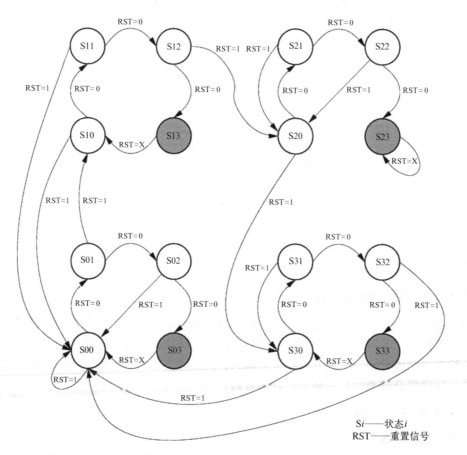

Si——状态i
RST——重置信号

图 17.2　状态机的工作类似于图 17.1 所示的状态机，但对某些罕见输入，两个状态机的输出大相径庭。从初始状态 S00 开始，若 RST 给出的序列为 0,1,0,0,1,0,0,0，状态机进入状态 S23，此时系统的行为和图 17.1 所示的状态相偏离。S23 为终止状态。唯一退出 S23 的方式是重启系统（如重启电源）

对于正常输入，图 17.2 所示的状态机可能无法同图 17.1 中的状态机区分开来，但它具有比预期设计更多的状态。某些罕见的输入序列会导致两种状态机的输出不同。黑盒测试更有可能得出这样的结论：状态机是相同的不存在差异。那些导致两种状态机不同的罕见序列可作为所嵌入木马的触发器，且它们的不同之处可作为木马的有效载荷。

由于不能强制计数器直接进入任意状态，所以我们必须有序地访问状态并测试每个边界，同时观察功能输出。

然而，考虑该测试序列对图 17.2 所示状态机的影响。该状态机经历了以下状态序列：S00、S01、S02、S03、S00、S00、S01、S02、S00、S01、S10、S11、S12、S13、S10。在测试序列的任何一点上，尽管最终状态并非初始状态，其外部可观察的行为都不同于预期行为，如图 17.1 所示。在本例情况下，重复运行测试序列也无法揭示实际状态机和指定状态机之间的任何差异。尽管对于表 17.1 所列出的测试序列，图 17.1 和图 17.2 中的系统响应是相同的，但对于其他测试序列来说它们就完全不同了，特别是那些使得图 17.2 所示系统进入 S23 状态的序列，会使其系统被锁定。总之，在测试状态机时，会假设状态数量。如果假设是错误的，则可能会对被测系统做出无效的推断。

表 17.1　用于原始两比特计数器的测试程序

复位信号	输出电流	转　换	复位信号	输出电流	转　换
1	X	X→S0	1	0	S2→S0
0	0	S0→S1	0	0	S0→S1
0	0	S1→S2	1	0	S1→S0
0	0	S2→S3	0	0	S0→S1
0	1	S3→S0	0	1	S1→S2
1	0	S0→S0	0	0	S2→S3
0	0	S0→S1	1	1	S3→S0
0	0	S1→S2			

假设：确定性或随机性

一个关键假设是被测器件是确定性的。否则，就必须在统计学上而不是在逻辑上表征其行为。这就完全改变了测试程序的性质。一个例子是测试伪随机比特序列发生器。输出应满足某些统计要求。这是有标准要求的，如 Golomb 随机假设。单个测试不足以建立序列的随机性。为了相对地评估加密系统，人们已经开发了标准的测试套件[2]。与测试伪随机序列发生器相关的是对"真实"随机源的测试，其随机性可从一个物理源得到。通常采用二极管作为噪声源，然后对其数字化以产生随机比特。为了测试这些设备在安全关键性应用中的适用性，测试应涉及几个特殊标准，例如它们对影响其输出的外部因素的抗性。

我们如何约束测试

对那些只允许在正常模式下才能交互的系统，需要对其进行黑盒测试。这种交互上的约束可能出于各种原因，并具有广泛的内涵。测试特征缺失的一个重要原因是它们的感知成本，既包括工程量也包括生产成本。采取黑盒测试的原因是由于近年来测试一个系统所需的时间呈指数增长，并且还没有把握能对其进行彻底测试。

当没有局限于使用黑盒测试的方法时，实际的测试方法是（比如对于一个计数器）在结构上分解并测试其组件及互连。若组件完好、互连部分也完好，就可以得出系统是完好的结论。当分解电路时，需要将其拆分成易测的逻辑小块，避免之前提到的测试复杂性呈指数式增长的现象。一个 2 比特计数器可以通过 2 个 1 比特计数器级联而成。一个 128 比特计数器可以通过 128 个 1 比特计数器级联实现。其中，每个 1 比特计数器包含了 1 个触发器和 3 个逻辑门，如图 17.3 所示。

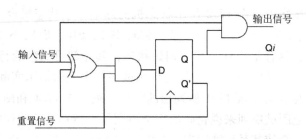

图 17.3　可级联的、具有同步复位功能的二进制计数器

如果提供合适的测试结构，这 128 个部分可以独立地进行测试。对每个独立部分，必要的测试次数是

$$\#\text{tests} = 2^F 2^I$$

其中，F 是每部分中触发器的个数、I 是每部分输入端口的个数。设有 $F=1$ 和 $I=2$，则每个计数器部分需要测试 8 次。如果按顺序依次测试 B 比特计数器的各级部件，则总的测试次数为

$$\#\text{tests} = 2^F 2^I B = 8B$$

若没有进行结构分解，则必须要访问每种状态且测试电路在输入为 RESET = 0 和 RESET = 1 时的响应。这就需要对每种状态进行两次测试，因此

$$\#\text{tests} = 2 * 2^B = 2^{B+1}$$

结构化测试较之黑盒测试要有效得多。结构化测试所需的测试量复杂度呈线性，即 $O(B)$；而黑盒测试复杂度是指数性，即 $O(2^B)$。对于计数器以外的其他电路，我们一样可得到类似的结果。逻辑电路各部分的总复杂度几乎总是小于整个电路的复杂度。因此，除最简单的系统外，应尽量避免对整个电路进行黑盒测试。

17.1.3　故障测试与木马检测的比较

测试工程的目标是检测在制造期间自然出现的缺陷并将缺陷所在的部位隔离。任何与设计师预期行为的偏差都被认为是故障。根据此定义，在产品生产之前，攻击者添加到设计的一段恶意逻辑就是一个故障。将恶意篡改归类为制造故障，即使这看上去很正确，但其实并不符合实际。因为在测试制造故障时，故障模型中并未包括这些恶意添加到设计中的木马。

17.1.4　VLSI 测试：目标和指标

超大规模集成电路的测试总是根据预定的故障模型来进行。例如，用于逻辑电路的一种常见故障模型是假定每个节点都可能处于三种状态：正确态、固定 1 态或固定 0 态。若采用这种固定型故障模型，则测试的目的就是决定对每个节点应该采用三种状态中的哪种来描述其状态。若测试发现了存在于被测设备中的故障，则该组测试被称为覆盖了故障。测试覆盖率是指给定一组测试集覆盖可能故障的百分比。在许多情况下，可以创建一组具有 100% 覆

盖率的测试；而在某些情况下，若测试向量数目有限，100%覆盖率是达不到的。

100% 的测试覆盖率所需要的测试向量的数目可以标明该电路的可测试性。在确定电路的可测性时有两个重要因素：

- 可控性
- 可观测性

已知某些拓扑结构可能导致较差的可测性。其中一个例子就是**扇出重汇聚**。这是当信号从单个节点扇出并沿多条并行路径传播，然后重新收敛到单个节点。该拓扑结构显示出较差的可测试性，因为沿着并行路径的信号非独立可控。具有大量输入的逻辑门，尤其是或非门，也存在类似的问题。

设计测试（DFT）是一个与功能设计并列的设计过程。DFT 的目的是确保最终设计满足可测性目标，同时最小化与测试相关的成本。常用的与测试相关的成本有 4 个，如下：

- 芯片面积
- 测试耗时
- 测试平台成本
- 生成测试向量所需的运算量

17.1.5　可测性和安全性之间的冲突

传统的安全性是将系统概念化为一组模块，它们只露出简单的接口并隐藏其内部实现。这使得系统交互的复杂度受到限制。另一方面，黑盒测试是非常低效的。提供模块中的内部元件的可控性和可观察性将使得该模块更具可测试性。但是，该种可测试性好的模块，与只提供接口的模块相比，其安全性大大降低。因此，安全性和可测试性之间存在明显的冲突。

17.2　基于扫描的测试

正如上一节所述，在大规模集成电路芯片中实现可测试性的一个重要方法，是在设计时使用可分解其结构以用于测试的元件。大多数设计是同步电路，这意味着它们由逻辑门和触发器构成，并且触发器仅在时钟的上升沿或下降沿改变状态。同步电路设计可被拆分为一组逻辑门和一组触发器，其中逻辑门可以通过验证它们的真值表来进行测试，而触发器则通过将其连接起来形成移位寄存器进行测试。

基于扫描的测试模式将设计中的常规触发器替换为了"扫描触发器"（如图 17.4 所示）。这些触发器的输入端具有多路复用功能，其可在常规"功能"输入和测试模式输入之间进行选择。通常，测试模式输入来自另一触发器的输出，从而形成扫描链。总的来说，扫描链的操作可划分为三个阶段：

- **启动测试模式**：所有触发器被配置为分布式移位寄存器。测试数据移位进入，并被用作该逻辑的输入。
- **解除测试模式**：配置电路使触发器为从逻辑输出中获得数据。触发器在时钟驱动下将逻辑值进行锁存。
- **重新启动测试模式**：所有触发器被配置为分布式移位寄存器。测试数据移位输出，且该数据返回测试器与预期的输出进行分析比较。

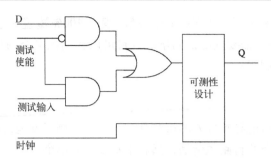

图 17.4　最简单的扫描触发器单元由多路复用器和常规 D 触发器组成。一个扫描单元
的 Q 输出可连接到另一个扫描单元的测试输入端，从而实现一个链状配置

采用这种测试方法，测试器只测试了组合逻辑，而没有测试状态机。这相当于大大减少了测试时间，并且还达到了给定的测试覆盖水平。

17.2.1　基于扫描的攻击

支持扫描测试的系统都易遭受来自扫描链的攻击，攻击者可以使用扫描链作为向量去读取或修改包含在设备中的敏感数据。这种攻击的目标通常会是设备中的密钥。

最基本的扫描攻击技术常攻击具有可扫描密钥寄存器的芯片。在这种攻击中，攻击者通常连接到被攻击芯片的 JTAG 口，选择包含密钥寄存器的扫描链，并将密钥移出。

在设计上稍微有所考虑的芯片都会避免采用可被直接扫描的密钥。然而，只是将密钥寄存器从扫描链中移走并不足以防止有经验的攻击者提取密钥。Yang 等人提出了一种对具有不可扫描密钥寄存器的 AES 硬件逻辑进行攻击的方法[3]。他们将扫描链作为信息泄漏通道来恢复加密密钥。他们假定密钥不能直接被扫描，因此他们采用间接信息来重建密钥。他们还假定攻击者并不知道加密芯片内部扫描链的结构信息。这种攻击始于发现扫描链的结构，确定出扫描链中的哪些比特对应于中间结果寄存器的哪些比特。接下来，利用中间结果的可观察性，攻击者恢复出轮密钥。这种攻击表明，即使密钥寄存器没有通过扫描链直接暴露，密钥的副产物中也包含足够的信息供攻击者推断出密钥。

17.2.2　扫描攻击的对策

目前已有了一些可保护设备免受扫描攻击的对策。这些对策在安全性与可测性之间进行了折中。有效对抗扫描攻击的对策必须能同时提供可接受的安全级别及可测性。

Hely 等人观察到[4]，将功能寄存器静态分配到扫描链中某个位置是有风险的，因为攻击者能够推断出该分配，然后利用扫描链从芯片提取机密信息。为了减轻这种威胁，他们引入了扫描链加扰技术。对于授权用户，可向芯片提出测试请求，此时寄存器对应到扫描链的位置分配就是静态的。而不同通过身份验证的攻击者，分配则是半随机的。一组可扫描触发器被映射到扫描链序列中，但其映射顺序攻击者无从知晓。当芯片工作时，这种排列还会周期性地改变。

Yang 等人提出了"安全扫描"方案[3]，它可以保护内嵌的密钥不会通过扫描链泄漏。为了允许加密硬件在不暴露密钥或其副产物的情况下能被完全测试，安全扫描引入了在测试期间使用的第二个嵌入式密钥，即镜像密钥。

在任何时刻,如图 17.5 所示,芯片要么处于任务模式("安全模式")、要么处于测试模式("非安全模式")。当芯片处于安全模式时,使用任务密钥但不允许被扫描。当芯片处于非安全模式时,允许被扫描,但仅能使用镜像密钥。只要不关闭芯片,就不可能从安全模式转换到不安全模式。因此,安全扫描可以在不暴露任务密钥的情况下允许几乎完全的结构测试。当芯片在非安全模式时,由于其不使用任务密钥,所以无法测得任务密钥的信息。但是,这对实际系统而言并不是一个严重的缺点,因为我们可以通过功能测试快速地验证密钥的正确性。

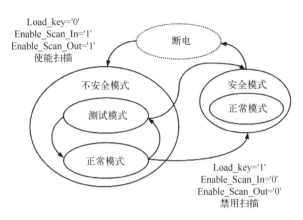

图 17.5　安全扫描状态图。从加载了任务密钥的安全模式到芯片可测的不安全模式,唯一对抗扫描攻击的方法,就是通过电源周期性复位擦除所有的易失性状态

Lee 等人指出,因为扫描链的存在,芯片中包含的 IP 核也面临着很大的风险[5]。攻击者可以通过控制和观察芯片中的信号,推断出芯片的逻辑进而掌握芯片的设计。为了阻止这种情况发生,作者介绍了一种称之为**低成本安全扫描**的技术,这种技术可以阻止未经授权的扫描链访问。该技术需要修改在设计中插入扫描链的算法,而其保护的范围包括 IP 核,而不仅仅是嵌入式密钥。为了使用低成本安全扫描系统,测试向量除了包括测试激励,还要包含密钥比特。如果这个密钥比特是正确的,芯片会产生预先计算的输出;否则,测试响应就是伪随机的。由于伪随机响应不会立即给出指示让攻击者知晓其猜测是否正确,因而提高了攻击者发起猜测攻击的难度。

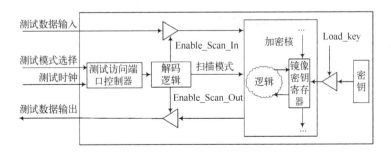

图 17.6　安全扫描架构。镜像密钥寄存器(MKR)只有在加载密钥的控制信号(由图 17.5 控制)有效时才会刷新

17.3　BIST

　　内建自测试（Built-In Self Test，BIST）是硬件测试中一种流行的技术，它无须外部测试设备。有许多种 BIST 设计用于测试不同类型的电路或检测不同类别的故障。所有 BIST 系统的共同特征，是大量的测试数据在片上 BIST 逻辑与被测电路间移动，而在芯片与其周围系统之间则只有最少的数据移动。在极端情况下，芯片可以简单地生成一个 1 比特状态指示，表示它是否正常工作，或是否有错误。

　　最常见的两种 BIST 类型是存储器 BIST 和逻辑 BIST。原则上，并不需要区分存储器型和逻辑型。但是，从获取足够的故障覆盖所需的测试时间来看，针对特定电路类型的测试技术更有效。典型的存储型 BIST 会采用状态机或嵌入式微处理器来产生存储器访问信号，该信号执行一种标准的存储器测试算法，例如 March 系列测试[6]。在典型的逻辑型 BIST 设置中，伪随机测试向量在片上生成并应用于被测电路。在多个测试周期内，采用多输入移位寄存器（Multiple-Input Shift Register，MISR）压缩和聚集响应，从而产生固定长度的最终值，并将其与芯片中存放的期望值进行比较。

　　从安全的角度看，BIST 有很多衍生物。在逻辑型测试和存储型测试中，BIST 控制器可充当测试器和芯片核心逻辑之间的可信代理。该代理通过实施测试者提供的一组有限的活动来提高安全性。受限的接口功能与良好的安全设计（如最小特权原理）是等价的。加密逻辑的测试者需要确保硬件正常工作，而不一定需要访问芯片中的秘密数据（如嵌入的密钥）。类似地，BIST 可以保证存储器是无缺陷的，同时排除了以篡改关键数据为目的的内存"调试"功能的可能性。

　　尽管 BIST 具有高速运行和提高安全性等优点，但它也面临两个挑战。首先，它通常提供故障检测，但不提供故障隔离。第二，它增加了芯片面积。BIST 的实现包含一个测试模式生成器和一个输出响应分析器。这两个硬件模块都会占据芯片的面积。值得一提的是，在某些应用中，该面积开销可以被消除。一种称为 Crypto-BIST[7] 的技术采用 AES 对称密码核来"自测"。通过将 AES 核的输出循环回到输入，AES 核将同时用作测试模式生成器和输出响应分析器。Crypto-BIST 可在 120 个测试时钟周期内实现 AES 核的 100% 固定故障覆盖率。该技术的实质是利用密码算法的严格雪崩准则，既将 AES 核作为测试模式的来源、又让其充当高灵敏度的输出响应分析器，从而可在很少几个时钟周期内实现高的测试覆盖率。

17.4　JTAG

　　20 世纪 70 年代和 80 年代初，测试印制电路板的一种常见方法是增加测试点，并用钉型测试床来探测这些测试点，如图 17.7 所示。

　　当组件密度和引脚间距增加时，这种方法无法使用。因此，需采用其他测试方法。成本是影响测试方法选择的主要因素。另一个因素是可操作性，因为来自多家制造商的组件共存于大型印制板上，因此需要一个可测试所有组件的测试接口。该解决方案由 20 世纪 80 年代一个被称为联合测试访问组（Joint Test Access Group）的工作团队研发出来。它成为 IEEE 标准 1149.1，简称为 JTAG。

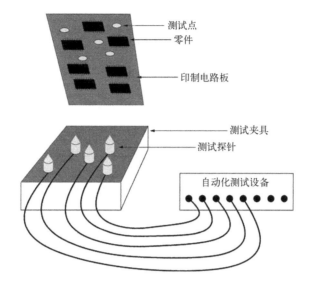

图 17.7　钉型测试床。自动化测试设备 ATE 产生激励信号并测量电路的响应。ATE 连接到测试床，每个测试通道包含一个探针。每一个探针都由弹簧支撑，所以当探针连接到了 PCB 板的被测试点上进行测试时它保持了一个受控的压力

IEEE 1149.1 将访问芯片内测试逻辑的信号集进行了标准化，并规定使用基于扫描的测试方法来检测芯片内部逻辑和片间布线。JTAG 对独立的数据和控制信号采用同步串行通信。通过 JTAG 口，测试器可以在引脚上施加信号、在引脚上读取信号、向核心逻辑施加信号、从核心逻辑读取信号以及调用可能存在于某些芯片中的任意定制测试功能。并且，不管测试任务有多么复杂，测试协议总会使用相同的状态（如图 17.8 所示）和信号：

- TCK—— 测试时钟，在测试模式中，所有事件均发生在测试时钟的边缘；
- TMS —— 测试模式选择，确定 JTAG 端口的下一个状态；
- TDI—— 测试数据输入，测试向量和 JTAG 指令通过 TDI 输入；
- TDO —— 测试数据输出，依次通过的测试响应或数据；
- TRST —— 测试复位，为测试逻辑设置的可选硬件复位信号。

JTAG 的一个重要特性是它支持菊花链。当一个设备的 TDO（输出）连到该链中下一个设备的 TDI（输入）后，就可以形成一条链（如图 17.9 所示）。TCK、TMS 和 TRST 信号在扇出限制以内可以直接连到链中所有芯片上。如若不然，可使用缓冲区来增强扇出能力。JTAG 链中的每一个芯片都有一个状态机实现该协议。

状态机控制的状态变量之一是指令寄存器（IR）。指令寄存器的位数通常是 4 到 16 比特之间。某些指令由 JTAG 标准控制，而实现者可以自由地按意愿定义自己的指令。最重要的一条内建指令是 BYPASS，它是必不可少的指令。当 IR 包含了 BYPASS 操作码时，兼容 JTAG 的芯片就在从其 TDI 输入到其 TDO 输出的路径上放置一个单触发器。此时，处于 BYPASS 状态的芯片链就像一个移位寄存器一样（见图 17.10）。

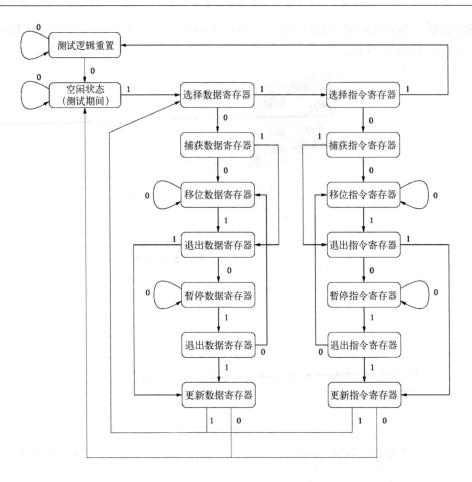

图 17.8　JTAG 状态机。该状态机有 16 个状态，TMS 信号确定下一状态，SHIFT DR 状态用于提供激励和收集响应。从任何状态起，将 TMS 设置为高电平并保持 5 个时钟周期就可以达到 TEST_LOGIC_RESET 状态

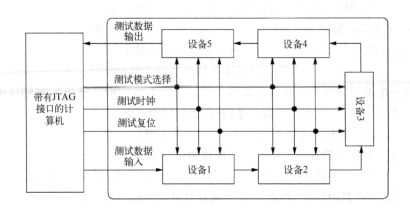

图 17.9　典型的 JTAG 系统。TMS、TCK 和 TRST 连接到所有设备。每个组件的 TDO 连接到下一组件的 TDI，从而形成一种菊花链拓扑结构

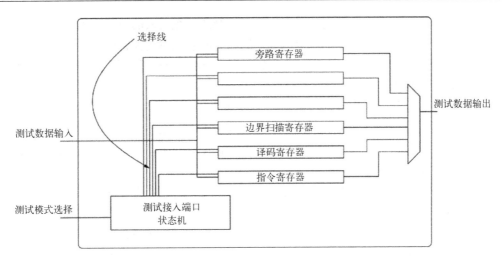

图 17.10　一个基本 JTAG 实现的必要组件包括：一个测试访问端口状态机、一个指令
　　　　　寄存器、一个或多个数据寄存器和输出多路复用器。每个扫描触发器单元
　　　　　链（内部或边界的）对 JTAG 来说是一个可用适当指令选择的数据寄存器

17.4.1　JTAG 劫持

在许多对数字硬件安全的攻击中都能见到 JTAG 的身影。比如：攻击者用它从卫星电视盒里将密钥复制出来用以盗版卫星电视服务[8]；微软 Xbox 360 中的 JTAG 端口曾被用来规避该设备的 DRM 策略[9]。强大的低层能力往往是通过系统的 JTAG 接口暴露出来的。攻击者都已经认识到这一点，因此他们攻击一个设备之前，通常会去寻找设备的 JTAG 端口。

Rosenfeld 和 Karri 等人研究了 JTAG 面临的黑客威胁[10]，并特别注意到由 JTAG 构成菊花链时所产生的漏洞。他们考虑到在 JTAG 链中的一个恶意节点攻击其他节点或欺骗测试者的可能性，并测试了恶意节点通过强行控制信号来劫持总线的可行性。用 2 个节点（测试者和攻击者）同时驱动总线，看谁会赢得总线控制权。研究表明，当 JTAG 总线较短时，攻击节点有很高的概率劫持总线；当 JTAG 总线较长时，由于传输线路的脉冲特性，攻击者一定能劫持总线。

17.4.2　JTAG 防御

目前，已有多种 JTAG 的防御措施。当考虑到 JTAG 防御时，重要的是记住影响设计过程的诸多约束和要求。例如，提供灵活的固件更新通常很有价值，但为了确保安全，需要某种认证机制。一些应用对成本具有严格的要求，不能容忍认证所需的额外电路。由于在工程中往往需要对多种因素进行折中考虑，因此做出最佳选择前，需要对应用进行详细理解。

17.4.2.1　移除 JTAG

要消除与 JTAG 相关的风险，可以从设计中去掉 JTAG。目前，有几种方法可以做到这一点，同时保持较低的"逃逸率"，即，将有缺陷的部件被送到客户手中的概率。

其中一种方法是采用保守的设计规则。比如，制造过程引入的故障常见的来源是芯片的金属线短路与开路。因此，金属线做得越宽，线间的间隔保持越大，则可以避免许多制造故障。此外，若增加晶体管的栅极长度，也可以消除此类故障源。然而，这种方法在面积和速度上要付出很大的代价。

另一种方法，也是非常流行的一种方法，就是采用 BIST。这在上一节中讨论过。运行 BIST 的结果可简化为 1 个比特来表示芯片是否通过测试。在这种形式下，因为可以借用 JTAG 的指令集来消除芯片内部扫描，所以 BIST 对芯片安全而言具有一定优势，它显著地降低了芯片的受攻击面。

然而，BIST 并不能完全替代基于扫描的测试。由于 BIST 测试向量是伪随机生成的，而非专用的 ATPG 算法生成，所以，使用 BIST 可能难以获得完整的测试覆盖。由于 BIST 通常可以高速运行，这意味着测试向量可以采用和功能数据相同的速率，这在一定程度上弥补了难以获得完整测试覆盖的缺陷。与此相反的，当使用外部自动测试设备应用测试向量时，测试时钟通常比功能时钟慢一个数量级。BIST 的另一个缺点是它不能隔离故障。对于开发芯片的工程师来说，必须能够快速迭代并生成成熟的产品设计。若不能确定故障的位置和类型，设计人员就无法解决问题。因此，BIST 更多地被用于生产测试和现场测试中，这样可以直接丢弃有故障的零件。一般情况下，基于扫描的测试结构会保留在设计中，便于满足工程所需。

17.4.2.2　使用后毁坏 JTAG 硬件

在许多时候，芯片中的测试结构仅在工厂中需要，而一旦芯片出厂就只会构成安全风险。在这种情况下，设计者有时会选择在测试完成后禁用芯片上的 JTAG 电路。要实现这一点，常用的一种方法是安装一根可以被测试器熔断的保险丝。为了更好地控制那些需要保持启用的功能，设计中可以包含多根保险丝。Sourgen 在其 1993 年的专利中讨论了这类技术[11]。

飞思卡尔半导体的 IMX31 微处理器是一种基于 ARM 的、常用于移动与媒体领域的芯片。这种类型的嵌入式处理器通常用来保护进程中的数据（在数字版权管理的情况下），或保护运行中的代码（如果系统中有昂贵的 IP 软核）。IMX31 支持 4 种 JTAG 安全模式，可通过熔断保险丝进行选择。在模式 4 中，JTAG 逻辑允许所有可能的 JTAG 操作。在模式 1 中，仅允许互操作性所需的 JTAG 操作。保险丝熔断是不可逆的操作①，因此只会提升而不会降低芯片安全。这非常适合于 JTAG 的常用场景，如在工厂测试中或工程师在实验室的系统调试中，但不应在黑客们的领域被利用。

17.4.2.3　JTAG 的口令保护

Buskey 和 Frosik 开发了一个方案，他们称之为"受保护的 JTAG"[12]。在访问芯片测试结构的特殊功能时，该方案需要身份验证并通过授权来增强 JTAG 的安全性。该方案利用一个可信服务器，利用预先共享的椭圆曲线密钥对，来向芯片展示用户的 JTAG 访问请求是否已经过身份验证。作者预期的一种使用情况是，测试者经由互联网，采用标准的通信安全协

---

① 对于技术熟练并且资金充足的攻击者而言，如果他们愿意对芯片进行物理拆解和修改，那么就有可能复原熔断的保险丝。

议直接连接到芯片和可信服务器。一旦认证完成，芯片在测试会话的持续时间内将保持在已验证状态。可信服务器的身份认证和授权分开的好处在于：在芯片启用后，可以对它们独立进行管理。例如，可以随时添加新用户、可以访问任意一组测试功能。该方案的一个缺点就是对认证服务器的持续安全性和可用性有过高要求。

17. 4. 2. 4 将 JTAG 隐藏在系统控制器后

一种用于 JTAG 安全性的方法是采用系统控制器芯片。在此架构中，系统控制器充当代理角色，并同一个或多个芯片（通常在印制板上）进行与测试相关的通信。该方案为系统增加了安全性，而无须对芯片本身进行任何修改。系统控制器可以实施合理的安全策略，例如：

- 所有访问必须通过验证；
- 通过身份验证的测试者只能访问获得授权的资源；
- 仅允许已签名和已验证的固件被更新；
- 不允许使用固件"Backrev"（即恢复到以前的版本）；
- 测试仪和系统控制器之间的所有通信都受到加密保护以防止中间人攻击。

系统控制器不仅可以做代理，还能在系统的测试与维护中发挥积极作用[13]。系统控制器可以存储测试序列，并在上电时或从外部调用一个特定测试子程序时自动运行测试。这个体系结构具有在 17.3 节中讨论过的 BIST 的优点。支持这类方法的控制器可以在 SystemBIST 处购买得到[14]。它还提供相关功能，以验证 JTAG 连接的器件状态，例如：验证 FPGA 的配置比特文件是否正确。与所有的安全系统一样，系统控制器本身也不是绝对安全的。一个成功的方案必须在成本、功能和安全性之间取得折中。系统控制器方法的意义在于：它保持了商业化芯片的经济效益规模（这里的芯片仅指那些不直接支持任何 JTAG 安全增强的器件），同时以 BIST 的形式提供额外的功能，并能防御一些常见的攻击。

17. 4. 2. 5 带嵌入式密钥的加密 JTAG

Rosenfeld 和 Karri[10] 为 JTAG 引入一组安全增强功能，它能向下兼容并与原始 IEEE 标准互操作。该安全增强型芯片里包含了一个紧凑型的加密模块，允许测试者对芯片进行认证、防止未经授权的测试、对出入芯片的测试数据加密并防止测试数据被篡改。密钥在工厂生产时被编程到每个芯片中，并通过额外的安全通道发送给用户。这样，芯片的客户（如系统集成商）可以确认芯片是否来自真正的工厂，从而防止供应链受到攻击。

17.5 片上系统测试结构

片上系统（SoC）是集成电路产业的重要组成部分。其基本思路是独立设计模块，并将其集成到单个芯片上。SoC 在许多方面类似于包含了来自不同制造商的多个芯片的印制电路板。与传统的完全由设计厂独立开发的芯片相比，SoC 系统在如何测试、配置和调试芯片内的模块等方面提出了新的安全挑战。

一个典型的 SoC 开发周期包含大量独立的单位：

- SoC 集成商
- 内核设计师

- CAD 工具提供商
- IC 测试厂
- IC 制造厂
- IC 封装厂

在芯片使用之后，芯片的安全性会影响到下列相关的实体：

- 终端用户
- 服务和基础设施提供商
- IP 核的创建者和其他持有人

SoC 在其生命期的不同阶段都会遭受各种威胁。利用测试机制漏洞进行的攻击包括：获取加密密钥、改变系统行为以及了解 SoC 中的 IP 信息。

17.5.1　劫持 SoC 测试

用于 SoC 中的测试访问机制是从那些用在印制电路板上的机制演变而来的。特别是 JTAG 已被用作芯片到测试设备的外部接口，以及用于对芯片内核的内部测试访问。同样，对单个芯片的测试接口有效的所有威胁也对 SoC 有效。与此同时，还有大量新的威胁影响 SoC，这主要是由于 SoC 设计的分散性，以及不同的模块应用了不同的信任假设等原因。

17.5.1.1　测试总线侦听

SoC 测试信号可以在芯片中以多种不同的方式路由，但工程中要考虑路由对测试信号的影响。一般说来，应该在测试速度和测试成本之间进行折中。较大的数据位宽和专用的内核连线提高了对成本的要求，但却有良好的测试速度。较小的数据位宽和共享的布线可降低成本，但同时也降低了测试速度。人们已对测试总线的折中设计方法进行了大量的探讨[15]。在包含多个核的 SoC 中，最佳配置通常是多核共享相同的测试布线。通常情况下，其目的是在测试仪（主）与测试目标（从）之间传输测试数据。有些共享的测试线允许恶意内核侦听测试总线，接收从一个核到另一个核的消息。恶意内核能侦听测试数据的行为依赖于系统本身。例如，若测试数据中包含加密密钥，恶意内核就可以通过边信道将其泄漏给攻击者。

17.5.1.2　测试总线劫持

SoC 设计者关注的另一个问题是，在共享的测试线上，恶意内核可能频繁地干涉测试者与目标内核之间的通信。当测试数据通过恶意内核的不可靠测试逻辑时（如 JTAG 中的菊花链架构），上述攻击最具威胁性。

17.5.2　SoC 测试的保护措施

芯片公司已经开发了几种技术来保护 SoC 的测试机制。成功的技术必须综合考虑安全性、成本、功能及性能等多个方面。此外，人为因素也会影响保护机制是否有效。比如，在设计过程中，工程师要应对大量的数据，所以通常愿意选用已知可以工作而无须学习的机制。即使在很多全新品牌的系统里，也会看到还在使用 RS-232 的情况，这正说明了这一效应。为了在市场上取得成功，改进 SoC 测试接口对其进行保护，必须同时满足安全性、成本、功能及性能目标，同时还不应对使用它们的工程师造成负担。

17.5.2.1　移除测试机制

最直接的保护测试接口的途径通常就是物理上将其移除。然而，移除测试接口的方法不太实用，因为系统总是需要测试接口的，例如为芯片烧写编程固件和配置特定平台的参数。由于经济上的原因，芯片厂商更愿意单个芯片支持多种使用模式。测试接口为复杂芯片的配置提供了一种便捷的机制。从芯片设计上去掉测试接口将限制这款芯片的应用市场。此外，安全性要求很高的应用，如防御系统的电子设备，也需要能提供现场可测性以保持高可靠性。

17.5.2.2　移除共享测试线

通过为每个 IP 核提供专用测试总线，SoC 测试框架就可以防止被恶意 IP 核攻击。这会形成一种星形结构，其中 IP 核位于星的角上，而测试控制器位于星的中心。如果将信任度进行划分，假设为 SoC 系统集成商、CAD 工具和制造商是值得信赖的，但第三方 IP 核是不可信的，则这种星形结构可以把不可信 IP 核造成的损害最小化，因而该结构能提供良好的安全性。然而，从布线成本的角度来看，这是一种最贵的拓扑结构。

17.5.2.3　共享线的加密保护

为了能够继续利用共享线节约成本的优点，同时又能限制共享的测试总线上不可信核的安全风险，可以使用加密技术。Rosenfeld 和 Karri 开发出了一种低成本技术，在不破坏现有测试接口标准兼容性的情况下提高了安全性[16]。他们引进了一个本质上是扫描链的结构，该结构嵌入在 SoC 中并提供一种可信机制为每个 IP 核传递密钥（如图 17.11 所示）。该技术假设：由 SoC 集成商提供的逻辑和布线都是可信的，而第三方核则不可信。在初始化期间，向每个 IP 核提供独立的加密密钥后，测试人员可以使用共享的测试线来进行实际测试与配置。测试线的数据路径可以是任意宽度，但密钥传输线只需要 1 比特宽。

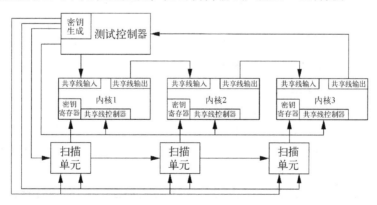

图 17.11　一条扫描单元链把密钥分配到每个内核，这些扫描单元被移位时不会在输出处暴露密钥比特

17.6　测试安全的新兴领域

随着系统工程变得越来越复杂，它们通常需要具备可被测试的特性。有时会采用类似 JTAG 的标准解决方案，但有时也会发明和使用新的测试方案。每个测试场景都有其自身的安全问题、优势及劣势。一种常见的错误是开发了一个新系统却未能列出它的安全

设计要求。事实上，很难找到一个不需要安全性的特殊系统。汽车和医疗是两个在测试与管理接口未部署安全性措施的领域。最新的研究结果表明该领域的实际系统具有脆弱性。

17.6.1　汽车的 OBD-II

现代汽车已高度计算机化。它们包含多个需要执行实时计算任务的设备，如发动机控制、湿度控制、制动、牵引力控制、导航、娱乐及动力传动控制等。这些设备通过通信总线连接在一起。技术人员可从一个中心点出发通过总线与各设备通信，从而检查它们的状态。这种发展有利于缩短诊断汽车故障所需的时间。最常见的汽车电子测试接口为"车载诊断II"（OBD-II）。OBD-II 是一种连接器，通常位于仪表盘的下方。

与所有测试接口一样，OBD-II 使得系统暴露在攻击之下。Koscher 等人[17]提出一项汽车安全性的研究，其分析重点放在 OBD-II 和车内的控制器局域网络（CAN）。他们的研究表明，通过电脑恶意入侵 OBD-II 测试接口，可以严重地破坏整个汽车的安全性，从而对车内人员及车辆周围人员形成危险甚至致命的行为。

有一句在信息安全领域的俗话：别等到出事后才发现问题；安全问题必须从一开始就考虑到并建立于产品中。现有汽车的安全漏洞不可能是一成不变的。最好的办法是需要一个新版本的标准。OBD-II 由美国政府授权在美国市场销售的新车上使用。同样，他们也可以授权使用 OBD-II 和 CAN 的后续版本。

17.6.2　医疗植入设备的接口安全

一些医疗植入设备有远程管理的功能，这样允许医师或技术人员与被植入的设备远程交互，从而对这些设备进行测试、配置和调整。这些无创交互措施对病人的健康和舒适来说非常重要。一些植入产品采用无线电频率来通信，以连接编程控制台与植入设备。同往常一样，若直接实现上述方案，无线电连接会受到探测、非法访问和干扰攻击。在医用植入的情况下，对管理接口的攻击可能导致非常严重的后果。不幸的是，许多已经植入的设备，其管理接口是很容易受到远程攻击的。

Halperin 等人对商用植入式心脏除颤器的安全性进行了分析[18]。他们对管理接口所使用的通信协议进行了逆向工程，使得作者能够收集到私人信息并控制植入的装置，从而可能会导致病人纤维性震颤或使设备加速用电而导致电池电量耗尽。他们第一阶段工作的重点放在评估现有的安全水平上。他们发现，进行攻击的唯一障碍是隐藏的安全性，这点他们主要是通过捕获、分析和模拟的链路协议来规避。他们第二阶段的工作是对提高安全的实际措施提出建议。他们提供了针对现有攻击的三种对策。其中一种对策是简单地使植入设备在发生通信时发出噪声报警，这提醒病人从而降低攻击未被检测到的概率。其他的对策则重点在医疗植入设备的功率和空间限制内进行认证和密钥交换。

17.7　总结和展望

我们已经研究了各个领域中安全性、可测性及其相互作用的方式。系统内部（结构）的可测试性通常是必要的，特别是当系统达到一定的复杂程度时。但是，如果设计中不考虑安全性，可测性（提供系统内部的可控性和可观察性）也是系统主要的安全风险来源。攻击者曾利用测试接口的安全漏洞，并很可能会在将来继续使用。对于如何提供没有安全性漏洞的测试，目前已有大量相关的报道。文献中提到的防御措施都与他们预期的目标系统有关。在某种程度上，现有的解决方案可能可以适应新出现的安全测试场景。但是，对有些测试场景而言现有的解决方案并不实用，这就需要我们启用创造性的思维去创建新的方法。

参考文献

1. Sipser M (2006) Introduction to the Theory of Computation, 2nd edn. MIT, Cambridge
2. Rukhin A (2010) A statistical test suite for random and pseudorandom number generators for cryptographic applications. NIST, 2010
3. Bo Y, Kaijie W, Karri R (2006) Secure scan: a design-for-test architecture for crypto chips. IEEE Trans Comput Aided Des Integrated Circ Syst, 25(10): 2287–2293, doi:10.1109/TCAD.2005.862745
4. Hely D, Flottes M-L, Bancel F, Rouzeyre B, Berard N, Renovell M (2004) Scan design and secure chip [secure IC testing]. In: On-Line Testing Symposium, 2004. IOLTS 2004. Proceedings of the 10th IEEE International, pp 219–224, 12–14 July 2004, doi:10.1109/OLT.2004.1319691
5. Lee J, Tehranipoor M, Plusquellic J (2006) A low-cost solution for protecting IPs against scan-based side-channel attacks. In: Proceedings of the 2006 IEEE VLSI Test Symposium. doi:10.1109/VTS.2006.7
6. Rajsuman R (2001) Design and test of large embedded memories: an overview. IEEE Des Test Comput 18(3): 16–27, doi: 10.1109/54.922800
7. Yang B (2009) Design and test for high speed cryptographic architectures. Doctoral Dissertation, Electrical and Computer Engineering Department, Polytechnic Institute of NYU
8. Dish Newbies JTAG Guide. http://www.geewizzy.com/geewizzysite/dish/jtagshtml/jtag.shtml.html. Accessed 19 July 2011
9. Free60 SMC Hack. http://www.free60.org/SMC_Hack. Accessed 19 July 2011
10. Rosenfeld K, Karri R (2010) Attacks and Defenses for JTAG. IEEE Des Test Comput 27(1): 36–47, doi:10.1109/MDT.2009.161
11. Laurent Sourgen (1993) Security locks for integrated circuit. US Patent 5264742
12. Buskey RF, Frosik BB (2006) Protected JTAG. In: Parallel Processing Workshops, International Conference on Parallel Processing Workshops, pp 405–414
13. Clark CJ, Ricchetti M (2004) A code-less BIST processor for embedded test and in-system configuration of boards and systems. In: Proceedings of the 2004 IEEE International Test Conference, pp 857–866, doi: 10.1109/TEST.2004.1387349
14. http://www.intellitech.com/pdf/FPGA-security-FPGA-bitstream-Built-in-Test.pdf. Accessed 19 July 2011
15. Iyengar V, Chakrabarty K, Marinissen EJ (2003) Efficient test access mechanism optimization for system-on-chip. IEEE Trans Comput Aided Des Integrated Circ Syst 22(5): 635–643, doi: 10.1109/TCAD.2003.810737
16. Rosenfeld K, Karri R (2011) Security-aware SoC test access mechanisms. In: Proceedings of the 2011 IEEE VLSI Test Symposium
17. Koscher K, Czeskis A, Roesner F, Patel S, Kohno T, Checkoway S, McCoy D, Kantor B, Anderson D, Shacham H, Savage S (2010) Experimental security analysis of a modern automobile. In: Proceedings of the 2010 IEEE Symposium on Security and Privacy, pp 447–462, doi:10.1109/SP.2010.34
18. Halperin D, Clark SS, Kevin F (2008) Pacemakers and implantable cardiac defibrillators: software radio attacks and zero-power defenses. In: Proceedings of the 2008 IEEE Symposium on Security and Privacy

第 18 章 保护 IP 核免受扫描边信道攻击

随着加密芯片使用量和其他一些应用（如含有必须保护的 IP 核）的不断增加，对片上安全性的需求也一直在增长。为了测试这些芯片，基于扫描的测试方法，由于其适用性强、覆盖率高而被广泛采用。然而，一旦进行现场测试，扫描测试在提供可控性和可观测性的同时，其测试端口也会成为一个安全障碍。本章介绍了一种低成本的安全扫描解决方案，允许使用扫描进行简单测试，同时又能保持高级别的安全性，从而保护片上 IP 核。本方案使用一个集成到测试模块中的测试密钥来为用户授权，以阻止非经授权的用户对扫描链输出进行正确的分析。本方案的面积开销可忽略不计，对系统性能也无影响，并在无须修改标准测试接口的情况下，可为扫描链的顶部增加几层安全性。

18.1 引言

随着芯片设计复杂性的不断提高，被测电路（Circuits Under Test，CUT）的可控性和可观测性已经显著降低。这个问题极大地妨碍了测试工程师单独采用主输入和主输出创建快速、可靠的测试，并对产品上市时间和交付给客户的废品率有负面影响。设计可测性（Design-For-Testability，DFT）就是通过在设计期间考虑制造测试来解决这个问题。

基于扫描的 DFT 是一种常用技术，它通过将触发器修改为一个长链（主要是创建一个移位寄存器）来极大地改善可控性和可观测性。这样就允许测试工程师将扫描链中的每个触发器视为可控的输入端和可观测的输出端。

然而，为了测试而改进的扫描属性也会产生严重的安全隐患。由于可将 CUT 置于任何状态（可控性）且能使芯片停留在任何中间状态以便分析（可观察性），扫描链可能会变成被黑客利用的边信道，并以此为基础进行密码分析[1,2]。由于扫描测试广泛使用，扫描边信道已成为业内广泛关注的问题[3,4]。

这些问题使早已满目疮痍的硬件安全问题雪上加霜。其他的边信道攻击如差分功率分析[5]、时序分析[6]以及故障注入攻击[7,8]早已被证明是潜在的、严重的安全故障源。防篡改设计[9,10]建议修补这些漏洞，但同时扫描链又必须要能暴露芯片上可能存在的所有缺陷。虽然生产测试完成后禁用扫描链（例如通过熔断保险丝）已成为一种常用做法（如在智能卡等应用中[11]），但是仍有一些应用需要现场测试，这就要求不能故意破坏测试端口。

由于基于扫描的攻击需要对芯片进行入侵[11]，从而让攻击者获得能访问各种片内信息和资源的通道[12]。要防止基于扫描的攻击，需要根据应用程序所需的安全级别扩展相应的安全措施，并且该措施必须最小限度地影响测试工程师对成品芯片的有效测试能力。

最后需要说明的是，我们使用扫描的全部目的是为芯片测试服务。尽管扫描对芯片安全和芯片测试而言似乎是矛盾的，但若不能正确地完成测试，芯片的安全性一定会出现问题。

18.1.1 前期的工作

传统的安全扫描技术是将保险丝放置在相关引脚附近，并在完成制造测试后将其熔断。但是，采用入侵攻击可重新连接这些保险丝[11]。另一种选择是用晶元锯完全切断测试接口[9]。上述两种方案中，不论采用哪种方案，芯片都将无法进行现场测试。也有人采用BIST 技术来测试整个芯片设计[13]，或只在敏感部分用 BIST，而剩余部分采用扫描技术[14]。这些方法都是可行的解决方案，也都得到了业内的广泛关注。但是，它们的故障覆盖率仍不能达到扫描技术和 ATPG 技术的水平。

最近，人们越来越重视如何在不完全破坏测试接口的情况下，设计安全的扫描方案。为了防止被获知密钥信息，一种简单的解决方案就是再采用一个寄存器，即镜像密钥寄存器MKR，以防止关键数据在测试模式下进入扫描链[2,15]。这种解决方案虽然有效，但其应用受到限制，因为这种方法只能保护关键信息而并未保护芯片可能包含的 IP 核。文献[16]中提到了一种扫描加扰技术，它将扫描链分成一系列子链，并使用逻辑和随机数发生器将子链随机地重新连接在一起，并在内部扰动数据。由于这种策略采用了大量子链，它会使得芯片的复杂度增加、面积开销显著变大，甚至还需要修改标准的测试接口。另一种技术，会在系统复位后检查一个"黄金签名"，以确保系统工作模式与测试模式的安全切换[17]。文献[12]中介绍了一种基于锁和密钥的技术，它也将扫描链分成了子链，但并未将所有子链连接在一起，而是让它们彼此独立。通过采用随机种子的线性反馈移位寄存器 LFSR，一次随机激活一个子链去完成扫描输入和扫描输出，而并不影响其他子链。但是，当子链的数量巨大时，该技术具有难以扩展的缺点。文献[18]中提出了一种基于循环冗余校验消息授权码的比特流加密方案，对扫描链的内容进行编码。但是，由于下一模式的扫描输入和加密模式的扫描输入无法同时进行，因此这种技术增加了两倍的测试时间。还有一些技术，可确保扫描信号被正确控制，并可在检测到安全问题时对系统进行复位[17,19]。但是，这些技术严重依赖于附加的安全控制器来监视插入的扫描逻辑。

18.2 扫描攻击的分类

要设计一种安全的扫描，首先需要了解攻击者的类型和他们可能采用的攻击手段。文献[12]的作者将基于扫描的攻击分为两类：基于扫描的可观测性攻击和基于扫描的可控性/可观测性攻击。每种类型都需要黑客能够访问测试控制（TC）引脚。攻击的类型取决于黑客如何使用激励。文献中提出了一种低成本的安全扫描设计方案，当未经授权的用户尝试访问芯片时，该方案会创建一个随机效应来消除黑客对输出响应数据进行关联测试与分析的能力。这可防止黑客使用本节余下部分所描述的两种攻击。

18.2.1 基于扫描的可观测性攻击

基于扫描的可观测性攻击，与黑客利用扫描链获取系统信息的能力有关，即利用扫描测试可观察性的能力。图 18.1（a）说明了基于扫描的可观测性进行攻击的主要步骤。

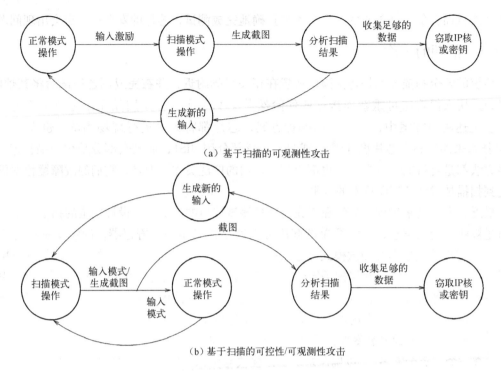

图 18.1　实现成功的基于扫描攻击的必需步骤

观察扫描链中关键寄存器，是黑客开展这类攻击的第一步。

首先，将已知向量从芯片的主输入（PI）馈入，并让芯片以正常功能模式运行，直到目标寄存器有数据在其中。此时，利用 TC 将芯片置于测试模式，并将扫描链中的响应输出。其次，把芯片复位，再将一根新的向量从 PI 馈入目标寄存器，以形成新的响应。芯片再次在功能模式下运行指定周期数，然后被设置为测试模式。新的响应被扫描输出，并与先前的响应一起被分析。这个过程持续进行，直到有足够的响应来分析目标寄存器在扫描链中的位置。

一旦确定了目标寄存器，类似的过程可用在密码芯片中确定密钥或对确定芯片的设计秘密（如 IP）。

18.2.2　基于扫描的可控性/可观测性攻击

基于扫描的可控性/可观测性攻击采取了不同的方法来对 CUT 施加激励，如图 18.1(b)所示。基于扫描的可控性/可观测性攻击的第一步是将激励直接施加到扫描链而非主输入 PI。为了进行有效的攻击，黑客必须首先通过有效的手段（如采用基于扫描的可观测性攻击）来确定所有关键寄存器的位置。一旦定位，黑客可以在测试模式期间将任何期望数据加载到该寄存器。接下来，黑客通过控制扫描输入的向量，可以把芯片切换到功能模式，以绕过所有的信息安全措施。最后，黑客将芯片切换回测试模式以获取一定程度的可观测性，这种可观测性不是系统主输出 PO 可以提供的。

与使用已知向量注入扫描链相反，黑客还有机会选择随机向量在系统中引发故障。文献[7,8]报道了一些基于故障注入的边信道攻击研究结果，他们通过诱发故障，使芯片泄漏一些关键数据。其中，扫描链是一个易于诱发故障并使攻击易重复的访问入口。为了防止这种边信道攻击，在设计中还必须包含额外的硬件安全措施。

18.3　低成本安全扫描

研究人员提出了一种低成本安全扫描（Low-Cost Secure Scan，LCSS）解决方案，该方案增强了设计的灵活性，并能很好地与当前的扫描插入流程进行集成。在执行扫描插入时，应使测试过程受到的影响最小，同时不影响正常的功能模式操作。图 18.2 给出了一个示例，它将伪触发器插入到扫描链中，并根据链中的伪触发器位置，将密钥融入测试模式中。这样，就可以验证所有扫描输入的向量是否来自授权用户，并在功能模式操作之后可安全地获取正确的扫描输出响应。如果正确的密钥没有集成到向量中，那么将扫描输出不可预测的响应，这会使黑客难以进行分析。通过使用不可预测响应，除非 CUT 立即被复位，否则黑客不能立即意识到他们的入侵已被检测到[17]。图 18.2 给出了测试器与 CUT 间的接口。

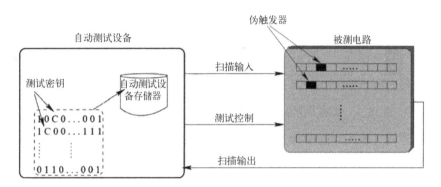

图 18.2　存储在 ATE 中含测试密钥比特的测试模
板样例，该密钥位于CUT的伪触发器中

扫描链的状态取决于集成到所有测试向量中的测试密钥。链路有两种可能的状态：安全态和不安全态。通过集成密钥，可验证扫描输入的所有向量是否来自可信源（安全的）。如果没有将正确的密钥集成到测试向量中，当新的向量扫描并输出响应时，该响应将会被随机更改以防止对存储在寄存器中的关键数据进行逆向工程（不安全的）。通过改变从链中扫描输出的响应，可以阻止基于扫描的可观测性和基于扫描的可控性/可观测性攻击，这是因为数据被随机更改，任何尝试推导输入与响应关系的操作都将失效。

LCSS 的架构如图 18.3 所示，其详细结构可参见图 18.4 的安全扫描链示例。为了每个测试向量可以使用相同的密钥，需要插入伪触发器并将其用作测试密钥寄存器。每个伪触发器除未连接到组合逻辑外，本身和扫描结构没有区别。扫描链中伪触发器的数量取决于设计者想要达到的安全级别，因为伪触发器的数量可确定测试密钥的大小。当多个扫描设计被实现为 LCSS 时，测试密钥在扫描链被拆分之前插入到链中。这确保了密钥可以随机分布在多个扫描链中，而无须在每个链中具有恒定数量的密钥寄存器。

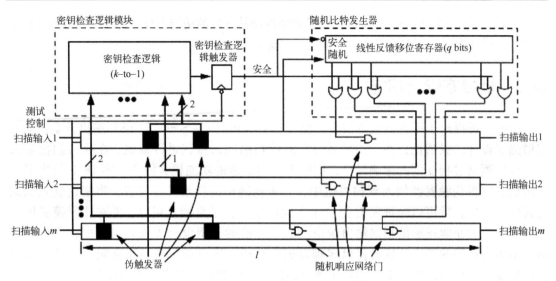

图 18.3　LCSS 设计的通用结构[27]

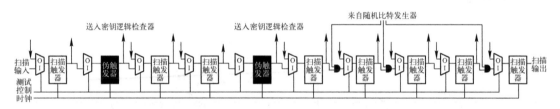

图 18.4　集成了伪触发器和随机响应网络的低成本安全扫描链示例

密钥检查逻辑（KCL）同时检查所有的伪触发器，密钥检查的逻辑由多个组合逻辑组成。k–输入块（k 指扫描设计中伪触发器的总数，也是测试密钥的长度）具有单个触发器扇出（即 KCL-FF），并由 TC 的下降沿进行触发。当 CUT 由测试模式切换为功能模式后（TC 置低），触发器在密钥检查逻辑的输出口计时，然后使用 KCL-FF 通知安全设计的剩余部分，看扫描链中的向量是否处于安全状态。

对采用相同设计制造出的芯片而言，KCL 本质上是相同的，并且能在 KCL 设计中使用各种安全选项。一种选项就是实现一个加工后可配置的 KCL，使其能兼容不同芯片的不同测试密钥，并能防止单个密钥泄漏引起所有相同设计的芯片受损。然而，由于每个设备具有不同的测试密钥，因此需要为每个芯片生成不同的测试模式集合。这将使得测试时间显著增加，或需要一个新的安全测试协议并且测试者要能动态地将测试密钥插入到模式中。

当测试密钥无法由 KCL 验证时，可使用 LCSS 中的第三个组件来将扫描链中的响应随机化。KCL-FF 的输出扇出到 q 个二输入或门阵列。每个或门的第二个输入口来自于一个 q 比特线性反馈移位寄存器 LFSR，该 LFSR 基于一个变化的选项将种子随机化，这些选项包括但不限于复位时已存在的值、扫描链中来自 FF 的一个随机信号（如图 18.3 所示）、或者来自由一个单独随机数发生器输出的随机信号[20]。前者情况的开销最少，但安全性可能最低；后者虽然具备极高的安全性，但是开销也最高。图 18.3 展示了 LFSR 采用一个安全信号的示例，LFSR 种子可以通过额外的随机源被连续改变。LFSR 和 OR 门阵列一起组成随机比特发生器（Random Bit Generator，RBG）。RBG 的输出可用作插入到扫描链中的随机响应网络（Random Response Network，RRN）的输入。RRN 可由与门和或门构成，以平衡随机过渡并防止随机响应为全 0 或全 1。随机性的最佳选择是采用异或门，但异或门增加了更多的延迟，因此在我们的设计中使用与门和或门。由于伪触发器用于检查测试密钥，所以必须将其放置在扫描链中 RRN 的所有门之前，如图 18.4 所示。若不保持该属性，任何密钥信息尝试通过扫描链中 RRN 里的某个门，都有可能被改变，从而防止测试密钥被验证，甚至随机地将一个值改变为正确的密钥。

CUT 的正常操作模式不受 LCSS 附加的约束设计影响，因为伪触发器仅用于测试和安全目的，并且不连接到原始设计。

18.3.1　LCSS 测试流程

我们的低成本安全扫描设计与当前扫描测试流程的差别很小。由于扫描链的安全性是通过将测试密钥集成到测试向量中来保证，因此 LCSS 无须额外的引脚。

在系统复位和 TC 第一次被启用之后，安全扫描设计尚处于不安全的状态，这导致扫描链中的所有数据在通过链中的 RRN 门时可能被修改。为了开始测试过程，必须用测试密钥初始化安全扫描链，以便将 KCL-FF 的输出设置为 1。在此初始化矢量中，由于通过第一个 RRN 门的数据都很可能被修改，因此提供测试密钥是有必要的。在此期间，KCL 将不断检查伪触发器是否有正确的密钥。在初始化矢量被扫描输入之后，为了使 KCL-FF 捕获到来自 KCL 的结果，CUT 必须在一个时钟后切换到功能模式。存储在伪触发器中的密钥通过了 KCL 验证，则 KCL-FF 被设置为 1，并将信号传输到 RRN。这些操作对下一轮的测试而言是透明的，因此允许新的向量不断被无失真地扫描输入。

当初始化过程完成后，测试就可以正常继续了。然而，如果在所有后续测试向量中都没有正确的测试密钥，而所有的测试模式中都需要 k 比特密钥，则不论在扫描测试期间的任何时刻，扫描链都可以返回不安全模式。如果发生这种情况，RRN 将再次影响扫描链中的响应，并必须再次执行初始化过程以恢复可预测的测试过程。

18.4　自动的 LCSS 插入流程

在当前扫描链中融入 LCSS 设计应该尽可能小地改变当前的扫描插入流程。作者能够使用 Synopsys DFT 编译器[21]和一个用 C 语言开发的脚本来实现 LCSS 插入。插件的任务包括根据所需的伪触发器数量自动创建 KCL、为 RBG 创建所需的 LFSR 尺寸以及实现 RRN 随机化并插入 RRN 门等。为了平滑 RRN 的插入过程，扫描链中的临时占位符所需的触发器会被实例化，并在扫描链被组合到一起后替换掉该占位符。一旦创建了附加功能，整个过程就通过单个脚本自动完成。下面给出 LCSS 的插入流程。

18.4.1　低成本安全扫描插入流程

1. 定义伪触发器的数量（密钥和 KCL 的大小）。
2. 定义 KCL 密钥（随机或用户定义）。
3. 定义 LFSR 的比特数。
4. 定义 RRN 的门数。
5. 载入并编译 KCL 和 RBG。

6. 载入并编译目标设计（TD）。

7. 设置当前设计为 TD。

8. 在 TD 中初始化 KCL 和 RBG。

9. 初始化 TD 中的伪触发器。

　　a. 连接 TD 的 CLK 到伪触发器。

　　b. 连接所有伪触发器的 Q 到各自的 KCL 端口。

10. 初始化 RRN 占位符 FF。

　　c. 连接 TD 的 CLK 到所有的占位符 FF。

　　d. 连接所有占位符 FF 的 D 到各自的 RBG 端口。

11. 重新排序扫描链，将伪触发器放在所有 RRN 占位符 FF 之前。

12. 执行扫描插入。

13. 将 RRN 占位符 FF 替换为实际 RRN 门。

14. 采用包含在 TD 中的低成本安全扫描加载并编译新网表。

18.5　分析及结论

　　总的来说，上面提到的低成本解决方案，几乎对芯片设计的重要开销方面没有影响，但其可以显著增加扫描链的安全性，并保证扫描设计的可测试性。稍后，我们会深入分析 LCSS 的实施效果。当实施 LCSS 方法时，作者希望可以尽可能少地影响面积、测试时间和性能，以保持低成本策略。

18.5.1　开销

18.5.1.1　面积

　　我们设计的 KCL 尺寸完全取决于密钥的大小和密钥的值，但总的看来其尺寸并不大。执行密钥校验的逻辑最多需要 $(k-1)$ 个门和一定数量的反相器。反相器数量取决于密钥的值，并且不大于 k。由于 k 个反相器将根据 KCL 的实现将密钥转换为全 0 或全 1，所以实际的密钥应该具有大致相同数量的 1 和 0（$k/2$ 个反相器）。因此，当采用二输入逻辑门时，整个 KCL 需要 $\frac{3k}{2}-1$ 个门。图 18.5（a）给出了一个 16 比特 KCL 的例了。采用二输入逻辑门时，密钥 x 'B461' 可用 24 个门解码。然而，该逻辑可在合成期间被优化。在图 18.5（b）中，采用与图 18.5（a）中相同的密钥但仅需 10 个门电路，该逻辑就可以被映射并优化至标准单元库。

　　表 18.1 给出了 LCSS 在几个 ISCAS' 89 基准[22]上的常规扫描实现结果（采用 Cadence 通用标准单元库[23]）。当需要包括 LCSS 时，作者采用一个 10 比特的测试密钥、4 比特的 LF-SR 和 10 个 RRN 门。表格的第 2 列和第 3 列分别给出了合成后设计中的门及 FF 的数量。表格的第 4 列显示了扫描插入前基准的总面积，单位为 μm²，其包括组合逻辑和 FF 的面积。第 5 列和第 6 列分别列出了常规扫描和 LCSS 插入后基准的大小。第 7 列和第 8 列显示了常规扫描与 LCSS 产生的开销比率。

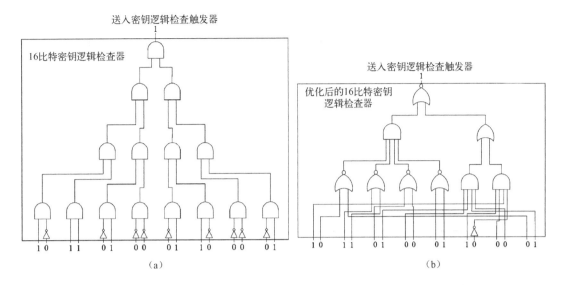

图 18.5　（a）采用二输入门设计的 16 比特 KCL，有效密钥的值由输入端
的反相器确定；（b）在元件库映射和优化后的 16 位 KCL

表 18.1　传统扫描及 ISCAS'89 基准上建议的 LCSS 的面积开销

基准名称	门数	FF 数	基准面积（μm²）	Bench w/scan（μm²）	Bench w/LCSS（μm²）	Scan/bench overhd（%）	LCSS/bench overhd（%）	LCSS-scan overhd（%）
s1423	323	74	22 639	33 499	35 926	39.13	58.70	19.57
s1488	381	6	13 062	13 846	18 274	6.00	39.90	33.90
s9234	507	145	40 526	58 293	62 721	43.84	54.77	10.93
s13207	1 328	625	146 105	223 755	228 182	53.15	56.18	3.03
s15850	1 824	513	1 441 244	206 814	211 241	43.50	46.57	3.07
s35932	3 998	1 728	441 667	649 416	653 844	47.03	48.04	1.05
s38417	4 715	1 564	416 989	605 283	609 710	45.16	46.22	1.06
s38584	5 747	1 274	400 429	557 344	561 772	39.19	40.20	1.10

　　由于基准尺寸很小，LCSS 设计的面积开销相对于基准尺寸来看是相当大的，即使常规扫描也是如此。然而对于较大的设计，我们的技术相对于常规扫描的面积开销（如第 9 列所示）又是非常小的。当在小设计中实现时，LCSS 确实造成了显著的面积影响，而当基准变得更大时，开销则变得不太重要，因为 LCSS 尺寸是固定的且与设计无关。由于 LCSS 尺寸过大，因此对现代设计来说还有待将其进一步减小。

　　表 18.1 中的第 6 列展示的 LCSS 尺寸包括已经添加到 ISCAS'89 基准扫描链中的伪触发器。然而，随着设计尺寸的不断增大，这些为了便于测试而在扫描链中插入的伪触发器（如事件扫描链、增加延迟故障覆盖率等[24]）也可用作密钥寄存器。通过采用已有的伪触发器，可进一步降低 LCSS 的影响。表 18.2 显示了不必添加伪触发器的开销。考虑到上述因素，作者可使安全扫描的开销比常规扫描降低一半以上，这点可以通过比较第 7 列和第 9 列看到。

表 18.2　在 ISCAS'89 基准上不含附加伪触发器的 LCSS 面积开销

基准名称	不含伪触发器的 LCSS 面积占比（%）	不含常规扫描链的 LCSS 面积（%）
s1423	46.22	7.09
s1488	18.29	12.29
s9234	47.80	3.96
s13207	54.24	1.09
s15850	44.61	1.11
s35932	47.40	0.37
s38417	45.54	0.38
s38584	39.59	0.40

18.5.1.2　测试时间

对于具有大量扫描单元的现代设计而言，其附加的测试密钥寄存器并不会显著影响扫描测试时间。总的 LCSS 测试时间（T_{LCSS}）由式（18.2）给出。它由式（18.1）推导而来，并考虑了常规多扫描设计的测试时间（T_{conv}）。

$$T_{\text{conv}} = (n_{\text{comb}} + 2) \cdot \left\lceil \frac{n_{\text{ff}}}{m} \right\rceil + n_{\text{comb}} + 3 \tag{18.1}$$

$$T_{\text{LCSS}} = (n_{\text{comb}} + 3) \cdot \left\lceil \frac{n_{\text{ff}} + k}{m} \right\rceil + n_{\text{comb}} + 4 \tag{18.2}$$

变量 n_{ff} 为设计中除伪触发器外的触发器总数，k 为伪触发器的数量（密钥尺寸），m 为扫描链的总数，n_{comb} 为组合向量的个数。式（18.2）考虑了扫描链置于安全模式、链测试及初始化测试应用序列等三个过程的影响。增加到三个过程是因为：扫描链测试开始之前需要对附加序列进行初始化；而增加 k 则是为了表征有额外密钥插入测试模式的情形。

LCSS 带来的增量导致了式（18.1）和式（18.2）间的区别，该差别如式（18.3）所示：

$$\Delta T = T_{\text{LCSS}} - T_{\text{conv}} = \left\lceil \frac{k(n_{\text{comb}} + 3) + n_{\text{nff}}}{m} \right\rceil \tag{18.3}$$

式中，若初始化过程与链测试同时发生，则 T_{LC33} 可能进一步降低并使得 ΔT 减小，但这依赖于伪触发器的位置。由于现代设计会有越来越多的扫描单元，且相比之下 k 依然相当小，因此 LCSS 导致的测试时间增加并不明显。

对于在几个 ISCAS'89 基准上，我们分别对采用 10 比特、40 比特和 80 比特密钥的常规扫描和安全扫描进行评估。表 18.3 总结了实际的测试时间增加的百分比（T_{inc}）。在基准测试集中，模式的数目如表中第 2 列所示。每个设计采用 $m = 10$ 的多扫描链予以实现，如第 3 列所示。第 4 列给出了设计中插入 LCSS 前 FF 的数量。第 5 列至第 7 列分别给出了密钥尺寸为 10 比特、40 比特和 80 比特时 T_{inc} 的值。结果表明，对于大型设计，当 k 比 n_{ff} 小得多时，T_{inc} 可以忽略。随着密钥尺寸的增加，测试时间将产生一些开销，但同时也显著提高了芯片的安全性。

表 18.3　ISCAS'89 基准下 LCSS 的测试时间增加（T_{inc}）的百分比

基 准 名	模 式 数	链　数	FF 数	LCSS $k = 10$ bit	LCSS $k = 40$ bit	LCSS $k = 80$ bit
s13207	100	10	625	2.5	7.3	13.6
s15850	90	10	513	3.0	8.7	16.3
s35932	16	10	1 728	6.1	7.9	10.4
s38417	90	10	1 564	1.7	3.6	6.2
s38584	118	10	1 275	1.6	4.0	7.1

从表 18.3 中可以观察到这样一个趋势：与常规扫描相比，LCSS 测试时间增加（T_{inc}）的百分比和设计中触发器的数量同密钥的尺寸成正比。所以，T_{inc} 可以总结为式（18.4）。

随着现代设计的复杂性增加，FF 的数量将显著大于扫描链（$n_{ff} \gg m$）的数量，且实现故障覆盖的测试模式的数量也将继续增加（$n_{comb} \gg 0$）。因此，随着这两个值变大，该比率将变得更加依赖于插入的伪触发器的数量和最初设计中的 FF 的数量，如式（18.5）所示：

$$T_{inc} = \frac{\Delta T}{T_{conv}} \times 100 = \frac{k(n_{comb} + 3) + n_{ff}}{n_{ff}(n_{comb} + 2) + m(n_{comb} + 4)} \times 100 \tag{18.4}$$

$$T_{inc} \approx \frac{k}{n_{ff}} \times 100 \tag{18.5}$$

由于多扫描设计往往具有长度不等的链，因此测试时间取决于最长链的长度。如果添加的伪触发器数量不增加最长扫描链的长度，则只有初始化模式会产生测试时间的开销。然而，额外的伪触发器通常会引起最长扫描链长度的增加。

18.5.1.3　性能

LCSS 对系统性能的影响不会比常规扫描测试大。系统的运行速度仍然只受到扫描链本身的影响，而不会被扫描单元之间的伪触发器或 RRN 门等影响。

LCSS 对正常模式操作期间的芯片功耗影响极小。然而，若设计者使用了具有许多 RRN 门的大型密钥，测试模式下的功耗会受到大家的关注，因为测试模式下可能会显著增加扫描操作的电平切换频率。但是，只要密钥的长度和 RRN 门的数量与扫描单元数量之比保持较小，额外的功耗就不会影响太大。

18.5.2　对安全性和可测试性的影响

在保持低成本开销的同时，我们的安全扫描解决方案能够大大提高扫描链的安全性，同时仍可提供常规扫描能提供的高可控性及可观察性。

18.5.2.1　安全性

如果黑客试图执行攻击，则扫描输入的向量或扫描输出的关键数据将在整个链中由 RRN 随机改变。在扫描链中每多用一个附加的 RRN 门，则确定出原始值的概率将下降一点。

若攻击者希望在未被安全措施防护的位置发起基于扫描的边信道攻击，则他必须绕过 7 个安全组件：

1. 测试密钥；
2. 扫描链中每个测试密钥寄存器的位置（或测试向量）；
3. 每个扫描链上 RRN 门的数量；
4. 使用的 RRN 门类型；
5. 随机 LFSR 种子；
6. LFSR 多项式；
7. 在多扫描设计的情况下，黑客还必须在扫描链的输入/输出上确定解码器/编码器的配置。

若不拆卸芯片并使用昂贵的设备，将非常难以确定最后的 5 个安全组件。

每个安全级别都增加了确认扫描链内容的复杂度。仅 k 比特的密钥就可提供 2^k 种潜在的组合。其中一种实现方案是将所有伪触发器放到各个扫描链的前 2/3 部分，并从链中前 $2n/3$ 的扫描单元中选出 k 比特，其中 n 为包括伪触发器的总扫描长度。这种策略会额外增加低成本安全扫描的复杂度。链中共有 $\binom{\frac{2n}{3}}{k}$ 种可能的密钥位置组合。作者将 RRN 门放在每个扫描链的后 1/3 部分，则复杂度为 $\binom{\frac{n}{3}}{r}$，其中 r 为设计中采用的 RRN 门总数。确定 RRN 的门类型会使组合数加倍。此外，LFSR 种子与 LFSR 多项式各提供了 2^q 种潜在的组合。考虑所有上述因素，总的组合数量是：

$$2^{k+2q+1} \cdot \binom{\frac{2n}{3}}{k} \cdot \binom{\frac{n}{3}}{r} \tag{18.6}$$

当考虑多条扫描链的解码/编码时，式（18.6）给出了可能存在的组合的最小数量。作者在表 18.4 中总结了在两种 ISCAS'89 基准上采用不同尺寸密钥的低成本安全扫描的复杂性。简而言之，LFSR 的尺寸和 RRN 门的数量已经分别固定为 4 比特（$q=4$）和 10 门（$r=10$）。表 18.4 显示了随着密钥增加及随着扫描单元数的增加，复杂度明显上升。

表 18.4 ISCAS'89 基准中 LCSS 测试时间增加的百分比

基准名称	LCSS $k=10-\mathrm{bit}$	LCSS $k=40-\mathrm{bit}$	LCSS $k=80-\mathrm{bit}$
s35932	$2^{19}\binom{1159}{10}\binom{580}{10}$	$2^{49}\binom{1179}{40}\binom{590}{10}$	$2^{89}\binom{1206}{80}\binom{603}{10}$
s38584	$2^{19}\binom{958}{10}\binom{479}{10}$	$2^{49}\binom{978}{40}\binom{489}{10}$	$2^{89}\binom{1004}{80}\binom{502}{10}$

18.5.2.2 扫描可观测性攻击的预防措施

有了恰当的 LCSS 设计，若黑客试图在功能模式下运行系统并在访问测试控制引脚时立即抓取数据，由于缺乏正确的测试密钥和集成在链中的 RRN，他只能得到 SO 上的随机响应。但是，这给了黑客一种成功攻击的虚假希望，因为通过扫描可以获得响应，但尝试关联该响应却总是失败。

18.5.2.3　扫描可控性/可观测性攻击的预防措施

如果黑客试图扫描输入一个向量，除非他知道测试密钥，否则该向量将被 RRN 随机改变，而从根本上创建出一个对黑客来说未知的新向量。当黑客向 TC 注入周期性数据时，类似于基于扫描的可观测性攻击，他将无法轻易地将响应的特定部分同执行有效攻击所需的任何关键寄存器关联起来。

这种安全设计对于故障注入攻击也是有效的。黑客可随机选择一个向量以悄然迫使 CUT 进入故障状态。然而，由于集成的 RRN 的随机激励改变，黑客将难以用相同的向量复制相同的故障。

18.5.2.4　设计可测性 DFT

在多扫描链系统中，若给定所有的链长度相等且伪触发器被置于 RRN 门之前，则测试密钥可分布在扫描链中任意位置。假定在设计中可能有数百个链，一些链中可能有 1 到 2 个密钥寄存器，而有一些链可能一个都没有。不过，无论设计中有多少个链，都只需要一个 KCL 来检查密钥。RRN 门的放置发生在扫描链被拆分成多个子链之后，这样可以防止一些链被 RRN 置于不安全状态的隐患。每个扫描链可使用 LFSR 所有的 q 比特来将数据随机化或采用不同的子集组合。正是由于 LCSS 的灵活性，对于多扫描链系统中的伪触发器和 RRN，在保持常规多扫描接口的同时，还允许进行各式各样的定制化布局。

由于扫描链的接口未曾被改变，增强的扫描技术（如测试压缩）仍可使用而无须任何改变。甚至发射偏移（LOS）[25] 和发射捕获（LOC）[26] 等技术也可正常实现。或许，具体实现时可能会在捕获和下一次 LOS 的初始化周期之间多添加一次死循环、并在一个 LOC 的初始化与其启动周期之间多添加一次死循环，但最终结果肯定是可以被成功捕获到的。

由于扫描接口没有改变常规的扫描设计，因此无须对芯片进行任何特殊处理，不管是在 SoC 设计中具有 LCSS 的芯片还是需要现场测试的芯片。此外，我们的 LCSS 设计并不需要额外的引脚，它可与常规扫描以相同的方式映射到 JTAG 接口。

18.6　总结

本章提出了一种低开销的安全扫描解决方案，它可被用于防止基于扫描的边信道攻击。通过将该技术集成到扫描插入流中，黑客必须绕过多达 7 级的安全防御才能够访问扫描链，这使其判断秘密信息的复杂性显著增加。当然，黑客也可能耗费大量的时间进行攻击，但即便这样，扫描链输出的仍然是随机响应，而不会让芯片复位或将其所有值设置为 0 或 1。这使得黑客根本无法意识到芯片已经发现了他的攻击并正在使用安全策略进行抵抗。此外，值得一提的是，该方案非常灵活，它可根据设计者的需要和喜好而扩展到各种安全级别。可以证明，以添加安全性而不削弱测试能力为目标，使得现场测试技术对应用程序来说是非常有价值的。

参考文献

1. Yang B, Wu K, Karri R (2004) Scan based side channel attack on dedicated hardware implementations of data encryption standard. In: IEEE International Test Conference (ITC), pp 339–344

2. Yang B, Wu K, Karri R (2005) Secure scan: a design-for-test architecture for crypto chips. In: 42nd Annual Conference on Design Automation, June 2005, pp 135–140

3. Goering R (2004) Scan design called portal for hackers. http://www.eetimes.com/news/design/showArticle-.jhtml?articleID=51200154. Accessed Oct 2004

4. Scheiber S (2005) The Best-Laid Boards. http://www.reedelectronics.com/tmworld/article/CA513261.html. Accessed April 2005

5. Kocher P, Jaffe J, Jun B (1999) Differential power analysis. In: 19th Annual International Cryptology Conference on Advances in Cryptology, pp 388–397

6. Kocher PC (1996) Timing attacks on implementations of Diffie-Hellman, RSA, DSS, and other systems. In: 16th Annual International Cryptology Conference on Advances in Cryptology, pp 104–113

7. Boneh D, Demillo RA, Lipton RJ (1997) On the importance of checking cryptographic protocols for faults. In: Eurocrypt'97, pp 37–51

8. Biham E, Shamir A (1997) Differential fault analysis of secret key cryptosystems. In: 17th Annual International Crytology Conference on Advances in Cryptology, pp 513–527

9. Kömmerling O, Kuhn MG (1999) Design principles for tamper-resistant smartcard processors. In: USENIX Workshop on Smartcard Technology, pp 9–20

10. Renaudin M, Bouesse F, Proust P, Tual J, Sourgen L, Germain F (2004) High security smartcards. In: Design, Automation and Test in Europe Conference

11. Skorobogatov SP (2005) Semi-invasive attacks – a new approach to hardware security analysis. Ph.D. dissertation, University of Cambridge

12. Lee J, Tehranipoor M, Patel C, Plusquellic J (2005) Securing scan design using lock & key technique. In: International Symposium on Defect and Fault Tolerance in VLSI Systems

13. Hafner K, Ritter HC, Schwair TM, Wallstab S, Deppermann M, Gessner J, Koesters S, Moeller W-D, Sandweg G (1991) Design and test of an integrated cryptochip. IEEE Design Test Comput 6–17

14. Zimmermann R, Curiger A, Bonnenberg H, Kaeslin H, Felber N, Fichtner W (1994) A 177 Mbit/s VLSI implementation of the international data encryption algorithm. IEEE J Solid-State Circuits 29(3)

15. Yang B, Wu K, Karri R (2006) Secure scan: a design-for-test architecture for crypto chips. IEEE Trans Comput Aided Design Integr Circuits Syst 25(10)

16. H'ely D, Flottes M-L, Bancel F, Rouzeyre B, B'erard N, Renovell M (2004) Scan design and secure chip. In: 10th IEEE International On-Line Testing Symposium

17. H'ely D, Bancel F, Flottes M-L, Rouzeyre B (2005) Test control for secure scan designs. In: European Test Symposium, pp 190–195

18. Gomulkiewicz M, Nikodem M, Tomczak T (2006) Low-cost and universal secure scan: a design-for-test architecture for crypto chips. In: International Conference on Dependability of Computer Systems, May 2006, pp 282–288

19. D H'ely, Flottes M-L, Bancel F, Rouzeyre B (2006) Secure scan techniques: a comparison. In: IEEE International On-Line Testing Symposium, July 2006, pp 6–11

20. Jun B, Kocher P (1999) The intel random number generator. Cryptography Research, Inc., Technical Report

21. Synopsys Toolset Documentation (2006) User Manual for Synopsys Toolset Version 2006.06, Synopsys Inc.

22. ISCAS'89 Benchmarks (1989) http://www.fm.vslib.cz/kes/asic/iscas

23. GSCLib 3.0, "0.18 μm standard cell GSCLib library version 3.0," Cadence, Inc. (2005) http://crete.cadence.com

24. Bushnell ML, Agrawal VD (2000) Essentials of Electronic Testing. Kluwer Academic Publishers, Dordrecht (Hingham, MA)

25. Savir J (1992) Skewed-load transition test: Part I, calculus. In: International Test Conference, pp 705–713

26. Savir J, Patil S (1994) On broad-side delay test. In: VLSI Test Symposium, pp 284–290

27. Lee J, Tehranipoor M, Plusquellic J (2006) A low-cost solution for protecting IPs against scan-based side-channel attacks. In: VLSI Test Symposium, May 2006